精通 vi 與 Vim 第八版

強大與敏捷的編輯器

Learning the vi and Vim Editors
Power and Agility Beyond Just Text Editing

Arnold Robbins and Elbert Hannah 　著

楊俊哲　譯

O'REILLY®

感謝我的妻子 Miriam，感謝妳的愛、耐心和支持。

——*Arnold Robbins*，第六、七和八版

感謝我的妻子 Anna，感謝妳的愛、鼓勵和耐心。
謝謝妳在那裡。

——*Elbert Hannah*，第七和八版

目錄

前言 .... **xv**

第一部分　vi 與 Vim 的基礎

第一章　　**vi 與 Vim 簡介** **3**

文字編輯器和文字編輯 3

文字編輯器 3

文字編輯 6

簡史 7

開啟與關閉檔案 8

從命令列開啟檔案 8

從 GUI 開啟檔案 10

開啟檔案可能發生的問題 10

作業模式 11

儲存與結束檔案 12

結束而不儲存編輯結果 12

儲存檔案可能發生的問題 13

練習題 14

第二章　　**簡單的文字編輯** **15**

vi 命令 16

在命令模式下移動游標 17

單一的移動 17

數值參數 20

在一行中移動 21

依照文字區塊來作移動 22

簡單的編輯 23

    插入新的文字 24

    附加文字 25

    更改文字 25

    更改大小寫 29

    刪除文字 29

    移動文字 32

    複製文字 34

    重複或還原上一個命令 35

更多插入文字的方法 37

    插入命令的數值參數 38

用 J 合併兩行 39

    vi 命令的問題 39

模式指示器 40

複習基本 vi 命令 40

第三章   **快速移動位置** **43**

依照螢幕來移動 43

    捲動一個螢幕 44

    使用 z 重新調整螢幕位置 44

    重畫螢幕 45

    在螢幕中移動 45

    依照行移動 47

依照文字區塊移動 47

依照搜尋結果移動 49

    重複搜尋 50

    在目前的行中搜尋 52

依照行號來移動 53

    G（前往）命令 54

複習 vi 移動命令 54

第四章   **越過基礎的藩籬** **57**

更多命令組合 57

vi 和 Vim 的啟動選項 58

    前進到特定位置 59

    唯讀模式 60

    回復緩衝區 61

使用暫存器 62

    回復刪除 62

    將文字複製到命名暫存器 63

標記一處位置 64

其他進階的編輯技巧 65

複習暫存器與標記的命令 65

第五章   **ex 編輯器簡介 67**

ex 命令 68

    練習：ex 編輯器 70

    在視覺標示模式下遇到的問題 70

用 ex 編輯 70

    行號位址 71

    定義行的範圍 71

    行位址符號 72

    搜尋樣式 74

    重新定義目前這一行的位置 75

    全域搜尋 75

    組合 ex 命令 76

檔案的儲存與離開 76

    緩衝區重新命名 78

    儲存檔案的一部分 78

    附加到已儲存的檔案 78

將檔案複製到另一個檔案 79

編輯多個檔案 79

    使用 Vim 同時啟動多個檔案 80

    使用參數列表 80

    啟動新檔案 81

    檔案名稱指定的快速方式 81

    從命令模式切換檔案 82

    檔案之間的編輯 82

ex 命令總結 83

第六章   **全域代換 87**

替代命令 87

確認代換 88

在檔案中執行全域的操作 89

與上下文相關的代換 90
樣式比對的規則 91
　搜尋樣式中使用的中介字元 91
　POSIX 中括號表示式 94
　替換字串中使用的中介字元 96
　更多代換技巧 98
樣式比對的範例 99
　搜尋通用詞類 100
　依照樣式移動文字區塊 101
　更多範例 102
樣式比對的最後叮嚀 108
　刪除未知的文字區塊 108
　在資料庫中交換項目 109
　使用 :g 重複命令 111
　行的收集 112

第七章　　　進階編輯 **115**
自定義 vi 和 Vim 116
　:set 命令 116
　.exrc 檔案 118
　備用環境 118
　一些有用的選項 119
執行 Unix 命令 120
　經由命令過濾文字 122
儲存命令 124
　單字縮寫 124
　使用 map 命令 126
　與導引鍵進行映射 127
　保護按鍵免於被 ex 解譯 128
　複雜的映射範例 129
　更多映射鍵的範例 130
　在插入模式映射按鍵 132
　映射功能鍵 133
　映射其他特殊鍵 134
　映射多個輸入鍵 136
　@- 巨集功能 137
　從 ex 中執行暫存器 138

使用 ex 指令稿 138

    Shell Script 中的迴圈 139

    內嵌文件（Here Documents） 141

    文字區塊排序：ex script 範例 142

    ex 指令稿中的註解 144

    除了 ex 之外 145

編輯程式原始碼 145

    縮排控制 145

    一個特殊的搜尋命令 148

    使用標籤（tags） 149

    使用增強型標籤 150

第二部分　Vim

第八章　Vim：對 vi 的改進與簡介 **159**

關於 Vim 160

概觀 161

    作者和簡史 161

    為何選擇 Vim？ 162

    與 vi 的比較與對照 162

    功能分類 163

    理念 166

提供新使用者的協助與簡易模式 166

內建輔助功能 167

啟動和初始化選項 169

    命令列選項 169

    與命令名稱相關的行為 172

    系統與使用者配置組態檔 173

    環境變數 174

新的移動命令 177

    標示模式中的移動 177

延伸正規表示式 179

擴充還原 182

漸進式搜尋 184

左右捲動 184

總結 184

第九章　圖形化 Vim（gvim） **187**

gvim 簡介 188
　啟動 gvim 188
　使用滑鼠 189
　有用的選單 191
自訂捲軸、選單與工具列 194
　捲軸 195
　選單 195
　工具列 203
　工具提示 206
Microsoft Windows 中的 gvim 207
在 X Window 系統下的 gvim 207
在 Microsoft Windows WSL 中執行 gvim 208
　在 WSL 2 中安裝 gvim 208
　為 Windows 安裝 X 服務程式 209
　為 Windows 設定 X 服務程式 210
GUI 選項和命令概要 215

第十章　Vim 多視窗功能 **217**

啟動多視窗編輯 219
　從命令列啟動多視窗 219
　Vim 多視窗下的編輯 221
開啟視窗 222
　新視窗 222
　分割視窗的選項 222
　有條件的分割命令 224
　視窗命令摘要 224
游標在視窗之間的移動 225
移動視窗 227
　移動視窗（輪替或交換） 227
　移動視窗並改變版面配置 228
　視窗移動命令概要 228
調整視窗尺寸 229
　調整視窗尺寸命令 229
　視窗尺寸調整選項 231
　尺寸調整命令概要 232
緩衝區與視窗的互動 233

Vim 的特殊緩衝區 234

隱藏緩衝區 234

緩衝區命令 235

緩衝區命令概要 236

多重視窗下遊歷標籤 237

分頁式編輯 238

關閉和離開視窗 240

總結 241

第十一章　Vim 為程式設計師強化的功能 **243**

摺疊與大綱（大綱模式） 244

摺疊命令 246

手動摺疊 248

大綱 254

其他摺疊方式 256

自動智慧縮排 257

Vim 自動縮排的擴充 258

smartindent 259

cindent 259

indentexpr 266

關於縮排的最後叮嚀 266

關鍵字和字典檔案的文字完成 267

插入模式中的補齊命令 268

關於 Vim 自動補齊功能的最後叮嚀 276

標籤的堆疊 276

語法特別標示 279

入門 279

自訂 280

自己動手做 286

用 Vim 編譯和檢查錯誤 289

Quickfix 列表視窗的更多運用 293

關於使用 Vim 設計程式的最後叮嚀 295

第十二章　Vim 指令稿 **297**

你最喜歡的顏色（方案）是什麼？ 297

條件執行 298

變數 300

執行命令 302

定義函式 303

一個附帶訊息的 Vim 技巧 304

使用全域變數調整 Vim 指令稿 306

陣列 308

透過指令稿進行動態檔案類型配置 308

自動命令 309

檢查選項 311

緩衝區變數 312

exists() 函式 313

自動命令和群組 315

刪除自動命令 316

關於 Vim 指令稿的一些額外想法 318

一個有用的 Vim 指令稿範例 318

更多關於變數的細節 319

運算式 320

擴充套件 320

關於 autocmd 的一些討論 321

內部函式 321

資源 323

第十三章   **其他好用的 Vim 功能** **325**

拼字 325

取得不同的字彙（使用同義字庫） 328

編輯二進制檔案 328

複合字元：非 ASCII 字元 330

在其他地方編輯檔案 332

目錄的導覽與切換 334

使用 Vim 備份 336

以 HTML 表現文字 337

比較檔案差異 338

Vim 執行階段資訊 340

viminfo 選項 340

mksession 命令 342

一行內容的大小 344

Vim 命令與選項的縮寫 346

一些快速訣竅（不僅限於 Vim） 347

更多參考資源 348

第十四章　一些 Vim 更強大技術.. 349

一些方便的指引 349

　更簡單的離開 Vim 349

　調整視窗大小 350

　加倍的樂趣 350

進入加速區 353

　尋找一個難以記住的命令 353

　分析著名的演講 355

　更多實用例子 359

按鍵速度達到極限 361

強化狀態列 362

總結 364

第三部分　大環境中的 Vim

第十五章　Vim 作為 IDE 所需要的組裝需求.................................. 367

外掛程式管理工具 368

找到合適的外掛程式 369

我們為什麼需要 IDE？ 371

自己動手 371

　EditorConfig：一致性的文字編輯設定............................... 372

　NERDTree：Vim 中的樹狀目錄管理工具............................... 372

　nerdtree-git-plugin：讓 NERDTree 附加 Git 狀態指示標記............ 373

　Fugitive：在 Vim 中執行 Git 374

　補齊完成文字 376

　Termdebug：直接在 Vim 中使用 GDB 380

All-in-One 一體成形的開發環境 381

提供給寫作者的外掛工具 383

結論 385

第十六章　vi 無所不在 387

簡介 387

改善命令列體驗 387

共用多個 shell 388

readline 函式庫 389

Bash Shell 389

其他程式 392

.inputrc 檔案 392

其他 Unix Shell 393

Z Shell（zsh） 394

盡可能保留越多歷史記錄 394

命令列編輯：一些最後的想法 395

Windows PowerShell 396

開發者工具 396

Clewn GDB 驅動程式 396

CGDB：魔法的 GDB 397

Visual Studio 中的 Vim 399

Visual Studio Code 中的 Vim 399

Unix 工具程式 403

更多還是更少？ 403

screen 405

等一下，還有瀏覽器！ 410

Wasavi 411

Vim + Chromium = Vimium 413

用於 MS Word 和 Outlook 的 vi 418

榮譽獎：具有一些 vi 功能的工具 421

Google Mail 421

Microsoft PowerToys 421

總結 422

第十七章   結語 **423**

第四部分   附錄

附錄 A   vi、ex 和 Vim 編輯器 **427**

附錄 B   設定選項 **467**

附錄 C   vi 輕鬆的一面 **479**

附錄 D   vi 和 Vim：原始碼和建置 **493**

索引 **503**

前言

文字編輯是任何電腦系統中最常見的任務之一，vi 是系統上最有用的標準文字編輯器之一。你可以使用 vi 建立新檔案或編輯任何現有的純文字檔案。

vi 與早期 Unix® 開發的許多經典應用程式一樣，有著難以駕馭的說法。Bram Moolenaar 強化 vi 版本成為 Vim 後，這個說法逐漸消除。Vim 包含了需許多的便利性、視覺化指引和螢幕協助。

時至今日，Vim 已成為更最普及的 vi 版本，因此本書將重點放在以下幾個面向：

- 第一部分，「vi 與 Vim 的基礎」，將說明基本的 vi 技巧，適用於 vi 所有版本中，而在 Vim 亦是如此。
- 第二部分，「Vim」，有很多章節專門介紹 Vim 的進階特性。
- 第三部分，「大環境中的 Vim」，介紹更多 Vim 的使用環境。

本書範圍

本書共有 17 個章節和 4 個附錄，分成四個部分。第一部分「vi 與 Vim 的基礎」，目的在讓讀者快速開始使用 vi 和 Vim，並有效使用進階功能。

前面兩章，第一章「vi 與 Vim 簡介」、第二章「簡單的文字編輯」提供一些簡單的編輯指令，給供初學者上手。應該多加練習，直到熟悉為止。在第二章學到一些基礎的編輯指令操作後，可以稍做休息。

然而 vi 不僅只有做一些基礎的文字編輯而已；它的各種命令與選項，都可以簡化大量的編輯工作。第三章「快速移動位置」與第四章「越過基礎的藩籬」，專注於更簡單的方法來完成任務。第一次閱讀時，只需要大致瞭解 vi 與 Vim 可做的事情，以及哪些命令可能對你特別有用。之後，可以隨時回到這些章節，做更深入的學習研究。

第五章「ex 編輯器簡介」、第六章「全域代換」與第七章「進階編輯」，提供一些可將許多繁重編輯工作交給電腦的協助工具。其中介紹位於 vi 底層的 ex 行編輯器，並且示範如何在 vi 中使用 ex 的命令。

第二部分「Vim」，描述 Vim 在 21 世紀中，是如何成為最流行的 vi 複製版本。其中會詳細介紹 Vim 相對原始 vi 所具有的許多功能。

第八章「Vim：對 vi 的改進與簡介」，提供了對 Vim 的一般介紹。本章會綜觀 Vim 對 vi 的主要改良，像是內建輔助說明，初始化控制，附加的動作命令，可延伸的正規表示式，以及其他部分。

第九章「圖形化 Vim（gvim）」，檢視現代 GUI 環境中的發展，例如商用 Unix 系統上的標準，GNU/Linux 與其他 Unix 類似的產品，以及 MS Windows。

第十章「Vim 多視窗功能」，著重在多個視窗下的編輯，或許這是對標準 vi 最重大的附加功能。本章提供所有建立與使用多個視窗的細節。

第十一章「Vim 為程式設計師強化的功能」，重點介紹 Vim 作為程式設計師的編輯器，超越一般文書編輯的能力。特別像是摺疊與大綱功能、智慧縮排、語法特別標示與「編輯 – 編譯 – 除錯」週期的加速。

第十二章「Vim 指令稿」，深入探討 Vim 的命令語法，可撰寫或修改自訂的指令搞，以符合需求。Vim 大部分的簡便特性是因為來自其他用戶已經編寫好的大量腳本，並且整合於其中，為 Vim 發行版做出了貢獻。

第十三章「其他好用的 Vim 功能」，這章涵蓋了前面幾章有趣的部分，但不適合放在稍早章節的要點。

第十四章「一些 Vim 更強大技術」，展現一些基於個人化鍵盤重新映射的有用技術，提高更多生產力的方法。

第三部分「大環境中的 Vim」，更廣泛地檢視 vi 與 Vim，在軟體開發和計算機世界所扮演的角色。

第十五章「Vim 作為 IDE 所需要的組裝需求」，會觸及到一些 Vim 外掛，不過那只是冰山一角，而重點將說明如何將 Vim 從「單純」的文字編輯器轉變成一個成熟的整合開發環境（IDE）。

第十六章「vi 無所不在」，將探討其他那些帶有 vi 風格的軟體環境，來發揮更高的生產力。

第十七章「結語」，為本書做最終的總結。

第四部分「附錄」，提供有用的參考材料。

附錄 A「vi、ex 和 Vim 編輯器」，列出標準 vi 與 ex 命令，依照功能排序。還提供按字母順序排列的 ex 命令列表。也包括從 Vim 中可用的 vi 和 ex 命令。

附錄 B「設定選項」，列出 vi 與 Vim 的設定選項。

附錄 C「vi 輕鬆的一面」，呈現一些與 vi 相關的有趣主題。

附錄 D「vi 和 Vim：原始碼和建置」，說明在 Unix、GNU/Linux、MS-Windows 或 Macintosh 等系統下，如何取得 vi 與 Vim。

本書的寫作方式

我們的想法是讓讀者對於 vi 與 Vim 有一個好的綜觀以及對於一個新手所需要的基本知識。學習一個新的編輯器，尤其具備眾多選項的 Vim 編輯器，似乎是一項艱鉅的任務。我們已經努力將內容，用淺顯易懂且合乎邏輯的方式，來呈現基本的概念與命令。

在說明完 vi 與 Vim（任何版本都能適用）的基礎後，我們將繼續深入介紹 Vim。接下來說明本書使用的編排慣例。

vi 命令的討論

對於每個鍵盤命令或一組相關群組命令，會先對主要觀念做一段簡短介紹，然後段落說明各個項目。接著，描述在不同情況下，提供適合的命令和使用的正確語法。

本書編排慣例

在語法的描述和範例中，需要實際打出的字以 Ubuntu Mono 字型表示，命令名稱與程式選項也是。變數（不會直接打出來，而是用實際值來代替的字）則是用 *Ubuntu Mono Italic* 表示。中括號表示這個變數為可選擇的項目。例如，以下這行語法：

    vi [*filename*]

其中 *filename* 會用到實際的檔名來替代。中括號表示命令 vi 可以忽略不必加上檔名。中括號本身不必輸入。

某些範例會顯示在 shell 提示符號下，輸入命令而產生的結果。其中，實際的輸入文字會用 **Ubuntu Mono bold** 來呈現，以便與系統回應的結果做區分。例如：

```
$ ls
ch01.xml ch02.xml ch03.xml ch04.xml
```

在程式碼範例中，以斜體表示註解，不必輸入。在內文中，也會以斜體指出檔名、引用特殊術語，並以楷體強調其他事情。

依循傳統 Unix 文件慣例，*printf*(3) 這類格式參考到線上手冊（可透過 man 命令取得）。這個例子參考到手冊第三節的 printf() 函數（在大多數系統中，可透過輸入 man -s 3 printf 來取得說明）。

按鍵

特殊按鍵會顯示在一個方框之中。例如：

```
iWith a ESC
```

在整本書中，還將看到 vi/Vim 的命令列表與其結果：

按鍵順序	結果
ZZ	"practice" [New] 6L, 104C written
	輸入 ZZ（寫入並存檔的命令）後，檔案會儲存成一般的磁碟檔案。

在前面的範例中，命令 ZZ 顯示在左側欄位中。在右側欄位是螢幕中，顯示命令回應一行（或多行）的結果。在這種情況下，由於 ZZ 儲存並寫入檔案，將會看到寫入檔案時顯示的狀態列；而游標並未顯示。命令與結果的下方是對命令及其作用的說明。

其中一些範例中，我們也會呈現 shell 命令及其結果。在這種情況下，命令前面是標準 shell 的提示符號 $，命令以粗體顯示：

按鍵順序	結果
$ ls	ch01.asciidoc ch02.asciidoc ch03.asciidoc

有時透過同時按下 CTRL 鍵和另一個鍵來呼叫發出 vi 命令。在文字中的組合按鍵，通常寫在一個框內（例如，CTRL-G）。在程式碼範例中，它會是利用在按鍵名稱前加上

插入符號（^）來撰寫的。例如，^G 表示同時按住 CTRL 再按下 G 鍵。我們使用大寫字母（^G，而不是 ^g）來操作控制字元，這是一般的約定，即使在輸入控制字元時是**不需要按住** SHIFT 鍵 [1]。

另外，當我們使用按鍵表示要呈現大寫字母時，對任何字元 X 執行 SHIFT-X 。因此，a 表示為 A ，而 A 表示為 SHIFT-A 。

注意事項、重點與提示

 這個圖示代表一個警告性說明。它描述了需要注意或小心的事情。

 這個圖示代表一般注意事項。它指出可能感興趣或可能不明顯的事情。

 這個圖示代表一個提示或建議。它提供有用的快速方式或可節省時間的事情。

問題確認事項

某些章節會包含一些問題與解決的方法，可以暫時跳過，之後有需要時再回來參考。

預備知識

本書假設你對 Unix 的使用已經有基礎。你應該知道的有：

* 在電腦或工作站啟動終端機，進入 shell 命令介面

* 使用 ssh 軟體登入與登出遠端系統

* 執行 shell 指令

* 切換目錄

* 列出目錄中的檔案

---

1 這可能是因為鍵盤的按鍵是大寫字母，而不是小寫字母。

- 建立、複製和移除檔案

熟悉 grep（一個全域搜尋的程式）和萬用字元，也很有幫助。

雖然現今系統環境可以由圖形使用者介面（GUI）下執行 Vim，卻失去了使用 Vim 命令列選項所提供的靈活性。因此，在整本書中，我們的範例會持續示範，如何從命令列提示符號下執行 vi 和 Vim。

使用範例程式碼

你可以在 *https://www.github.com/learning-vi/vi-files* 下載補充材料（程式碼範例、練習等等）。

如果你在使用程式碼範例時，遇到技術上的問題或困難，請發送 email 至 *bookquestions@oreilly.com*。

本書目的在幫助你完成工作。一般來說，如果本書提供程式碼範例，可以在你的程式和文件中使用它。除非你要複製程式碼的重要部分，否則不需要聯繫我們來取得許可。例如，使用本書中的多個程式碼區塊來編輯一個程式，這是不需要許可。販售或發行 O'Reilly 書籍中的範例，確實需要取得許可。引用本書和範例程式碼來回答問題是不需要許可。將本書中的大量範例程式碼合併到你的產品文件中，也確實需要許可。

我們感謝你標示引用資料來源，但這並不是必要的。來源的標示通常包括書名、作者、出版商以及 ISBN。例如：「*Learning the vi and Vim Editors* by Arnold Robbins and Elbert Hannah (O'Reilly) Copyright 2022 Elbert Hannah and Arnold Robbins, 978-1-49207880-7.」。

如果你認為程式碼範例的使用不屬於合理使用或上述範圍中，請隨時透過 *permissions@oreilly.com* 與我們聯繫。

關於之前的版本

在本書的第五版（當時稱為《精通 vi》）中，首先全面地討論 ex 編輯器命令。在第五、六、七章中，增加更多範例來闡明 ex 和 vi 的複雜特性，涵蓋諸如正規表示式語法、全域代換、.exrc 檔案、單字縮寫、鍵盤映射等主題，以及編輯指令稿。其中一些範例來自 *UnixWorld* 雜誌的文章。Walter Zintz 在 vi 上寫了一個由兩部分組成的教學，教授一些我們不知道的東西，還有很多聰明的例子，來說明我們已經在書中介紹過的特性 [2]。Ray Swartz 也在他的一個專欄中也貢獻一個有用的技巧 [3]。

《精通 vi（第六版）》介紹四種免費的「複製」或類似運作方式的編輯器。其中有許多都比原來的 vi 有所改進。因此可以說有一個 vi 編輯器「家族」，本書的目標是教你使用它們需要知道的知識。書中同樣描述 nvi、Vim、elvis 和 vile。在新的附錄中描述了 vi 在更大的 Unix 和網際網路文化中的地位。

《精通 vi 和 Vim 編輯器（第七版）》保留了第六版的所有優點。時間已經證實 Vim 是最受歡迎的 vi 複製版本，因此第七版加大 Vim 編輯器所佔的章節篇幅。但是，盡可能滿足更多的使用者，保留並更新有關 nvi、elvis 和 vile 的內容。

關於第八版

本書保留了第七版的所有優點。Vim 現在已經「稱霸」，所以這個版本更新 Vim 在書中所涵蓋的範圍，並刪除了關於 nvi、elvis 和 vile 的內容。在第一部分，現在使用 Vim 作為指令和範例的內容。此外，已經刪除對舊版本 vi 中，不再引述相關的問題。我們試圖精簡本書，並盡可能保持它的相關性和實用性。

新增內容

在新版本的內容增加如下：

- 我們再次更正基本文字中的錯誤。

- 我們對第一部分和第二部分中的內容，進行徹底的修改和更新。在第一部分中，我們將重點從 Unix 原始版本的 vi 轉移到「Vim 中的 vi」。我們還在第二部分，增加了一個新章節。

- 第三部分附加全新的章節。

- 我們改變附錄 C 的重點。

- 我們已將有關取得和建置 Vim 的說明，從主要內容文字移至附錄 D。

- 其他附錄也一併更新。

2　《vi Tips for Power Users》*UnixWorld*，1990 年 4 月；和《Using vi to Automate Complex Edits》*UnixWorld*，1990 年 5 月。兩篇文章均由 Walter Zintz 撰寫。

3　《Answers to Unix》*UnixWorld*，1990 年 8 月。

版本

以下程式用於測試各種 vi 功能：

- 來自 *https://github.com/n-t-roff/heirloom-ex-vi* 的「Heirloom」vi 作為原始 Unix 的 vi 參考版本。

- Solaris 11 上的 /usr/xpg7/bin/vi。（在 Solaris 11 上 /usr/bin/vi 實際上是 Vim！此外，在 /usr/xpg4/bin、/usr/xpg6/bin 和 /usr/xpg7/bin 中的 vi 版本，似乎源自原始 Unix 的 vi。）

- Bram Moolenaar 的 Vim 的 8.0、8.1 和 8.2 版本。

第六版致謝

首先，感謝我的妻子 Miriam 在我撰寫本書的過程中照顧孩子們，特別是在吃飯前的「魔法時間」。我欠她大量的安靜時間和冰淇淋。

喬治亞理工學院電腦學院（Georgia Tech College of Computing）的 Paul Manno 為我的列印軟體提供了寶貴的幫助。O'Reilly & Associates 的 Len Muellner 和 Erik Ray 幫助開發了 SGML 軟體。Jerry Peek 用於 SGML 的 vi 巨集非常可貴。

儘管在準備新內容和修訂章節期間使用了所有程式，但大部分編輯是在 GNU/Linux（Red Hat 4.2）下使用 Vim 4.5 和 5.0 版本完成的。

感謝審閱本書的 Keith Bostic、Steve Kirkendall、Bram Moolenaar、Paul Fox、Tom Dickey 和 Kevin Buettner。Steve Kirkendall、Bram Moolenaar、Paul Fox、Tom Dickey 和 Kevin Buettner 還提供了第八章到第十二章的重要部分。（這些章節編號指的是第六版）。

沒有電力公司產生的電力，是不可能用電腦做任何事情。但是當有電的時候，你可能不會停下來想一想。寫書時也是如此；沒有編輯，什麼都不會發生，但是當編輯在那裡工作時，很容易忘記她。O'Reilly 的 Gigi Estabrook 是一顆真正的寶石。和她一起工作很愉快，我很感激她為我做所做的一切。

最後，非常感謝 O'Reilly & Associates 的製作團隊。

Arnold Robbins
Ra'anana，以色列
1998 年 6 月

第七版致謝

Arnold 再次感謝他的妻子 Miriam 的愛與支持。她的安靜時間和冰淇淋債務規模繼續擴大。此外,感謝 J.D. Illiad Frazer 創作偉大的 *User Friendly* 卡通 [4]。

Elbert 想感謝 Anna、Cally、Bobby 和他的父母,感謝他們在艱難時期對他的工作持續支持。他們的熱情具有感染力和讚賞。

感謝 Keith Bostic 和 Steve Kirkendall 為修改章節提供他們編輯的意見。Tom Dickey 為修訂關於 vile 的章節和附錄 B 中的 set 選項列表提供重要資訊。BramMoolenaar(Vim 的作者)這次也檢視過本書。Robert P. J. Day、Matt Frye、Judith Myerson 和 Stephen Figgins 在全文中皆提供了重要的評論。

Arnold 和 Elbert 感謝 Andy Oram 和 Isabel Kunkle 為編輯所做的貢獻,以及 O'Reilly Media 的所有工具和製作人員。

Arnold Robbins
Nof Ayalon
以色列 2008 年 4 月

Elbert Hannah
Kildeer,美國伊利諾州
2008 年 4 月

第八版致謝

我們要感謝 Krishnan Ravikumar,他寫電子郵件給 Arnold,詢問新版書籍的問題,便開始著手更新本書。

我們還要感謝以下技術審稿人員(按字母順序):Yehezkel Bernat, Robert P. J. Day、Will Gallego、Jess Males、Ofra Moyal-Cohen、Paul Pomerleau 和 Miriam Robbins。

Arnold 想再次感謝他的妻子 Miriam,感謝她在本書進行過程中,讓他專心一致。他還感謝他的孩子 Chana、Rivka、Nachum 和 Malka,以及小狗 Sophie。

4　User Friendly 網站 *http://www.userfriendly.org*

Elbert 要感謝以下人員：

- 他的妻子 Anna 能夠**再次**接受，讓他整理本書的奇怪時程與要求。他還要感謝 Bobby 和 Cally 在工作進行過程中給予的支持和鼓勵。他們永遠開朗的態度總是令人振奮。他特別感謝最小的孫子 Dean。Dean 的第一句話是「book」，Elbert 只能假設 Dean 指的是這本書。

- 他的西部高地梗犬 Poncho 在寫第七版時就在那兒，現在還活著，熱切等待著第八版。牠不知道如何閱讀，但仍然「掌握」了 Vim。因為牠的爪子總是會在鍵盤上，但從不碰滑鼠游標。

- 與他同行 13 年來的 CME 團隊，在此期間磨練自己的 Vim 技能，並向其他人傳授 Vim 的偉大之處。

  — 特別是 Scott Fink，他是同事、老闆、合作者，也是朋友，他總是要求希望對於 Vim 有更多的瞭解，以及 Vim 世界中的所有事物。他與 Scott 合作，利用 Vim「禪」，一起撰寫出色的應用程式。

  — Paul Pomerleau 是本書的技術審查人員，總是讓誠實的比較 Vim/Emacs。儘管 Paul 使用 Emacs，但他是 13 年來 Elbert 的最偉大合作者和朋友之一。

  — Michael Ciacco 向他展示了 Microsoft 的 VS Code，呈現很多新把戲。

  — 最後是 Tony Ferraro，這是他最後的職業生涯中，共事的工作者。Tony 總是鼓勵 Elbert 嘗試寫作（技術文件）。這本書是給你的，Tony ！

我們作者兩人還要感謝本期的編輯 Gary O'Brien 和 Shira Evans，他們耐心地指導並帶領我們完成修訂過程。有人說對程式人員的管理，就像放養家貓一樣。毫無疑問，這同樣適用於管理作者。此外，我們也很感謝 O'Reilly Media 的工具和製作人員。

Arnold Robbins
Nof Ayalon
以色列 2021 年 9 月

Elbert Hannah
Kildeer，美國伊利諾州
2021 年 9 月

vi 與 Vim 的基礎

第一部分，安排讓讀者能快速的開始使用 vi 與 Vim 編輯器。提供一些進階技巧，可以更有效率使用它們。以下章節將涵蓋最原始、最核心的 vi 功能與命令，可以在任何版本上使用的命令。後面章節將介紹 Vim 進階技巧的特性。這部分包含以下章節：

- 第一章，vi 與 Vim 簡介
- 第二章，簡單的文字編輯
- 第三章，快速移動位置
- 第四章，越過基礎的藩籬
- 第五章，ex 編輯器簡介
- 第六章，全域代換
- 第七章，進階編輯

vi 與 Vim 簡介

電腦最重要的日常用途之一，就是文字處理：撰寫新文字、編輯和重新排列現有文字、刪除或重寫不正確且過時的文字。如果使用過文字處理程式，例如：手邊的 Microsoft Word。亦或是程式設計師的你，也是在處理原始碼裡的文字內容，以及開發時所需的輔助文件。文字編輯器處理任何文字內容的檔案，無論這些檔案是否包含數據資料、原始碼或寫作句子。

本書內容是關於兩個相關文字編輯器 vi 與 Vim 的使用。vi 是在標準 Unix 上作為傳統悠久的文字編輯器 [1]。而 Vim 建立在 vi 的命令模式與命令語言之上，提供比原來快一倍以上的能力。

文字編輯器和文字編輯

讓我們開始吧！

文字編輯器

Unix 文字編輯器隨著時間的推移而發展。最初的是行編輯器（line editor），例如：ed 和 ex，用於連續進紙的串列終端設備上列印。（是的，真是這樣進行作業，至少作者也曾如此。）之所以稱為行編輯器，是因為程式每次處理都僅限於一行到數行之間。

---

[1] 如今「Unix」一詞包含源自原始 Unix 的商業系統，以及開放原始碼的類 Unix 系統。Solaris、AIX 和 HP-UX 是前項的代表，GNU/Linux 和各種衍生於 BSD 系統是後項的代表。也泛指 macOS 的終端環境、在 MS-Windows 上，適用於 Linux 的 Windows 子系統（WSL，Windows Subsystem for Linux），以及 Cygwin 和其他類似 Windows 的環境。除非另有說明，本書中的所有內容全面適用於這些系統。

隨著可呈游標位置的黑白螢幕設備（cathode-ray tube；CRT）的推出，行編輯器演變成螢幕編輯器（screen editor），例如：vi 和 Emacs。螢幕編輯器可以一次全螢幕處理檔案，可輕鬆的在行與行之間移動，畫面上的變化正如我們所期望。

接著，圖形使用者介面（GUI）環境的導入，螢幕編輯器更進一步演變成圖形化文字編輯器，可以在其中使用滑鼠捲動，檢視檔案的一小部分，並且移動到檔案中的特定位置，然後選擇所要的文字上執行操作。以上大多是以 X Window 系統上的文字編輯器來說的，若在 Gnome 的系統上則是 gedit，而在 MS-Windows 上是 Notepad++。還有其他的。

特別感興趣的是，流行的螢幕編輯器已經演進到圖形化編輯器[2]。如：GNU Emacs 提供多個 X Window，而 Vim 則是 gvim。即便如此，圖形化編輯器依舊與原有螢幕編輯器有著相同的運作模式，使用 GUI 版本的編輯器沒有太大的區別。

在 Unix 系統上的所有標準編輯器當中，vi 是最有用的第一首選[3]。與 Emacs 不同的是，它在每一個近代版本的 Unix 上，都幾乎以相同的形式在系統裡出現，因此從單純的文字編輯器，變成文字編輯的一種通用語[4]。也可以說，相較 ed 和 ex，與之後變化的螢幕編輯器、圖形化編輯器，後者更容易使用。（事實上，行編輯器大多數已經棄之不用）

vi 存在多個化身。有原始的 Unix 版本，還有多個「複製」版本：從頭開始撰寫可以像 vi 一樣執行的程式，但不是出自於原始 vi 的原始碼。其中，Vim（*https://www.vim.org/*）是最受歡迎的版本。

在第一部分的章節中，帶給讀者 vi 的一般概念。在這部分每個章節中，所提到的內容，都適用於所有 vi 版本。然而，我們以 Vim 做為本書內容使用的依據；因為，這比較可能出現在目前系統的版本之中。在閱讀時，可將「vi」想像成為標準的「vi 與 Vim」。

 vi 是視覺化編輯器（*visual* editor）的縮寫，讀作「vee-eye」。請參考，圖 1-1。

---

2 或許跟神奇寶貝一樣？
3 如果還沒有安裝 vi 或 Vim，請見附錄 D：vi 與 Vim 原始碼與編譯。
4 GNU Emacs 已經成為 Emacs 的通用版本。唯一的問題是它在大多數的系統中不是標準的；必須自行取得和安裝，即使在某些 GNU/Linux 系統上也是如此。

圖 1-1 vi 的正確發音

對於許多初學者來說，vi 看起來不直觀又笨重。它不用特殊控制鍵作為文字處理的功能鍵，讓我們能夠正常輸入，反而使用一般常用按鍵來執行命令。當按鍵用於執行命令時，vi 處於「命令模式」（*command mode*）。必須先進入「插入模式」（*insert mode*），才能輸入實際的文字。而且，命令多如牛毛。

然而，一旦當我們開始學習之後，將瞭解這個編輯器的確經過精心設計。只需要按幾個按鍵，便可以完成複雜的工作。在學習 vi 過程中，我們可以把編輯工作逐漸交給電腦；這本來就是電腦的工作。

vi 與 Vim（如同任何文字編輯器一樣），並非是一個「所見即所得」的文字處理器。如果需要產生格式化文件，需要輸入特定指令；有時稱做格式化代碼（*formatting code*），會使用個別的格式化程式來控制輸出的結果。以縮排數段文字為例，你需要在縮排的開始與結束的地方插入代碼。格式化代碼讓你嘗試或變更文件顯示的結果，相較文字處理器，對於視覺上的呈現有更好的控制。

格式化代碼通常被視為是一種標記式語言（*markup language*）的動詞[5]。近幾年來，標記式語言重新流行起來，其中 Markdown 和 AsciiDoc 較為值得注意的[6]。而用於網際網路上，建構網頁中的超文本標記語言（HyperText Markup Language，HTML），也許才是當今更為廣泛使用的標記式語言。

5　源自於排版與校對時，用紅色鉛筆「標記」修改的變化而來。
6　關於這些語言的更多資訊，可參考 https://en.wikipedia.org/wiki/Markdown 與 http://asciidoc.org。本書使用的是 AsciiDoc。

除了剛才提到的標籤語言，Unix 支援 troff 格式化套件 [7]。Tex（*http://www.ctan.org/* ）與 Latex（*http://www.latex-project.org* ）也是很常使用的格式化程式。使用這些標籤語言的最簡單方式，就是使用文字編輯器編輯。

vi 支援一些簡單的格式化機制。例如，可以要求它在一行結束時自動換行，或是自動縮排進新的一行。此外，Vim 提供自動化拼自檢查。

如同任何技能一樣，當編輯進行的越多，這些基礎知識就變得越容易，你可以完成的工作就越多。一旦習慣了編輯時所擁有的功能，可能永遠不會想回到任何「簡易」的編輯器。

文字編輯

文字編輯的工作有那些部分？首先，你想要插入文字（一個忘掉的或是句子），接著會刪除文字（錯字或整個段落）。你也會想要變更文字或句子（變更錯字，或是改變某個用詞）。也可能將文字從檔案的一處移動到另一處，或是複製到另一處。

但 vi 的初始狀態與其他文書處理程式不一樣，它的預設狀態是命令模式。只需要幾個按鍵，就可以進行複雜的互動式編輯。要插入文字，只要從「插入」命令中挑一個，就可以開始輸入文字。

基本的命令可能有一個或兩個字元，例如：

i

　　插入

cw

　　更改文字

用字母作為命令，可以大幅增加速度。不需要死記一大堆的功能鍵，或是為了按出組合鍵而相當不自然地伸展手指。永遠不必將手從鍵盤上移開，也不必弄亂多階層的選單！大部分命令都可利用相關字母而記憶，幾乎所有的命令都有類似的模式，並且互相關聯。

7　troff 用於雷射印表機與排字機（typesetter）。它的「孿生兄弟」是 nroff，用於列表機和終端機。依照 Unix 慣例，我們把兩者並稱為 troff。現在，任何使用 troff 的人，都在使用 GNU 版的 groff（*http://www.gnu.org/software/groff*）。

一般來說，vi 與 Vim 的命令：

- 有字母大小寫的區塊（大寫與小寫表示不同的意義，I 與 i 功用不同）。

- 在輸入時不會顯示在螢幕上。

- 不需要在命令後加上 ENTER 鍵。

同時也有另一組命令顯示在螢幕的底端，而這些命令前有特殊的符號。斜線（/）與問號（?）會開啟搜尋命令，將於第三章「快速移動位置」中討論。冒號（:）會開啟所有的 ex 命令。ex 命令是 ex 行編輯器使用的命令。在任何版本，都可以使用 vi 的 ex 行編輯器，因為它是底層的編輯器，而 vi 只是它的「檢視」模式而已。ex 命令與觀念，將於第五章「ex 編輯器簡介」中討論，但是本章會介紹關閉檔案而不儲存的 ex 命令。

簡史

在深入瞭解 vi 的裡裡外外前，知道一些來龍去脈有助於理解你的環境上 vi 的世界觀。特別有助於想通許多讓人不解的 vi 錯誤訊息，也將欣賞 Vim 如何演進到超越原始的 vi。

vi 可回溯到電腦使用者還在終端機上操作，必須透過串列線路（serial line）與中央迷你電腦（minicomputer）連線的時代。連上中央電腦的終端機可能有好幾百台，而且分散在世界各地。每台終端機都能做同樣的動作（如清除螢幕、移動游標），但動作所需的命令各不相同。

除此之外，Unix 系統能讓使用者選擇用於倒退（backspace）、產生中斷訊號，及其他適合用於串列終端機（serial terminal）的指令，例如暫緩與繼續輸出。這些功能都（現在也仍然）使用 stty 命令管理。

最初的 Berkeley Unix 版本的 vi，將終端控制資訊從原始碼（很難更改）中抽出來，放入由 termcap 函式庫所管理的終端功能（**term**inal **cap**abilities）文字檔資料庫（比較容易更改）。

1980 年代初期，System V 引入一個二進制的終端機資訊（**term**inal **info**rmation）資料庫，與 terminfo 函式庫。以上兩個函式庫在功能上大致相同。為了告訴 vi 採用哪個函式庫，你必須設定環境變數 TERM；這個變數通常在 shell 起始檔中設定，例如 .profile 或 .login。

而 termcap 函式庫已不再使用。GNU/Linux 和 BSD 系統中使用 ncurses 函式庫，它提供兼容於 System V terminfo 函式庫中相似的資料與能力。

現在，大家都在圖形環境中使用終端仿真器（如 Gnome Terminal）。系統幾乎也都為我們設定了 TERM。

 當然，你也能從個人電腦的非 GUI 控制台使用 Vim。在單一使用者模式下修復系統時，非常好用。不過，現在已經沒有太多人願意把這種方式當成日常工作的一環了。

在日常使用時，你很可能想要 GUI 版的 vi，例如 gvim。在 Microsoft Windows 或 Mac OS X 系統上，GUI 版的編輯器大概都是預設編輯器。然而，在虛擬終端上執行 vi（或相同年代的其他全螢幕編輯器），仍然使用 TERM 和 terminfo，並且需注意 stty 設定。在虛擬終端上使用它們，就跟學習 vi 和 Vim 的方式一樣簡單。

還有一項關於 vi 重要的事實需要瞭解，與現在相比，當時處於開發階段，在 Unix 系統中被視為較不穩定的。過去的 vi 使用者必須隨時應付系統不定時的當機（crash），所以 vi 支援回復正在編輯中的檔案[8]。所以，當各位學習 vi 和 Vim，看到各種關於潛在問題的說明時，請記得這些過往的發展。

開啟與關閉檔案

你可以使用 vi 編輯任何文字檔。編輯器將編輯的檔案複製到緩衝區（*buffer*，記憶體中另外設置的暫存區域）、顯示緩衝區（雖然一次只能看到一個螢幕大小的部分），並且讓你增加、刪除與更改文字。儲存編輯的結果時，則把緩衝區寫回永久的檔案中，替換同名的舊檔案。有一點要記住，你永遠是在緩衝區的檔案副本上作業，除非儲存緩衝區，否則編輯結果不會影響原始的檔案。儲存編輯的結果也稱為「寫入緩衝區」，或是更常見的「寫入檔案」。

從命令列開啟檔案

vim 是啟動 Vim 編輯器或編輯新舊檔案所用的 Unix 命令。vim 命令的語法是：

    $ vim [*filename*]

或

    $ vi [*filename*]

8　慶幸的是，這種事情不太常見，儘管系統仍然可能由於外部環境（例如停電）而崩潰。如果系統有不間斷電源，或者筆記型電腦上的健康電池，便無須擔憂。

在現代系統中，vi 通常是一個 Vim 連結。上述命令列出現了中括號，表示括號中的 filename 是選用項目，可有可無；中括號本身不用輸入。`$` 是 Unix 的提示符號（shell prompt）。

如果省略 filename，vi 會開啟一個未命名的緩衝區。當你想將緩衝區裡的內容寫入檔案時，可在此時命名。不過我們還是保持良好習慣，先在命令列上給予檔案名稱。

檔名在目錄中必須是唯一的。（某些作業系統稱呼目錄為**資料夾**，兩者是一樣意思）

在 Unix 系統中，檔名可以包括除了斜線（/）與 ASCII 的 NUL 以外的任何八位元字元；斜線保留給路徑中檔案與目錄的分隔之用，而 ASCII NUL 則全部的位元都是 0。你甚至可以在檔名中包含空白字元，只要在前面加上反斜線（\）即可。（MS-Windows 系統中，不允許反斜線（\）和冒號（:）存在檔名之中。）實際上，檔名通常包含任意的大寫與小寫字母組合，再加上點（.）與底線（_）字元等。請記住，Unix 會區分大小寫：小寫字母與大寫字母視為不同字元。還要記得按下 ENTER 鍵，告訴 Unix 你已經結束命令了。

於目錄中開啟新檔時，應該在 vi 命令中加上新的檔名。例如，要在現行目錄中開啟一個名為 *practice* 的新檔時，你應該輸入：

```
$ vi practice
```

因為這是個新檔，緩衝區會是空的，螢幕的顯示將如下所示：

```
~
~
~
"practice" [New file]
```

最左邊的波浪符號（~）表示檔案中沒有文字，連空白行都沒有。底下的提示列（也稱為狀態列）顯示了檔案的名稱與狀態。

你也可以編輯任何已存在目錄中的檔案，只要指定檔名即可。假設有一個 Unix 檔案位於 /home/john/letter。如果你已經位在 /home/john 目錄中，可以使用相對路徑。例如：

```
$ vi letter
```

會將檔案 letter 的副本帶入畫面中。

如果是在另一個目錄中，則提供完整路徑名稱來編輯：

```
$ vi /home/john/letter
```

從 GUI 開啟檔案

儘管我們（強烈）建議要熟悉命令列，但可以直接從 GUI 環境對文件執行 Vim。在文件上點選滑鼠右鍵，然後從彈出的選單中選擇「開啟檔案」。如果 Vim 安裝正確，它將是打開文件可用的選項之一。

通常，也可以直接從選單系統中啟動 Vim，在這種情況下，需要使用 ex 命令 :e *filename* 告訴它要編輯哪個文件。

我們不能具體指出哪一種方式比較好，因為當今有很多不同 GUI 的使用環境。

開啟檔案可能發生的問題

- 見到下列任何一種訊息：

  ```
  Visual needs addressable cursor or upline capability
  terminal: Unknown terminal type
  Block device required
  Not a typewriter
  ```

  表示終端機型式沒有設定好，也可能是 terminfo 中有錯誤。輸入 :q 離開。通常將 $TERM 環境變數設置為 vt100 就足夠執行。如需更進一步幫助，可以使用網路搜索引擎或流行的技術問題論壇，例如：Stack Overflow（*https://stackoverflow.com*）。

- 當你認為檔案已存在時，卻出現 [new file] 訊息。

  檢查檔案名稱的大小寫是否正確（Unix 會區分檔名的大小寫）。如果正確，很可能位於錯誤的目錄。輸入 :q 離開，檢查是否位於正確的目錄中（在 shell 提示符號下輸入 pwd）。如果位於正確的目錄中，則檢查目錄中的檔案列表（使用 ls），以確定此存在的檔名是否和你輸入的檔名有一點點不同。

- 啟動 vi，卻得到：提示符號（表示你在 ex 行編輯模式下）。

  你可能在 vi 重畫螢幕前將其中斷（通常是 CTRL-C ）。請在 ex 提示符號（:）下輸入 vi。

- 出現以下訊息之一：

  ```
  [Read only]
  File is read only
  Permission denied
  ```

「Read only」表示你只能查看檔案，無法儲存任何更動。你可能以**唯讀**模式（使用 view 或 vi -R）啟動了 vi；或是你對檔案沒有寫入的權限。參考第 8 頁的「從命令列開啟檔案」章節。

- 出現以下訊息之一：

  ```
  Bad file number
  Block special file
  Character special file
  Directory
  Executable
  Non-ascii file
  file non-ASCII
  ```

  表示你要編輯的檔案，不是一般的文字檔。輸入 :q! 離開，再檢查你要編輯的檔案，可以使用 file 命令。

- 當你遇上前述問題，而輸入 :q 後，卻出現如下訊息：

  ```
  E37: No write since last change (add ! to override)
  ```

  表示你更改了檔案而不自知。輸入 :q! 離開。你所做的改變將不會儲存到檔案中。

作業模式

曾稍早提過，現行「模式（mode）」的概念對 vi 的運作而言是最基礎的。模式有兩種，「命令模式」（*command mode*）與「插入模式」（*insert mode*）。（ex 命令模式可以被認為是第三種模式，但現在我們將它忽略。）一開始是命令模式，此時所有按鍵都代表命令[9]。在插入模式中，你輸入的東西都成為檔案的內容。

有時，你可能意外地進入插入模式，或是反過來，意外地離開插入模式。無論何種情況，輸入內容可能影響檔案，但又不是你想要的結果。

按下 ESC 鍵，迫使編輯器進入命令模式。如果你已經處於命令模式，編輯器會在你按下 ESC 鍵時發出「嗶」聲。（因此命令模式有時被稱為「嗶嗶模式」）。

一旦安全地進入了命令模式，即可動手修復意料之外的改變，並繼續編輯文字。（參考第 32 頁的「刪除可能發生的問題」與第 36 頁的「還原」章節）。

9　注意，vi 與 Vim 沒有針對每個可能的按鍵配置命令。因此，在命令模式下，編輯器希望接收代表命令的鍵，而不是將輸入的鍵寫入到檔案中。稍後會在第 126 頁的「使用 map 命令」章節中，充分運用未使用的鍵。

儲存與結束檔案

如果在終端機視窗下執行，你可以隨時結束正在工作的檔案，儲存編輯結果，並回到命令提示符號下。用於結束並儲存編輯結果的命令是 ZZ。請注意 ZZ 字母均為大寫。

假設建立了一個名為 *practice* 的檔案，用於練習 vi，並輸入了六行文字。想儲存這個檔案時，首先按下 ESC 鍵，檢查是否處於命令模式，而後輸入 ZZ。

按鍵順序	結果
ZZ	`"practice" [New] 6L, 104C written`
	輸入 ZZ（寫入並存檔的命令）後，檔案會儲存成一般的磁碟檔案。
`$ ls`	`ch01.asciidoc` `ch02.asciidoc` `practice`
	列出目錄中的檔案，顯示新建立的 *practice* 檔案。

此外，也可以用 ex 命令儲存編輯結果。輸入 :w 以儲存（寫入）檔案，但不離開 vi；若尚無編輯動作，可輸入 :q 退出；輸入 :wq，則是儲存編輯結果並結束（:wq 與 ZZ 相同作用）。我們會在第五章中完整解釋如何使用命令；現在，只需要記住一些寫入與儲存的命令即可。

結束而不儲存編輯結果

在初學 Vim 時，如果很喜歡大膽地作各種嘗試，有兩個 ex 命令可以輕鬆地回到原來的樣子。當想要消除這一次所有的編輯結果並且想載入回到原來的檔案時，採用命令：

    :e! ENTER

將回到上一次儲存的檔案內容，你可以從頭來過。

假設想消除所有的編輯結果，直接離開編輯器，採用命令：

    :q! ENTER

將迅速離開正在編輯的檔案，並回到命令提示符號下。使用這兩個命令後，自上一次存檔以來在緩衝區中所做的所有編輯，都將清除。編輯器通常不會放棄編輯的結果。然而在 :e 與 :q 命令後的驚嘆號，使得編輯器覆寫這個命令，即使緩衝區有所改變，仍然會執行這個命令。

之後，我們不會在 ex 模式命令中顯示 ENTER 鍵，但卻必須使用它來讓編輯器執行。

儲存檔案可能發生的問題

- 嘗試寫入檔案，卻得到以下的訊息：

```
File exista
File file exists - use w!
[Existing file]
File is read only
```

輸入 :w! *file* 以覆蓋現存的檔案；或是輸入 :w *newfile*，把編輯的結果寫入新的檔案。

- 寫入檔案，卻沒有寫入的權限，並得到「*Permission denied.*」的訊息。

使用 :w *newfile* 將緩衝區寫入一個新檔。如果擁有目錄的寫入權限，則可使用 mv，用新的檔案蓋掉原來的檔案。如果沒有目錄的寫入權限，就輸入 :w *pathname/file*，把緩衝區寫入某個擁有寫入權限的目錄（如：使用者的家目錄，或是 */tmp*）。注意不要覆蓋該目錄中的任何現有檔案。

- 嘗試寫入檔案，卻得到檔案系統已滿的訊息。

現今，一個 500 GB 的硬碟都被認為很小，這樣的錯誤通常很少見。如果確實發生了這樣的事情，提供幾個步驟參考一下。首先，嘗試將檔案寫入不同檔案系統（如：*/tmp*）上的某個安全位置，以便保存資料。然後使用 ex 命令 :pre（:preserve 的縮寫）強制系統保存緩衝區。如果這不起作用，請搜尋一些可刪除的檔案，如下所示：

— 打開圖形檔案管理器（如：GNU/Linux 上的 Nautilus），試著尋找不需要並且可以刪除的舊檔案。

— 用 CTRL-Z 暫停 vi 並返回到 shell 提示符號。然後，可以使用各種 Unix 命令來尋找適合刪除的大檔案：

　— df 表示指定的檔案系統或整個系統上有多少可用磁碟空間。

　— du 表示指定的檔案和目錄使用了多少磁區塊。du -s * | sort -nr，這是一種取得檔案和目錄列表的簡單方法，並且按照使用的空間遞減排列。

刪除文件後，再使用 fg 將 vi 放回前景運作；就可以正常儲存工作。

當這樣做時，除了使用 CTRL-Z 和作業控制之外，還可以鍵入 :sh 啟動一個新的 shell 完成工作。輸入 CTRL-D 或 exit 終止 shell 並返回 vi。（這個也是用於 gvim）

還可以使用 `:!du -s *` 之類命令，從 vi 中執行 shell 命令，並且在命令完成後返回編輯。

練習題

學習 vi 和 Vim 唯一的方法就是練習。目前已經瞭解如何建立新檔，以及回到命令提示符號。試著建立一個名為 *practice* 的檔案，插入一些文字，接著儲存並結束此檔。

在現行目錄下開啟一個名為 *practice* 的檔案	`$ vi practice`
切換插入模式	`i`
插入文字	隨便輸入一些文字
回到命令模式	ESC
結束 vi，儲存編輯結果	`ZZ`

## 第二章

簡單的文字編輯

本章將介紹如何用 vi 與 Vim 來編輯文字,以教學文件的方式呈現。在本章中會學到如何移動游標,並作簡單的編輯。如果從來沒有用過這類編輯器,請把整章讀完。

後面的章節將展示,如何擴展這些技巧,能更快速的執行、更強大的編輯。對熟練者來說,最大的優點之一是:有許多的選項可用。當然,跟許多進階工具一樣,對於 vi 和 Vim 的新手來說,最大的缺點之一,就是有太多不同的編輯器命令需要學習。

你不能靠著強記每一個 vi 命令來學習使用編輯器。先從學習本章所介紹的基本命令開始。並且注意這些命令在使用模式上的共通部分。當遇到這些模式時,我們會指出它們。

在學習過程時,請留意可以指派給編輯器的更多任務,然後找到完成的命令。

在接下的章節中,將學習更多 vi 和 Vim 的進階技巧,但在掌握這些功能之前,必須掌握簡單的部分。

本章內容包括:

- 游標的移動
- 簡單的編輯:新增、修改、刪除、移動和復製文字
- 更多方式進入插入模式
- 行的合併
- 指示模式

vi 命令

vi 和 Vim 有兩種主要模式：命令模式和插入模式。由命令列（或冒號提示符號）所發出的 ex 命令當作第三種模式；它有許多進階使用方式，將在後面的章節中介紹。

當第一次打開檔案時，是處於命令模式，編輯器正在等待輸入命令。可以使用命令，移動檔案中的任何位置、執行編輯或進入插入模式來增加新內容。也可以下達命令，退出（儲存或忽略編輯）檔案，返回到 shell 提示符號。

可以將兩個不同的模式，分別視為代表不同的鍵盤。在插入模式下，鍵盤就如同平常一般的運作。在命令模式下，每個鍵都有新的意義或啟動一些指令。

有幾種方法可以告訴 Vim，開始插入模式。最常見的一種是按 i。而 i 不會出現在螢幕上，但是在按下之後，接下來輸入的任何內容都會出現在螢幕上並輸入到緩衝區中。游標標記當下插入點的位置[1]。要告訴 Vim 想停止插入內容，請按 ESC 。按 ESC ，游標將向後移動一個空格（使得當下位於輸入的最後一個字元上）並返回到命令模式。

例如，假設開啟一個新檔案，並想插入單詞「introduction」。依序輸入 iintroduction 後，螢幕上的顯示將是：

    introduction

當打開新檔案時，Vim 以命令模式啟動並將第一個按鍵（i）解釋為插入命令。在按下 ESC 之後，插入命令進行的所有輸入都被視為文字。如果需要在插入模式中修正錯誤，請輸入退格鍵再將錯誤的部分做修改。依照終端機的設定，退格鍵可能會刪除之前輸入的內容，也可能只是倒退回之前的位置。無論哪種情況，任何內容都將被刪除。請注意，不能使用退格鍵退回到超出一開始進入插入模式的位置。（如果關閉 vi 相容性，Vim 允許在進入插入模式的位置使用退格鍵。大多數 GNU/Linux 發行版都配置 Vim，並且關閉 vi 相容性，因此可以直接使用）。

Vim 有個選項可以定義一個右邊間距，並且在達到右邊間距時，自動插入換行符號（carriage return）。而在插入文字時，則按 ENTER 來換行。

有時後，在編輯器環境中，不知道是處於插入模式還是命令模式。每當 Vim 沒有按照預期回應時，按一次或兩次 ESC ，就可以確認當下處於哪種模式。此時，如果聽到嗶聲時，就是處於命令模式[2]。

---

1 在某些版本的狀態列中會顯示輸入模式。這在第 40 頁的「模式指示器」一節中會進行討論。
2 如果已將系統上的聲音靜音，則須透過觀察編輯器如何回應輸入的內容，來辨識確認處於哪種模式。

在命令模式下移動游標

通常，在編輯過程中，可能只花費少量時間在插入模式中增加新內容；而大多數時候，卻是發出命令移動文件，再進行文字編輯。

在命令模式下，可以將游標定位在文件中的任何位置。由於透過游標定位在要修改的內容上，進行基本編輯（修改、刪除和復製內容），因此會希望盡可能夠快地將游標移動到該位置。

vi 移動游標的命令種類包括：

- 上、下、左、右鍵——一次一個字元（*character*）。
- 前進或後退一個區塊文字（*text*）——如一次一個單字、句子或段落。
- 在檔案中一次一頁（*screen*）地前進後退。

在圖 2-1 中，在第三行看到的反白的 s 表示目前游標位置。而圓圈表示各種 vi 命令會將游標移動到的位置。

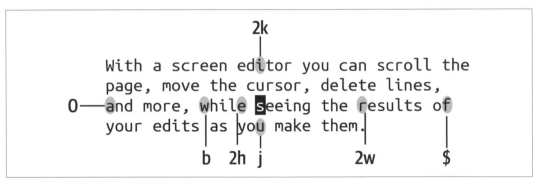

圖 2-1 以 s 為中心開始移動的命令範例

單一的移動

h、j、k、l，利用這四個位於右手指底下的鍵來移動游標：

h

　　向左一個字元

j

　　向下一行

k

　　向上一行

l

　　向右一個字元

也可以使用游標方向鍵（ ← 、 ↓ 、 ↑ 、 → ）、 + 和 - 上下移動，或 CTRL-P 和 CTRL-N ，以及 ENTER 和 BACKSPACE 鍵，但是這種方法比較少用。

一開始，也許會覺得用字母代替方向鍵來移動游標很奇怪。不過久而久之，會發現這是 vi 和 Vim 最令人喜愛的地方之一；因為，可以在不將手指從鍵盤中心移開的情況下，到處移動游標。

在移動游標前，請按 ESC ，以確保處於命令模式。使用 h、j、k、l 在目前游標位置向前或向後移動。當持續朝一個方向移動越來越遠時，可能會聽到一聲嗶嗶聲並且游標會停止。例如，當在一行的開頭或結尾，就不能使用 h 或 l 移動到上一行或是下一行；必須使用 j 或 k[3]。相同的，不能將游標移動超過波浪符號（~）的地方，就是沒有文字內容行，也不能移到第一行文字之前的位置。

為何使用 h、j、k、l？

Mary Ann Horton 在參與 Berkeley Unix 時，曾經講述過以下的故事：

雖然 vi 一開始體驗很像記事本（Notepad），但卻是個非常強大的編輯器。學生和教職員工大量使用強大的工具，例如「全域」命令，這個命令將依照某種樣式，比對所有行內的文字，進行相同的修改，可以發出如「刪除第 13 段」或「複製符合比對範圍的文字」但是 vi 的學習曲線很陡峭，初次的使用者，會希望透過方向鍵在終端上的檔案中移動，如同記事本一樣。

而在 vi 中，方向鍵不能作用，是有充分理由。因為使用者有各種不同廠牌的終端機介面，而這些終端機的方向鍵，在按下時都會發送不同的代碼。

3　Vim 使用 nocompatible 設定，允許在行尾，用 l 或空格鍵，移動到下一行。這很可能是預設選項。

Bill Joy 宣稱不必擔心方向鍵。他在家找到了一種可以運作的方法,並在公寓中安裝了一台 Lear-Siegler(LSI)廠牌的 ADM-3A 終端機。ADM-3A 由於沒有很多花俏的功能,如方向鍵;因此在當時以最低 995 美元的價格在市場銷售。也因此被貼上「簡易終端機(dumb terminal)」的稱號。LSI 廠商在 H、J、K 和 L 鍵上繪製了箭頭 [4]。Bill 設定 vi 比對:h 向左、j 向下、k 向上,和 l 向右的移動游標命令。每個 vi 使用者都必須學習 h、j、k、l 才能在檔案中移動。

如果想輸入一個帶有「h」的字母該怎麼辦? vi 和 ed 一樣,是一種具有「模式的(moded)」的編輯器。

這表示,要不是處於「命令模式」,按下的鍵將視為命令;就是處於「輸入模式」,之後按鍵內容將被增加到檔案中,二則一。像 i 表示「插入」命令,會進入輸入模式,而 Escape([ESC])鍵會回到命令模式。

方向鍵在 vi 中是如何得以運作?這些特殊鍵是透過連續發送兩個或三個字元序列,通常以轉義字元(Escape)為開頭,又稱為「轉義序列」(escape sequences)。然而,轉義字元已經是一個重要的 vi 命令。如果已經退出輸入模式的狀況下,再次退出輸入模式時,會發出嗶嗶聲。在 vi 中學到的第一件事就是,如果忘記當下所處的模式,按下 [ESC] 鍵,直到發出嗶嗶聲,就可以知道目前是處於命令模式。

vi 使用到一個名為「termcap」終端功能的資料庫檔案,提供編輯器,針對特定型號終端機發送不同代碼表示移動游標、清除螢幕等。比起直接處理不同終端機訊號的方式,將這類轉義序列增加到 termcap 是相對容易的。

如果電腦收到轉義字元後,使用者是按下 [ESC] 鍵還是方向鍵?編輯器是否應該退出輸入模式,還是應該等待更多文字來解釋方向鍵?一旦編輯器試圖讀取更多文字,程式就會停住,直到有東西進來。

幸運的是,當時 Unix 的一個新特性是允許編輯器短暫等待後,看看是否有另一個字元出現。如果該字元是有效轉義序列的一部分,vi 可以繼續讀取並檢查使用者按下了哪些按鍵。另一方面,如果在短暫的時間內沒有更多字元進入,則使用者就必須按下 [ESC] 鍵。如此,就解決問題!

---

4 在網際網路上,可以輕鬆找到這部終端機的鍵盤圖片。

大約在 1979 年春天，我為 vi 增加了代碼和 termcap 項目，用來解讀方向鍵、Home、Page-Up 和某些終端機特有的其他按鍵。

我將 termcap 調整為如同 ADM-3A 具有發送 h、j、k、l 的方向鍵；並移除相對應程式寫死的命令。我以為我已經解決了一切。

一天之內，我辦公室門外就聚集了一群憤怒的 CS 研究生。Peter 站在隊伍的最前面。他想知道為什麼破壞終端機上的 hjkl。我解釋說，現在可以用方向鍵工作了，不必使用 hjkl；而改用方向鍵。

Peter 翻了個白眼。他說：「你不明白，喜歡使用 hjkl ，是因為我們是打字員。而且手指正好在 hjkl 鍵上。不希望移動到鍵盤邊緣使用方向鍵。請把 hjkl 命令還給我們！」一行學生都表示同意這樣的說法。

他們是對的。我放回了 hjkl 並留下了方向鍵功能。我意識到 vi 命令的按鍵位置是如此重要。而且經常使用的命令，幾乎所有都是小寫字母。用 vi 的速度很快，直到今天還是喜歡 vi 來編輯文字檔案。我已經培訓了一些 IT 專業人員，如何充分利用 vi 和 Unix 工具。

數值參數

通常，可能希望多次重複一個命令。可以在命令前加上數字，而不是一遍又一遍地輸入命令。稱為重複計數（*repeat count*）或複製參數（*replication factor*）。

圖 2-2 顯示命令 4l 把游標向右移四個字元，就像是按了四次 l（llll）。

圖 2-2　用數值讓命令多次重複

重複次數需要出現命令之前，如果出現在命令之後，vi 不會知道需要多少次才能才能完成。

重複多次命令的功能，提供更多的選擇，也增加每個命令的能力。之後介紹的其他命令時，也請記住這一點。

在一行中移動

當你保存檔案 *practice* 時，Vim 會顯示一個訊息，說明這個檔案中有多少行。這裡的行不一定與螢幕上可見的行數量相同，而是表示在換行符號（*newline*）間的任何文字。（換行字元會在檔案處於插入模式下按 ENTER 鍵時插入一個換行符。）如果在按 ENTER 之前輸入 200 個字元，Vim 會將這些字元視為一行（即使這些字元在螢幕上明顯佔據了數行）。

在第一章「vi 和 Vim 簡介」中提到過，vi 和 Vim 有一個選項，允許設定與自動插入換行符的右邊間距（行尾）的距離。這個選項是 wrapmargin（縮寫是 wm）。可以將它設為 10 個字元：

```
:set wm=10
```

這個命令不會影響已經輸入的行資料。一旦設定這個，再加入一些新的文字，Vim 會在呈現時自動換行。在第七章「進階編輯」中，有更多關於設定選項的討論。（作者迫不及待提前先介紹！）

 在家目錄中，將這個命令放入名為 *.exrc* 的檔案中之後，每次啟動編輯器時，該指令就會自動執行。將在本書後面介紹 vi 和 Vim 的啟動檔案。

如果不使用自動 wrapmargin 選項，則必須使用 ENTER 換行字元來斷行，讓一行的長度保持在可以接受的範圍。

有兩個關於在一行內的移動命令是：

0 （數字零）

　　移到一行的開頭

$

　　移到一行的結尾

以下範例中，顯示行號。（使用 number 選項，在命令模式下輸入 :set nu 來啟用。這個將在第五章中介紹。）注意，這行號是編輯器提供的便利功能，並不是檔案內容的一部分。

```
1  With a screen editor you can scroll the page,
2  move the cursor, delete lines, insert characters,
   and more, while seeing the results of your edits
   as you make them.
3  Screen editors are very popular.
```

在例子中，標計數字的（3）是第三行文字，但在螢幕上卻呈現在第五行的位置。如果游標位於單字 *delete* 的 *d* 上，再輸入了 $ ，游標將移動到單字 *them* 後面的句點。如果輸入 0，游標將移回第二行開頭的單字 *move* 中字母 *m*。

依照文字區塊來作移動

你可以依照區塊方式移動游標，例如單字、句子、段落等：

w

向前移動一個單字（英文字母或數字所組成的單字）。

W

向前移動一個單字（以空格分隔的單字）。

b

向後移動一個單字（英文字母或數字所組成的單字）。

B

向前移動一個單字（以空格分隔的單字）。

G

移動到特定行。

一次 w 命令，游標將向前移動一個單字，而符號與標點符號也被視為等同於單字。以下顯示游標的移動 w：

cursor, delete lines, insert characters,

還可以使用 W 命令，依照單字向右移動，但不含標點符號和非字母符號。

cursor, delete lines, insert characters,

同理，要依照單字向左移動，請使用 b 命令，而不計算標點符號的話，請使用 B。

先前提過，移動命令若加入數字參數，就可以使得 w 或 b 命令移動數個位置。如：2w 向前移動兩個字；5B 向後移動五個字，不包含標點符號。

要移動到特定行，可以使用 G 命令。若輸入大寫 G 直接移動到檔案尾端，1G 到文件頂部，42G 到第 42 行。在後面第 54 頁的「G（前往）命令」部分中會更詳細描述。

在第三章「快速移動位置」中，探討句子和段落間的移動。現在練習，使用已知道的游標移動命令，與數字結合起來。

簡單的編輯

當輸入資料到檔案中時，很少會是一次就到位。每當發現拼字錯誤、想調整一些語詞；或是程式發生錯誤的地方要做修改。輸入內容後，須能夠進行修改、刪除、移動或複製。圖 2-3 顯示各種可能想對檔案進行編輯的方式，並加入了一些校對後需要變更的指示標記。

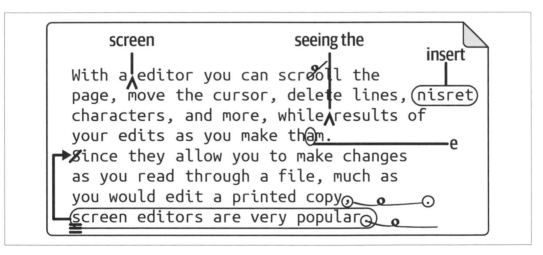

圖 2-3　校對編輯

在 vi 中，可以透過幾個基本鍵來完成這些編輯：i 插入、a 附加、c 修改；和 d 刪除。要移動或複製文字，使用相對應的命令。用 d 刪除（delete），以及先 y 拉動 / 複製（yank）需要的文字，再 p 置放 / 貼上（put）於調整後的位置。也可以使用 x 刪除或 r 替換單一字元。某些命令再次輸入時，會有特殊效果，例如 dd 刪除一整行。或是將命令改為大寫後，會有不同的位置，例如 P，表示在游標位置的行上方執行操作，而不是在行下方。本節將介紹每種類型的編輯命令。圖 2-4 呈現對應於圖 2-3 中，需要在標記位置上，進行編輯所使用的 vi 命令。

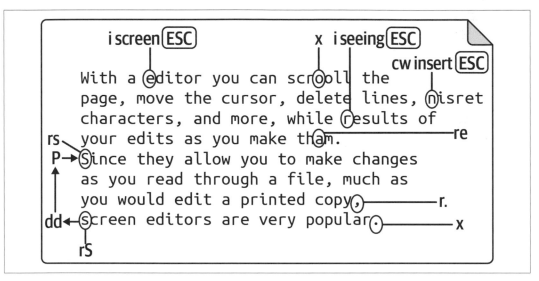

圖 2-4　進行編輯所使用的 vi 命令

這些練習檔案，從本書的 GitHub（*https://www.github.com/learning-vi/vi-files*）中取得，或是參考附錄中第 480 頁的「存取檔案」章節，獲得更多資訊。

插入新的文字

我們已經看過使用插入命令 i，輸入新的文字到檔案中，並且可以在編輯內容時，使用插入命令來增加或補足遺失的字元、單字和句子。在檔案 *practice* 中，假設有以下句子，並注意游標位置：

```
you can scroll
the page, move the cursor, delete
lines, and insert characters.
```

要在這個句子的開頭插入 *With a screen editor*，需要輸入：

按鍵順序	結果
2k	you can scroll the page, move the cursor, delete lines, and insert characters. 使用 k 命令將游標向上移動兩行，到要插入的行。
iWith□a□	With a you can scroll the page, move the cursor, delete lines, and insert characters. 按 i 進入插入模式並開始輸入內容，□代表空白鍵。
screen□editor□ ESC	With a screen editor you can scroll the page, move the cursor, delete lines, and insert characters. 輸入完成後，按 ESC 結束動作，並返回命令模式。

附加文字

可以使用附加命令 a，在檔案中的任何位置附加文字。a 與 i 的用法幾乎都相同，除了前者是在游標之後插入文字，而後者是在游標之前插入文字。你可能注意到，當按下 i 進入插入模式後，游標不會移動，除非插入一些文字。然而，當按下 a 進入插入模式時，游標會往右移一個字元，並且輸入的文字將在原來游標位置之後出現。

更改文字

需替換檔案中的文字時，可以用更改命令 c。為了告訴 c 有多少文字需要更改，可以把 c 與游標移動命令一起使用。此時，會視游標移動命令，來指定受影響的文字物件之範圍。例如，c 可以用來更改游標所在位置的文字：

cw

　　從游標到這個單字的結尾。

c2b

　　從游標往前兩個單字。

c$

　　從游標到本行結尾。

`c0`

從游標到此行的開頭。

在發出更改命令後，可用任何數量的新文字將標示出的文字做替換，像是全部空白、一個單字或是幾百行文字都可以。c 與 i、a 一樣，在按下 ESC 鍵之前，都會停留在插入模式。

當這些更改只影響目前這一行時，vi 把被更改文字的結尾用 $ 表示。因此，可以看到這一行的哪些部分將被影響。如果在不相容模式下，Vim 的動作會有所不同；會直接刪除指定修改的文字，並進入輸入模式。

單字

要更改一個單字，可用 c（更改）結合表示單字（word）的 w 命令。你可以將一個單字換成（cw）更長或更短的單字（或任何長度的文字）。cw 可以想成是「刪除標示區域的單字，再插入新的單字，直到按下 ESC 為止」。

假設檔案 *practice* 中有如下文字行：

    With an editor you can scroll the page,

並且想將 *an* 改為 *a screen*，僅只更改一個單字：

按鍵順序	結果
w	With an editor you can scroll the page,
	用 w 將游標移動到你想開始編輯的地方。
cw	With editor you can scroll the page,
	發出更改單字的命令。Vim 會刪除 *an* 並且進入到插入模式
a screen ESC	With a screen editor you can scroll the page,
	輸入更改的文字，再按 ESC 回到命令模式。

cw 也可以用在單字的一部分。例如，要將 *spelling* 改成 *spelled*，可以將游標移到 *i* 上，輸入 cw，再輸入 *ed*，接著用 ESC 結束。

vi 命令的一般形式

就目前為止提到的更改命令而言，你可能發現了如下模式：

（*command*）（*text object*）

command 的部分是更改命令 c，*text object*（文字物件）則是游標移動命令（輸入時不需加上括號）。但 c 不是唯一需要文字物件的命令，有很多命令都需要。d（刪除）命令、y（拉動／複製）命令，都適用這種形式。

另外要記住，游標移動命令可用數值參數，因此可將數值加在 c、d、y 等命令的文字物件上。例如 d2w 與 2dw 都是刪除兩個單字的命令。記住這一點後，會發現大部分的 vi 命令遵循如下形式：

（*command*）（*number*）（*text object*）

或是相等的形式：

（*number*）（*command*）（*text object*）

它們的工作方式是這樣的：*number* 與 *command* 為選擇使用。如果沒有這兩部分，只是單純的游標移動命令。如果加上 *number*，則出現移動多次的效果。

另一方面，結合 *command*（c、d、y 等等）與 *text object*，則會得到編輯命令。

當你認識到這些組合的多樣性後，Vim 就成為有強大威力的編輯器了！

一整行

要取代目前這一整行，有一個特殊的更改命令 cc。cc 會更改一整行，換成任何輸入的文字，直到按下 ESC 為止。原本的游標位置並不重要；cc 直接換掉整行文字。

在原來的 vi 中，cw 這一類命令的工作方式與 cc 不同。使用 cw 時，原來的文字會先留著，直到輸入內容逐漸將它蓋掉，而任何剩下的舊文字（到 $ 為止的文字），在你按下 ESC 後立即消失。使用 cc 時，舊的文字會先消失，留下一行空白用來插入文字。

在 vi 的狀況下，「覆蓋式」修改命令的方法，適用於較小、非整行的部分；而「空白行」修改命令的方法，適用於一整行或多行。

對於 Vim（在不相容模式下），這兩個命令都是刪除指定的文字，然後進入輸入模式。

C 可更改游標所在位置到此行結尾間的文字。其功用和 c 加上特殊行末符號 $ 的效果一樣（c$）。

cc 和 C 命令實際上是其他命令的快速方式，因為沒有文字對象可被指定為命令的結束點，因此它們無法遵循一般形式的 vi 命令。當討論到刪除（delete）和拉動／複製（yank）命令時，會看到其他快速方式。

字元

另外一種更改的方法是 r 命令。r 把一個字元替換成另一個。在進行編輯後，不需要按 ESC 回到命令模式。假設下面這一行文字有一個拼錯的地方：

　　Pith a screen editor you can scroll the page,

但只有一個字母需要更正。在這種情況下，不會想使用 cw，因為須要重新輸入整個單字。相反，使用 r 在游標處替換一個字元：

按鍵順序	結果
rW	With a screen editor you can scroll the page,
	使用 r 命令加上要更改的字元 W。

代換文字

在 vi 中，假設只想更改幾個字元，而不是一整個單字。代換命令（s）本身會替換一個字元。在前面加上數值後，即可替換許多個字元。與更改命令（c）一樣，vi 會將被代換的最後一個字元會用 $ 標示，以便查看有多少文字會被替換。而 Vim 只是刪除內容並進入輸入模式。（可以將 s 視同類似於 r，會進入插入模式，而不是直接替換指定的字元）。

S 命令，就像其他的大寫命令，可以更改一整行文字。與 C 命令不同的是，C 命令會更改游標所在位置，直到該行結尾間的文字；而 S 命令則不管游標位於那裡，都會整行刪除。並且將游標移到此行的開頭，進入插入模式。在命令前面加上數值，可以替換許多行。（S 和 cc 實際上是等效的）。

s 和 S 都讓會進入插入模式；輸入完新內容文字後，記得按下 ESC。

R 命令和對應的小寫命令一樣，用來替換文字；不同之處在於 R 會進入覆蓋模式（*overstrike mode*）。之後，輸入的字元將逐一覆蓋螢幕上的字元，直到按下 ESC 為止。R 命令最多只能覆蓋一整行；當按下 ENTER 時，編輯器會開啟新的一行，並進入插入模式。

更改大小寫

修改字母的大小寫是一種特殊的替換。波浪號（~）命令可將小寫字母改成大寫，或是將大寫字母改成小寫。將游標移到你要更改的字母上並輸入 ~，這個字母的大小寫會改變，並且游標會移到下一個字元。

也提供前綴數值來修改多個字元的大小寫。

如果要一次修改多行的大小寫，則必須透過 Unix 命令（如 tr）過濾文字，將在第七章中介紹。

刪除文字

檔案文字的刪除，可使用 d 命令。如同更改命令，刪除命令也需要文字物件（用於表示要處理的文字量）。

你可以刪除單字（dw）、刪除一行（dd 與 D），或使用稍後學到的其他移動命令。

單字

假設檔案中有下列文字：

```
Screen editors are are very popular,
since they allow you to make
changes as you read through a file.
```

游標的位置如圖。你想要刪除第一行中的一個 *are*。

按鍵順序	結果

2w	`Screen editors are are very popular,`
	`since they allow you to make`
	`changes as you read through a file.`
	
	游標移到要開始刪除的地方（ *are* ）。

按鍵順序	結果
dw	Screen editors are very popular, since they allow you to make changes as you read through a file.
	發出刪除單字的命令（dw）以刪除 *are*。

dw 也可以用來刪除單字的一部分，但注意，單字後面若有空格也會被刪除。在下例中：

> since they allowed you to make

想刪除 *allowed* 單字後面的 *ed*：

按鍵順序	結果
dw	since they allowyou to make
	輸入刪除單字的命令（dw），將游標所在位置開始的部分單字刪除。

dw 總是在一行中，下一個單字前的空白予以刪除，但是在上一個例子中，我們並不希望如此。要留下單字間的空白，應該使用 de，它只會刪除到單字本身的結尾。dE 刪除的範圍，則是包括標點在內的單字結尾 [5]。

你也可以往回刪除（db）或是刪除到一行的結尾或開頭（d$ 或 d0）。

讓我們澄清一下「小寫單字」和「大寫單字」之間的區別。假設檔案中有以下文字：

> This doesn't compute.

先將游標置於行首，接下來呈現 dw 和 dW 的區別如下：

按鍵順序	結果
w	This doesn't compute.
	將游標移動到 *d* 字母上。
dw	This 't compute.
	刪除游標下的單字，但不包含標點符號。
u	This doesn't compute.
	還原到之前的狀態。
dW	This compute.
	刪除游標下的單字，直到下一個空白字元。

5　Robert P. J. Day 指出，dw 與 de 有不同效果，而 cw 和 ce 效果卻相同。

一整行

dd 命令刪除游標所在的一整行，並不會只刪除部分行。像 cc 一樣，dd 是個特殊的命令。使用與前面範例中相同的文字，並將游標放在第一行，如下所示：

```
Screen editors are very popular,
since they allow you to make
changes as you read through a file.
```

你可以刪除開頭兩行：

按鍵順序	結果
2dd	changes as you read through a file.
	輸入刪除兩行的命令（2dd）。請注意，雖然游標並非位於一行的開頭，仍會刪除一整行。

使用 D 命令會刪除游標所在位置到這一行結束間的文字（D 是 d$ 的快速方式）。例如，游標位置如圖所示：

```
Screen editors are very popular,
since they allow you to make
changes as you read through a file.
```

你可以從游標開始刪除文字到本行結束：

按鍵順序	結果
D	Screen editors are very popular, since they allow you to make changes
	發出刪除游標右側所有部分的命令（D）。

字元

通常我們只想刪除一或兩個字元。這時候就會用到特殊的 r 更改命令，用來替換單一字元；或特別的 x 刪除命令，用來刪除游標所在位置的字元。在下面這一行中：

```
zYou can move text by deleting text and then
```

你可以按下 x 以刪除 z^6。大寫的 X 則刪除游標前的字元。在這些命令前面加上數值可以刪除多個字元。例如，5x 會刪除從游標所在之處開始往右的五個字元。使用 x 或 X 後，會處於命令模式。

刪除可能發生的問題

- 你刪除錯誤的文字，並希望將其還原。

    有幾種方法可以恢復已刪除的內容。如果剛刪除一些東西，並意識到錯誤，只要輸入 u 就可以取消上一個命令（如 dd）。這只適用於還沒有發出其他命令時，因為 u 只會取消最近一個命令。或是，使用 U，則會恢復一整行的原來面貌；就是做了任何改變前的樣子。

    此外，還可以使用 p 命令，回覆最近幾次的刪除動作；因為 vi 會將最後九次的刪除動作儲存在九個刪除緩衝區中。假設你知道要回復的緩衝區是第三個，則可以輸入：

    ```
    "3p
    ```

    把第三個緩衝區「放到」游標所在的下一行。

    但這個方式只在刪除一整行時才有用。被刪除的單字，或是一行的一部分，都不會存到緩衝區中。如果要還原一個單字或一整行的一部分，而且 u 沒有用，請單獨使用 p 命令。這會還原所有你剛剛刪除的東西。

    注意，Vim 支援「無限次還原（infinite undo）」，這讓挽救失誤變得更加輕鬆。更多的細節，請參考第 182 頁的「擴充還原」部分。

無論什麼，undo 都會還原上一個操作。如果輸入 dw 兩次刪除兩個單字是被視作兩個操作，按一下 u 只恢復最後一個刪除的單字。但若是輸入 2dw 刪除兩個單字是被視作一次操作，在這種情況下，按一下 u 會恢復兩個已刪除的單字。

移動文字

每次刪除一個內容塊時，刪除的部分都會被保存在一個特殊且未命名的地方，我們稱之為刪除暫存器（deletion register）[7]。每次有新刪除時，暫存器的內容都會被覆蓋。

6　為什麼用 x 字母呢？可能是打字機用來消除（x-ing out）錯誤的意思吧。但現在誰還在用打字機呢？
7　較早的 vi 文件將這稱為**刪除緩衝區**。我們使用 Vim 的術語 *register* 來避免與保存檔案內容的緩衝區混淆。

在 vi 中，採用「刪除後再置放文字」形成文字的移動，就像「剪下與貼上」一樣。刪除要移動的內容後，接著移動到檔案中另一個位置，並使用置放命令（p）將文字放在新的位置。雖然可以移動任何文字區塊，但移動一整行會比移動單字更有用。

如果刪除不到一行的文字，置放命令（p）會將緩衝區的文字放在游標之後，而大寫的 P 命令，則把文字放置在游標之前。如果刪除一行以上的文字，p 會把刪除的文字（或很多行）放在游標之下的一行，而大寫的 P 命令，會放在游標之上的一行。

假設你的檔案 *practice* 中有以下內容：

```
You can move text by deleting it and then,
like a "cut and paste,"
placing the deleted text elsewhere in the file.
each time you delete a text block.
```

並且想將第二行像「剪切和貼上」一樣移動到第三行下方。使用刪除，就可以進行這樣的編輯：

按鍵順序	結果

dd	```You can move text by deleting it and then,```
	```placing the deleted text elsewhere in the file.```
	```each time you delete a text block.```
	
	在游標位於第二行時，刪除這一行。這些文字會被放到緩衝區中（保留的記憶體）。

p	```You can move text by deleting it and then,```
	```placing that deleted text elsewhere in the file.```
	```like a "cut and paste"```
	```each time you delete a text block.```
	
	發出 p（置放）命令，在游標的下一行回復被刪除的行。除了要完成這個句子的排序，可能還需要更改大小寫與標點符號（使用 r 命令），才能符合新的句子結構。

 一旦刪除文字後，必須在下一個更改或刪除文字前發出還原命令。如果做了另一個編輯動作就會影響緩衝區，之前刪除的文字會消失。只要不做新的編輯動作，就可以一直重複置放的動作。在第 62 頁的「使用暫存器」一節中，將學習如何將刪除的文字保存在命名暫存器中，便於之後存取。

對調兩個字母

我們可以使用 xp（刪除字元並放在游標後面）來對調兩個字母。例如，在單字 *mvoe* 中，字母 *vo* 需要被對調。要更正這個錯誤，請將游標放在 *v* 上並按 x，然後按 p。巧合的是，*transpose*（對調）這個字可以幫助記憶 xp；x 表示 *trans*，而 p 表示 *pose*。

目前還沒有對調兩個單字的命令。在第 126 頁的「使用 map 命令」章節，會討論對調兩個單字的命令組合。

複製文字

通常，我們可以透過複製檔案中的一部分，在其他地方使用，可以節省編輯（與按下鍵盤）的時間。使用兩個命令 y（拉動／複製）與 p（置放），就可以複製任何數量的文字，再放置到另一個地方。複製命令會將選取的文字放到特殊的緩衝區中，一直保留到下一個複製命令（或刪除命令）發生為止。我們可以用置放命令將這些文字放到檔案的任何地方。

就像修改與刪除命令一樣，複製命令可與任何游標移動命令合併使用（如 yw、y$、y0、4yy）。複製命令最常用在一行（或更多）文字上，因為複製再置放一個單字，通常比直接插入單字還要花時間。

快捷鍵 yy 操作一整行的文字，就像 dd 與 cc 一樣。但是由於某種原因，快捷鍵 Y 的操作方法並不像 D 與 C。快捷鍵 Y 不是從當下游標位置複製到行尾，而是複製整行；也就是說，Y 和 yy 做同樣的事情。（使用 y$ 也是從當下位置複製行尾）。

假設檔案 *practice* 中有以下內容：

```
With a screen editor you can
scroll the page.
move the cursor.
delete lines.
```

我們想寫三個完整的句子，每個句子都以 *With a screen editor you can* 作開頭。此時可以使用複製和置放命令增加文字，而不是在檔案中到處移動、重複地輸入相同段落進行編輯：

按鍵順序	結果
yy	With a screen editor you can scroll the page. move the cursor. delete lines. 將要複製的內文字拉到暫存器中。游標可以位於使用者要選取行上的任何位置（或許多行中的第一行）。
2j	With a screen editor you can scroll the page. move the cursor. delete lines. 將游標移動到要放置被選取文字的位置。
P	With a screen editor you can scroll the page. With a screen editor you can move the cursor. delete lines. 用 P 將已複製的文字，放在游標位置的上一行。
jp	With a screen editor you can scroll the page. With a screen editor you can move the cursor. With a screen editor you can delete lines. 將游標下移一行。然後再用 p 將已複製的文字，放在游標位置的下一行。

複製與刪除使用相同的暫存器。每次新的複製或刪除，都會替換刪除暫存器中先前的文字。在「使用暫存器」中將看到的，置放命令最多可有 9 個先前的複製或刪除可供使用。還可以直接複製或刪除的文字放到 26 個已命名的暫存器，如此便於一次處理多個文字區塊。

重複或還原上一個命令

每個發出的編輯命令都存儲在一個臨時暫存器中，直到發出下一個命令為止。例如在檔案中的某個單字之後插入 *the*，用於插入內容的命令以及輸入的文字將被臨時儲存。

重複命令

每當一遍又一遍地執行相同的編輯命令時，可以透過使用重複命令，句點（.）來節省時間。將游標移到希望重複前一次編輯命令的地方，再輸入一個句號。

假設檔案中有以下文字：

```
With a screen editor you can
scroll the page.
With a screen editor you can
move the cursor.
```

在刪除一行後，只要輸入句號即可再刪除另一行。

按鍵順序	結果
dd	With a screen editor you can scroll the page. move the cursor. 用命令 dd 刪除一行。
.	With a screen editor you can scroll the page. 重複刪除。

還原

前面提過，如果出了錯誤，只要按 u，就可以還原上一個命令。並且游標不需要在原來發出命令時所在的位置。

繼續前面的範例，展示在 *practice* 檔案中所刪除的行：

按鍵順序	結果
u	With a screen editor you can scroll the page. move the cursor. u 會還原上一個命令，並恢復被刪除的行。

在 vi 中大寫字母的 U，會還原所有在同一行的編輯動作，*只要游標停留在該行上。一旦移動到別的行，就不能使用 U 了*。Vim 沒有這個限制。

注意你可以用 u 還原上次「還原」的動作，在兩個版本的文字之間切換。u 也可以還原 U，而 U 會還原所有在同一行中的改變，包括 u 在內。

如果你使用 Vim，還原的工作方式可能會有所不同，會連續還原之前的修改。Vim 允許你使用 CTRL-R 來「重做（redo）」一次還原的操作。加上無限次還原，就可以在檔案的修改歷史中前後移動。有關詳細說明，請參考第 182 頁的「擴充還原」章節。

 可以透過 u 還原命令，產生一個在檔案中移動的巧妙方式。如果你想返回上一次暫停編輯的地點，只需還原，即可回到適當的地點。屆時除了還原上一次的編輯修改外，游標還會直接跳回到該行。

更多插入文字的方法

你可以依照以下的按鍵順序，在游標之前輸入文字：

itext to be inserted ESC

你也可以用 a 命令，在游標後附加文字。還有其他的插入命令，可以在游標的不同位置插入文字（有一些之前已經討論過）：

A

　　在一行的結尾處附加文字

I

　　在一行的起始處插入文字

o （小寫字母 *o*）
　　在游標所在位置的下一行開啟新行

O （大寫字母 *O*）
　　在游標所在位置的上一行開啟新行

s

　　刪除游標所在位置的字元後再代換文字

S

　　刪除一整行後再代換文字

R

　　用新的字元覆蓋既有的字元

上述所有命令都會進入插入模式。在插入文字後，記得按一下 [ESC] 回到命令模式。

A（附加）與 i（插入），可以節省進入插入模式前、將游標移到一行的開頭或結尾所花的時間。（A命令比 $a 省下一次按鍵。雖然一個按鍵可能不算什麼，但是當愈來愈熟悉編輯工作並逐漸不耐煩時，你會想省略更多按鍵）。

o 與 O（開啟一行）可以節省按下換行鍵的動作。你可以在一行的任何位置使用這些命令。

s 與 S（代換）可以讓你刪除一個字元或一整行，並用任何數量的文字代換。s 等於 c 加上 [SPACE] 兩個鍵的效果，而 S 與 cc 相等。s 最方便的用處之一是將一個字元換成多個字元。

R（大量替換）在你想更改文字，但不知道確實數量時很有用。例如，你不用猜 3cw 或 4cw，只要輸入 R 後再輸入替換的文字即可。

插入命令的數值參數

除了 o 與 O，之前列出的插入命令（包括 i 與 a）都接受前綴數值參數。接著可使用 i、I、a、A 等命令，插入一整行或其他字元。例如，輸入 50i* [ESC] 會插入 50 個星號、25a*- [ESC] 會附加 50 個字元（25 對星號與連字號的組合）。輸入少量的字元即可完成重複動作，這是再好不過。

使用前綴數值參數，r 會將許多字元替換成重複的單一字元。例如，在 C 或 C++ 程式碼中，如果要將 || 換成 &&，只要將游標放在第一個 | 字元上，再輸入 2r&。

你也可以在 S 上加入數值參數，以代換許多行。不過，使用 c 加上游標移動命令，會更為快速，並且更有彈性。

有個適合使用數值參數加上 s 命令的例子，當要更改單字中的幾個字元時，輸入 r 是不適合的，而輸入 cw 又會改掉太多文字。用數值參數加上 s 的作用通常與 R 一樣。

當然還有其他的命令可以自然地組合起來。例如，ea 可以用來將新的文字加到一個單字的後面。訓練自己辨認這些常用的命令組合，有助於編輯動作變得更自動化。

用 J 合併兩行

有時在編輯檔案過程中，在最後會剩下一些短行，很難閱讀。假設檔案 *practice* 內容如下：

```
With a
screen editor
you can
scroll the page, move the cursor
```

如果要將兩行合併為一行時，請將游標放在第一行的任何位置，然後按 SHIFT-J 將兩行合併：

按鍵順序	結果
J	With a screen editor you can scroll the page, move the cursor J 將游標所在的行與下一行合併。 With a screen editor you can scroll the page, move the cursor 使用 . ，重複上一個命令 J，繼續把下一行與目前這一行合併。

在 J 上結合數值參數可以將多個連續的行合併起來。1J 和 2J 或更多數值，都會把目前這一行與後面連續幾行合併起來；也包括游標所在的那一行。在上一個例子中，使用命令 3J 可合併三行。

vi 命令的問題

* 當輸入命令時，文字出乎意料地在螢幕上到處亂跑。

  先確定輸入的是 j，而不是輸入 J。

  可能在沒有注意到的情況按下 CAPS LOCK 鍵；在 vi 和 Vim 中有區分大小寫；大寫命令（例如：I、A、J）與小寫命令（i、a、j）是不同的，因此倘若按下這個鍵，所有的命令都不會被解釋為小寫，而是作為大寫命令。此時再次按 CAPS LOCK 鍵回到小寫狀態，接著按 ESC 確保處於命令模式，然後可能要輸入 U 還原最後更改的文字行，或是輸入 u 還原最後一個命令。也或許可能需要進行一些額外的修改，才能恢復先前弄亂的部分。

模式指示器

讀者已熟知編輯器有兩種模式：命令模式與插入模式。通常無法透過查看螢幕來判斷目前處於哪種模式。此外，知道在檔案中目前的位置，通常是很有用的資訊，而不必使用 CTRL-G 或 ex 的 :.= 命令。有兩個選項可以解決這些問題：showmode 與 ruler。

以上兩個選項 Vim 都有，而「Heirloom」和位於 Solaris 路徑 /usr/xpg7/bin 下的 vi 版本也有 showmode 選項。

表 2-1 列出了每個編輯器的特殊功能。

表 2-1　位置與模式指示器

編輯器	支援 ruler 的顯示	支援 showmode 的顯示
vi	無	可顯示新增一行、輸入、插入、附加、修改、替換等模式
Vim	行編號與游標位置	可顯示插入、替換和標示模式指示器

複習基本 vi 命令

表 2-2 呈現一些結合 c、d、y 與各種文字物件的組合命令。最後兩行顯示了其他的編輯命令。表 2-3 和表 2-4 列出其他的命令。表 2-5 總結本章提到的命令。

表 2-2　編輯命令

文字物件	更改	刪除	複製
一個單字	cw	dw	yw
兩個單字，不包括標點符號	2cW 或 c2W	2dW 或 d2W	2yW 或 y2W
往回三個單字	3cb 或 c3b	3db 或 d3b	3yb 或 y3b
一整行	cc	dd	yy 或 Y
到一行的末端	c$ 或 C	d$ 或 D	y$
到一行的開頭	c0	d0	y0
單一字元	r	x 或 X	yl 或 yh
五個字元	5s	5x	5yl

表 2-3　游標移動命令

移動	命令
←、↓、↑、→	h、j、k、l
←、↓、↑、→	BACKSPACE 、 CTRL-N 、 ENTER 、 CTRL-P 、空白鍵
到下一行的第一個字元	+
到上一行的第一個字元	-
到單字的結尾	e 或 E
往前一個單字	w 或 W
往回一個單字	b 或 B
到一行的結尾	$
到一行的開頭	0
到特定一行	G

表 2-4　其他的命令

操作	命令
從緩衝區放置文字	P 或 p
執行 vi，開啟指定檔案	vi *file*
執行 Vim，開啟指定檔案	vim *file*
儲存編輯結果，並離開檔案	ZZ
不儲存編輯結果，並離開檔案	:q! ENTER

表 2-5　建立與處理文字的命令

編輯動作	命令
在游標所在位置插入文字	i
在一行的開頭插入文字	I
在游標所在位置附加文字	a
在一行的最後附加文字	A
在游標下一行開啟新行	o
在游標上一行開啟新行	O
將刪除的文字放在游標之後或目前這一行的下方	p

編輯動作	命令
將刪除的文字放在游標之前或目前這一行的上方	P
替換游標下的字元	r
用新文字覆蓋現有的文字	R
刪除游標所在字元並進入插入模式	s
刪除一行並代換文字	S
刪除游標所在的字元	x
刪除游標之前的字元	X
合併目前這一行與下一行	J
切換目前字元的大小寫	~
重複上一個動作	.
還原上一個動作	u
將一整行回復原來的狀態	U

上述列表中的命令可以在 vi 和 Vim 中使用。但是，要發揮編輯器的真正威力（並提高工作效率），你需要更多的工具。接下來幾章會介紹這些工具。

## 第三章

快速移動位置

你不會只用編輯器來建立新檔案，而會花很多時間來編輯現有的檔案。也很少會想從檔案的第一行開始逐行地移動。而會想要直接到檔案的一個特定位置，然後開始工作。

所有的編輯動作，都是從游標移動到想要編輯的地方開始（或者，使用 ex 行編輯器命令，需要明確的編輯行號）。本章會展示如何以各種方式（依照螢幕、文字、樣式或行編號）思考移動。在 vi 和 Vim 中移動的方法有很多種，因為編輯速度取決於到達目標位置所需的按鍵數。

本章內容包括：

- 依螢幕來移動
- 依文字區塊來移動
- 依搜尋樣式來移動
- 依行號來移動

依照螢幕來移動

如同閱讀一本書時，你會將頁數當成書中的「位置」。例如：停止閱讀的那一頁或索引中的頁數。在編輯檔案時，可沒有那麼方便。有些檔案只有幾行，一眼就可以看完。但是許多檔案卻有幾百（甚至幾千！）行。

你可以將檔案想像成加上有文字的長捲軸。而螢幕是一個窗口，（通常）可以顯示其中 24 行的文字[1]。

1　即使在編輯時調整終端機模擬的視窗大小，編輯器也知道你的螢幕有多大。

在插入模式中，如果填滿了一整頁的文字，最後將於螢幕的最底行輸入內容。如果輸入到這一行的結尾，並按下 ENTER，則最上面一行就看不見，而一行空白行會出現在螢幕的最下面，用來輸入新的文字。這稱為**捲動**（*scrolling*）。

在命令模式中，可以向前或向後捲動，以便查看檔案中的任何文字。此外，游標移動命令又可加上前綴的數值參數，可加快速度在檔案各處移動。

捲動一個螢幕

以下是 vi 命令可以透過一個或半個螢幕向前或向後捲動檔案：

^F

　　向前捲動一個螢幕

^B

　　向後捲動一個螢幕

^D

　　向前（下）捲動半個螢幕

^U

　　向後（上）移動半個螢幕

 在此命令列表中，^ 符號代表 CTRL 鍵。所以，^F 表示按著 CTRL 鍵並同時按下 SHIFT-F 鍵。

還有一些命令可以將螢幕向上捲動一行（^E）和向下捲動一行（^Y）。然而，這兩個命令不會將游標移到一行的開頭。游標保持在同一行中與發出命令時相同的位置。

使用 z 重新調整螢幕位置

如果要向上或向下捲動螢幕，但是又想讓游標維持在原來的文字行，就用 z 命令：

z ENTER 與 z+ ENTER

　　將游標移到螢幕頂端並捲動螢幕

z.

　　將游標移到螢幕中央並捲動螢幕

z-

將游標移到螢幕底端並捲動螢幕

使用 z 命令加上前綴數值參數，用來重複多次移動，其實沒有意義。（畢竟你只需要將游標移到螢幕的頂端一次即可。重複相同的 z 命令，並不會再作任何移動。）然而 z 可以接受作為行號的前綴數值參數，指定的行號將成為新的目前位置。例如，z ENTER 可將目前這一行移到螢幕頂端，但是 200z ENTER 則會把第 200 行移到螢幕頂端。

某些 GNU/Linux 發行版會附帶一個 /etc/vimrc 提供 Vim 所使用的檔案，其中選項 scrolloff（捲動偏移量）設定為非零值（通常為 5）[2]。其他使用檔案 /usr/share/vim/vimXX/defaults.vim 其中 XX 是 Vim 版本。將 scrolloff 設定為非零值會讓 Vim 在上下捲動到頂端或底端時，游標上方或下方會多出幾行的文字。因此，可以調整一下設定後，輸入 z ENTER 將游標移動到螢幕頂端後，就會瞭解這個情況。

這個選項也會影響 H 和 L 命令（請參考下方的「在螢幕中移動」），以及可能的其他命令。

也可以透過使用者家目錄中的 .vimrc 檔案，明確將 scrolloff 設定為零，來消除預設設定的效果。（有關這個檔案的更多資訊，請參考第 116 頁的「自定義 vi 和 Vim」部分和第 173 頁的「系統與使用者配置組態檔」部分。）

重畫螢幕

如果你在終端視窗中使用 vi 或 Vim，在進行編輯時，來自電腦系統的訊息可能會顯示在螢幕上。（尤其當登入到遠端伺服器系統時，常會發生這種情況。）這些訊息雖然不會成為編輯緩衝區的一部分，但卻會造成工作上的干擾。因此，當系統訊息出現在螢幕上時，會需要重新顯示或重繪螢幕。

當捲動頁面時，會重新繪製部分（或全部）的螢幕畫面，因此只需要上下捲動一次，就可以消除那些多餘的訊息。也可以輸入 CTRL-L，只做重畫而無須捲動。

在螢幕中移動

你可以保留目前螢幕的位置，或檔案目前的可見範圍，並在螢幕範圍中到處移動：

2　感謝 Robert P. J. Day 告訴我們在系統上需要注意到的部分。

H

移到螢幕頂端的行。

M

移到螢幕中央的行。

L

移到螢幕底端的行。

n H

移到螢幕頂端往下第 *n* 行。

n L

移到螢幕底端往上第 *n* 行。

H 可以將游標從螢幕的任何地方移到第一行,也就是該頁第一個字的位置(home)。M 會將游標移到中間那一行,而 L 會移到最後一行。要將游標移到第一行下面一行,則使用 2H。

按鍵順序	結果
L	With a screen editor you can scroll the page, move the cursor, delete lines, insert characters, and more, while seeing the results of your edits as you make them. Screen editors are very popular, since they allow you to make changes as you read through a file. 使用 L 命令移動到螢幕的最後一行。
2H	With a screen editor you can scroll the page, move the cursor, delete lines, insert characters, and more, while seeing the results of your edits as you make them. Screen editors are very popular, since they allow you to make changes as you read through a file. 使用 2H 命令移動到螢幕的第二行。(單獨 H 會移動到螢幕第一行)

依照行移動

在目前的螢幕中，除了前面提過 j 與 k，還有依照行來移動的命令可以使用：

ENTER

移到下一行的第一個非空白字元

+

移到下一行的第一個非空白字元（與 ENTER 相同）

-

移到上一行的第一個非空白字元

這三個命令會將游標往下或往上一行，並移到第一個字元上，空格或定位字元會被忽略。而 j 與 k，會將游標往下或往上移動到一行的第一個位置（假設游標從第一個位置開始），即使該位置為空白。

在目前這一行移動

不要忘了 h 與 l 可將游標往左與右移動，而 0 與 $ 會將游標移到行首與行尾。也可以用：

^

移到目前這一行的第一個非空白字元。

n |

移到目前這一行第 n 列中的字元，如果 n 大於列數，則移動到行尾字元[3]。

與之前的行移動命令一樣，^ 會移到目前這一行的第一個字元，忽略任何空格或定位字元。相對地，0 則會把游標移到目前這行的第一個位置，即使是空白字元。

依照文字區塊移動

另一個在 vi 檔案中移動的方式，則是以文字區塊為單位（可以是單字、句子、段落或小節）。

3　為什麼是 | ？因為它類似於 | 的用法，提供 troff 格式化程式中的動作命令。

你已經學會如何依照一個單字（w、W、b、B）向前和向後移動。此外，還可以使用以下命令：

e

移動到目前單字的結尾（標點符號和空格所分隔的單字）。

E

移動到目前單字的結尾（空格分隔的單字）。

(

移動到目前句子的開頭。

)

移動到下一個句子的開頭。

{

移動到目前段落的開頭。

}

移動到下一段的開頭。

[[

移動到目前這一節的開頭。

]]

移動到下一節的開頭。

要辨認句子的結束，vi 和 Vim 會尋找 ?、.、! 這些終止的標點符號。當這些標點符號後面有至少兩個空白，或是做為一行的最後一個非空白字元時，vi 則將其標示為一個句子的結束。如果句號後只留下一個空格，或者句子以引號結束，則 vi 無法辨認這個句子。然而，Vim 並不那麼守舊，只需要在終止的標點符號後有一個空格，則會被辨識為一個句子。

段落的定義是下一個空白行前的文字，或是出現在 troff MS 巨集套件中，在預設段落巨集（.IP，.PP，.LP，.QP）之前的任何文字 [4]。同樣地，小節的定義是下一個在預設節巨集（.NH，.SH，.H1，.HU）之前的文字。可使用 :set 命令可用於自行定義被用於識別段落或小節的分隔記號之巨集，在第七章「進階編輯」中會介紹。

4　這已不像以前那麼常使用了。而 troff 仍有使用到，但不如 Unix 早期時多。

請記得，可以把移動命令加上數字。例如，3) 會往前三個句子。另外，也可以用移動命令做編輯：d) 會刪除到目前這個句子的結束，而 2y} 會向前複製兩段文字。

還要記住，可以將動作命令與 cw 和 ce 等編輯命令一起使用。Robert P. J. Day 指出，有趣的是「雖然 w 和 e 是稍微不同的移動命令，但變成修改命令 cw 和 ce 使用時，所做的事情卻完全相同」。

依照搜尋結果移動

在大檔案中移動時，最快速的方法之一是搜尋文字；或者更準確地說，搜尋符合樣式（*pattern*）的字元。有時搜尋動作可以用來找尋拼錯的單字，或是程式碼中某個變數出現的所有位置。

搜尋命令是特殊字元 / （斜線）。當你輸入斜線時，會出現在螢幕底部，接著再輸人要搜尋的特定樣式，格式為：/ *pattern*。

樣式可以是一個完整的單字或是一連串的字元（稱為「字元字串」）。例如搜尋單字 *red*，搜尋結果會比對出包含 *red* 樣式的單字，但是也會找出 *occurred*。如果在 *pattern* 前或後加上一個空格，則空格將被視為要比對樣式的一部分。樣式輸入完畢後，與所有出現在底部的命令一樣，需要按 ENTER 結束命令。

vi 和 Vim 與所有其他 Unix 編輯器一樣，也有一套特殊的樣式比對語法，可以搜尋變動的文字樣式；例如，任何以大寫字母開頭的單字，或是作為一行開頭的 *The* 單字。我們將在第六章「全域代換」中，討論這種更強大的樣式比對語法。現在，只需將樣式當成一個單字或詞組就可以了。

編輯器會從游標所在位置開始順向搜尋，如果需要則循環到檔案的開頭。游標會移到搜尋樣式第一次出現的地方。如果沒有找到，狀態列會出現「Pattern not found」的訊息[5]。

同樣利用 *practice* 檔案，示範如何依搜尋結果來移動游標：

---

5 確切的訊息，依照編輯器的版本不同而有所差異，但意義是一樣的。一般來說，我們不會在任何地方去註記訊息文字的差異，然而實際上所傳達的資訊都是相同的。

按鍵順序	結果
/edits ENTER	With a screen editor you can scroll the page, move the cursor, delete lines, insert characters, and more, while seeing the results of your **e**dits as you make them. 輸入搜尋樣式 *edits*。游標直接移動到符合樣式的文字上。注意，不要在 *edits* 之後輸入空格後再按 ENTER。
/scr ENTER	With a **s**creen editor you can scroll the page, move the cursor, delete lines, insert characters, and more, while seeing the results of your edits as you make them. 輸入搜尋樣式 *scr*。搜尋會循環到檔案的開頭。

還有，你可以搜尋任意組合的字元，不需要是完整的單字。

要往回搜尋，不是輸入 /，而是輸入 ?：

> ?*pattern*

在這兩種搜尋，如果有需要的話，都會在檔案的開頭或結尾做循環。

重複搜尋

上一次所搜尋的樣式，會保留在編輯的階段中。搜尋過後，可以使用 vi 命令再次搜尋上一個樣式，而非再次輸入相同的文字：

n

　　往同一個方向重複搜尋

N

　　往相反方向重複搜尋

/ ENTER

　　順向重複搜尋

? ENTER

　　反向重複搜尋

因為上一個樣式仍然可用，你可以搜尋一個樣式後，做些其他工作，接著再用 n、 N、/ 或 ?，來搜尋同一個樣式，而不用重新輸入。搜尋的方向（ / 是順向，? 是反向）會顯示在螢幕底端。Vim 更優於 vi 的是，將搜尋文字放入命令列中，並且可使用上下方向鍵捲動瀏覽搜尋命令歷史記錄。在後續第 351 頁的「歷史視窗的介紹」章節中，會說明如何充分利用這些被保存下來的歷史搜尋文字。

繼續之前範例。因為 *scr* 這個樣式仍然可以用來搜尋，執行以下操作：

按鍵順序	結果
n	With a screen editor you can scroll the page, move the cursor, delete lines, insert characters, and more, while seeing the results of your edits as you make them. 用 n（下一個）命令移到下一個出現樣式 *scr* 的地方。 （游標從 *screen* 到 *scroll*）。
?you ENTER	With a screen editor you can scroll the page, move the cursor, delete lines, insert characters, and more, while seeing the results of your edits as you make them. 用 ? 從游標位置反向搜尋，到第一個出現 *you* 的地方。 你需要在輸入樣式之後按 ENTER 。
N	With a screen editor you can scroll the page, move the cursor, delete lines, insert characters, and more, while seeing the results of your edits as you make them. 重複上一個搜尋命令，但方向相反（順向）。

有時只想搜尋在游標位置之前的單字；並不想讓搜尋回到檔案的開頭。有一個選項 wrapscan，可以控制搜尋是否要循環到開頭。你可以取消這個功能：

    :set nowrapscan

當設定了 nowrapscan，而順向搜尋失敗時，vi 的狀態列會顯示以下訊息：

    Address search hit BOTTOM without matching pattern

而 Vim 顯示的是：

    E385: search hit BOTTOM without match for: foo

相反地，若設定了 nowrapscan，而反向搜尋卻失敗時，狀態列顯示的訊息將以「TOP」取代「BOTTOM」。

透過搜尋修改文字

你可以使用 / 和 ? 搜尋運算子與更改文字的命令做結合（例如 c 和 d）。繼續前面的
例子：

按鍵順序	結果
d?move ENTER	With a screen editor you can scroll the page, your edits as you make them. 從游標位置開始，反向刪除到出現 *move*。

請注意，此處的刪除如何以字元為基礎，而不是刪除整行。

這一節只介紹了搜尋樣式最基本的命令。第六章會提到更多關於樣式比對及其在對檔案
進行全域更改時的用途。

在目前的行中搜尋

搜尋命令也有小規模版本，用於一行內的搜尋。命令 f*x* 會將游標移到下一個出現 *x* 字
元的地方（其中 *x* 表示任何字元）。命令 t*x* 會將游標移到下一個出現 *x* 字元的前一個字
元。（f 是 *find* 的縮寫；t 是 *to* 的縮寫，意思是「達到」。）接著可以重複使用分號來找
到你要的位置。

下面列出了在一行中的搜尋命令。這些命令都不會把游標移到下一行。

f*x*

尋找（將游標移到）本行中下一個出現 *x* 的地方，*x* 表示任何字元。

F*x*

尋找（將游標移到）本行中上一個出現 *x* 的地方。

t*x*

尋找（將游標移到）本行中下一個出現 *x* 的地方的前一個字元。

T*x*

尋找（將游標移到）本行中上一個出現 *x* 的地方的後一個字元。

;

重複上一個搜尋命令，方向相同。

，（逗號）

　　重複上一個搜尋命令，方向相反。

在這些命令前加上數值 *n*，則會搜尋字元第 *n* 次出現的地方。假設你在編輯 *practice* 檔案的這一行：

```
With a screen editor you can scroll the
```

你可以找到字母 *o* 的出現情況，如下所示：

按鍵順序	結果
fo	With a screen edit**o**r you can scroll the
	使用 f 搜尋當本行中第一次出現的 *o*。
;	With a screen editor y**o**u can scroll the
	使用 ; 移動到下一個出現的 *o* 命令（搜尋下一個 *o*）。

d f *x* 會刪除到下一個 *x* 字元為止的所有文字，包括 *x* 字元在內。這個命令在刪除或複製一行中的一部分時很有用。如果在文字中夾有符號或標點、難以計算單字數量時，你可能需要用 d f *x* 代替 dw。t 命令與 f 類似，不同之處在於，它將游標定位在要搜尋的字元之前。例如，命令 ct. 可用於更改一個句子的內容，而留下最後的句號。

依照行號來移動

在檔案中，每一行都是依序編號排列下來的，可透過指定的行號移動到檔案各處。

行號在辨認一大塊文字的開始與結束是很有用。行號對程式設計師也很有用，因為編譯器的錯誤訊息會標示出參考的行號。而 ex 命令也使是用行號，將在接下來的章節中學習到。

如果要依照行號移動位置，必須先有行號來做區別。使用 :set nu 選項（第五章會再提到），編輯器會在螢幕上顯示行號。此外，還可以在螢幕底部顯示目前游標位置的行號。

命令 CTRL-G 在 vi 的螢幕底部顯示以下內容：目前游標所在的行號、檔案中的總行數以及目前行號位於佔總行數的百分比。以 *practice* 檔案為例，CTRL-G 可能顯示：

```
"practice" line 3 of 6 --50%--
```

而 Vim 提供了更多資訊：

```
    "practice" 4 lines --75%--                            3,23          All
```

上面倒數第二個文字段落是游標位置（第 3 行，第 23 個字元）。在較大的檔案中，最後一個文字段落會變成一個百分比，表示在檔案中的距離。

CTRL-G 除了可在命令中顯示目前行號等資訊外，也在來回編輯過程中提供位置與方向上的指引。

如果已修改的檔案尚未儲存，會在螢幕底部的狀態訊息中，檔案名稱後面多一個 [Modified] 字樣。

G（前往）命令

你可以用行號在檔案中移動游標。G（前往）命令接受以行號為數值參數，並直接移到指定行。例如，44G 會將游標移到第 44 行的開頭。若沒有指定行號直接使用 G，游標會移到檔案的最後一行。

輸入兩個反引號（``）會回到原來的位置（即上一次啟動 G 命令時所在的位置），除非你在這段期間做了一些編輯動作。如果你進行編輯動作，然後使用 G 以外的其他命令移動了游標，則 `` 會將游標移回到你上一次作編輯時的位置。如果啟動了搜尋命令（/ 或 ?）使用 `` 游標會回到上一次啟動搜尋命令的位置。一對單引號（''）與兩個反引號的功用一樣，不同之處在於會把游標移到前一次位置所在行的開頭，而不是確切的位置上。

使用 CTRL-G 顯示的總行數可以讓我們大致知道要移動的行數。如果位在 1,000 行檔案中的第 10 行：

```
    "practice" 1000 lines --1%--                          10,1          1%
```

而你知道要在靠近檔案的尾端進行輯，預估一下近似值後，按下 800G 發出命令。依照行號來移動游標，在一個大檔案中是快速移動的工具。

複習 vi 移動命令

表 3-1 總結了本章介紹的命令。

表 3-1 　移動命令

移動	命令
向前捲動一個螢幕	^F
向後捲動一個螢幕	^B
向前移動半個螢幕	^D
向後移動半個螢幕	^U
向前捲動一行	^E
向後捲動一行	^Y
將目前這一行移到螢幕頂端並捲動螢幕	z ENTER
將目前這一行移到螢幕中心並捲動螢幕	z.
將目前這一行移到螢幕底端並捲動螢幕	z-
重畫螢幕	^L
移到 home 位置（螢幕的頂端）	H
移到螢幕中間那一行	M
移到螢幕的底端	L
移到下一行的第一個字元	ENTER
移到下一行的第一個字元	+
移到上一行的第一個字元	-
移到目前這一行的第一個非空白字元	^
移到目前這一行的第 n 個字元	n|
移到單字的結尾	e
移到單字的結尾（忽略標點符號）	E
移到目前句子的開頭	(
移到下一個句子的開頭	)
移到目前這一段的開頭	{
移到下一段的開頭	}
移到目前這一節的開頭	[[
移到下一節的開頭	]]
順向搜尋樣式	/pattern ENTER
反向搜尋樣式	?pattern ENTER

移動	命令
往同一個方向重複搜尋	n
往相反方向重複搜尋	N
順向重複搜尋	/
反向重複搜尋	?
尋找目前這一行中下一個出現 x 的位置	fx
尋找目前這一行中上一個出現 x 的位置	Fx
尋找目前這一行中下一個出現 x 位置的前一個字元	tx
尋找目前這一行中上一個出現 x 位置的後一個字元	Tx
重複上一個搜尋命令，方向相同	;
重複上一個搜尋命令，方向相反	,
跳到第 n 行	nG
跳到檔案結尾	G
回到上一個記號或編輯情境	``
回到包含上一個記號的行的起始處	''
顯示目前的行號（不是移動命令）	^G

## 第四章

越過基礎的藩籬

我們已經介紹了基本的 vi 編輯命令，如 i、a、c、d 與 y。本章則對這些你已經知道的編輯命令加以延伸，包括：

- 描述額外的編輯工具，並以一般的命令形式作複習

- vi 和 Vim 命令選項，包括打開檔案進行編輯的不同方式

- 利用暫存器來儲存與刪除

- 在檔案中標記位置

- 其他進階編輯

更多命令組合

在第二章「簡單的文字編輯」中，學習編輯命令 c、d、y，以及如何將它們與動作和數值做組合（如 2cw 或 4dd）。在第三章「快速移動位置」中，又增加許多移動的命令。雖然你可以將編輯命令與移動相結合這一事實對你來說並不是一個新概念，但表 4-1 提供了一些之前還未見過的額外編輯選項。

表 4-1　更多的編輯命令

更改	刪除	複製	從游標位置到 ...
cH	dH	yH	螢幕頂部
cL	dL	yL	螢幕底部
c+	d+	y+	下一行
c5|	d5|	y5|	本行的第五欄（第五個字元）

更改	刪除	複製	從游標位置到 ...
2c)	2d)	2y)	往下第二個句子
c{	d{	y{	上一段
c/*pattern*	d/*pattern*	y/*pattern*	*pattern* 樣式
cn	dn	yn	下一個樣式
cG	dG	yG	檔案結尾
c13G	d13G	y13G	第 13 行

請注意，表 4-1 中所列出的組合都符合以下兩種一般形式：

（*command*）（*number*）（*text object*）

或是：

（*number*）（*command*）（*text object*）

其中 *number* 可選擇（可有可無）的數值參數，而 *command* 是 c、d 或 y，*text object* 則是一個移動命令。

vi 命令的一般形式在第二章中討論過。你可以複習一下表 2-2 和表 2-3。

vi 和 Vim 的啟動選項

到目前為止，你已經使用命令從 shell 啟動編輯器：

```
$ vi file
```

或是

```
$ vim file
```

vim 命令還有其他有用的選項。可以從某一行或某個樣式來開啟一個檔案。也可以用唯讀方式開啟一個檔案。還有另一個選項可以在系統當機後，恢復當時你正在編輯檔案中的所有修改。

下一節將討論這些在 vi 和 Vim 中有用的選項。

前進到特定位置

當你開始編輯既有的檔案時,可以先讀入檔案,再移動到第一次出現某個樣式的位置或是移動到某個特定行號。還可以透過搜尋或在命令列指定第一次移動的方式。你可以使用 -c *command* 來達成;然而為了相容早期版本的 vi,也允許使用 +*command*:

$ **vim** -c *n file*

在第 n 行開啟 *file*。

$ **vim** -c /*pattern file*

在第一個出現 *pattern* 的地方開啟 *file*。

$ **vim** + *file*

在最後一行開啟 *file*。

在檔案 *practice* 中,要開啟檔案並直接跳到含有單字 Screen 的位置,請輸入:

按鍵順序	結果
$ **vim** -c /**Screen practice**	With a screen editor you can scroll the page, move the cursor, delete lines, and insert characters, while seeing the results of your edits as you make them. Screen editors are very popular, since they allow you to make changes as you read
	在 vim 命令後加上選項 -c /*pattern*,開啟檔案後直接跳到含有 *Screen* 的行。

正如此範例中看到的,你的搜尋樣式不一定位於螢幕頂部。如果在 *pattern* 中存在空格,則必須將整個樣式以單引號或雙引號夾在其中[1]:

-c /"you make"

或是用反斜線將空白字元標示開來:

-c /you\ make

此外,如果你想使用第六章「全域代換」中描述的一般樣式比對語法,可能必須用單引號或反斜線將一個或多個特殊字元保護起來,以防止 shell 解譯成其他意思。

---

1 這是 shell 的限制,不是編輯器的限制。

如果在完成檔案編輯之前需要暫時離開的話，使用 -c /pattern 會很有幫助。你可以透過插入諸如 ZZZ 或 HERE 之類的文字樣式，來標記編輯的位置。之後，當返回檔案時，只需要記住 /ZZZ 或 /HERE 就可以了。

在編輯器打開檔案後，使用 -c 提供的樣式進行搜尋後，接著只需按下 n 會繼續尋找該樣式下一次出現的位置。

 通常，當你在使用 vi 和 Vim 進行編輯時，會開啟 wrapscan 選項。如果把環境預設修改為 wrapscan 關閉時（請參考第 50 頁的「重複搜尋」部分），可能無法使用 -c /pattern。）如果你用這種方法開啟檔案，編輯器將檔案開啟後，會在最後一行顯示「Address search hit BOTTOM without matching pattern.」（已經搜尋至檔尾，找不到符合的樣式）。在不同版本的 vi 和 Vim 中，所顯示的資訊可能會有所不同。

唯讀模式

有時候你想檢視檔案，但是又不想在無意間修改到檔案內容。（例如讀取一個很長的檔案，用於練習 vi 的移動命令，或只是想在程式檔案中上下捲動。）此時可以用唯讀模式開啟檔案，同時仍可使用所有的移動命令，但是不能更改檔案內容。

要以唯讀模式檢視檔案，輸入：

    $ vi -R *file*

或

    $ view *file*

（view 命令和 Vim 一樣，可以使用任何命令列選項跳到檔案中的特定位置[2]。）如果決定要改變檔案內容，可以在 write 命令（:w）後面加上驚嘆號，覆蓋掉唯讀模式：

    :w!

或是：

    :wq!

要注意的是，如果你沒有檔案的寫入權限，編輯後也將處於唯讀模式。同樣情況下，如果你擁有該檔案權限，仍然可以使用 :w! 或 :wq!；vi 會暫時修改檔案的權限以允許你寫入資料。否則，儲存檔案將失敗。

---

2 通常 view 只是 vi 的連結，而一些系統會是以 vim -R 來執行。

如果在寫入檔案時遇到問題，請參考「儲存檔案可能發生的問題」中的問題清單。

回復緩衝區

編輯檔案時有時可能會發生系統故障。通常在你上次寫入（儲存）檔案後所做的任何編輯都會消失。然而有一個選項 -r，可以讓你回復在系統當機時的編輯緩衝區。

在 vi 中回復緩衝區

如果在傳統 Unix 系統下使用原始的 vi，當系統重新啟動後第一次登入時，會收到一個郵件訊息，表示緩衝區已經儲存起來了。而且，如果輸入命令：

    $ ex -r

或是：

    $ vi -r

將得到系統搶救下來的所有檔案列表。

使用 -r 選項並加上檔名，可以回復編輯緩衝區。例如，要恢復系統當機時、*practice* 檔案的編輯緩衝區，請輸入：

    $ vi -r practice

此時最好立刻回復檔案，以避免在無意中又對檔案作編輯，造成必須在保留下來的緩衝區與新編輯的檔案兩者之間解決新、舊版本問題。

也可以使用 :pre（:preserve 的縮寫）命令，來強制系統即使沒有當機也保留緩衝區。如果你編輯了某個檔案，後來發現因為沒有寫入權限而無法儲存時，這個功能就很有用了。（也可以將這些內容寫入另一個檔案，或是另一個有寫入權限的目錄中。參考第 13 頁的「儲存檔案可能發生的問題」章節）。

在 Vim 中回復緩衝區

在 Vim 中的回復工作方式略有不同。Vim 通常將其工作的置換檔案（*swap file*）儲存在與正在編輯的檔案相同目錄之中。對於 *practice*，Vim 的工作檔案將被命名為 *.practice.swp*。

如果在下次編輯時，檔案 *practice* 是存在的，則 Vim 會詢問是否要回復。你應該這樣做，並且將檔案寫回。然後立即退出並手動刪除 *.practice.swp*；因為 Vim 不會為你做這些。完成以上操作後，就可以回到 Vim 並繼續一般的檔案編輯。

控制 Vim 放置交換檔案的位置，可以透過 :set 命令做目錄選項的變更。有關更多資訊，請參考第 470 頁的「Vim 8.2 選項」章節中，表 B-2 的部分。

使用暫存器

你已經知道，編輯過程中的最後一次刪除（d 或 x）或複製（y）的內容，會儲存在未命名的暫存器（unnamed register）中。可以使用置放命令（p 或 P），將這些儲存在暫存器的文字放回檔案中。

最後九次的刪除，會存儲在編號的暫存器中。你可以存取這些編號暫存器中的任何一個，來做回復動作。（但是，多行部分刪除可能不會保存在編號的暫存器當中。並且這些可被回復的刪除內容僅限於在刪除後立即使用命令 p 或 P）。

你也可將複製的文字放入由字母（a-z）命名的暫存器中。並且在編輯過程的任何時候，使用置放命令，由多達 26 個的暫存器當中，提取出複製的內容。

回復刪除

能夠一次刪除大塊文字是非常方便，但如果不小心刪除了 53 行重要的資料，該怎麼辦呢？你可以回復前九次的刪除，因為它們都儲存在編號的暫存器中。並依照最後一次刪除的內容存在第一個暫存器，倒數第二次則存在第一個暫存器，依此類推。

要回復刪除動作，先輸入 "（雙引號），接著指定編號，再發出置放命令。以回復倒數第二次的刪除（從暫存器 2）為例，請輸入：

    "2p

暫存器 2 中的文字，將置放於游標位置之後。

如果不確定哪一個暫存器包含了要回復的文字，也不用一直重複輸入 "*n*p。你可以先使用 "1p 放置第一個刪除文字；如果不正確，請使用 u 還原它。然後，使用重複命令（.）放置下一個，再使用 u 還原，依此類推。在執行操作過程時，編輯器會自動增加暫存器編號。因此，可以使用以下方法搜尋編號的暫存器：

    "1pu.u.u   依此類推

將每個暫存器的內容逐一地置放到檔案中。每一次輸入 u 時，回復的文字會被消除；當輸入點號（.）時，則把下一個暫存器的內容又回復到檔案中。繼續輸入 u 與 .，直到找到所需的文字為止。

將文字複製到命名暫存器

你已經看到，在做任何編輯前，若未先將未命名暫存器的內容做置放（p 或 P）命令，則暫存器內容就會被蓋掉。也可以將 y 與 d 搭配 26 個命名暫存器（a-z）一起使用，這些暫存器專門用於複製和移動文字。如果將複製的文字存放於命名暫存器，就可以在任何編輯過程中，從命名暫存器中，指定名稱取出內容。

要將文字複製到命名暫存器，需在複製命令前加上雙引號（"）以及暫存器名稱（以字元表示）。例如：

   "dyy   將目前這一行複製到暫存器 *d* 中
   "a7yy   將後續七行複製到暫存器 *a* 中

文字儲存於命名暫存器後，移動到新的位置，使用 p 或 P 置放文字：

   "dP   將暫存器 *d* 的內容置放在游標前
   "ap   將暫存器 *a* 的內容置放在游標後

沒有辦法置放暫存器文字中的小一部分，只能選擇全部或是完全不使用。

在下一章中，你將學習如何編輯多個檔案。一旦知道如何在不離開編輯器的情況下，在檔案之間切換，就可以選擇使用命名暫存器，在檔案之間傳送文字。在使用 Vim 的多視窗功能時，還可以使用未命名刪除暫存器在檔案之間傳輸資料。

> 在同一個 Vim 執行階段中，未命名和命名刪除暫存器都是共用的，因此可以在多個檔案視窗之間，輕鬆複製 / 貼上正在編輯的文字。但在不同的 Vim 執行實體下，這些緩衝區是不能共用的！（例如，利用 gvim 一次同時開啟多個檔案）然而，gvim 可以像任何他圖形介面應用程式一樣存取系統剪貼簿（system clipboard）。因此，也可以使用圖形介面層級的複製和貼上，來完成檔案之間的移動文字。

你也可以使用相同方法，將文字刪除到命名暫存器中：

   "a5dd   刪除的五行內容儲存到暫存器 *a* 中

如果使用大寫字母名稱的暫存器，則複製或刪除的文字將附加（*append*）到對應小寫暫存器的內容之中。例如：

"zd)
   刪除動作從游標位置開始，到所在句子的結尾；並將內容儲存到暫存器 z 中。

2)

往前移兩個句子。

"Zy)

將下一個句子附加到暫存器 z 中。可以繼續在某個命名暫存器中加入更多的文字，但請注意：如果一時忘記，在複製或刪除文字到暫存器時，沒有用大寫字母指定暫存器名稱，將會把暫存器的內容蓋掉，前面累積的文字都會消失。

標記一處位置

在編輯階段中，你可以使用看不見的「書籤」，在檔案中標記位置，並在其他位置編輯後，在返回書籤所標記的位置。那為什麼需要這樣做？ Will Gallego 解釋說：

> 我最喜歡的標記用途之一是刪除／複製／修改大量文字。假設我要刪除大量行。事實上，不太可能去計算所有要刪除的行數，然後執行 *numdd*，反而是跳到底部，用 ma 之類的東西標記它（標記，然後使用暫存器 a 作為位置），然後跳到開始刪除的位置，並且輸入 d`a 刪除目前這一行至 a 所標記的所有行。yy 和其他相關命令也可以以類似的方式使用。

以下是在命令模式中標記位置的方法：

m*x*

將目前的位置標記成 *x*（*x* 可以是任何字元；此外，原來的 vi 只允許小寫字母。Vim 區分大寫和小寫字母。）

'*x*（單引號，*apostrophe*）
將游標移到標記 *x* 所在行的第一個字元

`*x*（反引號，*backquote*）
將游標移到以 *x* 標記的字元

``（兩個反引號）
在移動位置之後，回到上一個標記或內文的確切位置

''（兩個單引號）
回到上一個標記或內文所在行的開頭

標記只有在目前的 vi 執行階段中有用；並不會存在檔案中。

其他進階的編輯技巧

你可以使用 vi 和 Vim 執行其他進階的編輯，但使用前可能須要再多解關於 ex 編輯器的知識，這在下一章會提到。

複習暫存器與標記的命令

表 4-2，總結了所有版本的 vi 通用的命令列選項。表 4-3 和 4-4，總結了暫存器和標記命令。

表 4-2　命令列選項

選項	意義
-c *n file*	在第 *n* 行開啟 *file*（POSIX 標準版本）
+*n file*	在第 *n* 行開啟 *file*（傳統 vi 版本）
+ *file*	在最後一行開啟 *file*
-c *pattern file*	在第一個出現 *pattern* 的地方開啟 *file*（POSIX 標準版本）
+/*pattern file*	在第一個出現 *pattern* 的地方開啟 *file*（傳統 vi 版本）
-c *command file*	在開啟 *file* 後執行 *command* 命令；通常是行號或搜尋
-r	在當機後回復檔案
-R	用唯讀模式開啟（與 view 命令相同）

表 4-3　暫存器名稱

暫存器名稱	暫存器用途
1-9	最後九次的刪除，從最近到最遠一次
a-z	可以使用的命名暫存器，大寫字母表示附加到暫存器

表 4-4　緩衝區與標記命令

命令	意義
`"b command`	用暫存器 *b* 執行 *command* 命令
`mx`	將目前位置標記為 *x*
`'x`	將游標移到標記 *x* 所在行的第一個字元
`` `x ``	將游標移到用 *x* 標記的字元
`` `` ``	回到上一個標記或內文的確切位置
`''`	回到上一個標記或內文所在行的開頭

ex 編輯器簡介

這是一本 vi 和 Vim 的工具書，為什麼我們要用一個章節來介紹另一個編輯器 ex 呢？其實 ex 並不算是另一個編輯器。相較於 vi 的標示模式，更通用、更底層，就是的 ex 行編輯器。有些 ex 命令在 vi 中會也許會很有用，可以節省許多編輯的時間。這些命令中的大多數都可以在不離開 vi 的情況下使用；你可以將 ex 命令列，視為與一般命令、插入模式之後的第三種模式。

我們在前幾章中看到的各種 vi 移動和文字修改命令都很不錯，但如果只有這些，可能還不如使用記事本或類似的東西。而 ex 正是力量所在！這就是 vi 擁護者喜愛 vi 的原因。

Vim 也提供底層 ex 編輯器，對原來的編輯器進行了許多增強。通常在系統中，vi 會是 Vim，因此 Vim 也可以啟動 ex 模式。

在第一部分的這個章節和接下來的章節中，對於 vi 和 Vim 並沒有太多區分，因為所有內容都適用於兩者之中。在閱讀時，可隨意將「vi」視為「vi 和 Vim」。

你已經知道如何將檔案視為一串被編號過的行。ex 可以提供具有高移動性與大範圍的編輯命令。使用 ex，你可以輕鬆在檔案之間移動，並透過多種方式將文字從一個檔案傳送到另一個檔案。你可以快速編輯超過一個螢幕的文字區塊。使用全域代換，你可以對整個檔案中指定的樣式作進行代換動作。

本章將介紹 ex 與其命令。可以學到：

- 使用行號在檔案中移動
- 使用 ex 命令對文字區塊進行複製、移動和刪除

- 儲存檔案與檔案的一部分

- 處理多個檔案（讀取文字或命令，在檔案之間移動）

ex 命令

早在 vi 或其他螢幕編輯器被發明之前，人們就依靠列印終端機與電腦做溝通，而非像今日一般擁有呈現點陣圖的螢幕設備及終端模擬程式。行號是一種快速識別檔案要處理哪一部分的方法，而行編輯器就是為此目的演變而來。程式設計或其他電腦使用者通常會在列印終端機上印出一行（或多行），發出編輯命令修改該行後，重新列印並檢查編輯的結果[1]。

我們早已不再在列印終端機上編輯檔案，但是有些 ex 行編輯器的命令仍然可以在複雜的視覺化編輯器上使用，因為它們是建立在 ex 之上。儘管使用 vi 進行許多編輯更簡單，但若想要對檔案的多個部分進行大規模修改時，ex 以行來處理的方式就成為優點。

 在本章中所見到的命令，大部分都以檔名為參數。雖然在檔名中加入空格字元是合法的，但是不建議這樣做。ex 會嚴重混淆，若嘗試讓 ex 接受這種檔名時會遇上許多問題。在分隔檔名中的單字時，最好使用底線、橫線或句號。

在開始記住 ex 命令之前，讓我們先瞭解一下行編輯器的奧秘。直接啟動 ex 進行編輯，將有助於理解其艱澀難懂的命令語法。

先開啟一個你熟悉的檔案，並嘗試一些 ex 命令。正如使用 vi 編輯器開啟檔案一樣，也可以透過在 shell 提示符號下，啟動 ex 行編輯器來開啟檔案。啟動 ex 時，會看到一些關於檔案總行數的訊息，以及一個冒號（:）的提示符號。例如：

```
$ ex practice
"practice" 8L, 261B
Entering Ex mode.  Type "visual" to go to Normal mode.
:
```

你看不到檔案中的任何一行，除非發出顯示一行或多行的 ex 命令。

1　ex 源自古老的 Unix 行編輯器 ed，它本身基於早期稱為 QED 的行編輯器。這些版本的編輯器仍適用於現代系統中。

ex 命令是由一個行位址（可以只是一個行號）加上命令所組成；並以換行符號結束（輸入 ENTER 即可）。其中，一個最基本的命令是 p，表示列印（到螢幕上）。因此，如範例中假設在提示符號下輸入 1p，會看到檔案的第一行：

```
:1p
With a screen editor you can
:
```

事實上，你可以省略 p，因為行號本身與列印命令是相同的。要印出多行文字，需要指定一個範圍的行號（例如，1,3——兩個數值之間用逗號分隔，中間有沒有空格都無妨）。例如：

```
:1,3
With a screen editor you can
scroll the page, move the cursor,
delete lines, insert characters, and more,
```

倘若使用沒有行號的命令，會被當作對目前這一行起作用。以代換命令（s）、將一個單字代換成另一個的命令為例，可以這樣輸入：

```
:1
With a screen editor you can
:s/screen/line/
With a line editor you can
```

請注意，在發出命令後，被修改的行會再次列印。你也可以換個方法作相同的事：

```
:1s/screen/line/
With a line editor you can
```

即使你從 vi 中啟動 ex 命令，而不是直接使用 ex，花一點時間瞭解 ex 也是值得的。你將理解到為什麼需要告訴編輯器，該操作哪一行（或多行），以及該執行哪一個命令。

在你對 *practice* 檔案試過一些 ex 命令後，應該用 vi 開啟同一個檔案，這樣就可以更熟悉在視覺化模式中瀏覽檔案。在 ex 中工作時，輸入 :vi 命令可以讓你從 ex 進入 vi。

想在 vi 中啟動 ex 命令，你必須輸入特定字元:（冒號）。接著輸入命令後，再按 ENTER 來執行。舉例來說，在 ex 編輯器中，只需要在冒號提示符號後輸入行號，就可以跳到那一行。所以，想在 vi 中移到某檔案的第 6 行，請輸入：

```
:6
```

然後按下 ENTER。

做完下面的練習後，我們只討論在 vi 中執行的 ex 命令。

練習：ex 編輯器

此練習應在終端模擬器視窗內執行：

在 shell 提示符號下，用 ex 編輯器開啟 *practice* 檔案： 出現的訊息：	ex practice "practice" 8L, 261B Entering Ex mode. Type "visual" to go to Normal mode.
跳到第一行，並列印（到螢幕上）：	:1
（在螢幕上）列印第一到第三行：	:1,3
將第一行的 screen 換成 line：	:1s/screen/line
啟動 vi 編輯器：	:vi
跳到第一行：	:1

在視覺標示模式下遇到的問題

• 在 vi 中編輯檔案時，有時會意外進入 ex 編輯器。

在 vi 中輸入 Q 時，會啟動 ex。當處於 ex 編輯器時，輸入命令 vi 就回到 vi 編輯器。

用 ex 編輯

許多執行時常見的 ex 編輯操作命令，在 vi 中都有一個等效的命令，可以更簡單地完成工作。刪除一個單字或一行時，你會使用 dw 或 dd ，而非使用 ex 中的 delete 命令。然而，當你要進行多行的修改時，將會發現 ex 命令更有用。並且使用單一命令更改一大塊文字。

此處列出了這些 ex 命令以及縮寫。切記，在 vi 中輸入每個 ex 命令必須以冒號作為開頭。你可以使用完整的命令名稱或縮寫，才更容易記住：

完整名稱	縮寫	意義
delete	d	行刪除
move	m	行移動
copy	co	行複製
	t	行複製（與 co 同義）

如果覺得用空格來分隔 ex 命令的多個部分會比較容易讀，確實可以這麼做。例如，在行位址（line address）、樣式與命令間使用空格分隔。但不能在樣式中使用空格區隔，也不能以空格做為代換命令的結尾。（我們稍後會在第 76 頁的「組合 ex 命令」章節中展示一些範例）。

行號位址

對於每個 ex 編輯命令，都需要知道編輯的行號。而對於 ex 的 move（移動）與 copy（複製）命令來說，還必須要替文字指定移動或複製目標的位址。

可以透過幾種方式指定行位址：

- 使用明確的行編號
- 用符號來指定相對於目前位置的行號
- 用指定搜尋某些樣式作為行的位址

讓我們看一些例子。

定義行的範圍

你可以使用行號來明確地定義行或行範圍。使用清楚行號作為位址的標示稱為*絕對行位址*。例如：

:3,18d

　　刪除第 3 行到第 18 行。

:160,224m23

　　將第 160 行到第 224 行，移到第 23 行（類似 vi 中的刪除與置放）

:23,29co100

　　將第 23 行到第 29 行，複製到第 100 行之後（類似 vi 中的複製與置放）

為了使用行號讓編輯更容易，你可以顯示所有行號在螢幕的左側。下面的命令：

　　:set number

或是簡寫：

　　:set nu

會顯示行號。檔案 *practice* 將顯示如下：

```
1  With a line editor                    "screen" changed to "line" earlier
2  you can scroll the page,
3  move the cursor, delete lines,
4  insert characters, and more
```

當寫入檔案時，行號並不會寫入檔案，列印時也不會印出來。請記住，有些行文字很多，在螢幕上呈現時可能會自動折行，編輯器視為單行。行號會持續顯示，直到結束編輯階段或以 set 選項關閉：

```
:set nonumber
```

或

```
:set nonu
```

Vim 允許使用以下方式切換設定：

```
:set nu!
```

要暫時顯示某些行號時，可以使用 # 符號，例如：

```
:1,10#
```

即可顯示第 1 行到第 10 行的行號。

如第 53 頁的「依照行號來移動」章節中所述，你還可以使用 CTRL-G 命令顯示目前行號。因此，想確認一段文字開頭與結尾的行號時，可以透過移動到文字區塊的開頭，輸入 CTRL-G，再移到區塊結尾輸入 CTRL-G 而得知。

另一個識別行號方法是 ex 的 = 命令：

`:=`

列出檔案的總行數

`:.=`

列出目前所在的行號（「點」是表示「目前這一行」的簡寫；我們將在下面討論。）

`:/pattern/=`

列出 *pattern* 第一次出現的行號（搜尋從目前這一行開始。搜尋樣式的使用在第 74 頁的「搜尋樣式」章節中將會描述。）

行位址符號

除了行號，你還可以使用符號表示行位址。點號（ . ）表示目前這一行；$ 號表示檔案的最後一行。% 號表示檔案中的每一行；與 1,$ 組合的意義相同。這些符號可與絕對行位址合併使用。例如：

`:.,$d`

   刪除目前這一行到檔案結尾間的文字

`:20,.m$`

   將第 20 行到目前這一行間的文字移到檔案結尾

`:%d`

   刪除檔案中所有的行

`:%t$`

   將所有的行複製到檔案結尾（作連續的複製）

了解絕對行位址之外，你還可以指定相對於目前這一行的位址。符號 + 與 - 的運作類似算術運算符號一樣。這些符號放在數值前面，表示加上或減去後面的數值。例如：

`:.,.+20d`

   刪除目前這一行到 20 行之後的行之間的文字

`:226,$m.-2`

   將第 226 行到檔案結尾間的行，移到目前這一行的兩行之前

`:.,+20#`

   顯示目前這一行到往下 20 行之間的行號

事實上，在使用符號 + 或 - 時，並不需要輸入點（.），因為目前所在的行會被假定為起始位置。

如果後面沒有接著數值，+ 與 - 分別等於 +1 與 -1[2]。同樣地，++ 與 -- 分別可將範圍增加一行，以此類推。因此 `:+++` 將你向前移動三行。+ 與 - 也可以用在搜尋樣式中，在下一節會提到。

數字 0 表示檔案的開頭（想像中的第 0 行）。0 與 1- 意義相同，都可以讓你將多行文字移動或複製到檔案的開頭，也就是第一行文字之前。例如：

`:-,+t0`

   複製三行（游標上面一行到游標下面一行）並置放到檔案的開頭。

---

2   在相對位址中，你不該將 + 或 - 號與它們後面的數值分開。例如，+10 表示「後面十行」，但 + 10 則表示「後面十一行」（1 + 10 行），這可能不是你要的結果。

搜尋樣式

另一種指定行位址的方法是使用搜尋樣式。例如：

:/*pattern*/d

> 刪除下一個包含 *pattern* 的行。

:/*pattern*/+d

> 刪除下一個包含 *pattern* 的行的下一行。（你也可以用 +1 代替 +）

:/*pattern1*/,/*pattern2*/d

> 從第一個包含 *pattern1* 的行刪除到第一個包含 *pattern2* 的行。

:.,/*pattern*/m23

> 將目前這一行（.）到第一個包含 *pattern* 的行之間的文字，放到第 23 行之後。

注意這些樣式的前後都使用斜線做為分隔。並且斜線之間的任何空格或定位符號（tab）都被視為搜尋樣式的一部分。

如果在檔案中要反向搜尋，請將視為分隔符號的 / 換成 ?。

如果你在 vi 與 ex 中用樣式來作刪除，兩種編輯器的操作方式會有所不同。假設檔案 *practice* 包含以下幾行：

```
With a screen editor you can scroll the
page, move the cursor, delete lines, insert
characters, and more, while seeing results
of your edits as you make them.
```

要藉由單字 *while* 刪除，請執行以下操作：

按鍵順序	結果
d/while	With a screen editor you can scroll the page, move the cursor, while seeing results of your edits as you make them.
	在 vi 中對樣式作刪除的命令，會從游標所在位置刪除到 *while* 這個字，但剩餘兩行的部分會留下。
:.,/while/d	With a screen editor you can scroll the of your edits as you make them.
	用 ex 的刪除命令，會刪除指定行的所有文字；在這個例子中，目前這一行到符合樣式的行，都會全部被刪除。

重新定義目前這一行的位置

有時候在命令中使用相對的行位置，會產生意料之外的結果。舉例來說，假設游標位於第 1 行，而你想要印出第 100 行與緊接在後的五行。如果輸入：

    :100,+5 p

會從 Vim 得到一個錯誤訊息，「E16: Invalid range.（不正確的範圍）」，vi 會告訴你，「第一個位址超過第二個」。這是因為第二個位址是相對於目前的游標位置（第 1 行），因此命令實際上是表示：

    :100,6 p

你需要讓命令將第 100 行視為是「目前的這一行」，即使游標是位於第 1 行。

ex 提供了一個方法。當你用分號代替逗號時，第一個行位址會被當成游標目前的位址。例如，這個命令：

    :100;+5 p

即可印出你所要的結果，此時的 +5 才是相對於第 100 行而計算。分號對搜尋樣式的絕對位址很有用。例如，要印出包含指定樣式的下一行及其後續 10 行，可以輸入：

    :/pattern/;+10 p

全域搜尋

你已經知道如何使用 /（斜線）來搜尋檔案中的文字樣式。ex 有個全域命令 g，可以讓你搜尋樣式，並顯示所有包含這個樣式的行。命令 :g! 的功能則與 :g 正好相反。:g!（或是意義相同的 :v）用於搜尋所有**不包含指定樣式**的行。

你可以將全域命令，用在搜尋檔案中所有的行，或是透過行位址將搜尋限制在一個範圍以內：

:g/*pattern*

　　搜尋（移動到）檔案中最後一次出現 *pattern* 的地方。

:g/*pattern*/p

　　搜尋並顯示檔案中所有包含 *pattern* 的行。Vim 除了顯示外，還會提示：「Press ENTER or type command to continue（按 ENTER 或輸入命令繼續）」

:g!/*pattern*/nu

　　搜尋並顯示檔案中所有不包含 *pattern* 的行，也顯示所有找到的行號。

:60,124g/*pattern*/p

　　搜尋並顯示在第 60 行與第 124 行之間包含 *pattern* 的行。

除了全域搜尋，g 也可以用在全域代換，我們會在第六章「全域代換」中介紹。

組合 ex 命令

每次新的 ex 命令，並不都是需要輸入冒號。在 ex 中，垂直線（|）可以分隔命令的符號，讓你在同樣的 ex 提示符號中，合併多個命令（就像在 shell 提示符號下，用分號分隔多個命令一樣）。當你使用 | 時，請記住你所指定的行位址。如果某個命令影響檔案中各行的順序，下一個命令將在新的行位置上運作。例如：

:1,3d | s/thier/their/

　　刪除第 1 行到第 3 行（現在位於檔案的開頭）；接著在目前這一行作代換（即是原來的第 4 行）。

:1,5 m 10 | g/*pattern*/nu

　　將第 1 行到第 5 行移到第 10 行之後，然後顯示所有包含 *pattern* 的行（與行號）。

注意空格的使用，可以讓命令更容易閱讀。

檔案的儲存與離開

> **I Am Devloper**
> @iamdevloper
>
> I've been using Vim for about 2 years now, mostly because I can't figure out how to exit it.
>
> 1:26 AM · Feb 18, 2014 · Tweetbot for iOS

圖 5-1　不是每個人都能明白 vi

（經許可使用，出自：*https://twitter.com/iamdevloper/status/435555976687923200*）

與 IAmDevloper 不同（見圖 5-1）的是，你已經學過 vi 命令中的 ZZ，用來寫入（儲存）檔案並離開。但是仍然時常會需要用 ex 命令來離開檔案，因為這些命令會提供更多的控制權。我們前面已經提及其中一些命令，現在讓我們正式開始介紹：

:w

將緩衝區寫入（儲存）檔案中，但不離開。你可以（也應該）在編輯階段裡經常使用 :w，以保護檔案，免於遭受系統問題或嚴重編輯錯誤的損害。

:q

離開編輯器（並回到 shell 提示符號下）

:wq

寫入檔案並且離開編輯器。即使檔案沒有修改，也是無條件的寫入。這會更新檔案的修改時間。

:x

寫入檔案並且離開編輯器，但只有檔案被修改過時才會寫入 [3]。

編輯器會保護現存的檔案與緩衝區內的編輯工作。例如，如果想把緩衝區寫入現存的檔案，編輯器會發出警告。如果你用 vi 來開啟檔案並且進行編輯，但後來想結束 vi，卻又不想儲存編輯結果，則 vi 會產生錯誤訊息：

No write since last change. （上一次改變之後沒有寫入）

這些警告訊息可以預防許多會造成損失的錯誤。但有時仍然想要強制執行命令，此時在命令後面加上驚嘆號（!）可忽略警告：

:w!
:q!

當嘗試離開且不儲存檔案時，Vim 會很熱心地告訴你：

E37: No write since last change (add ! to override)
（E37；已經修改過檔案但尚未存檔（可用！強制執行））

:w! 搭配 vi -R 或 view，則可寫入以唯讀模式開啟的檔案（假設你擁有檔案的寫入權限）。

:q! 是基本的編輯命令，可以離開編輯器而不影響原來的檔案，不管做了任何改變。強制捨棄編輯階段中緩衝區內的內容。

3　:wq 與 :x 的差異，在編輯程式碼並且使用 make 時會很重要，因為 make 是根據檔案的修改時間紀錄而執行動作。

緩衝區重新命名

你還可以用 :w 將整個緩衝區（你正在編輯的檔案副本）以新的檔名儲存。

假設你有一個 600 行的 *practice* 檔案。你開啟檔案後進行大量編輯動作，離開編輯器時又想要同時儲存新的編輯結果，並與原來的 *practice* 檔案作比較之用。此時，可將編輯緩衝區另存一個名為 *practice.new* 的新檔案，用以下命令：

```
:w practice.new
```

原來舊的檔案 *practice* 不會改變（只要之前沒有使用過 :w）。接著在編輯器中輸入 :q 離開編輯過的新版本內容。

儲存檔案的一部分

在編輯時，會想將一部分編輯中的檔案儲存到另一個新檔案中。例如，你可能已經輸入了格式化的命令，並且想將這些提供給其他檔案使用。

可以結合使用 ex 的行位址命令與寫入命令 w，儲存一部分的檔案。例如，正在編輯 *practice* 檔案，而想將其中的一部分儲存成 *newfile* 檔案為例，可以輸入：

:230,$w newfile

　　將第 230 行到檔案結尾存成 *newfile* 檔案。

:.,600w newfile

　　將游標所在的行到第 600 行儲存成 *newfile* 檔案。

附加到已儲存的檔案

你可以用 Unix 的重導與附加運算子（>>）加上 w 命令，將緩衝區中一部分或所有的內容附加到現存的檔案之後。例如輸入：

```
:1,10w newfile
```

再輸入：

```
:340,$w >> newfile
```

則 *newfile* 會包含 1-10 行、第 340 行到緩衝區結尾之間的兩段內容。

將檔案複製到另一個檔案

有時會想將其他既有檔案中的文字與資料，複製到目前正在編輯的檔案裡。你可以用 ex 命令來讀取另一個檔案中的內容：

    :read filename

或是簡寫：

    :r filename

這個命令把 filename 的內容讀入後，安插到游標所在位置的下一行。如果你要指定插入位置為其他行，只需在 :read 或 :r 命令前輸入行號（或是行位址）即可。

假設你在編輯 practice 檔案，而想讀入一個位於其他目錄，例如 /home/tim 中的 data 檔案。請將游標移到欲插入位置的上面一行，再輸入：

    :r /home/tim/data

/home/tim/data 的內容會被讀到 practice 中，從游標所在的位置下一行開始列出。

要讀取同一個檔案，但從 185 行之後插入，需要輸入：

    :185r /home/tim/data

還有其他方法可以讀取檔案：

$r /home/tim/data
    將讀進來的檔案放在目前檔案的結尾。

:0r /home/tim/data
    將讀進來的檔案放在目前檔案的開頭。

:/pattern/r /home/tim/data
    將讀進來的檔案放在第一個出現 pattern 的行之後。

編輯多個檔案

ex 命令可以在多個檔案之間切換。編輯多個檔案的好處是速度；對於要編輯的每個檔案，離開並重新輸入 vi 或 Vim 需要時間。停留在同一個編輯階段中，並在檔案之間切換，不但速度較快，還可以儲存你所定義的簡寫與命令過程（請參考第七章「進階編輯」），並且可以保留複製暫存區，在多個檔案間複製文字。

使用 Vim 同時啟動多個檔案

當你第一次啟動編輯器時，可以給予超過多個檔名，接著使用 ex 命令在檔案間切換。例如：

    $ vim file1 file2

即可先編輯 *file1*，然後使用 ex 命令 :w 寫入（儲存）*file1*，而 :n 會呼叫下一個檔案（*file2*）。

假設要編輯兩個檔案，*practice* 與 *note*：

按鍵順序	結果
$ **vim practice note**	With a screen editor you can scroll the page, move the cursor, delete lines, insert characters, and more,
	開啟 *practice* 與 *note* 兩個檔案。第一個檔案 *practice* 會出現在螢幕上，可以進行編輯。
:w	"practice" 8L, 261C 8,1 All
	用 ex 命令 w 來儲存編輯過的 *practice* 檔案。
:n	Dear Mr. Henshaw: Thank you for the prompt . . .
	用 ex 命令 n 呼叫下一個檔案 *note*，開始編輯。
:x	"note" 19L, 571C written 19,1 All
	將第二個檔案 *note* 儲存，並離開這個編輯階段。

使用參數列表

ex 並不是只能用 :n 移動到下一個檔案而已。:args 參數（縮寫為 :ar）可列出命令列中的檔案列表，而目前編輯中的檔案名稱則以中括號圍起來。

按鍵順序	結果
$ **vim practice note**	With a screen editor you can scroll the page, move the cursor, delete lines, insert characters, and more,
	開啟 *practice* 與 *note* 兩個檔案。第一個檔案 *practice* 會出現在螢幕上。

按鍵順序	結果
:args	[practice] note 8,1 All
	Vim 將參數列表顯示在狀態列中。以中括號標示目前編輯中的檔案名稱。

vi 的 :rewind（:rew）命令將目前的檔案重設成命令列中的第一個檔案。Vim 提供了對應的命令 :last，用於移動到命令列中的最後一個檔案。如果想回到前一個檔案，可使用 :prev 命令。

啟動新檔案

你不需要在編輯階段剛開始時，就呼叫多個檔案；然而可以在任何時候使用 ex 中的 :e 命令切換到另一個檔案。若要編輯另一個檔案前，必須先儲存目前的檔案（:w），再發出命令：

    :e *filename*

假設正在編輯檔案 *practice*，又想要編輯 *letter* 檔案，之後再回到 *practice*：

按鍵順序	結果
:w	"practice" 8L, 261C 8,1 All
	用 :w 來儲存 *practice*。檔案 *practice* 被儲存後仍會在螢幕上。現在可以切換到另一個檔案，因為編輯結果已經儲存了。
:e letter	"letter" 23L, 1344C 1,1 All
	用 :e 命令叫出 *letter* 檔案。開始進行編輯。

檔案名稱指定的快速方式

編輯器同時間會「記住」兩個檔案名稱，作為目前與另一個的檔案名稱。這些可以透過符號 %（代表目前的檔名）和 #（代表另一個檔名）來使用。# 與 :e 一起使用會產生特別的效果，因為它可以在兩個檔案之間輕鬆地來回切換。在上一個例子中，你可以輸入命令 :e # 回到第一個檔案 *practice*。也可以用 :r # 將 *practice* 檔案內容讀入到目前的檔案中。

在目前的檔案尚未儲存前，編輯器不會讓你使用 :e 或 :n 來切換檔案，除非特別在命令之後加上驚嘆號，強制執行。

例如，對 *letter* 檔案進行一些編輯後，想放棄編輯結果並返回 *practice* 檔案，可以輸入 :e! #。

以下的命令也很有用；它會捨棄你的編輯結果，並返回到目前檔案最後儲存的版本：

    :e!

相對於 # 符號，% 主要是用於儲存目前的緩衝區到另一個新檔案中。例如，在前面第 78 頁的「緩衝區重新命名」一節中，我們展示了如何將 *practice* 檔案儲存成第二個版本：

    :w practice.new

因為 % 表示目前的檔案名稱，因此命令也可以是：

    :w %.new

從命令模式切換檔案

由於切換檔案是經常使用的功能，因此你不需要移動到 ex 的命令列。vi 命令 CTRL-^ （控制鍵 CTRL 加上 ^ 符號）即可切換檔案。這個命令與 :e # 一樣。與 :e 命令相同的是，如果目前的緩衝區還沒儲存，vi 不會讓你切換到其他的符號檔案。

檔案之間的編輯

當你複製文字並指定（以一個字母為名稱的）命名暫存器時，你可以方便的將文字從一個檔案移動到另一個檔案。使用 :e 命令將新的檔案載入到編輯緩衝區時，命名暫存器的內容並不會清除。因此，先從一個檔案複製或刪除文字（必要時使用多個命名暫存器），再用 :e 呼叫新的檔案，然後把命名暫存器的內容置放到新檔案中，就可以在檔案之間傳送文字了。

以下的例子說明，如何將文字從一個檔案傳送到另一個檔案：

按鍵順序	結果
"f4yy	With a screen editor you can scroll the page, move the cursor, delete lines, insert characters, and more, while seeing the results of the edits as you make them
	將四行文字複製到暫存器 f 中。
:w	"practice" 8L, 261C 8,1 All
	儲存檔案。

按鍵順序	結果
:e letter	Dear Mr. Henshaw: I thought that you would ▮e interested to know that: Yours truly, 使用 :e 輸入檔案 *letter*。將游標移動到要放置複製文字的位置。
"fp	Dear Mr. Henshaw: I thought that you would be interested to know that: ▮ith a screen editor you can scroll the page, move the cursor, delete lines, insert characters, and more, while seeing the results of the edits as you make them Yours truly, 從命名暫存器 f 中取出複製文字，置放到游標下方。

另一個將文字在檔案之間移動的方法是用 ex 命令 :ya（複製）與 :pu（置放）。這些命令的運作方式分別與 vi 的 y、p 命令相同，但是需要結合 ex 的行位址功能與命名暫存器一起使用。

例如：

    :160,224ya a

會將第 160 行到第 224 行之間的文字複製到暫存器 a 中。接著你可以用 :e 載入要置放這些內容的檔案，並將游標移動到要置放文字的行，然後輸入：

    :pu a

將暫存器 a 的內容置放到目前所在行的下一行。

ex 命令總結

這是本章所介紹的 ex 命令的彙整表（參見表 5-1 到 5-7）。在附錄 A 的「vi、ex 和 Vim 編輯器」，提供在 vi 和 Vim 中，更完整、實用的 ex 命令參考。

表 5-1　行列印命令

完整名稱	縮寫	意義
Address		在第 *address* 行，列印出來
Address range		在位址範圍的行，列印出來
print	p	行列印
	#	帶有行號的行列印

表 5-2　行刪除、移動和複製

完整名稱	縮寫	意義
delete	d	行刪除
move	m	行移動
copy	co	行複印
	t	行複印（co 的同義詞；「to」的縮寫）
yank	ya	行複製，複製到命名暫存器中
put	pu	行放置，從命名暫存器中放置

表 5-3　行定位符號

符號	意義
n	行號 *n*
.	目前這一行
$	最後一行
%	檔案中所有的行
. +*n*	目前這一行加上 *n*
. -*n*	目前這一行減去 *n*
/*pattern*/	順向搜尋比對 *pattern* 的第一行
?*pattern*?	反向搜尋比對 *pattern* 的第一行

表 5-4　全域操作

完整名稱	縮寫	意義
global *command*	g *command*	全域（在所有行上）執行命令
global! *pattern command*	g! *pattern command*	搜尋所有不符合樣式的行上，執行命令
	v *pattern command*	搜尋所有不符合樣式的行上，執行命令

表 5-5　檔案和緩衝區的使用

完整名稱	縮寫	意義
args	ar	顯示參數列表，目前編輯的檔案名稱會以中括號標註
edit	e	切換到指定的檔案名稱做編輯
last	la	轉換到參數列表中的最後一個檔案
next	n	轉換到命令列中命名的下一個檔案
previous	prev	回到上一個檔案
read	r	將指定檔案讀入編輯緩衝區
rewind	rew	回到參數列表中的第一個檔案
write	w	將編輯緩衝區寫入磁碟中
CTRL-^		回到上一個檔案（vi 命令）

表 5-6　離開編輯器

完整名稱	縮寫	意義
quit	q	離開編輯器
	wq	無條件寫入檔案，然後離開
xit	x	只有檔案被修改過時才寫入檔案，然後退出
Q		切換到 ex（vi 命令）
visual	vi	從 ex 切換到 vi

表 5-7　檔案名稱簡寫

字元	意義
%	檔案名稱
#	前一個檔案名稱

## 第六章

全域代換

有時在文件進行到一半或草稿結束時，你可能會發現某些引用內容的用詞方式前後不一致。或是，在使用手冊中，有些從頭到尾都有出現的產品名稱一夕之間改名了（行銷策略！）。這種事情常常發生，而且必須把已經寫好的東西從頭來過，並且要修改很多地方。

要進行這些修改的方法是使用稱為，**全域代換**（*global replacement*）的強大功能。使用一個命令，就可以自動替換檔案中所有出現過的指定單字（或字元字串）。

在全域代換中，ex 編輯器會檢查檔案的每一行中，是否有指定的字元樣式。在含有這個樣式的每一行中，ex 將會用**新的字元字串**來替換。目前，我們會將搜尋樣式當成簡單的字串；本章後面將會談到稱為**正規表示式**（*regular expression*）的強大樣式比對語言。

全域代換實際上使用了兩個 ex 命令：:g（全局；global）和 :s（代換；substitute）。由於全域代換命令的語法可能相當複雜，讓我們分階段，由淺至深一步步地往前進。

替代命令

替換命令的語法如下：

> :s/*old*/*new*/

這會將目前這一行中**第一次**出現的 *old* 樣式改為 *new*。其中的 *I*（斜線）符號用來分隔命令的各個部分；如果斜線位在該行的最後一個字元，則可省略。（實際上，你可以使用任何標點符號作為分隔符號；這將在本章後面討論）。

:s 命令，後面緊接著是代換字串的選項。如下的代換命令：

    :s/*old*/*new*/g

會將目前這一行中**每一**個的 *old* 修改成 *new*，不只是修改第一次出現的部分。語法中的 g 選項表示全域 *global*。（g 選項會影響一行中每個符合樣式的位置；不要將它與 :g 命令混淆，後者會影響檔案中的每一行）。

在 :s 前面加上位址，可以將有效範圍擴展到超過一行。例如，這個例子會將第 50 行到第 100 行之間每一個出現的 *old* 修改為 *new*：

    :50,100s/*old*/*new*/g

以下命令會將整個檔案中每次出現的 *old* 修改為 *new*。

    :1,$s/*old*/*new*/g

還可以使用 % 取代 1,$，來指定檔案中的每一行。因此上一個命令也可以寫成：

    :%s/*old*/*new*/g

全域代換比起搜尋每一個字串，再逐一修改要快得多了。因為它可以進行許多不同類型的修改，而且非常強大，我們會先介紹簡單的代換，再逐步進入複雜的、與上下文相關的代換。

確認代換

在使用搜尋和替換命令時，需要更加小心注意是有道理的。有時候得到的結果不是你所期望的。你可以用 u 來還原上一次的搜尋與替換，只要這個命令是最近一次的編輯動作。但是不可能每次都及時找出這些不正確的改變。

另一個保護檔案的方法，是在全域代換前使用 :w 寫入檔案。這至少可以讓你在發現情況不對時，回到上一次儲存的結果。你也可以使用 :e! 重新讀取檔案最後儲存的版本。（無論如何，儲存檔案都是個好主意）。

謹慎且明確地知道檔案中將要修改的內容才是明智的作法。如果你想知道搜尋發生的情形，並在每一次代換之前作確認，可以在代換命令的結尾加上 c 選項（代表「confirm」確認之意）：

    :1,30s/his/the/gc

---

ex（在 Vim 中）會顯示字串所在的一整行文字，以特別標示要替換的文字標記出來，並提示確認：

```
copyists at his school
~
~
~
replace with the (y/n/a/q/l/^E/^Y)?
```

如果要進行代換，則必須輸入 y（表示「是」）。如果不想，需按 n（表示「否」）。

而依照 Vim 文件，以下是回應的含義：

y	代換這一次符合比對的部分
n	略過這一次符合比對的部分
a	代換這一次和這一次以後所有符合比對的部分
q	離開代換過程
l	代換這一次符合比對的部分並且離開
CTRL-E	往上捲動螢幕
CTRL-Y	往下捲動螢幕
ESC	離開代換過程

除了 g 和 c，Vim 還提供了許多額外的選項。可以透過命令 :help s_flags 來獲得更多資訊。

將 vi 命令中的 n（重複上一次搜尋）與點號（.）（重複上一個命令）的組合，也是一種非常有效、快速的方式來瀏覽檔案，在你可能不想影響全域範圍內的前提下，進行的重複修改。因此，假設你的主編說在該用 that 的地方用了 which，可以檢查每一個出現的 which，並且只改變不正確的部分：

/which	搜尋 *which*
cwthat ESC	改成 *that*
n	重複搜尋
n	重複搜尋，略過一次改變
.	重複改變（如果需要改變的話）
	（依此類推）

在檔案中執行全域的操作

ex 提供一個強大的功能，可以在檔案中符合第一個命令所有的行，採取執行第二個命令。以下是全域命令 :g 的格式：

```
:g/pattern/ command
```

收到此命令後，ex 會尋遍整個編輯緩衝區的每一行，與 *pattern* 做比對並記住所有位置。然後，對於比對相符的每一行，執行指定的命令。以下有兩個例子。

g/# FIXME/d
　　刪除所有帶有「FIXME」註解的行

g/# FIXME/s/FIXME/DONE/
　　將「FIXME」註解的所有部分修改為「DONE」

正如所見，全域命令（:g）最常和替代命令一起使用。但也可以與其他 ex 命令結合使用，本章後面會再介紹。

與上下文相關的代換

最簡單的全域代換將一個字（或詞）替換為另一個。如果你在檔案中多次拼錯一個單字（例如 *editor* 拼成 *editer*），可進行以下的全域代換：

　　:%s/editer/editor/g

這將用 *editor* 替換整個檔案中，每次出現的 *editer*。

另外，可使用全域命令 :g，除了可以搜尋樣式外，一旦找到符合樣式的資料行，就進行不同字串的替換。你可以將其視為與上下文相關的置換。

語法如下：

　　:g/*pattern*/s/*old*/*new*/g

第一個 g 告知命令，對檔案中所有的行進行比對 *pattern* 的操作。在這些包含 *pattern* 的行上，ex 會用字元替換，將 *old* 代換成 *new*。最後一個 g 表示，對於符合樣式的那一行，做整行的全域代換。這意味著，檔案中所有 *old* 都被替換成 *new*，而每一個符合樣式的行中，不僅僅只有第一次出現的樣式被代換。

例如，當編寫本書時，在 AsciiDoc 中以 HTML 標籤 <span class="keycap"> 和 </span> 所夾的 ESC 文字，會在字串外面加上方塊框，表示為特殊的轉義鍵。而你希望所有的 ESC 全部大寫，但卻不想修改文字中可能存在 *Escape* 的任何部分。因此，只需要在包含 class="keycap" 樣式的行上，將 *Esc* 的部分修改為 *ESC*，你可以輸入：

　　:g/class="keycap"/s/Esc/ESC/g

如果用於行的搜尋樣式與修改樣式相同，就不必重複輸入了。下面的命令：

> :g/*string*/s//*new*/g

可將所有包含 *string* 樣式的行，其中相同字串 *string* 作代換。

留意下面的命令：

> :g/editer/s//editor/g

與這個命令意義相同：

> :%s/editer/editor/g

你可以用第二種方法來節省一些按鍵。除了 :s 命令之外，可以將 :g 與 :d、:mo、:co 或其他 ex 命令結合起來使用。正如我們前面提到的，你可以進行全域的刪除、移動與複製動作。

樣式比對的規則

在進行全域代換時，諸如 vi 和 Vim 之類的 Unix 編輯器不僅可以搜尋固定的字串，還可以搜尋可變的單字模式，稱為正規表示式（*regular expression*）。

當你指定文字字串時，搜尋可能會出現你不想要的其他結果。在檔案中搜尋單字的問題是，一個單字可以以不同的方式使用，或者一個單字可能包含在另一個單字之中（如：「stopper」中的「top」）。正規表示式可幫助你在上下文中搜尋單字。請注意，正規表示式可以與搜尋命令 / 和 ?，以及 ex 的 :g 和 :s 命令一起使用。

在大多數情況下，相同的正規表示式適用於其他 Unix 程式，例如 grep、sed 和 awk[1]。

正規表示式是由普通字元和許多特殊的中介字元（*metacharacter*）組合而成的[2]。下面列出了中介字元與其用途。

搜尋樣式中使用的中介字元

用在搜尋樣式中的中介字元：

1　關於正規表示式，還可以參考 O'Reilly 出版的《sed & awk, 2nd ed》（Dale Doughert 與 Arnold Robins 合著）、《Mastering Regular Expressions, 3rd ed》（Jeffrey E.F. Friedl 著）。

2　技術上而言，稱之為**中介字元序列**（*metasequence*）可能更為恰當；有時候，兩個字元合在一起另有特殊意義，而不再只代表單一字元。儘管如此，中介字元一詞常見於 Unix 世界，因此我們遵循慣例而使用。

. （點號）

> 比對出任何單一字元（換行字元除外）；請記住空格也是字元。例如，p.p 比對出
> *pep*、*pip* 或 *pcp*。

*

> 比對出位於此符號前的單一字元，該字元可出現零到多次。例如，slo*w 比對出 slow
> （一個 o）或 slw（沒有 o）。而 sloow、slooow 等也是相符的。
>
> 這個 * 可以位在中介字元後。例如，加上表示任何字元的 . 後，.* 就表示「比對出
> 任何數量的任何字元」。
>
> 但有個特例：:s/End.*/End/ 會將所有在 *End* 後面的字元刪掉（代換後該行其餘至尾
> 端的部分將變成沒有文字）。

^

> 當 ^ 用在正規表示式的開頭時，它後面的正規表示式必須位於一行的開頭；例如，
> ^Part 只會比對出位於一行開頭的 Part，而 ^... 比對出一行的前三個字元。
>
> 當不是用在正規表示式的開頭時，^ 就只代表自己。

$

> 當 $ 用在正規表示式的結尾時，它前面的正規表示式必須位於一行的結尾；例如，
> here:$ 只會比對出位於一行結尾的 here:。當不是用在正規表示式的結尾時，$ 就只
> 代表自己。
>
> 而 ^ 和 $ 被稱為錨點，因為它們分別將樣式比對鎖定在行的開頭或結尾。

\\

> 將後面的特殊字元當成一般字元。例如，\\. 可比對出實際的句號，而不是「任
> 意單一字元」，而 * 可比對出實際的星號，而不是「任意多個單一字元」。\\（反
> 斜線）阻止特殊字元被解譯為特殊意義。一般稱為「字元的轉義」（escaping the
> character）。用 \\\\ 即可得到反斜線字元。

[ ]

> 比對出中括號裡的任何一個字元。例如，[AB] 比對出 A 或 B，而 p[aeiou]t 可比對
> 出 *pat*、*pet*、*pit*、*pot*、*put*。如果比對目標為一個範圍的字元，則可用第一個字元加
> 上連字符號，再加上最後一個字元來表示。

例如，[A-Z] 會比對出任何從 A 到 Z 的大寫字母，而 [0-9] 會比對出任何 0 到 9 之間的
數字。

你可以在括號中包含兩個以上的範圍，也可以混合使用範圍與個別的字元。例如，[:;A-Za-z()] 會比對出四種標點符號，加上所有的英文字母。

 最初開發正規表示式與 vi 時，只預設用於 ASCII 字元集。但在今日的全球化市場中，現代的系統都支援區域設定（locales），因此 a 到 z 中間有哪些字元，可能出現了不同解釋。若想取得精確的結果，應該在你的正規表示式裡使用 POSIX 中括號表示式（稍後將會討論），並避免 a-z 範圍。

大部分的中介字元在括號中會失去特殊意義，如果想將它們當成一般字元比對，並不需要轉義。然而，在中括號中仍然有三個字元需要轉義：\、- 及]。其中 - 表示範圍限制字元，你也可以將它放在括號中的第一個字元。

脫字符號（^）只有位在中括號中的第一個字元時有特殊的意義，但與一般的 ^ 中介字元意義不同。作為中括號中的第一個字母時，^ 表示比對出任何一個不在括號中的字元。例如，[^a-z] 會比對出任何不是小寫字母的字元。

\(\)

會將 \(與 \) 間的樣式儲存到特殊的空間，或稱為「保留緩衝區（*hold buffer*）」[3]。這種方法可以儲存單一行中的九個樣式。例如，這個樣式：

    \(That\) or \(this\)

會將 *That* 存到保留緩衝區 1 中，而將 *this* 存到保留緩衝區 2 中。這些保留的樣式在後面可以用 \1 到 \9 的序列重新顯示。例如，要將 *That or this* 改成 *this or That*，可以輸入：

    :%s/\(That\) or \(this\)/\2 or \1/

也可以在搜尋或代換字串時使用 \n 的表示法，例如：

    :s/\(abcd\)\1/alphabet-soup/

可將 *abcdabcd* 換成 *alphabet-soup*。

\< \>

會比對出以某些字元開頭（\<）或結尾（\>）的單字。單字的結尾與開頭是由標點符號或空格來分隔的。例如，\<ac 只會比對出以 *ac* 開頭的單字，如 *action*。而 ac\> 只會比對出以 *ac* 結尾的單字，如 *maniac*。它們都不會比對出 *react*。請注意，這種表示法並不像 \(...\)，它不需要成對使用。

3　保留緩衝區不同於檔案編輯緩衝區和文字刪除暫存器。

在原來的 *vi* 中，有一個額外的元字符：

~

會比對出任何上一次搜尋時所使用的正規表示式。例如，如果你搜尋過 *The*，便可以用 /~n 來搜尋 *Then*。注意它只能用在常規搜尋（使用 /），而不能用在代換命令中。然而，它在代換命令中的替換部分，卻有類似的意義。（這將在第 96 頁的「替換字串中使用的中介字元」一節中再描述）

使用 ~ 這樣原始 vi 的符號，會有不穩定特性。在使用後，儲存的搜尋樣式設定為在 ~ 之後輸入的新文字，而非預期中的新樣式。雖然存在此功能，但不太建議使用它。而且，在 Vim 中也不是這樣做。

請注意，Vim 支持延伸正規表示式語法。有關更多資訊，請參考第 179 頁的「延伸正規表示式」部分。

POSIX 中括號表示式

我們已經介紹了使用中括號來比對任意一個包含在括號裡的字元，如 [a-z]。POSIX 標準引入了另外的方法，用來比對非英文字母的字元。例如，法文字母「è」是一個字母，但無法用一般的字元類組 [a-z] 比對出來。此外，此標準也規定了一些資料串比對與校對（排序）時，應該被當成一個單位的字元序列。

POSIX 也將這種技術訂為標準。在 POSIX 標準中，中括號內的字元組稱為「中括號表示式」（*bracket expression*）。在中括號表示式中，除了 *a*、*!* 文字字元之外，還可以有其他的元素，包括：

字元類別（*character classes*）

POSIX 字元類別包括了用 [: 與 :] 圍起的關鍵字。關鍵字描述了不同的字元類組，包括字母字元、控制字元等等（參考表 6-1）。

校對符號（*collating symbols*）

校對符號是由多字元組成的序列，但必須被當成一個單位；使用 [. 與 .] 圍起所需字元。

等價類別（*equivalence classes*）

等價類別列出了所有應該被當成相等的字元集合，如 *e* 與 *è*。它包含了語系中的命名元素，用 [= 與 =] 包起來。

這三種都必須出現在中括號表示式的中括號內。例如，[[:alpha:]!] 比對出任何單一字母字元或是驚嘆號，而 [[.ch.]] 比對出校對符號 *ch*，但不與字母 *c* 或字母 *h* 相符。在法語系中，[[=e=]] 可能比對出 *e*、*è* 或 *é*。類別與比對出的字元，在表 6-1 中有說明。

表 6-1　POSIX 字元類別

類別	比對出的字元
[:alnum:]	字母與數字字元
[:alpha:]	字母字元
[:blank:]	空格與定位字元
[:cntrl:]	控制字元
[:digit:]	數字字元
[:graph:]	可列印的與可見的（不包括空格）字元
[:lower:]	小寫字元
[:print:]	可列印的字元（包括空格）
[:punct:]	標點字元
[:space:]	空格字元
[:upper:]	大寫字元
[:xdigit:]	十六進制數字

現代系統在安裝時選擇的語言環境很重要的；尤其僅只嘗試比對小寫或大寫字母時，比較可以期望得到合理的結果，因為只需使用 POSIX 中括號表示式 [4]。

如何選擇我的語言環境？

你可以透過設定某些環境變數來選擇在命令環境下所使用的語言，這些環境變數的名稱以字元 LC_ 作為開頭。這些細節超出本書範圍，簡單的說，配置語言環境的最簡單方法是設定 LC_ALL 環境變數。如果沒有覆寫這個參數，它會是安裝系統時所設定的預設語系。

4　在 Solaris 10 上，*/usr/xpg4/bin/vi* 和 */usr/xpg6/bin/vi* 支持 POSIX 中括號表示式，但 */usr/bin/vi* 不支持。在 Solaris 11 上，所有版本都支持 POSIX 中括號表示式。

你通常可以使用 locale 命令來查看系統上可用的語言環境列表：

```
$ locale -a        在 GNU/Linux 系統上
C
C.UTF-8
en_AG
en_AG.utf8
en_AU.utf8
...
```

請注意，檔案與語言環境沒有任何關連性；因此，語言環境變數決定了命令從檔案中如何的讀取資料並且處理它們。通常，以 UTF-8 編碼的檔案，應在所有基於 Unicode 的語言環境中，都能正確處理，但是當下的情況可能會有所不同。

替換字串中使用的中介字元

當你進行全域代換時，前面提到的中介字元，只在搜尋命令的部分（第一部分）中具有特殊意義。

例如，當你輸入：

```
:%s/1\.  Start/2.  Next, start with $100/
```

請注意，替換字串會把 . 與 $ 當成一般字元看待，你不需要將它們轉義。

同樣，假設你輸入：

```
:%s/[ABC]/[abc]/g
```

如果原本希望將 A 換成 a，將 B 換成 b，將 C 換成 c，你一定會感到驚訝。因為在替換字串中的中括號，會被當成一般字元，因此這個命令會將所有出現的 A、B、C，換成 [abc] 的五個字元。

要解決這個問題，需要一個方法來指定變動的替換字串。很幸運地，在替換字串中，還有其他具有特殊意義的中介字元：

\n

利用 \(與 \) 所儲存的第 n 個樣式的文字做代換，n 表示為數字 1 到 9，而前面儲存的樣式（位於保留緩衝區）是由左至右來計算。參見前面第 91 頁的「搜尋樣式中使用的中介字元」一節中對 \(和 \) 的解釋。

\

將後面一個特殊字元會當成一般字元。反斜線在替換字串與搜尋樣式中,同樣都是中介字元。要指定比對真正的反斜線,需輸入兩個反斜線(\\ )。

&

用在替換字串中時,會被替換成搜尋樣式所比對出的完整文字。這在避免重新輸入文字時很有用:

    `:%s/Washington/&, George/`

上例的替換字串是 *Washington, George*。& 也可以替換變動的樣式(用正規表示式指定的樣式)。例如,要在第 1 行到第 10 行中的每一行前後加上括號,輸入:

    `:1,10s/.*/(&)/`

這個搜尋樣式會比對出一整行,而 & 會「重現」這一行,加上你的文字。

~

與使用在搜尋樣式時的意義類似;發現的字串會被最後一個代換命令中的替換文字而替換。這在重複編輯時很有用。例如,你可以在一行中使用 `:s/thier/their/`,而用 `:s/thier/~/` 來重複替換另一行。而搜尋樣式不需要相同。例如,你可以在一行中使用 `:s/his/their/`,而在另一行中使用 `:s/her/~/`[5]。

\u 或 \l

使替換字串中的下一個字元變成大寫或小寫。例如,要將 *yes, doctor* 改成 *Yes, Doctor*,可以輸入:

    `:%s/yes, doctor/\uyes, \udoctor/`

這個例子沒什麼意義,因為直接將字母改成大寫還比較容易。像其他的正規表示式一樣,\u 與 \l 在變動的替換字串中最有用。例如我們前面用過的命令:

    `:%s/\(That\) or \(this\)/\2 or \1/`

結果會是 *this or That*,但是我們需要調整大小寫。我們會用 \u 將 *this*(現在儲存在保留緩衝區 2 中)的第一個字母改成大寫;還要用 \l 將 *That*(現在儲存在保留緩衝區 1 中)的第一個字母改成小寫:

    `:%s/\(That\) or \(this\)/\u\2 or \l\1/`

結果會是 *This or that*。(不要將數字的 1 與小寫字母 l 搞混;數字 1 在後面。)

5　目前版本的 ed 編輯器使用 % 當作替換文字串唯一表示「上一個代換命令的替換文字」的字元。

\U 或 \L 與 \e 或 \E

\U 與 \L 和前面的 \u 或 \l 很類似，但是所有接在後面的字元都會被轉成大寫或小寫，一直到替換字串結束，或出現 \e 或 \E 為止。如果沒有 \e 或 \E，所有的替換文字都會被 \U 或 \L 所影響。例如，要將 *Fortran* 變成大寫，可以輸入：

    :%s/Fortran/\UFortran/

或是使用 & 字元來重複搜尋字串：

    :%s/Fortran/\U&/

所有樣式的辨大小寫都區別。也就是說，搜尋 *the* 時不會找到 *The*。但你可以在樣式中同時指定比對大寫與小寫：

    /[Tt]he

你也可以用 :set ic 指示編輯器忽略大小寫。更多細節請參考第 116 頁的「:set 命令」部分。

更多代換技巧

你應該瞭解有關代換命令的一些其他重要事實：

- 簡單的 :s 其實與 :s//~/ 一樣。換句話說，它會重複上一次代換。

  當你在文件中重複相同的更改，卻又不想用全域代換時，它可以節省大量時間與按鍵打字的數目。

- 如果你將 & 想成「同樣的東西」（也就是剛才比對出的東西），這個命令就比較好記了。你可以在 & 後加上 g，讓代換遍及整行，甚至可以加上行範圍：

      :%&g   在所有地方重複上一個代換

- &️ 鍵可以當成 vi 命令，以執行 :& 命令（重複上一個代換）。這比 :s ENTER 省下了兩個按鍵。

- :~ 命令與 :& 類似，但有些微的區別，它用來搜尋的樣式是（任何命令使用的）上一個出現的正規表示式，而不一定是上一個代換命令中的正規表示式。

  例如，在下面的命令過程中：

      :s/red/blue/
      :/green
      :~

  :~ 等於 :s/green/blue/[6]。

---

6 感謝 Keith Bostic 於 nvi 說明文件提供了這個範例。

- 除了 / 字元，分隔字元亦可為任何非字母、非數值、非空格的字元；但是反斜線（\）、雙引號（"）與垂直線（|）例外。這在更改路徑名稱時很有用：

      :%s;/user1/tim;/home/tim;g

- 當 edcompatible 選項開啟後，vi 會記住上一次代換的旗標（g 表示全域，c 表示確認），並繼續用在下一次代換時。當你在檔案中移動，而且希望作全域代換時，這會很有用。第一次可以這樣作：

      :s/old/new/g
      :set edcompatible

接下來的代換都會是全域的。

儘管名稱如此，但是目前還不知道有哪一種 Unix 上的 ed 是這樣做的。

樣式比對的範例

除非你已經熟悉正規表示式，否則前面對特殊字元的討論可能看起來非常複雜。再舉幾個例子應該會更清楚。在以下範例中，方塊符號（□）表示空格；這不是特殊字元。

先來看看在替換中，可能用到的特殊字元。假設有一個長檔案，並且你想將其中所有的 *child* 代換成 *children*。首先將編輯緩衝區用 :w 儲存，再試試全域代換：

      :%s/child/children/g

當你繼續編輯時，發現有 *childrenish* 這個字，這表示你誤將 *childish* 這個字代換掉了。用 :e! 回到上一次儲存的緩衝區，再試試：

      :%s/child□/children□/g

注意在 *child* 後有一個空格。但是這會漏掉 *child.*、*child,*、*child:* 等等的出現。經過一番思考後，你想起了中括號可用於比對列表中的任一個字元，因此想了一個方法：

      :%s/child[□,.;:!?]/children[□,.;:!?]/g

這將搜尋 *child* 後面加上空格（□）或任一個標點符號字元（,.;:!?）的狀況。你原本希望把這些文字換成 *children* 加上對應的空格或標點符號，結果卻變成在 *children* 後面接著一連串標點符號。你需要將空格與標點符號放在 \(與 \) 中，後面就可以用 \1 來重新顯示。再重新試試：

      :%s/child\([□,.;:!?]\)/children\1/g

當搜尋比對出 \(與 \) 之間的一個字元時，右邊的 \1 會放回同樣的字元。語法可能看起來非常複雜，但是這個命令過程可以為你節省大量工作。花在學習正規表示式語法上的時間，都會得到千倍的回報！

然而，這個命令仍然不完美。你會發現 *Fairchild* 也被改變了，因此需要有一個方法來找出 *child* 並且不是其他單字的一部分。

事實上，vi 和 Vim（但不是所有其他使用正規表示式的程式）有一種特殊的語法來表示「只有當樣式是一個完整的單字有效」。字元序列 \< 需要單字的開頭比對出樣式，而 \> 需要單字的結尾比對出樣式。兩者同時使用，即可限制單字須完整比對出樣式。因此，在範例中，\<child\> 會尋找所有單字 *child*，不管後面接著標點符號或空格。以下是你應該使用的命令：

```
:%s/\<child\>/children/g
```

最後一種的可能是：

```
:%s/\<child\>/&ren/g
```

搜尋通用詞類

假設你的副程式名稱都是用 *mgi*、*mgr* 或 *mga* 開頭：

```
mgibox routine,
mgrbox routine,
mgabox routine,
```

如果你想保留這些字首，但要將名稱中的 *box* 換成 *square*，則可使用下面列出的任一個命令。第一個例子說明如何使用 \(與 \) 來儲存已找到符合比對樣式的文字段落。第二個例子則顯示如何搜尋某個樣式，但更改其他文字：

```
:g/mg\([ira]\)box/s//mg\1square/g
```

```
mgisquare routine,
mgrsquare routine,
mgasquare routine,
```

全域代換會記住是否儲存了 *i*、*r* 或 *a* 字元。如此，只在 *box* 為副程式名稱的一部分時，*box* 才會替換成 *square*。

```
:g/mg[ira]box/s/box/square/g
```

```
mgisquare routine,
mgrsquare routine,
mgasquare routine,
```

與前一個命令效果一樣，但是有點不安全；因為有可能修改同一行中其他出現 *box* 的地方，未能限定在只有出現在副程式名稱中的 *box*。

依照樣式移動文字區塊

你也可以以樣式作為分隔的文字區塊做移動。例如，假設你有一份利用 XML 編寫、共 150 頁的參考手冊。每一頁都安排為三段，有三個相同的標題：<syntax>、<description> 和 <parameters>。其中一頁的範例如下：

```
<reference>
<description>Get status of named file</description>
<shortname>STAT</shortname>
<syntax>
int stat(const char *filename, struct stat *data);
...
retval = stat(filename, data);</syntax>
<description><para>
Writes the fields of a system data structure into the
structure pointed to by data.
These fields contain (among other
things) information about the file's access
privileges, owner, and time of last modification.
</para></description>
<parameters>
<param><name>filename</name>
<para>A character string variable or constant containing
the Unix pathname for the file whose status you want
to retrieve.
You can give the ...
</para></param></parameters>
</reference>
```

假設決定將 <description> 移到 <syntax> 段落之上。利用樣式比對，你可以只用一個命令，就移動 150 頁中的文字區塊！

```
:g /<syntax>/.,/<description>/-1 move /<parameters>/-1
```

這個命令的工作方式如下。首先，ex 會找到並標籤與比對第一個樣式的每一行（也就是其中包含 *<syntax>* 單字的行）。接下來，逐一對標籤行設定 . 號（表示目前行），再執行命令。此命令將，將目前這一行（ . ）起、直到包含 *<description>* 的前一行（/description/-1）間的內容，一起移到包含 *<parameters>* 的上一行（/parameters/-1）[7]。

---

7 我們可以使用 move /<\/description>/ 將標示的區塊移動到 *</description>* 之後的行。這樣的寫法更具有可讀性且更容易理解。

請注意，ex 只能將文字放置在指定行的下方。

要讓 ex 將文字放在一行上方，首先必須用 -1 減一行，再讓 ex 將文字放在前一行的後面。

在這種情況下，一個命令可以節省數小時的工作。這是真實的例子——我們曾經使用這樣的樣式比對，重新編排包含數百頁的參考手冊。

透過樣式定義區塊，同樣也能與其他 ex 命令一起使用。例如，如果想刪除參考章節中的所有 <description> 段落，可以輸入：

```
:g/<description>/,/<parameters>/-1d
```

這種變化功能強大，隱含在 ex 的行位址語法中，即使有經驗的使用者也不一定瞭解。因此，當你面對一個複雜而重複的編輯工作時，花一點時間分析問題，並確保是否可以應用樣式比對工具來完成工作。

更多範例

由於學習樣式比對最好的方法就是透過範例，以下列出一些樣式比對的範例，加上說明。仔細研究這些語法，瞭解工作原理，應該能夠根據自身情況調整活用這些範例。

關於 troff

Unix 上的標準文字格式化工具是用於排版和雷射列印機的 troff，以及用於終端和點陣列印機的 nroff。他們使用相同的語法輸入。

troff 的輸入由與命令列和轉譯程序混合格式化的文字組成（例如斜體或加粗文字）。

在過去，熟悉 troff 和 nroff 的知識和技能是成為「Unix 高手」的必要部分。隨著時間過去，它們的使用已經減少，但它們對於一項關鍵工作仍然是必要的：編輯手冊頁（manual pages）。

因此，雖然書中減少 troff 相關的範例數量，但並沒有全部刪除。希望剩餘的部分對你有所幫助。

---

1. 在單字 *ENTER* 前後加上 troff 的斜體代碼。

   `:%s/RETURN/\\fI&\\fP/g`

   請注意，代換時需要兩個反斜線（\\），因為在 troff 斜體代碼中的反斜線會被當成特殊字元。（只有 \fI 會被解譯成 *fI*；你必須輸入 \\fI 才能得到 \fI）。

2. 更改檔案中的路徑名稱：

   `:%s/\/home\/tim/\/home\/linda/g`

   斜線（當作全域代換序列的分隔符號）如果是替換文字或樣式的一部分時，它必須用反斜線作轉義；用 \/ 才能得到 /。另一個效果相同的方法，則是用其他字元當作樣式的分隔符號。例如，你可以用冒號當作上一個範例的分隔符號：

   `:%s:/home/tim:/home/linda:g`

   這樣可讀性就增加許多。

3. 將 *ENTER* 前後加上 HTML 的斜體代碼。

   `:%s:ENTER:<I>&</I>:g`

   注意這裡用 & 表示實際上比對出的文字，而且用冒號代替斜線作為分隔符號。

4. 將第 1 至 10 行中所有的句點改為分號：

   `:1,10s/\./;/g`

   點號在正規表示式語法中有特殊意義，必須用反斜線作轉義（\.）。

5. 將所有出現的 *help*（或 *Help*）改為 *HELP*。

   `:%s/[Hh]elp/HELP/g`

   或：

   `:%s/[Hh]elp/\U&/g`

   \U 會將後面的樣式改為大寫。後面的樣式會重複搜尋樣式，可能是 *help* 或 *Help*。

6. 將一個或多個空格換成一個空格：

   `:%s/□□*/□/g`

   確定你瞭解星號被當成特殊字元時的意義。在任何字元（或是任何比對出一個字元的正規表示式，如 . 或 [:lower:]）後的星號會比對出一個或多個相符的字元。因此，你必須指定兩個空格加上星號，來代表一個或多個空格（一個空格，加上零個或多個空格）。

7. 將冒號後面的一個或多個空格換成兩個空格：

   :%s/:□□*/:□□/g

8. 將句號或冒號後面的一個或多個空格換成兩個空格：

   :%s/\([:.]\)□□*/\1□□/g

   在括號中的兩個字元都可用於比對。這個字元會用 \(與 \) 存到保留緩衝區，並以 \1 取回至右手邊。請注意，括號中的特殊字元（如 .）並不需要轉義。

9. 將標題或單字的各種用法標準化：

   :%s/^Note[□:s]*/Notes:□/g

   括號中有三個字元：空格、冒號與字母 *s*。因此，樣式 Note[□s:] 會比對出 *Note* □、*Notes* 或 *Note:*。後面的星號使得 *Note*（加上零個空格）與 *Notes:*（已經正確的拼法）也會比對出樣式。如果沒有星號，*Note* 可能會被漏掉，而 *Notes:* 可能會被錯誤地改為 *Notes:* □:。同時，也會將多個空格縮短為一個，因此 *Note:* □□ 變為 *Notes:* □。

10. 刪除所有空白行：

    :g/^$/d

    實際上要比對出的是，以行開頭（^）為開頭，以行結尾（$）為結尾，中間沒有東西的行。

11. 刪除所有空白行，以及所有只包含空格的行：

    :g/^[□*tab*]*$/d

    （本例以用 *tab* 表示定位符號）看起來可能是空白的一行，但是卻包含了空格或定位符號。然而使用前一個範例是不會刪除這樣的行。本例也是搜尋一行的開始與結束，但並非比對中間空無一物的狀況，而是尋找任何數量的空格或定位符號。如果沒有比對出空格或定位符號，表示這一行為空白。要刪除所有包含空白但不是空無一物的行，該行至少需要比對出一個空格或定位符號：

    :g/^[□*tab*][□*tab*]*$/d

12. 刪除每一行開頭的所有空白：

    :%s/^□□*\(.*\)/\1/

用 `^□□*` 尋找在一行開頭的一個或多個空格；然後用 `\(.*\)`，把這一行中剩下的文字，存到第一個保留緩衝區，再用 `\1` 放回這些開頭沒有空白的文字。也可以用 `s/^□□*//` 更簡單地完成。

13. 刪除每一行結尾的所有空白：

    `:%s/□□*$//`

針對每一行，移除結尾處一個或多個空白。由於使用 `^` 和 `$`，本例與上例的代換，對每一行只會作用一次，因此不需要在替換字串後加上 g 選項。

14. 在從目前這一行到以 `}` 開頭的下一行，每一行開頭加入一個 `//□`。

    `:.,/^}/s;^;//□;`

這裡真正做的是用 `//□`「代換」行首。行的開頭（是一種邏輯概念，不是平常會使用的符號）並且沒有做代換。

這樣做其實是 C++ 的 `//` 註解符號，從當目前這一行直到以大括號開頭的所有行，在行首加入後標示為註解。通常使用它，你可以將游標放在函式定義的第一行來註解整個函式。

請注意，當替換文字包含一個或多個斜線時，使用分號作為代換命令的分隔符號。

15. 為接下來六行的結尾加上句號：

    `:.,+5s/$/./`

行位址表示目前這一行加上五行。`$` 表示行的結尾。與上一個例子一樣，`$` 也是一種邏輯上的概念。行的結尾不會真的被替換。

16. 調換所有用連字號所分隔部分的順序：

    `:%s/\(.*\)□-□\(.*\)/\2□-□\1/`

用 `\(.*\)`，把 `□-□` 前的文字儲存到第一個保留緩衝區，再用 `\(.*\)` 將剩下的部分儲存到第二個保留緩衝區。接著將儲存的部分回復，再將兩個保留緩衝區的內容交換。所產生的效果如下：

```
more - display files
```

會變成：

```
display files - more
```

而

```
lp - print files
```

會成為：

```
print files - lp
```

也可以如下更簡潔的完成：

```
:%s/\(.*\)\(□-□\)\(.*\)/\3\2\1/
```

17.將檔案中每一個單字轉成大寫：

```
:%s/.*/\U&/
```

或是：

```
:%s/./\U&/g
```

在替換字串起始處的 \U，用於告知編輯器把替換文字轉成大寫。& 字元會重新顯示搜尋樣式所比對出的文字，作為替換字串。

本例的兩個命令相等；然而，第一個會快很多，因為它在每一行只做一次代換（.* 可比對出一整行，每一行一次），而第二個會對每一行作重複的代換（. 只會比對出單一字元，依靠最後的 g 做重複代換）。

18.反轉檔案中各行的次序[8]：

```
:g/.*/mo0
```

搜尋樣式會比對出所有行（包含零個或更多字元的行）。每一行會依序移動到檔案的開頭（表示移到假想的第 0 行）。當比對出的每一行移到開頭時，會把前面比對過的行逐一向下擠，直到最後一行位於開頭。因為所有的行都有起始處，所以可用更簡潔的方法達到同樣的效果：

```
:g/^/mo0
```

19.在文字檔案的資料庫中，對所有不包含 *Paid in full* 的行，加上 *Overdue* 一詞：

```
:g!/Paid in full/s/$/ Overdue/
```

或是相等的：

```
:v/Paid in full/s/$/ Overdue/
```

要影響除了比對樣式以外所有的行，可以在 g 命令前面加上 !，或是簡單地用 v 命令。

8　出自 Walter Zintz 發表於 *UnixWorld* 的文章（1990 年五月）。

20. 對所有不是由數字開頭的行，將這些行移到檔案結尾：

```
:g!/^[[:digit:]]/m$
```

或是：

```
:g/^[^[:digit:]]/m$
```

如果中括號中的第一個字元符號是 ^，它會反轉整個中括號內的意義，因此兩個命令效果相同。第一個表示「不比對以數字起始的行」，而第二個表示「比對不以數字起始的行」。

請注意，命令之間仍然存在相當細微的差異。第一個影響空行；第二個沒有。因為 /^[[:digit:]]/ 是比對以數字開頭的行。這 ! 在 :g 之後是有否定意思，比對不以數字開頭的行，這就包括空行。但是，/^[^[:digit:]]/ 是比對以非數字字元開頭的行；受比對影響的行，行內必須有一個字元。

21. 將手動編號的小標題（如 1.1，1.2 等等）換成 HTML <h1> 標題標籤：

```
:%s;^[1-9]\.[1-9] \(.*\);<h1>\1</h1>;
```

搜尋字串會比對出一個非零的數字，緊接著加上一個句號、一個非零的數字和一個空格，然後是任何的內容。這個命令找不到包含兩個以上數字的章節編號。如果要做到這個功能，就要修改命令：

```
:%s;^[1-9][0-9]*\.[1-9] \(.*\);<h1>\1</h1>;
```

現在可以比對出第 10 章到第 99 章（1 到 9 的數字後接一個數字）、100 章到 999 章（1 到 9 的數字後接兩個數字）等等。當然還是可以比對出第 1 章到第 9 章（1 到 9 的數字後面不加數字）。

22. 將文件中小標題的數字刪除。例如想把下列範例：

```
2.1 Introduction
10.3.8 New Functions
```

換成：

```
Introduction
New Functions
```

以下是命令：

```
:%s/^[1-9][0-9]*\.[1-9][0-9.]*□//
```

搜尋樣式與上一個例子很像，但是數字長度不一樣了。標題至少必須包含「數字、句點、數字」，因此你先嘗試上一個例子中的搜尋樣式：

```
[1-9][0-9]*\.[1-9]
```

但是這個範例中，標題中可能還有任何數目的數字或句點：

```
[0-9.]*
```

23. 將單字 *Fortran* 換成詞組——「*FORTRAN（acronym of FORmula TRANslation）*」：

```
:%s/\(For\)\(tran\)/\U\1\2\E□(acronym□of□\U\1\Emula□\U\2\Eslation)/g
```

首先，我們注意到 *FORmula* 與 *TRANslation* 都使用了原來單字的一部分，因此決定將搜尋樣式儲存成兩部分：\(For\) 與 \(tran\)。第一次回復時，我們將兩部分一起使用，將所有字元改為大寫：\U\1\2。接下來，用 \E 將大寫還原；否則接下來的替換文字都會變成大寫。然後用實際輸入的文字來替換，再回復第一個保留緩衝區。這個緩衝區仍然包含 *For*，因此首先轉成大寫：\U\1。緊接著，我們將剩下的部分回復小寫：\Emula。最後，回復第二個保留緩衝區。它包含了 *tran*，因此我們把前面轉成大寫，後面轉成小寫，再輸出剩下的部分：\U\2\Eslation)。

樣式比對的最後叮嚀

作為本章的總結，我們提出一些包含複雜樣式比對觀念的範例任務。我們會逐步解決問題，而不是直接提出答案。

刪除未知的文字區塊

假設我們有幾行文字，而一般的形式如下：

```
the best of times; the worst of times:  moving
The coolest of times; the worst of times:  moving
```

你感興趣的行都是以 *moving* 結束，但是不知道開頭兩個單字是什麼。想將所有以 *moving* 結束的行改成：

```
The greatest of times; the worst of times:  moving
```

因為這些修改必須在特定的行中，必須指定與上下文相關的全域替換。使用 :g/moving$/ 可比對出以 *moving* 結尾的行。接下來會發現搜尋樣式可能是任何數量的任何字元，因此就想到了中介字元 .*。但是這會比對出一整行，除非使用某些方法來限制比對出的範圍。下面是第一次嘗試的結果：

```
:g/moving$/s/.*of/The□greatest□of/
```

這個搜尋字串，由我們決定，將從行首比對到第一個。由於需要指定單字來限制搜尋，因此只需在替換中重複它即可。以下這是結果：

```
The greatest of times:  moving
```

有些不正確。代換的字串貪心地把第二個 *of* 前的文字都吃掉了，而不是第一個。原因如下：當樣式是具有選擇時，「比對任意數量的任意字元」這個動作會盡可能比對出最多的文字 [9]。在這裡，因為 *of* 出現了兩次，搜尋字串會找到：

```
the best of times; the worst of
```

而不是；

```
the best of
```

因此，搜尋樣式必須作更多的限制：

```
:g/moving$/s/.*of□times;/The□greatest□of□times;/
```

現在的 .* 會比對出任何在 *of times;* 之前出現的字元。因為這只會出現一次，所以一定是第一個。

然而使用 .* 中介字元，有時也會出現不方便，甚至不正確的情況。例如，可能發現要輸入很多單字來限制搜尋樣式，或是無法用特定的單字來限制樣式（如果行中的文字差異很大）。下一節會示範這種情況。

在資料庫中交換項目

假設你想對（文字）資料庫中所有的姓與著作交換順序。其中的資料行看起來可能像這樣：

```
Name: Feld, Ray; Areas: PC, Unix; Phone: 765-4321
Name: Joy, Susan S.; Areas: Graphics; Phone: 999-3333
```

9　更正確的說，比對時會盡量尋找最長、符合樣式最多的文字。

每一個欄位的名稱都以冒號結尾，各個欄位則以分號隔開。以第一行來說，想將 Feld, Ray 換成 Ray Feld。我們會提出一些看起來很有希望，但實際上不能用的命令。在每個命令之後，我們也會示範更改前與更改後的變化：

```
:%s/: \(.*\), \(.*\);/: \2 \1;/
```

<pre>
Name: Feld, Ray; Areas: PC, <i>Unix</i>; Phone: 765-4321   更改前
Name: <i>Unix</i> Feld, Ray; Areas: PC; Phone: 765-4321   更改後
</pre>

我們將第一個保留緩衝區用**粗體**字表示，而將第二個保留緩衝區用*斜體*字表示。注意第一個保留緩衝區的內容比你想像的多。因為後面的樣式限制得不夠，因此保留緩衝區會一直儲存到第二個逗號。現在嘗試限制第一個保留緩衝區的內容：

```
:%s/: \(....\), \(.*\);/: \2 \1;/
```

<pre>
Name: Feld, <i>Ray</i>; Areas: <i>PC, Unix</i>; Phone: 765-4321   更改前
Name: <i>Ray; Areas: PC, Unix</i> Feld; Phone: 765-4321   更改後
</pre>

這裡你設法將姓氏儲存到第一個保留緩衝區，但是現在的第二個保留緩衝區，儲存的內容直到這一行中最後一個分號。你再試著對第二個保留緩衝區也作限制：

```
:%s/: \(....\), \(...\);/: \2 \1;/
```

<pre>
Name: Feld, <i>Ray</i>; Areas: PC, Unix; Phone: 765-4321   更改前
Name: <i>Ray</i> Feld; Areas: PC, Unix; Phone: 765-4321   更改後
</pre>

這的確是你想要的結果，但只能針對四個字母的姓氏與三個字母的名字。（前面幾次嘗試也有同樣的錯誤）為什麼不回到第一次嘗試，好好選一個搜尋樣式呢？

```
:%s/: \(.*\), \(.*\); Area/: \2 \1; Area/
```

<pre>
Name: Feld, <i>Ray</i>; Areas: PC, Unix; Phone: 765-4321   更改前
Name: <i>Ray</i> Feld; Areas: PC, Unix; Phone: 765-4321   更改後
</pre>

這方法有效，但我們還要繼續討論，並介紹一個額外考量。假設 Area 欄位不一定存在，或是不一定在第二個欄位，那上一個命令又沒有用了。

我們用這個問題來介紹一個觀念。當重新思考一個樣式比對時，通常比較好的作法是更精準地修改變數（中介字元），而不是用特定的文字來限制樣式。在樣式中使用愈多變數，命令的功能發揮會愈強大。

在這個例子中，重新思考要比對何種樣式。應該是每一個用大寫字母開頭，加上任意數量小寫字母的單字；因此，比對姓氏或名字的方式可如下所示：

    [[:upper:]][[:lower:]]*

姓氏中可能會有多個大寫字母（例如 *McFly*），因此你會想搜尋在第二個字母之後的這種可能性：

    [[:upper:]][[:alpha:]]*

這用在名中也沒關係（永遠不知何時會出現 *McGeorge Bundy*）。現在命令變成：

    :%s/: \([[:upper:]][[:alpha:]]*\), \([[:upper:]][[:alpha:]]*\);/: \2 \1;/

很可怕，不是嗎？但是上例仍然無法包含 *Joy, Susan S.* 這樣的名字。因為名字的欄位可能包含了中間名的首字字母，你需要在第二對括號中增加一個空格與句點。但是夠用就夠了。有時候，精確指定理想結果，比起指定不要的結果困難得多。在這個資料庫中，姓氏是以逗號結尾，因此姓氏欄位可以想成是一個不包含逗號的字串：

    [^,]*

這個樣式會比對出第一個逗號之前的字元。同樣地，名字欄位是一個不包含分號的字串：

    [^;]*

將這些更有效率的樣式套用在上一個命令中，會得到：

    :%s/: \([^,]*\), \([^;]*\);/: \2 \1;/

同樣的命令也可作為與上下文相關的代換。如所有的行都以 *Name* 開頭，可以用：

    :g/^Name/s/: \([^,]*\), \([^;]*\);/: \2 \1;/

你也可以在第一個空格後加上星號，以比對冒號後有其他空格（或沒空格的情況）：

    :g/^Name/s/: *\([^,]*\), \([^;]*\);/: \2 \1;/

使用 :g 重複命令

在我們通常看到的 :g 命令的使用上，多半是用來選取一些行，接著讓後面的 ex 命令在同一行上作編輯。例如，用 :g 選擇某些行，再對它們作代換，或是刪除：

    :g/mg[ira]box/s/box/square/g
    :g/^$/d

然而，在 Walter Zintz 發表《*Unix World*》[10] 的教學文件中（分成兩部分），對 :g 命令提出了一個有趣的觀點。用這個命令會選取某些行，但是伴隨的編輯命令卻不一定要影響這些選取的行。

因此，他展示了一個技巧，可以將 ex 命令重複任意次數。假設你想將目前檔案的第 12 到 17 行複製 10 份，放在目前的檔案結尾後，你可以這樣作：

```
:1,10g/^/ 12,17t$
```

這是非常出乎意料的用法，但確實是可行的；:g 命令選擇了第 1 行，執行了指定的 t 命令，接著再到第 2 行，執行下一個複製命令。當到達第十行時，ex 已經複製了 10 次了。

行的收集

以下是另一個 :g 的範例，也是來自 Zintz 文章中提供的建議。假設你在編輯一篇由多個部分所組成的文章。其中第二部分如下所示，我們使用 ... 顯示省略的文字，並列出行號作為參考：

```
301   Part 2
302   Capability Reference
303   .LP
304   Chapter 7
305   Introduction to the Capabilities
306   This and the next three chapters ...

400   ... and a complete index at the end.
401   .LP
402   Chapter 8
403   Screen Dimensions
404   Before you can do anything useful
405   on the screen, you need to know ...

555   .LP
556   Chapter 9
557   Editing the Screen
558   This chapter discusses ...

821   .LP
822   Part 3
823   Advanced Features
```

---

10 第一部分，《vi Tips for Power Users》，發表於 1990 年四月的 *UnixWorld*。第二部分，《Using vi to Automate Complex Edits》，發表於 1990 年五月的 *UnixWorld*。本例出現在第二部分。這份教學可在本書的 GitHub（*https://www.github.com/learning-vi/vi-files*）中取得。

```
824  .LP
825  Chapter 10
826  ....
```

每個章節編號出現在其中一行，章節標題出現在下一行，而章節文字從下一行開始（特別以**粗體**標籤表示強調）。你想要做的第一件事是複製每一章的起始行，傳送到一個已經存在的檔案中，名為 *begin*。

以下是完成上述工作的命令：

```
:g /^Chapter/ .+2w >> begin
```

在使用這個命令前，游標必須位於檔案的第一行。首先你搜尋位於一行開頭的 *Chapter*，但接下來想對每一章的起始行（*Chapter* 往下第二行）執行命令。因位於以 *Chapter* 開頭的行，已經是目前所在的行，所以 .+2 的行位址會表示往下的第二行。當然也可以用相等的行位址 +2 或 ++。你想將這些行寫入一個名為 *begin* 的現有檔案中，因此使用帶有附加運算符 >> 的 w 命令。

假設你只想擷取第二部分中每一章的開頭。則需要限制用 :g 所選擇的行，因此將命令改為：

```
:/^Part 2/,/^Part 3/g /^Chapter/ .+2w >> begin
```

在這裡 :g 命令選擇以 *Chapter* 開頭的行，但是搜尋範圍只限包含 *Part 2* 的行，到包含 *Part 3* 的行為止。

如果你使用這個命令，檔案 *begin* 的最後幾行會是：

```
This and the next three chapters ...
Before you can do anything useful
This chapter discusses ...
```

這是第 7、8 與 9 章開始的行。

除了這些剛剛傳送的行以外，可能想將各章的標題複製到文件的結尾，準備製作目錄。你可以用垂直線添加第二個命令，如下所示：

```
:/^Part 2/,/^Part 3/g /^Chapter/ .+2w >> begin | +t$
```

切記，對於任何接在後面的命令，操作時都與前一個行位址命令有相關。第一個命令標記了以 *Chapter* 開頭的行（在 Part 2 中），並且章節標題出現在這些行的下一行之中。因此，要在第二個命令中使用各章的標題，應該使用行位址 +（或是具有同樣功能的 +1 或 .+1），接著再用 t$ 將各章標題複製到檔案結尾。

從這些例子中所展示的技巧可知，動腦思考與動手實驗，可能讓你得到解決編輯問題的特殊方法。不要害怕嘗試。請務必先備份檔案！當然，使用 Vim 中的無限「還原」功能，甚至可能不需要保存備份的副本；有關詳細資訊，請參考第 182 頁的「擴充還原」部分。

## 第七章

進階編輯

本章介紹一些 vi 和 Vim 更進階的功能以及它們背後的 ex 編輯器。在進入本章的觀念前，各位應該已經對前幾章的內容相當熟悉了。

正如前幾個章節中所示範，本章介紹通用於所有版本的 vi 工具。在這裡看到「vi」一字時，通常可以視為「vi 與 Vim」。

本章分為五個部分。第一部分討論一些設定選項的方法，用於自定義編輯環境。將學習如何使用 set 命令，以及如何透過使用 .exrc 檔案，來建立許多不同的編輯環境。

第二部分討論如何在編輯器中執行 Unix 命令，以及如何使用編輯器透過 Unix 命令過濾文字。

第三部分討論了保存冗長命令的各種方法，像是將它們簡化為縮寫，或是只使用一個按鍵的命令，稱為映射鍵（*mapping*）。另外，也提到了 @- 巨集功能（*@-function*），可以讓我們把命令過程儲存到暫存器中。

第四部分討論了從 Unix 命令列或 shell 指令稿中，使用 ex 的指令稿。指令稿撰碼提供了強大的重複編輯途徑。

第五部分討論了一些對程式設計師特別有用的功能。例如控制行縮排的選項和顯示不可見字元（特別是 tab 字元與換行字元）的選項。還有一些特別適用於程式碼區塊、或 C 和 C++ 函式的搜尋命令。

自定義 vi 和 Vim

vi 和 Vim 在不同的終端機上，有不同的運作方式。

在現代的 Unix 系統上，編輯器會從 terminfo 終端機資料庫中取得你使用的終端機其運作方式[1]。

還有許多可以在編輯器中設定的選項，來影響其操作的方式。例如，設定右邊界讓 vi 自動換行，這樣就不需要按 ENTER 了。

你可以使用 ex 命令 :set 在編輯器中改變選項。此外，每當 vi 和 Vim 啟動時，都會讀取使用者家目錄中名為 .exrc 的檔案。以取得進一步的操作指令。透過 :set 命令來配置這個檔案，可以改變編輯器在使用時的行為方式。

你還可以設定 .exrc 檔案在本地端目錄中，對不同環境中使用不同選項做初始化。例如，可以定義一組用於編輯英文文字的選項，以及另一組用於編輯程式碼的選項。位於家目錄中的 .exrc 會先被執行，接著才是現行目錄中的 .exrc 檔案。

最後，存儲在環境變數 EXINIT 中的任何命令都會在啟動時執行。EXINIT 中的設定會比家目錄的 .exrc 檔案先執行。

:set 命令

:set 命令可以改變兩種類型的選項：一種是切換選項，只能選擇開啟或關閉，另一種可接受數值或字串值（如邊界的位置或檔案的名稱）。

預設情況下，切換選項可能開啟或關閉。要將某個切換選項開啟，命令是：

    :set *option*

要將某個切換選項關閉，命令是：

    :set no*option*

例如指定樣式的搜尋應該忽略大小寫，則輸入：

    :set ic

如果要讓 vi 回到搜尋時分辨大小寫的狀態，則輸入命令：

    :set noic

1　資料庫的位置會隨著廠商而有所不同。可嘗試以 man terminfo 命令取得系統所使用的相關資訊。

許多選項都有完整的名稱和縮寫。在前面的例子中，ic 是 ignorecase 的縮寫；你也可以輸入 set ignorecase 來忽略大小寫，或使用 set noignorecase 來恢復預設行為。

Vim 允許你切換選項的值開啟或關閉：

    :set *option*!

有些選項需要指定某些值。例如，window 選項會設定螢幕上的「視窗」所顯示的行數。可以用等號（=）來設定這些選項：

    :set window=20

在編輯階段中，你可以檢查正在使用的選項。命令：

    :set all

會顯示選項的完整列表，包含使用者設定值和編輯器所「選用」的預設值 [2]。

autoindent	nomodelines	noshowmode
autoprint	nonumber	noslowopen
noautowrite	open	nosourceany
nobeautify	nooptimize	tabstop=8
directory=/var/tmp	paragraphs=IPLPPPQPP LIpplpipbp	taglength=0
noedcompatible	prompt	tags=tags /usr/lib/tags
noerrorbells	noreadonly	term=xterm
noexrc	redraw	noterse
flash	remap	timeout
hardtabs=8	report=5	ttytype=xterm
noignorecase	scroll=11	warn
nolisp	sections=NHSHH HUnhsh	window=23
nolist	shell=/bin/bash	wrapscan
magic	shiftwidth=8	wrapmargin=0
mesg	showmatch	nowriteany

可以使用以下命令，依照名稱尋找任何個別選項的值：

    :set *option*?

而命令：

    :set

顯示在 *.exrc* 檔案中或在執行階段特別修改或設定的選項。

---

2 :set all 的結果，取決於你使用的 vi 版本。這裡顯示是一般 Unix 下的 vi 產生的結果。依字母順序由上而下、由左到右排列；若字首前有 no 的選項，則忽略。Vim 裡的選項比這裡顯示的還要多**很多**。

例如，顯示的結果可能如下所示：

```
number sect=AhBhChDh window=20 wrapmargin=10
```

.exrc 檔案

位於使用者的家目錄中的 *.exrc* 檔案，控制著編輯環境。可以用 Vim 修改 *.exrc* 檔案，就如同修改其他的文字檔案一樣。（當然，任何新的設定都不會生效，除非重新啟動 Vim 或使用 :source 命令）。

如果沒有 *.exrc* 檔案，就直接建立一個。在此檔案中輸入你希望在編輯時生效的 set、ab 和 map 命令。（ab 與 map 將於稍後章節討論）一個可能的 *.exrc* 檔案範例如下所示：

```
set nowrapscan wrapmargin=7
set sections=SeAhBhChDh nomesg
map q :w^M:n^M
ab ORA O'Reilly Media, Inc.
```

這個檔案實際上是在 ex 進入 vi 的視覺化模式之前被讀取的，因此 *.exrc* 中的不需要在命令前面加入冒號。

備用環境

除了讀取家目錄中的 *.exrc* 檔案外，編輯器還會讀取當下目錄中名為 *.exrc* 的檔案。如此可對特別的專案設定適當的選項。

現在在所有的 vi 及 Vim 中，必須先在家目錄的 *.exrc* 檔案中設定 exrc 選項，接下來編輯器才會讀取當下目錄中的 *.exrc* 檔案：

```
set exrc
```

這個機制可防止其他人將 *.exrc* 檔案放入你的工作目錄，其命令可能會危及你的系統安全[3]。

例如，你可能想在某個主要用於程式設計的目錄中設定如下選項：

```
set number autoindent sw=4 terse
set tags=/usr/lib/tags
```

而另一個作文字編輯的目錄則用另一組選項：

```
set wrapmargin=15 ignorecase
```

3　在原始版本的 vi，如果這兩個檔案存在的話，將會自動讀取。而 exrc 選項關閉這個潛在的安全漏洞。

注意，可以在家目錄中的 .exrc 檔案中設定某些選項，而在本地端目錄中取消已設定的選項。

你也可以將選項設定儲存到 .exrc 以外的檔案，並用 :so 讀取（so 是 source 的縮寫），方便定義其他的 vi 環境。

例如：

```
:so .progoptions
```

對於 :so 命令，編輯器不使用搜索路徑（search path）來尋找檔案。因此，不以 / 開頭的檔案名稱路徑會被視為是相對於當下目錄的檔案。

當下目錄的 .exrc 檔案，可用於定義縮寫和映射鍵（本章稍後將介紹）。使用標籤語言編寫書籍或其他文件的作者，可以輕鬆地將要在該書籍中使用的所有縮寫儲存在 .exrc 檔案裡，並放置於創作書籍的目錄中。

要注意的是，本書假設所有的檔案都在同一個目錄中。如果它們在個別子目錄中，你必須將 .exrc 檔案複製到每個子目錄，或者做一些不同的處理。例如使用 Vim 的 autocmd 功能，它允許依據正在編輯的檔案其副檔名，調整設定與執行動作。這樣就可以輕鬆的在不同任務下，自行定義編輯方式。例如：DocBook XML，或是 AsciiDoc、LaTeX。可參考第 309 頁的「自動命令」部分。

一些有用的選項

正如你輸入 :set all 時看到的，設定選項實在多的可怕。其中許多是編輯器內部使用，通常不會修改。有些在特定情況下很重要，但除此之外則未必（例如，noredraw 與 window 對 ssh 連線的工作階段很有用）。在第 467 頁「Heirloom 和 Solaris vi 選項」一節的表 B-1 中，有包含每個選項的簡要說明。建議花一些時間來試用這些設定選項。如果對某個選項感到興趣，請試著設定（或取消）並觀察編輯時所發生的變化。有時可能會發現一些非常有用的工具。

正如前面第 21 頁的「在一行中移動」一節中所討論的，在編輯非程式碼的文字時，選項 wrapmargin 是必不可少的。wrapmargin 用於指定在輸入時，距離右邊的大小，並自動將文字繞排到下一行。（可以省去手動換行的麻煩）[4] 一般數值介於 7 到 15。

```
:set wrapmargin=10
```

4　在電腦上，輸入**換行字元**（*carriage return*）表示按 ENTER 鍵。這個用語來自打字機，在完成一行後，需使用操控桿將紙張向上移動一行，然後讓托架（固定紙張的部分）返回回到行首。這是 ASCII 字元 LF 和 CR（換行和回車）的起源。

另外有三個選項可控制編輯器搜尋時的動作。一般情況下，搜尋區分大寫和小寫（*foo* 與 *Foo* 不同）、回到檔案開頭繼續搜尋（表示你可以在檔案中任何一處作搜尋，而仍然可以找到所有符合的文字）、以及樣式比對時是否可用萬用字元。上述三項設定的預設值分別是 `noignorecase`、`wrapscan`、`magic`。要更改任何一個預設值，應該設定相反的切換選項：`ignorecase`、`nowrapscan`、`nomagic`。

程式設計師可能特別感興趣的選項包括：`autoindent`、`expandtab`、`list`、`number`、`shiftwidth`、`showmatch`、`tabstop`，以及其相反的切換選項。

最後，考慮一下使用 `autowrite`。此設定開啟時，若發出 `:n`（下一個）命令、移到下一個要編輯的檔案，或用 `:!` 執行 shell 命令前，編輯器都會自動將更改過的緩衝區內容寫入磁碟。

執行 Unix 命令

你可以在編輯時顯示或讀取任何 Unix 命令的結果。驚嘆號（!）會告訴 ex 建立一個 shell，並將後續文字視為 Unix 命令：

```
:!command
```

因此，如果你在編輯時想檢查當下目錄，但又不想離開 vi，可以輸入：

```
:!pwd
```

當下目錄的完整路徑會出現在螢幕上；按 ENTER 鍵會回到在檔案中的同一位置繼續進行編輯。

如果想連續發出幾個 Unix 命令，而中途不回到編輯階段，可以使用 ex 命令建立一個 shell：

```
:sh
```

想退出 shell 並返回 vi 時，請按 CTRL-D 。（這也可以用在 gvim，即 Vim 的 GUI 版本）。

你可以結合 `:read`，透過啟動 shell 將 Unix 命令的結果讀取到檔案中。一個非常簡單的例子如下：

```
:read !date
```

或更簡單一點：

    :r !date

將系統的日期資訊讀入檔案文字中。在 :r 命令前加上某行的位址，可以在檔案中任何所需位置上讀取命令的結果。預設情況下，會被放入在目前這一行之後。

假設你正在編輯一個檔案，並希望從名為 *phone* 的檔案中，讀取四個電話號碼，並依照字母順序排列。*phone* 的內容如下：

    Willing, Sue   333-4444
    Walsh, Linda   555-6666
    Quercia, Valerie   777-8888
    Dougherty, Nancy   999-0000

這個命令：

    :r !sort phone

將可讀取 *phone* 經由 sort 過濾條件後的內容：

    Dougherty, Nancy   999-0000
    Quercia, Valerie   777-8888
    Walsh, Linda   555-6666
    Willing, Sue   333-4444

假設你在編輯一個檔案，並想從另一個檔案中插入一些文字，但卻不記得檔案的名稱。你可以使用需要比較多步驟的方法：先離開檔案、輸入 ls 命令、找出正確的檔案名稱後，重新輸入檔名，再做搜尋動作。

或是使用比較少的步驟：

按鍵順序	結果			
:!ls	file1	file2	letter	
	newfile	practice		
	顯示現行目錄的檔案列表。找到正確的檔案名稱。按 ENTER 繼續編輯。			
:r newfile	"newfile" 35L, 1569C	2,1	Top	
	讀入新檔案。			

其中一位作者經常將透過 r 命令與 % 作為檔案名稱結合使用，可以更輕鬆地糾正文件中的拼字錯誤。

```
:w
:$r !spell %
```

這將會儲存檔案，讀入 spell 命令的結果，然後輸出到緩衝區最後的位置上。（在某些系統上你可能想要使用 :r !spell % | sort -u 取得單字拼字錯誤的排序列表。）

有了緩衝區中單字拼字錯誤的列表，然後作者一個一個地檢查它們，搜尋檔案並修正錯誤；並且在完成後，從錯誤列表中刪除每個單字。

經由命令過濾文字

你也可以將一個文字區塊當成 Unix 命令的標準輸入。藉由命令的輸出來替換緩衝區中的文字區塊。你可以在 ex 或 vi 中，將文字經由命令來過濾。這兩種方法主要的不同，在於 ex 使用行位址來指示文字區塊，而 vi 是用文字物件（移動命令）來表示。

用 ex 過濾文字

第一個例子示範如何用 ex 過濾文字。假設前面範例中使用的姓名不是位在名為 *phone* 的檔案中，而是已經儲存於目前檔案中的 96 行至 99 行。你只需輸入要過濾條件的行位址，加上驚嘆號以及要執行的 shell 命令。例如，這個命令：

```
:96,99!sort
```

會將第 96 行到第 99 行間的文字傳送給 sort 過濾，其輸出結果將替換掉原有的內容。

使用 vi 動作命令過濾文字

在 vi 中，透過 Unix 命令過濾文字的流程，是在任何代表文字區塊的 vi 移動命令前，加上驚嘆號，後面再加上要執行的 shell 命令。例如：

```
!)command
```

會將下一個句子傳送給 *command*。

當使用這種功能時，需要知道一些特殊的 vi 反應：

- 驚嘆號不會立即出現在螢幕上。當你輸入表示過濾文字物件的按鍵時，剛才輸入的驚嘆號會出現在螢幕底端，但是用於參考物件的字元並不會出現。

- 文字區塊必須超過一行，因此只能使用移動範圍超過一行的按鍵（G、{ }、( )、[[ ]]、+、-）。要重複這種效果，可以在驚嘆號或文字物件前，加上數值。（例如，!10+ 與 10!+ 都表示下十行）像 w 這類所選的對象就無法動作，除非重複的數量夠多，多到超過一行。你也可以使用斜線（/）加上樣式與換行符號來指定物件；這會將目前位置到下一個出現的樣式之間的文字當成命令的輸入。

- 此時的影響範圍是一整行。例如你的游標位於一行中央、又下達了移動到下一個句子結尾的命令，則包含整個句子開頭與結尾的所有行都會被改變，不只是這個句子本身而已[5]。

- 有一個特殊的文字物件，只能用在這種命令語法中：可以用第二個驚嘆號表示目前這一行：

    !!*command*

記住不管是整個序列，或是文字物件，都可以在前面加上數值，作重複的動作。例如，上一個例子中將第 96 行到第 99 行作變更，你可以將游標移到第 96 行再輸入：

    4!!sort

或是：

    !4!sort

再看看另一個例子，假設想將檔案中一部分的文字從小寫改為大寫，可以用 tr 命令處理這一部分的大小寫。在這個例子中，第二個句子是需要經由命令來作過濾的文字區塊。

```
One sentence before.
With a screen editor you can scroll the page
move the cursor, delete lines, insert characters,
and more, while seeing the results of your edits
as you make them.
One sentence after.
```

---

5 當然事情總有例外。使用 Vim 時，在本例只會改變目前所在的行。

按鍵	結果
!)	One sentence after. ~ ~ ~ .,.+4!█ 出現在最後一行的行號和驚嘆號，提示你可以輸入 shell 命令。符號) 表示要過濾的文字單位是一個句子。
tr '[:lower:]' '[:upper:]'	One sentence before. █ITH A SCREEN EDITOR YOU CAN SCROLL THE PAGE MOVE THE CURSOR, DELETE LINES, INSERT CHARACTERS, AND MORE, WHILE SEEING THE RESULTS OF YOUR EDITS AS YOU MAKE THEM. One sentence after. 輸入 shell 命令並按下 ENTER 。輸入即被輸出的文字取代了。

要重複前一個命令，語法是：

    ! *object* !

有時在編輯電子郵件發送訊息之前，透過 fmt 程式「美化」過濾文字就很有用。請記住，「原始」的輸入已經被輸出所取代了。幸運的是，如果出現錯誤（例如：得到命令回傳的錯誤訊息而不是預期的輸出），你可以還原命令，並恢復原來的內容。

儲存命令

在檔案中，我們經常輸入相同的冗長詞組。有許多不同的方法可以保存一串長命令序列，在命令模式和插入模式下使用。當你呼叫執行這些已儲存的序列時，只需輸入幾個字元（甚至只有一個），就可達成輸入整個命令序列一樣的效果。

單字縮寫

你可以定義縮寫，讓編輯器在插入模式時將輸入的縮寫自動展開成原文。要定義縮寫，使用 ex 命令：

    :ab *abbr phrase*

abbr 是指定給 *phrase* 的縮寫。在插入模式中，只有在你將縮寫當成單字輸入時，才會展開成縮寫代表的字元串；若一個單字內包含 *abbr* 則不會被展開。

假設在檔案 *practice* 中，經常輸入某些詞組，像是很難記的產品或公司名稱。這個命令：

    :ab imrc International Materials Research Center

把 *International Materials Research Center* 縮寫成 *imrc*。現在在插入模式中輸入 *imrc* 時，*imrc* 會展開成全文。

按鍵順序	結果
ithe imrc	the International Materials Research Center

縮寫的展開，會在按下非字母的字元（例如標點符號），或於按下空格、換行、ESC（回到命令模式）時發生。當你在選擇縮寫時，應該選擇不常出現在輸入文字時的字元組合。如果你建立了一個縮寫，最終不希望再展開時，可以將縮寫取消：

    :unab *abbr*

（輸入 :unab 縮寫名稱時，在按 ENTER 鍵的瞬間，縮寫仍然會被展開，但不要擔心，縮寫確實被關閉。）要列出目前所定義的縮寫，輸入：

    :ab

縮寫所用的字元不能同時出現在所代表的詞組結尾。假設下達如下命令：

    :ab PG This movie is rated PG

vi 會得到 "No tail recursion"（不能在結尾遞迴）的訊息，而縮寫也不會設定。這個訊息表示：嘗試著定義某個會重複自我展開的縮寫，因而產生無窮迴圈。如果命令改為：

    :ab PG the PG rating system

就不會收到警告資訊。

經過測試，我們在這些 vi 版本上得到以下結果：

Solaris /usr/xpg7/bin/vi 和 *Heirloom* 的 vi

　　結尾遞迴的版本不允許執行；縮寫名稱出現在展開文字中間的版本，只會展開一次。

Vim

　　兩種版本均被偵測到，且只會展開一次。

如果使用 Unix 的 vi，我們建議避免在定義的詞組中重複縮寫的名稱。

使用 map 命令

在編輯時，你可能會發現自己經常使用某一組命令序列，或者偶爾會使用非常複雜的命令序列。為了節省一些按鍵動作，或是記憶這些命令序列的時間，可以用 map 命令，將命令序列分配給未使用到的鍵。

map 命令的作用很像 ab，不同之處在於你是對命令模式定義巨集，而不是對插入模式。

:map *x sequence*

   定義字元 *x* 映射到一組編輯命令 *sequence*

:unmap *x*

   取消定義給 *x* 的編輯命令

:map

   列出所有被定義為映射的字元

在你開始建立自己的映射字元時，先必須知道哪些不會在命令模式中使用的鍵，才能作為使用者定義的命令，如下所示：

字母

   g、K、q、V、v

控制鍵

   ^A、^K、^O、^W、^X

符號

   _、*、\、=

Vim 使用了所有以上的這些字元，除了 ^K、^_ 和 \。

 如果設定 Lisp 模式，則 vi 使用 = 符號，透過 Vim 進行文字格式化。在許多現代版本的 vi 中，_ 等於 ^ 命令，而 Vim 有「標示模式」，會使用到 v、V、^V 等鍵。（參見第 177 頁的「標示模式中的移動」部分）總而言之，仔細測試你所使用的版本。

依照終端機的不同，也可以將映射序列與特殊功能鍵相互結合。還可以映射到在命令模式中已使用的鍵，然而在這種情況下，將無法操作該鍵的預設功能；稍後會在第 130 頁的「更多映射鍵的範例」一節中介紹。在「幾個方便的映射」部分提供了一些額外的、更重要的映射範例。

使用映射，可建立簡單或複雜的命令序列。舉個簡單的例子，你可以定義一個單字順序顛倒的命令。在 vi 中，如果游標位置如下：

    you can the scroll page

想把 *the* 放到 *scroll* 之後的命令序列為 dwelp。其中用 dw 刪除一個單字；用 e 移到下一個字的結尾；l 是向右移動一格的命令；p 則可置放刪除的單字於目前位置上。儲存這個序列：

    :map v dwelp

即可在編輯階段中任何時候，用單一鍵 v 顛倒兩個單字的順序。

與導引鍵進行映射

Vim 幾乎使用了每一個鍵來做事情。這會使得決定映射鍵的配置變得困難與混亂。因此，Vim 提供了另一種映射方式，使用特殊變數 mapleader 來定義映射。預設情況下，mapleader 的值為 \（反斜線）。

現在你可以定義一個映射鍵，而無須選擇不明確、未使用的 Vim 鍵，而犧牲現有 Vim 的功能鍵與操作。使用 mapleader 定義時，只需輸入導引字元，然後輸入在 map 中定義的功能鍵。

例如，假設想建立一個退出 Vim 的助記詞並選擇 q 作為輔助記憶的鍵，但又不想放棄某些在 Vim 中，使用 q 作為多字元開頭的命令（例如：qq 開始錄製巨集）。因此，在 q 就可與導引鍵一起使用。如以下：

    :map <leader>q :q<cr>

你現在可以輸入 \q 來執行 ex 的 :quit 命令。

如果除了 \ 以外，也可以將 mapleader 設定為你偏好的符號。由於 mapleader 是一個 Vim 變數，因此設定語法是：

    :let mapleader="X"

這裡的 *X* 就是你選擇的導引字元。

保護按鍵免於被 ex 解譯

在定義映射命令時，請注意到某些鍵無法單純地輸入，並把它們當作是命令的一部分，如 ENTER、 ESC、 BACKSPACE、 DELETE；因為這些鍵在 ex 中早已有定義了。如果想將這類按鍵做為命令序列的一部分，必須在前面加上 CTRL-V，轉換按鍵一般的意義。在映射命令中的按鍵 ^V 表示成 ^ 字元。在 ^V 之後的字元，也不會如我們預期的那樣出現。例如，換行符號是 ^M，轉義符號是 ^[，倒退是 ^H 等等。

另一方面，如果要用控制字元做為映射命令；在大部分情況下，只需按著 CTRL 鍵並同時按下字母鍵。例如，要用 ^A 作為映射鍵的方法是：

    :map CTRL-A sequence

然而，有三個控制字元必須用 ^V 作轉義，即為 ^T、^W、^X。例如用 ^T 作映射時，必須輸入：

    :map CTRL-V CTRL-T sequence

而 CTRL-V 的使用適用於任何 ex 命令，而不僅僅是 map 命令。這種用法可以用在任何 ex 命令上，不只是 map 命令。這表示你可以在縮寫或代換命令中輸入換行符號。例如，這個縮寫：

    :ab 123 one^Mtwo^Mthree

會展開成：

    one
    two
    three

此處把 CTRL-V ENTER 序列寫作 ^M，也是你的螢幕上會出現的樣子。（Vim 以不同顏色顯示 ^M 來強調，以便可以看出它實際上是一個控制字元）。

你也可以全面性地在某些特定位置加入新的一行。這個命令：

    :g/^Section/s//As you recall, in^M&/

會在所有以單字 *Section* 開始的行前端，加入新的一行並帶有詞組。& 會回復搜尋樣式。

很不幸的，有個字元在 ex 命令中總是有特殊意義，即使在前面加上 CTRL-V 也一樣。回想一下垂直線（|）的特殊意義，代表多個 ex 命令的分隔符號。你不能在插入模式的映射中使用垂直線。

現在你知道如何使用 CTRL-V 、在 ex 命令中保護某些鍵，如此即可定義一些功能強大的映射命令序列了。

複雜的映射範例

假設你有一份名詞解釋的單字表，其中某一項的內容如下：

```
map - an ex command which allows you to associate
a complex command sequence with a single key.
```

你想將這份名詞解釋的列表轉成 XML 格式，如下所示：

```
<glossaryitem>
<name>map</name>
<para>An ex command...
```

定義複雜映射命令最好的方法是手動操作一次，記錄下每個按鍵組合，然後將這些按鍵建立映射。你想執行的步驟包括：

1. 插入 <glossaryitem> 標籤、換行符號和 <name> 標籤。

2. 按一下 ESC 結束插入模式。

3. 移到第一個單字的結尾（e），並加入 </name> 標籤、換行符號和 <para> 標籤。

4. 按一下 ESC 結束插入模式。

5. 向前移動一個字元，離開結束的 > 字元（l）。

6. 刪除空格、連字符號和後面的空格（3x），並將下一個單字（~）變成大寫。

如果必須重複多次，那將是一項相當繁瑣的編輯工作。

利用 :map 可以保存整個命令序列，之後可以透過單一鍵重現整個過程：

```
:map g I<glossaryitem>^M<name>^[ea</name>^M<para>^[l3x~
```

請注意，你必須「引用」CTRL-V 來帶出 ESC 和 ENTER 字元。^[是當你輸入 CTRL-V 後緊接著 ESC 時出現的序列。而 ^M 是輸入 CTRL-V 加上 ENTER 所出現的序列。

現在，只需輸入 g 就會執行整個編輯動作。如果在連線速度緩慢的環境下，你可以看到個別的編輯動作。反之，如果很快的話，就會像變魔術一樣。

如果第一次嘗試使用映射按鍵失敗，也不要氣餒。在定義映射時，一點小錯誤就會產生非常不同的結果。輸入 u 還原編輯，然後再試一次。（這正是在開發映射功能時必須做的）。

後面提供一些有關讓 XML 更容易編輯的命令輸入映射，請參考第 136 頁的「映射多個輸入鍵」部分。

更多映射鍵的範例

接下來的範例提供一些定義映射按鍵時的巧妙技巧：

1. 移動到單字結尾並加入文字：

    ```
    :map e ea
    ```

    大多數情況下，會想要移動到單字結尾的唯一原因是增加文字。這個映射序列會自動進入插入模式。注意映射按鍵中的 e，在 vi 中是具有意義。你可以將 vi 已經使用的按鍵拿來作映射，但是它原來的功能，在映射作用產生後就會消失。在這個例子中影響不大，因為 E 命令通常與 e 是相同的。

2. 對調兩個單字：

    ```
    :map K dwElp
    ```

    我們在本章前面討論過這個序列，但是現在必須使用 E（假設從這個例子開始，e 命令已經用於 ea 映射鍵了）。請記住，游標從兩個單字中的第一個開始。不幸的是，由於 l 命令的緣故，如果兩個單字位於行尾時，則此序列（和早期版本）將無法作用；因為游標會先移到一行的結尾，而 l 就無法再往右移了。

3. 儲存一個檔案，並編輯下一個檔案：

    ```
    :map q :w^M:n^M
    ```

    （使用 CTRL-V ENTER 讓 ^M 產生到映射鍵中）請注意，你可以將映射鍵配置 ex 命令，但是要確保每個 ex 命令都以換行符號結束。這個序列可以輕易地從一個檔案移動到另一個檔案，而在使用一個 vi 命令來開啟許多個小檔案時很有用。將字母 q 作映射，可以讓你記得這個序列與結束（quit）類似。[6]

4. 在單字前後加上 troff 的粗體代碼：

    ```
    :map v i\fB^[e\fP^[
    ```

6　Vim 提供 :wn 來做這個組合操作，但是 map q :wn^M 仍然有用。

這個序列假設游標位在單字的開頭。首先進入插入模式,接著輸入粗體字的代碼。在映射命令中,你不需要輸入兩個反斜線來代表一個反斜線。然後回到命令模式,此時輸入一個「引用」的 ESC 。最後在單字的結尾加上結束的 troff 代碼,並回到命令模式。

注意當我們在單字結尾加入文字時,並不需要使用 ea,因為這個序列本身已經被映射到單一字母 e 了。這表示映射序列可以包含其他映射的命令。(這種使用巢狀映射序列的能力,是由 vi 的 remap 選項所控制,這個選項通常為開啟。)

5. 即使游標不在單字的開頭,也可以在單字周圍放置 HTML 粗體代碼:

```
:map V lbi<B>^[e</B>^[
```

這個序列與上一個類似;除了使用 HTML 代替 troff 之外,還使用 lb 來處理將游標移動到單字開頭的額外工作。游標可能位在單字的中間,因此要用 b 將游標移到開頭。但是如果游標已經位在單字的開頭,則 b 命令會將游標移到上一個單字。為防止這種情況出現,在使用 b 往回移動前先輸入 l,使游標不會出現在單字的第一個字母。你可以定義這種序列的變形,將 b 改為 B 或將 e 改為 Ea。然而,在游標位於一行結尾時,會讓這個 l 命令序列無法使用。(你可以附加一個空格來解決這個問題)

6. 重複地搜尋與刪除一個單字或詞組周圍的括號[7]:

```
:map = xf)xn
```

這個序列假設你先用 /(加 ENTER 找到了一個左括號。

如果你選擇刪除這個括號,則使用 map 命令:用 x 刪除這個左括號,用 f) 找尋右括號,用 x 刪除,再用 n 重複搜尋左括號的動作。

如果你不想刪除括號(例如,它們並沒有錯誤),就不要使用映射命令:改為按 n,尋找下一個左括號。

你也可以修改這個映射序列,用來處理成對的其他括號。

7. 將整行的前後加上 C/C++ 的註解符號:

```
:map g I/* ^[A */^[
```

---

[7] 出自 Walter Zintz 發表於 *UnixWorld* 1990 年四月號《vi Tips for Power Users》的文章。

這個序列會在行的開頭插入 /*，並在行的結尾加上 */。你也可以映射代換命令，達成相同工作：

```
:map g :s;.*;/* & */;^M
```

這裡先比對整行（用 .*），接著（用 &）重新顯示時，在該行前後加上註解符號。注意這裡使用分號作為分隔字元，以避免在註解中需要對 / 字元轉義。

最後，你應該知道有許多按鍵與其他按鍵的功能相同，或是極少用到。（例如，^J 的作用與 j 相同。）然而，應該先熟悉 vi 命令，再開始大膽地定義映射按鍵，並取消它們的正常用途。

在插入模式映射按鍵

一般來說，映射只在命令模式中有用。畢竟，在插入模式中的按鍵，終究應該代表原來的意義，不應該用於映射到命令。然而，在 map 命令後加上驚嘆號（!），即可強制覆寫按鍵原來的定義，以產生插入模式中的映射行為。當你處在插入模式，但是需要暫時切換到命令模式，執行命令後再回到插入模式時，這就相當有用了。

假設你剛才輸入了一個單字，但是忘了將它變成斜體（或是在前後加上引號等等）。你可以定義這種的映射：

```
:map! + ^[bi<I>^[ea</I>
```

現在，於單字結尾輸入 + 時，便會在單字前後加上 HTML 的斜體代碼。+ 不會出現在文字中。

上面的命令序列中，會先進入命令模式（^[），後退到單字起始處並加入第一個代碼（bi<I>），再跳回命令模式（^[），往前移動加入第二個代碼（ea</I>）。因為映射序列是以插入模式作為開始和結束，因此可以在對單字作標示之後繼續輸入文字。

以下是另一個例子。假設你正在輸入文字，但卻發現上一行應該用冒號結束，即可以定義下列映射序列加以改正[8]：

```
:map! % ^[kA:^[jA
```

如果你在目前這一行的任何地方輸入 %，會在上一行的結尾加上一個冒號。這個命令會切換到命令模式，移到上一行，再加上冒號（^[kA:）。然後再回到命令模式，向下移到原來所在的行之行尾，使你處於插入模式（^[jA）。

8　來自《vi Tips for Power Users》。

請注意，我們在前面的映射命令中，使用不常用的字元（% 與 +）。當一個字元被映射為插入模式後，你不能再將該字元輸入為文字（除非你在它前面加上 CTRL-V ）。

要讓字元能恢復正常輸入，使用以下命令：

```
:unmap! x
```

其中 x 表示稍早用於插入模式中做映射的字元。（雖然在你輸入時，vi 會於命令列將 x 展開，看起來像是取消展開文字的映射，但實際上會正確地取消字元映射）。

插入模式的映射，通常更適合將字串連接到你不會使用的特殊鍵。尤其是在可程式化的功能鍵上特別有用。

映射功能鍵

在過去，串列終端帶有可程式化的功能鍵。使用終端機中的特殊設定模式，可以設定這些鍵，用來發送你想要的任何字元。然後應用程式可以利用這些功能鍵，將它們用作常見或重要操作的「捷徑方式」。

今天個人電腦和筆記型電腦的鍵盤上也有功能鍵，通常在上方有 10 或 12 個鍵，標記為 F1 到 F12 。我們不再透過特殊的硬體模式設定它們的動作，而是由終端模擬器和系統上運行的其他程式定義它們的行為。

由於終端模擬器在 terminfo 資料庫中有相對應的紀錄，編輯器可以識別功能鍵生成的轉義序列，如此可以將它們映射到所選擇的特定操作上。

在 ex 中完成映射功能鍵，使用以下語法：

```
:map #1 commands
```

表示編號 1 的功能鍵，依此類推。

像其他鍵一樣，映射動作預設在命令模式中。但是若再使用 map! 命令，就可以對一個功能鍵定義兩個不同的值；一個用在命令模式，另一個用在插入模式。例如在使用 HTML 時，可能會想在功能鍵中插入字型選項的代碼。如下所示 [9]：

```
:map #2 i<I>^[
:map! #2 <I>
```

---

[9] 功能鍵 F1 通常是「求助鍵」，保留給終端模擬器使用；因此範例使用 F2 。

如果你在命令模式中，第一個功能鍵進入插入模式，輸入三個字元 <I>，然後返回命令模式。如果已經處於插入模式，則該鍵只需輸入三個字元的 HTML 代碼。如果序列包含 ^M，表示換行符號，請按 CTRL-V CTRL-M 。

例如，為了使 F2 可用於映射，你的終端資料庫項目必須具有 k2 的定義，例如：

```
k2=^A@^M
```

因此，如下定義：

```
^A@^M
```

必須是按下功能鍵時的輸出內容。

查看產生的功能鍵

要查看功能鍵產生的內容，可以使用 od（octal dump，八位元傾印）加上 -c 選項（顯示每個字元）。你需要在功能鍵之後按下 ENTER ，接著以 CTRL-D 要求 od 印出資訊。例如：

```
$ od -c          od  reads from standard input
^[[A             function key pressed
^D               Control-D, EOF
0000000 033   [   [   A  \n
0000005
```

在這裡，功能鍵送出了轉義字元、兩個左括號，與一個 A。

映射其他特殊鍵

許多的鍵盤擁有特殊鍵，如 HOME 、 END 、 PAGE UP 、 PAGE DOWN 等與 vi 命令相同的鍵。如果終端機的 terminfo 描述很完整，則編輯器就可以辨認這些鍵。如果並非如此，你可以用 map 命令讓編輯器能使用這些鍵。這些鍵通常會將一個轉義序列送到電腦中；包含一個 Escape 字元，加上一個或多個字元組成的字串。為了捕捉 Escape，你應該在按下特殊鍵前先按下 ^V。例如，要將標準鍵盤上的 HOME 鍵映射到 vi 中具有相同意義的命令，你可以定義以下映射：

```
:map CTRL-V HOME 1G
```

螢幕上會顯示：

```
:map ^[[H 1G
```

類似的命令會像這樣[10]：

```
:map CTRL-V END G          會顯示    :map ^[[Y G
:map CTRL-V PAGE UP ^F      會顯示    :map ^[[V ^F
:map CTRL-V PAGE DOWN ^B    會顯示    :map ^[[U ^B
```

你可能會想將這些映射放在 *.exrc* 檔案中。請注意，如果一個特殊鍵產生了很長的轉義序列（包含許多不可列印的字元），則 ^V 只會引用開頭的轉義字元，而映射也無法作用。你必須找到整個轉義序列（使用 od，如前面所示）並手動輸入，在適當的點引用，而不是單純按 ^V 然後加上特殊鍵。

如果你使用不同類型的終端程式（例如 Windows 系統上的命令視窗和 xterm），就不能像剛才介紹的那樣，期望映射總是有效的。也因為如此，Vim 提供了一種可移植的方式來描述這些映射鍵：

```
:map <Home> 1G          輸入六個字元：< H o m e > (Vim)
```

vi 和 Vim 通常依照字面上的描述提供這些映射，如果沒有，可以按照剛才的指示映射它們。然而，我們發現這樣的映射與 vi 的理念「絕對不要離開鍵盤」背道而馳。當示範如何使用 Vim 時，我們所做（或推薦）的第一件事是將 HOME 、 END 、 PAGE UP 、 PAGE DOWN 、 INSERT 、 DELETE 和所有方向鍵，都映射鍵到「無操作（no operation）」，以促進學習原本的 vi 命令。最終目的是為讓 vi 命令提供更高效的編輯和更好的記憶方式，使用一堆映射鍵來完成其他繁瑣的工作。

例如，我們其中一人會定期編輯四家冰淇淋店的數據資料檔案。數據資料包含商店一天的銷售資訊，以空格分隔。他使用 Vim 的自動命令（autocommand）功能來檢測比對正在編輯的商店名稱檔案。（有關自動命令的更多資訊，請參考第 309 頁的「自動命令」部分。）這裡定義 END 鍵來計算四個數值的加總，並修改該行，顯示四個數值及加總後的值。映射如下所示[11]：

```
:noremap <end> !!awk 'NF == 4 && $1 + $2 + $3 + $4 > 0 {
  printf "\%s  total: $\%.2f\n", $0, $1 + $2 + $3 + $4;
  exit }; { print $0 }'<cr>
```

這麼長的命令是在 *.vimrc* 檔案中；將它分成幾行，以符合頁面。所以重要的是，在數據檔案中的某一行上使用 END 鍵，如下所示：

```
450 235 1002 499
```

---

10 在你系統上看到的可能與此處顯示的轉義序列有許差異。
11 符號 % 必須在映射中進行轉義，使得 Vim 不會用目前的檔案名稱替換它。

當按下 [END] 鍵時，轉換為：

```
450 235 1002 499  total: $2186.00
```

請注意，這個映射中有雙重檢查，使用 awk 命令進行數學運算，前提是有四個文字區域
(NF == 4)，並且只有在它們加總值大於零時。（參考 :help :map-modes 取得有關 noremap
命令的相關內容）

映射多個輸入鍵

對應多個按鍵並不只限於功能鍵，也可以對應一般的按鍵。這有助於更輕鬆地輸入某些
類型的文字，例如 DocBook XML 或 HTML。

以下是一些 :map 命令，感謝 Jerry Peek，使輸入 DocBook XML 的標籤變得更容易。以
雙引號開頭的行是註釋（這將在後面第 144 頁的「ex 指令稿中的註解」一節中討論）：

```
:set noremap
"粗體：
map! =b </emphasis>^[F<i<emphasis role="bold">
map =B i<emphasis role="bold">^[
map =b a</emphasis>^[
"移動到下一個標籤的末端：
map! =e ^[f>a
map =e f>
"腳註（在文字輸入模式下直接在游標後增加開始標籤）：
map! =f <footnote>^M<para>^M</para>^M</footnote>^[kO
"斜體（強調）：
map! =i </emphasis>^[F<i<emphasis>
map =I i<emphasis>^[
map =i a</emphasis>^[
"段落：
map! =p ^[jo<para>^M</para>^[O
map =P O<para>^[
map =p o</para>^[
"小於符號：
map! *l &lt;
...
```

要用這些命令來輸入註腳時，應該進入插入模式，再輸入 =f。接著編輯器會插入開始與
結束的標籤，並回到插入模式，游標則位在標籤中間：

```
All the world's a stage.<footnote>
<para>█
</para>
</footnote>
```

在本書早期版本的開發過程中，這些巨集已被證實是非常有用的。它們可以很容易地改寫不同的標籤語言，例如 AsciiDoc、LaTeX、Texinfo 或 Sphinx。

@- 巨集功能

命名暫存器提供了另一種建立巨集（複雜的命令過程）的方法，只需幾個按鍵即可重複。

如果你在文字中輸入一行命令（vi 序列，或以冒號開頭的 ex 命令），然後將其刪除到命名暫存器中，則可以使用 @ 執行暫存器的內容命令。例如，開啟新的一行並輸入：

cwgadfly CTRL-V ESC

將在螢幕上出現：

cwgadfly^[

再次按 ESC 插入模式，然後透過輸入 "gdd 刪除這一行，讓被刪除文字移至暫存器 g。現在，每當你將游標放在單字的開頭並輸入 @g 時，這個單字就會修改為 *gadfly*[12]。

因為 @ 會被解釋成 vi 命令，點號（.）即可重複整個序列，即使暫存器包含的是 ex 命令也一樣。@@ 會重複最後一個 @，而 u 或 U 可以用來取消 @ 的效果。

Vim 將文字儲存到命名暫存器中變得更加容易。在 vi 命令模式下，一個 q 後跟一個暫存器名稱，會開始記錄輸入的內容到命名暫存器中。並且單獨使用 q 來結束錄製。Vim 會在狀態列中增加一個正在錄製的訊息以提醒你。在 Vim 中使用上一個範例的暫存器 a，你可以輸入 qacwgadfly^[q，然後可以使用 @a 執行它。

這是一個簡單的例子。@- 巨集功能很有用處，適合用於非常具體的命令上。尤其是在編輯多個檔案時，可以將命令儲存在命名暫存器中，並在編輯任何一個檔案時拿來使用。@- 巨集功能還可以與第六章「全域代換」討論的全域代換命令結合使用。

當然，如果同時使用命名暫存器來存儲 @- 巨集功能和存儲刪除或刪除的文字，需要小心地將它們分開，使用字母排序較前面的來做文字儲存，在字母排序較後面的，來保留 @- 巨集功能。

---

12 這有點困難。因為 dd 也會擷取到行尾端的換行符號，導致 @g 在修改目前單字後，將游標下移一行。若要正確執行此操作，必須輸入 "gdf^V^[。

從 ex 中執行暫存器

你還可以從 ex 模式下執行儲存在暫存器中的文字。在這種情況下，輸入一個 ex 命令，並將其刪除到一個命名暫存器中，然後在 ex 的冒號提示符號下使用 @ 命令。例如，輸入以下的文字：

```
ORA publishes great books.
ORA is my favorite publisher.
1,$s/ORA/O'Reilly Media/g
```

將游標放在最後一行，將命令刪除到 g 暫存器中：`"gdd`。將游標移到第一行：`kk`。然後從冒號命令列執行暫存器：`:@g` `ENTER`。此時螢幕應該顯示如下：

```
O'Reilly Media publishes great books.
O'Reilly Media is my favorite publisher.
```

有些版本的 vi 在 ex 命令行中使用時，`*` 與 `@` 的意義相同。Vim 也這樣做，但前提是設定了 compatible 選項。另外，如果在 @ 或 * 命令後面的暫存器名稱是 *，則該命令存取自預設（未命名）暫存器。

使用 ex 指令稿

某些 ex 命令只能在 vi 中使用，例如映射、縮寫等等。如果將這些命令存儲在 *.exrc* 檔案，當啟動 vi 或 Vim 時，會自動執行這些命令。任何包含可執行命令的檔案都稱為指令稿（*script*）。

典型 *.exrc* 指令稿中的命令，在 vi 以外就沒有用處了。然而，你可以將其他 ex 命令儲存在指令稿中，然後在一個或多個檔案上執行指令稿。在這些外部指令稿中，大部分是替換命令。

對於（有技術背景的）寫作者來說，ex 指令稿的一個有效應用是，確保整份文件的術語甚至拼字的一致性。例如，假設你對兩個檔案執行 Unix spell 命令，而並命令結果得到以下的拼字錯誤：

```
$ spell sect1 sect2
chmod
ditroff
myfile
thier
writeable
```

如上例，spell 常常找出一些無法辨識的技術用語和特殊單字，但也發現了兩個真正的拼字錯誤。

因為我們同時檢查了兩個檔案，因此不知道錯誤是出現在哪一個檔案，也不知道錯誤的位置。雖然有別的方法找出位置，而且對於兩個檔案中的兩個錯誤也不會很困難，但卻可以想像：如果發生在拼字拙劣的打字員身上，或是一次要檢查大量的檔案時，這項工作會變得多麼耗時。

要把工作簡化，你可以撰寫一個 ex 指令稿，其中包含以下的命令：

```
%s/thier/their/g
%s/writeable/writable/g
wq
```

假設將這幾行儲存到一個名為 *exscript* 的檔案中。接著就可以在 vi 中執行這個指令稿：

```
:so exscript
```

或是在命令列，直接將這個指令稿用在檔案上。然後即可如下編輯檔案 *sect1* 與 *sect2*：

```
$ ex -s sect1 < exscript
$ ex -s sect2 < exscript
```

啟動 ex 之後的 -s（用於「指令稿模式」或「安靜模式」）是 POSIX 告訴編輯器禁止正常終端機訊息輸出的方式 [13]。

如果指令稿比這個例子所要處理的還要多，我們就可以省下許多時間。但是你可能會好奇是否有方法避免在每次編輯檔案時都要重複這個過程。當然，我們可以寫一個 shell script，其中包含了 ex 的啟動，並且作一般化，使得它可以用在任何數量的檔案上。

Shell Script 中的迴圈

你可能知道，shell 除了是命令解譯器，也是一種程式語言。要在多個檔案上啟動 ex，我們使用一個簡單的 shell script 命令：for 迴圈。for 迴圈可以對指令稿中每一個參數執行一串命令。對 shell 程式設計初學者來說，for 迴圈可能是最有用部分。即使不編寫任何其 shell 程式，也應該記住它。

以下是 for 迴圈的語法：

```
for variable in list
do
```

---

13 傳統上，ex 使用單個減號達成這個功能。通常為了向下相容，兩者均可接受。

```
    command(s)
done
```

例如：

```
for file in "$@"
do
    ex -s "$file" < exscript
done
```

（ex 命令不需要縮排；為了清楚起見，我們將它縮排。）為了讓指令稿運作，引用檔案變數 $file 來延伸檔名，即使檔案名稱中有空格 [14]。

建立這個 shell script 後，將它儲存到一個名為 *correct* 的檔案中，並使用命令 chmod 755 correct，讓它可執行。現在輸入以下內容：

```
$ ./correct sect1 sect2
```

在 *correct* 中的 for 迴圈將每個參數（參數 $* 代表指定的列表中的每個檔案）指定給變數 file，再對變數內容執行 ex script。

用明顯輸出的例子來瞭解 for 迴圈的用法，可能比較容易掌握。再看一個更改檔案名稱的指令稿：

```
for file in "$@"
do
    mv "$file" "$file.x"
done
```

假設這個指令稿儲存在一個名為 *move* 可執行的檔案中，我們可以這樣做：

```
$ ls
ch01 ch02 ch03 move
$ ./move ch??              只套用在檔案名稱以 ch 起始的檔案
$ ls                      檢查結果
ch01.x ch02.x ch03.x move
```

再加一點創造力，可把上例的指令稿重新設計，變得更具體：

```
for nn in "$@"
do
    mv "ch$nn" "sect$nn"
done
```

---

14 檔案名稱中存在空格是不好的做法，但也很常見。健全的指令稿也應該適用於此類檔案。

使用這種方式的指令稿，將在命令列上指定數字而不是檔案名：

```
$ ls
ch01 ch02 ch03 move
$ ./move 01 02 03
$ ls
sect01 sect02 sect03 move
```

for 迴圈不需要將 $@（所有參數）作為替換列表的值。你也可以指定明確的列表，例如：

```
for variable in a b c d
```

依次將 variable 指定給 a、b、c 和 d。或者也可以替換命令的輸出結果。例如：

```
for variable in $(grep -l "Alcuin" *)
```

會將 variable 依序指定成 grep 所找到，包含字串 Alcuin 的每一個檔案名稱。（grep -l 列出檔案內容符合樣式的檔名，而不會列出實際符合樣式的行）。

如果沒有指定列表：

```
for variable
```

變數會被依序指定成每一個命令列的參數，就像一開始的例子。四個字元序列「$@」擴展為「$1、$2、$3」等。引號可防止對特殊字元的進一步解釋，並將檔案名稱中帶有空格的部分做保留，成為單一項目。

回到主題和我們原來的指令稿：

```
for file in "$@"
do
    ex -s "$file" < exscript
done
```

例子同時使用到兩個指令稿，shell script 和 ex 指令稿，看起來可能不夠優雅。事實上，shell 的確提供了在 shell script 中包含編輯指令稿的方式。

內嵌文件（Here Documents）

在 shell script 中，運算符號 << 表示將以下內容（直到指定的字串）作為命令的輸入。這通常被稱為，內嵌文件（*here document*）。使用這種語法，我們可以在 *correct* 中加入編輯的命令，如下所示：

```
for file in "$@"
do

ex -s "$file" << end-of-script
g/thier/s//their/g
g/writeable/s//writable/g
wq
end-of-script

done
```

這裡的 end-of-script 字串，可以是任何字串；只要是一個不會出現在輸入中的文字，
可讓 shell 辨別內嵌文件的結束位置即可。而且也必須放在行首。習慣上，許多使用者
會用 EOF 或 E_O_F 字串，當成內嵌文件的結尾。

這些方法都各有優缺點。如果想進行一次性的連續編輯，並且不介意每次都重寫指令
稿，內嵌文件提供了一種有效的方法來完成這項工作。

然而，將編輯命令寫在 shell script 以外的檔案，會更有彈性。例如，你可以建立一個慣
例，將編輯命令寫在一個名為 *exscript* 的檔案中。那麼以後就只需要修正指令稿一次即
可。你可以將它存儲在個人的「tools」目錄中（並且增加到搜尋路徑中），如此就能夠
隨時使用。

文字區塊排序：ex script 範例

假設想把一份以 XML 編碼的名詞解釋定義按照字母排序。每個定義都由 <glossaryitem>
和 </glossaryitem> 括起來。每個項目的名稱由 <name> 和 </name> 括起來。名詞解釋的
檔案如下所示：

```
<glossaryitem>
<name>TTY_ARGV</name>
<para>The command, specified as an argument vector,
that the TTY subwindow executes.</para>
</glossaryitem>
<glossaryitem>
<name>ICON_IMAGE</name>
<para>Sets or gets the remote image for icon's image.</para>
</glossaryitem>
<glossaryitem>
<name>XV_LABEL</name>
<para>Specifies a frame's header or an icon's label.</para>
</glossaryitem>
<glossaryitem>
```

```
<name>SERVER_SYNC</name>
<para>Synchronizes with the server once.
Does not set synchronous mode.</para>
</glossaryitem>
```

你可以用 Unix 的 sort 命令，將檔案按照字母順序排列，但你不想對逐行排序。你只想排列名詞解釋中的術語順序，將每一個定義與對應的術語一起移動兩者不分開。你可以將每一個文字區塊當成一個單位，把每個區塊合併成一行。以下是第一版的 ex script：

```
g/^<glossaryitem>/,/^<\/glossaryitem>/j
%!sort
wq
```

每一個名詞解釋的項目會位於 <glossaryitem> 和 </glossaryitem> 標籤之間。（注意使用 \/ 轉義字元，用來結束標籤中的斜線。）j 是 ex 中合併行的命令（vi 中的 J 作用相同）。因此，第一個命令會將所有名詞解釋中的項目合成一個「行」。接下來第二個命令會對檔案作排序，產生如下內容：

```
<glossaryitem> <name>ICON_IMAGE</name> <para>Sets ... </glossaryitem>
<glossaryitem> <name>SERVER_SYNC</name> <para>Synchronizes ... </glossaryitem>
<glossaryitem> <name>TTY_ARGV</name> <para>The command, ... </glossaryitem>
<glossaryitem> <name>XV_LABEL</name> <para>Specifies ... </glossaryitem>
```

現在每一行按照名詞解釋的項目做排序；不幸的是，每一行還混有 XML 標籤和文字（我們使用 [...] 來顯示省略的文字）。因此，你需要插入換行符來「取消合併」這些行。你可以透過修改 ex 指令稿來做到這一點：在合併它們之前，標籤出文字區塊的合併點，然後用換行符替換標籤。這是修改後的 ex 指令稿：

```
g/^<glossaryitem>/,/^<\/glossaryitem>/-1s/$/@@/    將 @@ 附加到每一行的尾端
g/^<glossaryitem>/,/^<\/glossaryitem>/j            合併項目
%!sort                                             排序項目
%s/@@ /^@/g                                        將行分開
wq                                                 儲存檔案
```

前三個命令產生以下內容：

```
<glossaryitem>@@ <name>ICON_IMAGE</name>@@ <para>Sets ...</para>@@ </glossaryitem>
<glossaryitem>@@ <name>SERVER_SYNC</name>@@ <para>Synchronizes ...</para>@@ </
glossaryitem>
<glossaryitem>@@ <name>TTY_ARGV</name>@@ <para>The command, ...</para>@@ </glossaryitem>
<glossaryitem>@@ <name>XV_LABEL</name>@@ <para>Specifies ...</para>@@ </glossaryitem>
```

注意每個 @@ 後面的額外空格。這是由 j 命令所產生的，因為它將每一個換行符號轉成了空格。

第一個命令用 @@ 標記原始換行符號。你不需要標籤區塊的結束（在 </glossaryitem> 之後），因此第一個命令使用 -1，在每個區塊的結尾將游標往回移一行。第四個命令透過用換行符號替換標籤（加上額外的空格）來恢復換行符。（你輸入換行符號為 CTRL-V CTRL-J，稍後將對此進行討論。）現在檔案已經依照區塊來排序了。

vi/Vim 的細微差異

在剛剛編輯完成用於 Vim 版本的 ex 指令稿中，輸入了一個換行符號 CTRL-V CTRL-J，顯示為 ^@。然而切換到 Vim 中進行編輯時，必須以不同的方式進行；輸入換行符號為 CTRL-V ENTER，顯示為 ^M。

在原始的 vi 中是沒有區分。如果使用的是原始 vi，則切換到指令稿中輸入換行符號為 CTRL-V ENTER。

ex 指令稿中的註解

你可能想要重複使用指令稿，讓它能適合新的狀況。對於複雜的指令稿，應該加上註解，讓別人（甚至是你自己！）能夠重新瞭解它的運作方式。在 ex 指令稿中，雙引號後面的任何內容在執行期間都會被忽略，因此雙引號可以標示註解的開頭。註解可以自己佔有一行，也可位於任何不把引號當成命令的命令結尾。例如，引號在映射命令或 shell 的轉義序列中都有特殊意義，因此這些命令所在的行結尾不能有註解。

除了使用註解外，還可以使用命令的全名，這在 vi 中通常會非常耗時。最後，如果再加上空格，前面顯示的 ex 指令稿將變得更具可讀性：

```
" 標籤每個介於 <glossaryitem>...</glossaryitem> 之間的區塊
global /^<glossaryitem>/,/^<\/glossaryitem>/-1 substitute /$/@@/
" 現在將每一區塊合併成一行
global /^<glossaryitem>/,/^<\/glossaryitem>/ join
" 對每個區塊進行排序，而目前實際上是對每一行
%!sort
" 將合併的行，恢復成為原來的區塊
%substitute /@@ /^@/g
" 寫入檔案並離開
wq
```

在本書的前一版中，我們寫道：

> 令人驚訝的是，substitute 命令在 ex 中不能使用，而其他命令的全名則可以使用。

在當時是正確的，至少對於 Solaris 版本的 vi。

然而，在測試「Heirloom」和 Solaris 11 版本的 vi 時，發現 substitute 在 ex 命令是可以運作。儘管如此，在指令稿中使用完整命令之前，你應該先檢查版本並確保可以正常工作。

除了 ex 之外

如果這個討論激起了你對更多編輯能力的興趣，你應該知道 Unix 系統提供比 ex 更強大的編輯器：sed 串流編輯器與 awk 資料處理語言。還有非常熱門的 perl 程式語言。要瞭解更多有關的資訊，可以參考 O'Reilly 出版的《sed & awk》（Dale Dougherty, Arnold Robbins 合著）、《Effective awk Programming》（Arnold Robbins 著）、《Perl 學習手冊》（Randal L. Schwarz, brian d foy, Tom Phoenix 合著）與《Perl 程式設計》（Christiansen, brian d foy, Larry Wall, Jon Orwant 合著）等書籍。

編輯程式原始碼

到目前為止，我們所討論的功能都圍繞在編輯英文語句或程式原始碼上。然而，還有一些主要是程式設計師會感興趣的額外功能。包括了縮排控制、搜尋子程序的開始與結束，以及 ctags 的使用。

以下的討論出自 MKS, Inc.（前身為 Mortice Kern Systems）所提供的文件。他們提供了品質極佳、在 MS-DOS 與 Windows 系統上所使用的 vi，可以作為 MKS Toolkit 中的一部分。以下轉載已經過 MKS, Inc. 的同意。

縮排控制

程式的原始碼，與一般的文字有許多不同。其中一個最重要的差異，在於程式碼會使用縮排。縮排顯示了程式的邏輯結構，也就是各個敘述以區塊的方式做組合。vi 提供了自動縮排控制。如果要使用，下達這個命令：

```
:set autoindent
```

現在，當你使用空格或 tab 符號作縮排時，以下的數行會自動以相同的數量縮排。當在輸入第一行有縮排的結尾後、按下 ENTER 時，游標會移到下一行，並自動與上一行縮排相同的距離。

程式設計師將發現，這可以節省許多縮排的工作，尤其是在有多層縮排的情況下。當在自動縮排的情況下輸入程式碼時，在一行開頭按下 CTRL-T 會出現另一層的縮排，而按下 CTRL-D 則可減少縮排。

必須說明的是，CTRL-T 與 CTRL-D 是在插入模式下輸入，與其他在命令模式下輸入的命令大不相同。

CTRL-D 命令還有兩個變體：

^ ^D

　　當你輸入 ^ ^D（^ CTRL-D）時，編輯器會將游標移回目前這一行的開頭，但只針對目前這一行。進入下一行時，仍然會從目前的自動縮排層級開始。在 C/C++ 原始碼中輸入 C 的前置處理器命令時，特別有用。

0 ^D

　　當輸入 0 ^D 時，編輯器會將游標移回目前這一行的開頭。此外，目前的自動縮排層級會重設為零；進入下一行時，就不會再做自動縮排。

最後，還有終端的列刪除字元，通常是 CTRL-U，它會在一行中，從頭刪除至目前所在位置的所有輸入。這也適用於 GUI 版本的 Vim。

當你在輸入程式碼時，試著使用 autoindent 選項。它會簡化做出正確縮排的工作，甚至可以避免錯誤，例如在 C 程式碼中，常常需要在回到上一層的縮排時，加上表示縮排結束的大括號（}）。

<< 與 >> 命令在對程式碼作縮排時，幫助也很大。預設情況下，>> 是往右移動八個空格（加入八個縮排空格），而 << 是向左移動八個空格。例如，將游標移到一行的開頭，並按下 > 鍵兩次（>>）。你會看到整行都往右移了。如果你現在按下 < 鍵兩次（<<），整行會再往左移。

你可以透過加上數字，後方接著 >> 或 << 來移動多行。例如，將游標移到一段文章的開頭，然後輸入 5>>。這會將此段文字的前五行往右移動。

預設的移動是八個空格（往左或往右）。可以使用以下命令修改預設值：

    :set shiftwidth=4

讓 shiftwidth 值與 tab 定位停駐點的距離相同，將會很方便。預設 tab 定位停駐點通常展開成八個字元。

編輯器在做縮排時，會試著聰明一點。通常，當你看到文字一次縮排八個空格時，編輯器會自動在檔案中加入 tab 字元符號，因為 tab 字元符號通常展開成八個字元。這是 Unix 的預設值；當你在作一般的輸入時，輸入了一個 tab 字元符號，若此檔案被送到印表機時是最明顯的；Unix 會將 tab 字元符號展開成八個空格。

如果你希望的話，可以用 tabstop 選項，更改在螢幕上顯示 tab 符號的方式。例如有些文字的縮排太深時，或許想修改 tab 符號為四個字元，讓這些行不會捲到下一行去。以下的命令可達成如此效果：

    :set tabstop=4

你應該同時將 shiftwidth 與 tab 符號修改為相同的值。

考慮修改 tab 符號。雖然 vi 和 Vim 在顯示檔案時，可以用任何長度的 tab 符號設定來顯示檔案，但許多其他 Unix 程式中，檔案中的 tab 字元仍然會展開成八個字元。

還有更糟的事：混用 tab 符號、空格與不常用的定位點，將使得檔案在此編輯器以外完全無法閱讀，例如使用 more 之類的分頁檢視器或列印時。

在修改程式和處理 tab 字元符號和 tab 定位停駐點時，你有兩種選擇：

- 接受並習慣 tab 字元符號被展開成為八字元的間距，這的是 Unix 上的一個慣例。
- 讓編輯器在輸入 tab 字元符號時，將展開成為空格。可以這樣做：

    :set expandtab

  設定 expandtab 後，每次按 TAB 鍵時，編輯器都會輸入足夠的空格以將游標移動到下一個 tab 定位停駐點。

如果開發團隊中的每個人都這樣做，那麼所有程式碼都將採用一致的格式，並且一切都會順利運作。這對於像 Python 這樣的語言尤其重要，在這種程式語言中，程式碼的縮排表示語句分組和不一致的空格數，與 tab 符號將成為災難的根源 [15]。額外說明一下，你可以使用 expand 工具將預先存在的 tabs 字元符號轉換為空格。

有時縮排會出現意料之外的結果，因為你認定的 tab 字元，實際上是一或多個空格。一般來說，你的螢幕會將 tab 符號與空格都用空白來代替，無法加以分辨。然而：

```
:set list
```

這個命令會改變顯示的狀態，讓 tab 符號看起來是控制字元 ^I，而行結尾看起來是 $。這樣可檢查真正的空格，也可以知道行結尾是否有多餘的空格。有一個作用相同的暫時命令是 :l。例如：

```
:5,20 l
```

會顯示第 5 行到第 20 行，並顯示 tab 字元與行結束字元。

一個特殊的搜尋命令

字元 (、[、{、< 都可以稱為左括號、起始括號。當游標位在任何一種起始括號上時，按下 % 鍵，可將游標往前移到對應的結尾括號)、]、}、>) 上，程式還會同時注意一般的巢狀括號規則 [16]。例如，如果將游標移動到下面的第一個 (上：

```
if ( cos(a[i]) == sin(b[i]+c[i]) )
{
    printf("cos and sin equal!\n");
}
```

按一下 %，會看到游標移到這一行結尾的括號上。這是對應的右括號、結尾括號。

同樣地，如果游標位在某一個結尾括號上，此時按一下 % 會將游標回移到對應的起始括號上。例如，將游標移到 printf 這一行最後的括號上，再按一下 % 試看看。

編輯器甚至聰明到可以幫你尋找括號。如果游標不是位在括號字元上，當按下 % 時，編輯器會在目前這一行中往前尋找第一個起始或結尾括號，再將游標移到對應的括號上！以前例而言，如果游標位於第一行的 = 上，% 會找到第一個起始括號，並將游標移到對應的結尾括號上。

---

15 空格與 tab 符號可能是一個宗教信仰問題。欣賞一下 *Silicon Valley* 節目的精彩片段：*https://www.youtube.com/watch?v=SsoOG6ZeyUI*

16 某些版本還將 < 和 > 納入 % 的比對中。

這個搜尋字元，不只能幫在程式中大幅向前或向後移動，還可以檢查程式碼中的巢狀括號。例如將游標放在 C 函式的第一個 { 上，按 %️ 應該會移到（你認為的）函式結尾。如果不是的話，那麼某個地方可能出一些問題。如果檔案中沒有對應的 } 時，編輯器會嗶一聲 [17]。

另一個尋找對應括號的技巧是開啟這個選項：

```
:set showmatch
```

它不像 %，設定 showmatch（或是縮寫 sm）後，是在插入模式下有幫助。當你輸入) 或 } 時 [18]，游標會先短暫移動到對應的（ 或 { 處，再回到目前的位置。如果對應不存在的話，終端機即發出嗶聲。如果對應的地方在螢幕之外，編輯器會安靜地繼續下去。使用 Vim 預設載入的 matchparen 外掛程式，可以加強顯示比對的括號或大括號。

使用標籤（tags）

一個大型的 C 或 C++ 程式原始碼，通常拆分成許多個檔案。有時候，很難追蹤哪一個檔案中有哪些函式定義。因此，Unix 中有一個 ctags 命令，可以與 ex 的 :tag 命令一起使用。

在 shell 命令列中執行 ctags。它的功能是建立一個資訊檔案，讓編輯器可以判斷各個檔案中分別定義了哪一些函式。檔案預設名稱是 *tags*。在編輯過程中，執行以下命令：

```
:!ctags file.c
```

會在現行目錄中建立一個名為 *tags* 的檔案，其中包含 *file.c* 中定義的所有函式資訊。而這個命令：

```
:!ctags *.c
```

會建立一個描述目錄中所有 C 原始碼的 *tags* 檔案。

傳統 Unix 版本的 ctags 會處理 C 語言，通常也會處理 Pascal 與 Fortran 77。有時甚至可以處理組合語言。然而，幾乎都不會處理 C++。有某些版本可以產生 C++ 或其他語言及檔案類型所使用的 *tags* 檔案。有關詳細資訊，請參考「使用增強型標籤」。

---

17 注意，編輯器還會計算帶引號的字串和註解中的括號，因此 % 並非萬無一失。
18 在 Vim 中，showmatch 還顯示比對的中括號（[和]）。

現在假設你的 *tags* 檔案，包含構成 C 程式所需全部檔案的資訊。還假設你想觀察或編輯程式中的某一個函數，但卻不知道該函數的位置。在 vi 中，這個命令：

    :tag *name*

會在 *tags* 檔案中，找出哪一個檔案包含函式 *name* 的定義。然後編輯器讀入這個檔案，並將游標移動到定義 *name* 函式的那一行。這樣就不需要知道要編輯哪個檔案；只需要知道想編輯的函式名稱即可。

也可以在 vi 的命令模式中使用標籤的功能。將游標移到要搜尋的識別字上，然後輸入 CTRL-] 。編輯器會進行標籤搜尋，並將游標移到定義識別字的檔案中。小心移動游標的位置；編輯器會使用從目前游標所在位置為起點的「單字」，而不是包含游標的那個完整單字。

> 如果嘗試使用 :tag 命令讀入一個新檔，但目前的文字在上一次修改過後卻還沒儲存，編輯器不允許讓你進入新檔案。必須先使用 :w 寫入目前的檔案，才能使用 :tag；亦可輸入：
>
>   :tag! *name*
>
> 強迫放棄編輯結果。

使用增強型標籤

Unix 的 ctags 可以運作但能力有限。由 Darren Hiebert 所編寫的「Exuberant ctags」程式是 ctags 的複刻版，比 Unix 的 ctags 功能強大得多。它可以產生延伸的 *tags* 檔案格式，讓標籤的搜尋與比對更加靈活和強大。

不幸的是，Exuberant ctags 最後一次更新是在 2009 年。而「Universal ctags」專案項目提供有維護的 ctags 版本，它源自於 Exuberant ctags 的程式碼。

在本節中，我們首先提及 Universal ctags 程式，然後說明增強的標籤檔案格式。

這一節還會介紹標籤堆疊：用 :tag 或 ^] 命令來儲存多個拜訪過的位置。Vim 和 Solaris 版本的 vi 都支援標籤堆疊。

Universal ctags

Universal ctags 網頁位於 *https://ctags.io/*。原始碼位於 *https://github.com/universal-ctags/ctags*。你需要透過網路搜尋看看，系統中的套件管理工具是否有預先編譯的版本提供安裝，或是從原始碼重新構建它。

以下程式功能列表改編自 Universal ctags 所發佈的 *old-docs/README.exuberant* 檔案中：

- 能夠為 *所有* 類型的 C 和 C++ 語言產生標籤，包括類別名稱、巨集定義、列舉（enum）名稱、列舉子（列舉中的值）、函式（方法）定義、函式（方法）的原型及宣告、結構成員和類別資料成員、結構名稱、別名定義、union 名稱和變數。

- 同時支持 C 和 C++ 程式碼。

- 支援 41 種語言，包括 C# 和 Java。

- 在解析程式碼時非常可靠，並且更不容易被 #if 所包含的預處理器條件結構之程式碼所干擾。

- 在原始檔案中找到的選定對象，可被報表式的呈現出來，提供開發者解讀。

- 可產生 GNU Emacs 風格的 *tags* 檔案（*etags*）。

- 適用於多種作業系統，包括 Unix、OpenVMS 和 MS-Windows。

Universal ctags 以下面描述的形式產生 *tags* 檔案。

新的 tags 檔案格式

傳統的 *tags* 檔案有三個以 tab 定位符號分隔的欄位：標籤名稱（一般是識別字）、包含標籤的原始檔案，以及何處可找到識別字的指示記號。指示記號可以是簡單的行號，或是以斜線或問號圍起的 nomagic 搜尋樣式。此外，*tags* 檔案總是經過排序的。

這是由 Unix 的 ctags 程式所產生的格式。事實上，許多版本的 vi 都允許搜尋樣式欄位中出現 *任何* 的命令（一個相當大的安全漏洞）。此外，由於一個未公開的實作方式，倘若一行結尾以分號接著雙引號（;"）時，則這兩個字元後面的任何內容都將被忽略。（以雙引號表示註解的開頭，與 *.exrc* 檔案一樣）。

新的格式相容於傳統格式。前面三個欄位仍然相同：標籤、檔案名稱與搜尋樣式。
Universal ctags 只會產生搜尋樣式，而不是任意命令。特殊的屬性會放在用於分隔 ;" 字
元後。每個屬性間以 tab 定位字元分隔；並由冒號來分隔兩個以上所組成的子欄位。第
一個子欄位是描述屬性的關鍵字，第二個則是實際值。表 7-1 列出了支援的關鍵字。

表 7-1　延伸的 ctags 關鍵字

按鍵順序	結果
arity	針對函式。定義參數的個數。
class	針對 C++ 的成員函式與變數。其值是類別的名稱。
enum	針對 enum 型態中的值。其值是 enum 型態的名稱。
file	這是「靜態」的標籤，也就是在本地檔案中的標籤。其值應該是檔案的名稱。如果其值是空字串（只有 file:），則會以檔名的欄位為準；加上這個特例，一部分是為了讓結構更緊密，另一部分則是提供一個簡單的方法，以處理不在現行目錄中的標籤檔案。檔名欄位的值永遠與 *tags* 檔案本身所處的目錄。
function	針對本地標籤。其值是所定義的函式名稱。
kind	其值為單一字母，表示標籤的詞彙形式；可用 f 表示函式，v 表示變數等等。由於預設的屬性名稱為 kind，因此可以用單一字母來表示標籤的形式（例如用 f 代表函式）。
scope	主要用於 C++ 的類別成員函式。對私有成員其值通常是 private，對公有成員則通常忽略其值，因此使用者可以限制標籤只搜尋公有成員。
struct	針對 struct 中的欄位。其值是結構的名稱。
union	針對 union 中的欄位。其值是聯合體的名稱。

如果欄位中沒有冒號，則會假定是 kind 形式。以下舉些例子：

```
ALREADY_MALLOCED   awk.h    /^#define ALREADY_MALLOCED /;" d
ARRAYMAXED         awk.h    /^  ARRAYMAXED  = 0x4000,;"    e   enum:exp_node::flagvals
array.c    array.c    1;" F
```

ARRAYMAXED 是一個 C 的巨集。ARRAYMAXED 是定義在 awk.h 中的一個 enum。第三行有點不
同：它是實際原始檔案的標籤！這是使用 Universal ctags 的 --extras=f 選項產生的結
果，可以讓你使用 :tag array.c 命令。更有用的是，可以將游標移到檔名上，再使用 ^]
命令移到該檔案中（例如你原本在編輯 *Makefile*，然後希望跳到特定原始碼檔案）。

在每一個屬性中代表值的部分，必須將反斜線、定位符號、返回與換行字元分別編碼成
\\、\t、\r、\n。

Universal *tags* 檔案中可能有某些以 !_TAG_ 開頭的初始標籤。這些標籤通常會位於檔案的前面，對於識別建立檔案的程式很有幫助。以下是 Universal ctags 產生的結果：

```
!_TAG_FILE_FORMAT        2        /extended format; --format=1 will not append ;" to
lines/
!_TAG_FILE_SORTED        1        /0=unsorted, 1=sorted, 2=foldcase/
!_TAG_OUTPUT_EXCMD       mixed    /number, pattern, mixed, or combineV2/
!_TAG_OUTPUT_FILESEP     slash    /slash or backslash/
!_TAG_OUTPUT_MODE        u-ctags /u-ctags or e-ctags/
!_TAG_PATTERN_LENGTH_LIMIT     96        /0 for no limit/
!_TAG_PROC_CWD   /home/arnold/Gnu/gawk/gawk.git/ //
!_TAG_PROGRAM_AUTHOR     Universal Ctags Team    //
!_TAG_PROGRAM_NAME       Universal Ctags /Derived from Exuberant Ctags/
!_TAG_PROGRAM_URL        https://ctags.io/       /official site/
!_TAG_PROGRAM_VERSION    5.9.0    /p5.9.20201206.0/
```

編輯器可以利用這些特殊標籤來實現特殊功能。例如，Vim 會注意 !_TAG_FILE_SORTED 這個標籤，如果檔案確實已排序，即使用二元搜尋代替循序搜尋，來搜尋 *tags* 檔案。

如果你想使用 *tags* 檔案，我們建議安裝 Universal ctags。

標籤堆疊

ex 的 :tag 命令，與 vi 的 ^] 命令，因為依據 *tags* 檔案中提供的資訊，所以尋找識別字的方式是有所限制的。Vim 和 Solaris vi 擴充了維護標籤位置堆疊（stack）的功能。每一次執行 ex 的 :tag 命令，或於 vi 模式中使用 ^] 命令時，編輯器會在搜尋指定的標籤前，先儲存目前的位置。然後，你就可以使用 vi 命令 ^T 或 ex 命令回到原先儲存的位置。

接下來介紹 Solaris vi 標籤堆疊的範例。Vim 的部分將會在第 276 頁「標籤的堆疊」一節中說明。

Solaris vi

令人驚訝的是，Solaris 版本的 vi 支持標籤堆疊。而 Solaris *ex*(1) 和 *vi*(1) 手冊頁中卻完全沒有記錄此功能。為了完整起見，我們利用表 7-2、7-3 和 7-4，彙整了 Solaris vi 的標籤堆疊。Solaris vi 中的標籤堆疊非常簡單 [19]。

---

19 這些資訊根據實驗而來。每個人情況也許會有所不同。

表 7-2 Solaris vi 標籤命令

命令	功能
ta[g][!] *tagstring*	依照 *tags* 檔案中的定義，編輯包含 *tagstring* 的檔案。如果目前的緩衝區被改變了，但還沒有儲存，使用 ! 會強迫 vi 切換到新檔案。
po[p][!]	彈出標籤堆疊中的一個元素。

表 7-3 Solaris vi 命令模式中的標籤命令

命令	功能
^]	在 *tags* 檔案中，尋找游標所在位置的識別字，並移到識別字的位置。如果啟動標籤堆疊，目前的位置會自動推入標籤堆疊。
^T	回到標籤堆疊的前一個位置，即彈出一個元素。

表 7-4 Solaris vi 的標籤管理選項

選項	功能
taglength, tl	控制要搜尋的標籤中有效字元的數目。預設值為零，表示所有字元都是有效字元。
tags	此選項值是用來搜尋標籤的檔案名稱列表。預設值是「tags /usr/lib /tags」。
tagstack	設為 true 時，vi 會將每個位置放到堆疊中。利用 :set notagstack 來取消標籤堆疊。

Universal ctags 與 Vim

為了讓大家感受一下何為標籤堆疊，我們利用 Universal ctags 與 Vim 來介紹一個簡短的例子。

假設你在撰寫一個用到 GNU 的 getopt_long 函式的程式，而需要對它多一點瞭解。

GNU 的 getopt 包含了三個檔案，*getopt.h*、*getopt.c* 與 *getopt1.c*。

首先，建立 *tags* 檔案，再開始編輯主程式，位於 *main.c* 裡：

```
$ ctags *.[ch]
$ ls
getopt1.c  getopt.c  getopt.h  getopt_int.h  main.c  Makefile  tags
$ vim main.c
```

按鍵順序	結果

/getopt_	`/*option processing. ready, set, go! */`
	`while ((c = getopt_long(argc, argv, optlist, optab, NULL)) != EOF) {`
	`        switch (c) {`
	`        case 'l':`
	
	編輯 *main.c* 並移到呼叫 getopt_long 的地方。

^]	`int getopt_long (int argc, char *const *argv, const char *options,`
	`                const struct option *long_options, int *opt_index)`
	`{`
	`   return _getopt_internal (argc, argv, options, long_options, opt_index, 0);`
	`}`
	
	`"getopt1.c" 195L, 4750B`
	
	對 getopt_long 作標籤搜尋，Vim 會移動到 *getopt1.c*，並將游標移到 *getopt_long* 的定義。

此時會顯示出 getopt_long 是 _getopt_internal 的「包裝」函式（wrapper）。你再將游標移到 _getopt_internal 並作另一次標籤搜尋：

按鍵順序	結果

3jf_ ^]	`int _getopt_internal (int argc, char *const *argv, const char *optstring,`
	`                const struct option *longopts, int *longind, int long_only)`
	`{`
	`   int result;`
	
	`   getopt_data.optind = optind;`
	`   getopt_data.opterr = opterr;`
	
	`   result = _getopt_internal_r (argc, argv, optstring, longopts,`
	`                                longind, long_only, &getopt_data);`
	
	`   optind = getopt_data.optind;`
	`"getopt.c" 1294L, 34298B`
	
	現在你已經移動到 *getopt.c* 中了。要尋找更多關於 struct option 的資訊，請將游標移到 option 上，再做一次標籤搜尋。

按鍵順序	結果
jfo; ^]	one). For long options that have a zero `flag' field, `getopt' returns the contents of the `val' field.  */ struct option {   const char *name;   /* has_arg can't be an enum because some compilers complain about      type mismatches in all the code that assumes it is an int.  */   int has_arg;   int *flag;   int val; };  /* Names for the values of the `has_arg' field of `struct option'. */ "getopt.h" 191L, 6644B 編輯器現在移到 *getopt.h* 中 struct option 的定義上。你可以查看說明其用途的註解。
:tags	# TO tag FROM line in file/text 1 1 getopt_long 29 main.c 2 1 _getopt_internal 70 getopt1.c 3 1 option 1185 getopt.c Vim 中的 :tags 命令顯示標籤堆疊。

輸入 ^T 三次，可回到 *main.c*、開始搜尋的地方。標籤功能讓你在編輯原始碼時更加得心應手。

Vim

第二部分要提到最受歡迎、仿效 vi 的編輯器，名為 Vim（vi improved，代表 vi 改良版的意思）。這個部分包含下列章節：

- 第八章，Vim：對 vi 的改進與簡介
- 第九章，圖形化 Vim (gvim)
- 第十章，Vim 多視窗功能
- 第十一章，Vim 為程式設計師強化的功能
- 第十二章，Vim 指令稿
- 第十三章，其他好用的 Vim 功能
- 第十四章，一些 Vim 更強大技術

Vim：對 vi 的改進與簡介

「看！在天上！是鳥！」

「是飛機！」

「是超人！」

沒錯，就是超人！來自另一個星球的奇怪訪客，帶著超越凡人的力量與能力來
到地球。

—1950 年代的超人電視節目

雖然對 Vim 既不陌生也不是來自另一個星球，但它*確實*擁有超越一般文字編輯器的功能
與本領！

在本章中最值得注意的部分，將介紹 Vim 在 vi 上的許多技術改良，以及一些歷史淵
源。也繼續為新使用者提供並指點一些特殊 Vim 模式和教學工具。後續 Vim 對 vi 的一
些改進介紹中，將會從多種顏色語法定義到完整的指令稿。

如果 vi 非常出色（也的確如此），那麼 Vim 就更棒了。作為第二部分的第一章，我們將
討論 Vim 彌補許多使用者對 vi 抱怨所缺少的功能。

本章將介紹：

- 強化 vi 的編輯功能

- 內建輔助說明

- 啟動與初始化選項

- 新的移動命令

- 延伸正規表示式

- 擴充還原

- 漸進式搜尋

- 左右捲動

而第二部分其餘的章節涵蓋：

- Vim 圖形使用者介面（GUI）

- 多視窗編輯

- 強化程式設計相關功能

- Vim 指令稿

- 其他好用功能

- 一些 Vim 更強大技術

關於 Vim

Vim（*https://www.vim.org/*）是「vi improved」，改良版 vi 的意思[1]。由 Bram Moolenaar 撰寫程式與維護。如今，Vim 可能是使用最廣泛的 vi 版本。在撰寫此書時，目前的版本為 8.2。

在本書第七版到這一版之間的時間裡，電腦能力顯著提高。在 2008 年，1 GB 是一個很大單位的記憶體。雖然記憶體變得越來越便宜空間也越來越大，但使用者仍須配置應用程式和工具來共享可用的計算資源。

如今，16 GB 的記憶體已司空見慣，許多電腦都配備超高速驅動裝置，通常是固態硬碟裝置 (SSD)。這些技術改良，改變許多舊有的習慣。因此，許多 Vim 的建議配置參數，提供更大的上限，使編輯能力更為強大。稍後，將討論相關命令和歷史搜尋，以及修改歷史的復原。

不受標準或組織的約束，Vim 的功能不斷成長。整個社群都以它為中心逐步茁壯。在開發週期裡，透過提出建議的功能和投票，由社群成員共同決定哪些新功能的增加，以及某些現有功能的調整。

1　引用 Vim 在 Wikipedia 的原始說法：「在首次發佈時，命名 Vim 是『Vi IMitation』的字首字母縮寫。」

受到 Bram 專注的投入與投票系統的啟發，Vim 擁有強大的追隨者。它隨著電腦工業的成長，反映文字編輯的需求，進而相互成長與改變，來維持其自身價值的所在。例如，它一開始是特別針對 C 語言的程式編輯為主，而後逐漸包含 C++、Java，現在也加入了 C#。

Vim 包括許多功能，使得編輯多種程式語言的原始碼更為容易。隨著電腦運算環境的變化，Vim 也隨之發展。

如今，處都看得到 Vim，尤其是在 Unix 及其變化版（例如 BSD 和 GNU/Linux），因此許多 Vim 的使用者都覺得 Vim 就是 vi 的同義詞。事實上，多數 GNU/Linux 的發佈版本都預設安裝 Vim 作為 */usr/bin/vi* 的執行程式！

Vim 提供了在現代文字編輯器中，被認為是必不可少，但 vi 中卻沒有的功能，例如使用容易、圖形化的終端介面支援、彩色、語法特別標示及格式化，還能進一步自訂個人化選項[2]。

概觀

本節概述了 Vim 和它的許多強化功能，並適時描述這些增強功能在書中的位置，交叉引用。

作者和簡史

Bram 在 1988 下半年購買了一台 Amiga 電腦，後開始著手於 Vim 的編寫[3]。作為一名 Unix 使用者，他一直在使用類似於 vi 的編輯器 stevie，但他認為這個編輯器不夠完美。幸好，這個編輯器有原始碼，所以他開始製作一個更相容於 vi 的編輯器，並修正錯誤。過了一段時間，這個程式變得非常好用。Vim 的第一個版本建立於 1991 年 11 月 2 日，並於 1992 年 1 月發佈。而 Vim 1.14 版發佈於 Fred Fish disk 591 上（Amiga 專用的免費軟體組合包）。

其他人開始使用這個程式，喜歡上這個程式，並協助開發。首先是提供給 Unix 平台的版本，接著是提供給 MS-DOS 平台和其他系統的版本，隨後，Vim 成為使用最廣泛、仿效 vi 的編輯器之一。逐步增加了許多功能：多次復原，多視窗和許多其他的部分。有些功能是 Vim 獨有的，但大部分功能是受到其他類似 vi 編輯器所啟發的。然而最終目標，仍然是為使用者提供最好的功能。

2　使用容易是主觀的，但我們堅信花時間學習 Vim 的使用者，會認同這樣的觀點。

3　本節改編自 Vim 的作者 Bram Moolenaar 提供的資料。我們感謝他。可以在（*https://www.youtube.com/watch?v=ayc_qpB-93o*）Bram 的「Vim 25」演講中，找到更多有關 Vim 歷史的資訊。

如今 Vim 可能是所有類似 vi 風格中，功能最齊全的編輯器。線上說明的內容也很豐富。

Vim 較不出名的特性之一，是支援從右向左書寫，這對於希伯來文、波斯文等語言很有用，也勾勒出 Vim 的靈活性。

Vim 的另一個設計目標，是做為一個可靠且可為專業程式設計師所信任的編輯器。Vim 很少當機，真的當機時，可以復原你做的改變。

Vim 的開發仍在持續進行。協助新增功能，以及把 Vim 移植到更多平台的人數愈來愈多，各個不同電腦系統上的移植版本品質也逐漸改善。在 Microsoft Windows 的版本具有對話框與檔案選擇功能，為一大群使用者打開難以記憶的 vi 命令大門。

為何選擇 Vim ？

Vim 勇於從傳統的 vi 上擴充功能，以至於人們可能容易反問：「為什麼不直接介紹 Vim ？」從其他仿效於 vi 的類似編輯器中，它引領了所謂編輯器的標準，而 Vim 則是接下傳承的棒子，繼續向前進。也因為 Vim 勇於擴充功能，有時為了讓工作能在適當的反應時間內完成，把處理器的效能推到極限。我們不知道 Bram 是否相信處理器和記憶體速度會提高到足以趕上 Vim 的需求，但幸運的是，即使是最艱鉅的 Vim 任務，以現代處理器和電腦都可以很好的處理完成。

與 vi 的比較與對照

Vim 比 vi 更普及。幾乎所有作業系統上都有 Vim 可用，而 vi 只適用於 Unix 或類似 Unix 的系統。

vi 是最初的版本，多年來幾乎沒有變化。它是 POSIX 的標準代表，有既定職責的角色。Vim 從 vi 停止的地方開始，提供 vi 的所有功能，然後延伸到增加圖形化介面與其他功能，例如複合選項與指令稿，這些功能遠遠超出 vi 的原來能力。

Vim 以特殊形式的文字檔案，分屬於個別目錄，成為內建的輔助說明。隨意瀏覽一下這個目錄（使用標準的 Unix 字詞計算工具，wc -l *.txt）顯示了 140 個檔案，包含近 200,000 行文件[4]！這也可以看出 Vim 功能範圍的一個觀察點。Vim 透過它的內部輔助（help）命令來瀏覽這些檔案；這是另一個 vi 未曾具備的功能。稍後會更仔細瞭解 Vim 的輔助系統，並提供一些訣竅和技巧來增進學習的體驗。

4　可以從 Vim 執行過程中找到這些檔案。輔助文件是放置在 $VIMRUNTIME 目錄下的 *doc*。輸入 ex 命令 `:!ls $VIMRUNTIME/doc`。

在目前版本中，Vim 的 *vi_diff* 輔助檔案概要說明了 Vim 與原始 vi 的不同之處。其中細節很多，以至於輔助檔案出現過多「not in vi」的註釋造成混亂，後來都被刪除了！

本章和後續章節將涵蓋一些更有趣的 Vim 功能。從歷史悠久的 vi 所做的延伸到新功能，我們將詳細說明最好且最受歡迎的特點藉以提高生產力。內容主題涵蓋一般認為好用的強化特點，例如語法加上色彩特別標示。還會討論一些也是用來提高生產力的艱澀的功能。例如，在第 309 頁的「自動命令」一節中，我們示範自訂 Vim 狀態列，於每次移動游標時，即時更新日期與時間。

功能分類

Vim 的功能幾乎涵蓋了所有常見的文字編輯任務之範圍。有些功能只是擴充原先使用者對 vi 的希望；有些則是全新功能，未曾出現於 vi。如果還需要其他 Vim 所沒有的功能，可以使用 Vim 的內建指令稿語言，無限的擴充與自訂需求。Vim 的部分功能分類如下：

初始化設定（*Initialization*）

    Vim 使用組態檔案，在啟動時定義工作階段（session），這點與 vi 一樣；但 Vim 擴充了很多可定義行為。我們可以只簡單地設定幾個選項，像在 vi 中一樣，也可以根據任何定義情境而設計整套個人化選項。舉例來說，你可以自己撰寫初始化檔案，根據檔案編輯所在的目錄，預先編譯原始碼；或可於啟動時，從某些即時來源中擷取資訊，並與文字內容整合。請參見本章第 169 頁的「啟動和初始化選項」部分。

無限次還原（*Infinite undo*）

    Unix 的 vi 只允許你還原上一次修改或將目前這一行回復到進行任何修改之前的開始狀態。Vim 提供「無限次還原」功能，可以讓你一直還原修改，回到檔案在開始做任何編輯之前的狀態。有關詳細說明，請參考本章後面第 182 頁的「擴充還原」部分。

圖形使用者介面（*GUI*）功能（*GUI feature*）

    加上使用滑鼠點選的編輯功能後，如同現代多數易於使用的編輯器一樣，Vim 也為一般大眾拓展了可用性。可以藉由更親近的 GUI 操作，讓所有進階使用者操作的功能，都能更輕鬆、簡單的完成編輯工作。有關詳細內容，請參考第九章「圖形化 Vim (gvim)」。

多視窗（*Multiple windows*）

    之前提過，Vim 提供了可在一個或多個檔案上同時開啟多個視窗的能力。這在第十章「Vim 多視窗功能」中有完整的討論。

對程式設計師的協助（*Programmer assistance*）

儘管 Vim 並未嘗試著提供所有程式設計的需求，但已經提供許多一般會在整合式開發環境（IDE，Integrated Development Environment）裡會出現的功能。從快速的「編輯－編譯－除錯」週期，到自動完成輸入內容，Vim 的特殊功能不只能讓我們快速地編輯，更有助於程式設計。更詳細的內容，請參考第十一章「Vim 為程式設計師強化的功能」。

當然，如果你願意，可以把 Vim 變成一個 IDE；參考第十五章「Vim 作為 IDE 所需要的組裝需求」，會有更多資訊。

完成關鍵字（*Keyword completion*）

Vim 允許依照前後文的相關內容規則，協助我們補足已輸入部分單字的剩下內容。例如，Vim 可根據字典檔案（dictionary）或包含某語言專用關鍵字的檔案中尋找單字。這將在第 267 頁的「關鍵字和字典檔案的文字完成」一節中討論。

語法擴充（*Syntax extension*）

Vim 能讓你控制文字的縮排，以及依據語法替原始碼文字加上顏色；而且還有很多選項能定義自動格式。如果你不喜歡標示的色彩，可以自己改變。如果需要特殊型式的縮排，Vim 已提供了一些選擇，或者你的需求更為特別，也可以自訂環境。有關詳細資訊，請參閱第 279 頁的「語法特別標示」部分。

指令稿與外掛程式（*Scripting and plug-ins*）

你可以編寫自己的 Vim 擴充套件或從網路下載外掛程式。甚至還可以發佈你的擴充套件，讓其他人使用，為 Vim 社群貢獻一己之力。有關詳細資訊，請參閱第十二章「Vim 指令稿」。

後製處理（*Postprocessing*）

除了執行初始化功能之外，Vim 還允許我們定義在編輯檔案後要處理的行為。可以用來清除編輯過程中累積的常態性暫存檔案，或是在檔案寫回儲存處前做即時的處理。例如，可以檢查 Python 程式碼是否遵守格式規則。對於任何編輯後製自訂的行為，擁有完全控制。

讀取任意長度的行和二進制資料（*Arbitrary length lines and binary data*）

過去版本的 vi 通常限制在每一行大約一千個字元，一行如果太長將被截斷。Vim 可處理任何長度的行 [5]。

5　C 語言中的 long 資料型態，在 32 位元電腦上最大值 2,147,483,647，在 64 位元系統上會更多。

Vim 支援 Unicode，並且儘可能將多字元編碼的 Unicode 顯示出字型。這明確意味著 Vim 可以編輯任何包含 8 位元的檔案。如果需要，甚至可以編輯二進制和可執行檔案。這有時真的很實用。編輯這樣檔案的討論，放在第 328 頁的「編輯二進制檔案」一節中。此外可參考第 470 頁的「Vim 8.2 選項」部分，瞭解更多有關選項的資訊，特別是檔案格式（file format）和檔案類型（filetype）。

有一個複雜的細節，在傳統的 vi 總是在寫入檔案時的最後一個位置附加換行符號。導致編輯二進制檔案時，可能會在檔案中增加一個字元並產生問題。Vim 預設與 vi 相容，並增加了換行符號。我們可以設定二進制選項，以免發生這種情況。

工作階段的過程（*Session context*）

Vim 將工作階的段資訊保存在 *.viminfo* 檔案中。在重新檢視和編輯檔案時，有沒有想過「目前工作到哪裡？」而 *.viminfo* 檔案解決了這個問題！也可以定義在各階段中要保留多少資訊與何種類型。以及定義「最近讀取」或上次編輯的檔案之數量後續追蹤、定義每個檔案可記憶的編輯動作數量（刪除、改變等等）、命令歷史記錄可記憶的命令數量，或是前次編輯行為（放置、刪除等等）中要保存的暫存器與文字行數量。

Vim 還會記住最近編輯的每個檔案游標所在的行位置。如果你在第 25 行離開編輯階段，下次編輯檔案時會重新定位在第 25 行。參考第 340 頁的「Vim 執行階段資訊」有更多內容。

狀態轉換（*Transitions*）

Vim 也管理狀態的轉換。當我們在工作階段中，由緩衝區移動到另一個緩衝區、或從視窗移動到另一個視窗（兩者通常是指同一件事），Vim 也自動地處理一些操作前後內部轉換工作。

編輯透明化（*Transparent editing*）

Vim 會偵測並自動解開壓縮檔。例如，可以直接編輯如 *myfile.tar.gz* 的壓縮檔。甚至可編輯目錄。Vim 使用類似 vi 風格的目錄導引方式，切換瀏覽並選擇要編輯的檔案。

中介資訊（*Meta-information*）

Vim 提供四個方便的唯讀暫存器符號，使用者可用於置放 / 貼上（put）的中介資訊（meta-information），其中：以 % 表示目前檔名、以 # 表示替換檔名、以 : 表示最近一次命令列執行的文字、以 . 表示最近一次插入的文字。

黑洞暫存器（*The black hole register*）

編輯暫存器看似不明顯的有用功能。通常，文字刪除使用迴轉方式將刪除的文字放入暫存器中（參見第 62 頁的「使用暫存器」一節），這對於透過刪除再循環取回舊的刪除文字是很有用。Vim 提供了「黑洞」暫存器作為丟棄已刪除文字的地方，並不會影響一般暫存器中已刪除文字迴轉存放的位置。如果你是 Unix 使用者，它就是 Vim 版本的 */dev/null*。從 Vim 的 *change.txt* 輔助檔案中寫到：

> 黑洞暫存器 "_
>> 資料存入這個暫存器時，什麼也沒有發生。這可以用來刪除文字而不影響任何正常的暫存器。從這個暫存器讀取時，不會取得任何內容。

Vim 還允許使用 compatible 選項（:set compatible）回到 vi 相容模式。大多數時候，你可能會想要 Vim 的額外功能，這樣的回溯性相容是一種深思熟慮的做法。

理念

Vim 的理念與 vi 相近。兩者都讓編輯工作變得更強大、更優雅。兩者都依循模式的操作（命令模式與輸入模式）進行處理。並且都在鍵盤上持續編輯；也就是說，使用者的編輯工作可以快速而有效率地進行，而不需用到滑鼠。我們喜歡稱此為「接觸式編輯」（touch editing），近似於「接觸式打字 / 盲打」（touch typing），反映出編輯任務中，在速度和效率上的相互提升。

Vim 更擴充了這份理念，為經驗不足的使用者提供功能（GUI、標示模式下的標籤），也為進階使用者提供強化功能的選項（指令稿、擴充的正規表示式、可變更的語法設定，以及可調整的縮排方式）。

至於喜歡修改原始碼的超級使用者，Vim 也附上原始碼。並鼓勵使用者可自由改善需強化之處。就理念而言，Vim 達成所有使用者，需求的平衡。

提供新使用者的協助與簡易模式

請記得 vi 與 Vim 都需要使用者花一點時間學習，Vim 提供一些簡化使用的功能：

圖形化 *Vim (gvim)*

當使用者呼叫 gvim 命令時，Vim 會顯示一個豐富的圖形視窗，提供完整的 Vim 功能以及 GUI 程式的滑鼠點擊操作。在許多環境中，gvim 是需要在編譯 Vim 的執行程式時，透過打開所有 GUI 選項來建立。也可以使用 vim -g 呼叫。

「簡易化」的 *Vim (evim)*

evim 命令用一些簡單動作替換掉標準 vi 的功能，不熟悉 vi 的使用者可能會發現這是一種更直覺的檔案編輯方式。進階使用者可能不會覺得這種模式是容易的，因為他們已經習慣了標準的 vi 行為。也可以透過 vim -y 啟動。

vimtutor

Vim 附有 vimtutor，這是一個獨立的命令，會啟動 Vim 開啟一個特殊的輔助檔案。這種啟動 Vim 的方式，提供使用者另一個學習編輯器的起點。完成 vimtutor 大概需要三十分鐘。

你還可以在網際網路上找到無數的互動式 Vim 教學。像是 OpenVim（*https://www.openvim.com/*），教學網站。或是 VIM Adventures（*https://vim-adventures.com/*），把學習 Vim 當作冒險遊戲。

內建輔助功能

如之前所提，Vim 的輔助說明文件超過二十萬行。幾乎所有文件，都可以透過 Vim 內建的輔助工具取得。最簡單的形式就是執行 :help 命令。有趣的是，Vim 藉此向使用者展示第一個多視窗編輯的例子。

雖然 :help 命令很方便，但卻仍然有個蛋生雞、雞生蛋的循環因果問題，因為內建輔助的功能需要先瞭解 vi 的導覽技巧；想真正有效率，使用者必須知道如何在文件中的標籤做前後跳躍。我們將會概要講解一下輔助畫面的導覽。

:help 命令會顯示類似以下的內容：

```
*help.txt*      For Vim version 8.2.  Last change: 2020 Aug 15

                    VIM - main help file
                                                          k
     Move around: Use the cursor keys, or "h" to go left,    h   l
                  "j" to go down, "k" to go up, "l" to go right.   j
 Close this window: Use ":q<Enter>".
    Get out of Vim: Use ":qa!<Enter>" (careful, all changes are lost!).
```

```
    Jump to a subject:  Position the cursor on a tag (e.g. |bars|) and hit CTRL-].
      With the mouse:  ":set mouse=a" to enable the mouse (in xterm or GUI).
                       Double-click the left mouse button on a tag, e.g. |bars|.
         Jump back:  Type CTRL-O.  Repeat to go further back.

   Get specific help:  It is possible to go directly to whatever you want help
                       on, by giving an argument to the |:help| command.
                       Prepend something to specify the context:  *help-context*

                            WHAT                 PREPEND    EXAMPLE      ~
                       Normal mode command                  :help x
                       Visual mode command         v_       :help v_u
                       Insert mode command         i_       :help i_<Esc>
                       Command-line command        :        :help :quit
                       Command-line editing        c_       :help c_<Del>
                       Vim command argument        -        :help -r
                       Option                      '        :help 'textwidth'
                       Regular expression          /        :help /[
                       See |help-summary| for more contexts and an explanation.

    Search for help:  Type ":help word", then hit CTRL-D to see matching
                       help entries for "word".
                       Or use ":helpgrep word". |:helpgrep|

     Getting started:  Do the Vim tutor, a 30-minute interactive course for the
                       basic commands, see |vimtutor|.
                       Read the user manual from start to end: |usr_01.txt|

   Vim stands for Vi IMproved.  Most of Vim was made by Bram Moolenaar, but only
   through the help of many others.  See |credits|.
```

慶幸的是，Vim 為解決潛在初學者的導覽問題，貼心的打開基本導覽指南，甚至還告訴使用者如何離開輔助畫面。我們建議將此作為一個起點，鼓勵大家花費時間探索輔助文件的內容。

一旦熟悉 :help 後，可以在 Vim 的命令列中使用 tab 補齊單字的功能，全來進行切換。任何以命令提示符號（:）起始的命令，只要按下 TAB 鍵，會依據當時的情況補齊命令。例如：

    :e /etc/pas TAB

在任何 Unix 系統裡將展開為：

    :e /etc/passwd

:e 命令暗示此命令的引數為一個檔案，因此會尋找符合部分檔名的檔案，作為完成剩餘命令的部分，以完成輸入。

但 :help 有所屬的內容，也涵蓋其他主題。使用者輸入的部分主題字串可能會與出現在 Vim 說明主題裡的某個子字串相符。建議大家學習並使用這項功能，除了節省時間，或許還可能發現不曾知道的新功能。

例如，想瞭解分割螢幕的功能。在命令列中輸入：

```
:help split
```

並按 TAB。在目前執行階段中，輔助命令會在下列字串之間循環：split(); :split; :split_f; splitfind; splitview; g:netrw_browse_split; :diffsplit; :dsplit; :isplit; :vsplit; +vertsplit; 'splitright'; 'splitbelow'; 等等。想看任何一項主題的說明時，再特別標示該主題後，按下 ENTER 鍵。使用者不僅會尋找到主題（:split），也會發現一些原本沒注意過的功能，例如 :vsplit，「垂直分割」命令。

啟動和初始化選項

Vim 在啟動時使用不同的機制，來設定本身的環境。它會檢查命令列選項。還自我檢查（如何被啟動的，用什麼名稱？）。另外有不同二進制已編譯的執行檔，來滿足不同的使用需求（如 GUI 與文字視窗）。Vim 還使用一系列初始化檔案，其中可以定義和修改多種的行為組合。由於選項與組合太多，無法完全講解；我們只討論一些有趣項目。在接下來的部分中，將介紹 Vim 的啟動順序，以及下列主題：

- 命令列選項
- 與命令名稱相關的行為
- 組態配置檔案（分為系統整體與個別使用者設定）
- 環境變數

本節介紹一些啟動 Vim 的方法。有關更多選項的細節，請使用輔助命令：

```
:help startup
```

命令列選項

Vim 的命令列選項提供了靈活性和強大的功能。有些啟動選項呼叫額外功能，有些則可覆寫與停止預設的行為。我們在討論命令選項時，將視為作用於典型 Unix 環境下。

若以單一字母作為選項，則選項前需加上 -（一個連字符號），如 -b，允許編輯二進制檔案的意思。若以一般單字作為選項，則選項前需加上 --（兩個連字符號），如 --noplugin，會覆寫載入外掛程式的預設行為。若只有兩個連字號的命令列參數，則是表示對於 Vim 命令列的其餘部分不包含任何選項。這是標準的 Unix 行為。

接在命令列選項之後，可以選擇列出一個或多個要編輯的檔案名稱。事實上，有一個有趣的特例，檔案名稱可以是一個連字符號（ - ），通知 Vim 輸入的檔案或資料是來自標準輸入（*stdin*），這是一種進階用法。

以下是不可在 vi 中使用的命令列選項列表（所有 vi 選項在 Vim 中都可用）：

-b

以二進制方式做編輯。這個功能從名稱上已可得到解釋，而且很棒。編輯二進制檔案是一種需要培養的習慣，但卻是一種編輯檔案的強大功能，而大多數其他編輯工具所無法觸及。使用者應該翻閱一下，關於 Vim 編輯二進制檔案的輔助說明。

-c *command*

將 *command* 作為 ex 所要執行的命令。vi 具有相同的選項，但 Vim 允許在一個命令中，最多加入十個 -c 選項，每個命令選項都必須加上自己的 -c 標示。

-C

以相容（vi）模式下執行 Vim。原因很明顯，這個選項永遠不會出現在 vi 中。

--cmd *command*

在 *vimrc* 檔案之前執行 *command* 命令。這是 -c 選項的長格式。

-d

以 diff 模式啟動。Vim 對兩、三個或四個檔案執行 diff 並設定選項，檢查檔案的差異變得簡單（如：scrollbind、foldcolumn 等）。

Vim 使用系統本身所提供的 diff 命令，即為 Unix 系統上的 diff。Windos 版本則需另行下載提供的執行檔，Vim 才能執行 diff 命令。

-E

以改良版 ex 模式啟動。例如將改良版 ex 模式用於延伸正規表示式。

-F 或 -A

分別表示波斯語（Farsi）或阿拉伯語（Arabic）模式。使用此兩種模式必須有鍵盤與字元對應的協助，並將由右至左繪製螢幕。

-g

　啟動 gvim（GUI）。

-M

　關閉寫入選項，緩衝區將不允許修改。雖然不能修改緩衝區，但 Vim 透過禁止執行
　ex 命令中的 :w 和 :w!，來資料確保沒有修改過！

-o[n]

　以個別視窗的方式打開所有檔案。可以輸入整數，指定要開啟的視窗數目。在命令
　列上的檔案名稱，會依序將檔填入指定數量的視窗中（如有剩餘檔案則放入 Vim 的
　緩衝區）。如果指定的視窗數超過了檔案數量，Vim 會開啟空白視窗，來滿足所需的
　數量。

-O[n]

　與 -o 類似，但開啟垂直分割的視窗。

-y

　以「簡易」模式執行 Vim。替初學者設定了更直觀的行為選項。雖然簡單模式可以
　幫助初學者，但對有經驗的使用者而言，反而是令人困惑和惱人的模式。

-Z

　以限制模式執行。基本上關閉所有外部介面，並防止系統功能的存取。例如，使用
　者不能使用 !G!sort；在緩衝區中，從目前行到檔案結尾執行排序動作。此外，含有
　過濾條件的排序也是不可使用。

接下來的一系列相關選項，是使用在已經有一個 Vim 被執行並成為伺服端之下的狀
況。選項 --remote，告訴遠端正執行服務的 Vim（可能在、也可能不在同一台機器上執
行），編輯某一個檔案或計算某一行運算式。選項 --server，告訴 Vim 將命令發送到哪
一個伺服端或將目前開啟的 Vim 宣告為伺服端。選項 --serverlist 僅列出可用的服務端
名稱。還有以下相關選項：

　--remote *file*
　--remote-expr *expr*
　--remote-send *keys*
　--remote-silent *file*
　--remote-tab
　--remote-tab-silent
　--remote-tab-wait
　--remote-tab-wait-silent
　--remote-wait *file* …

```
--remote-wait-silent file …
--serverlist
--servername name
```

對於所有命令列選項的更完整討論，以及完備的 vi 設定，請參考「命令列語法」。更多
關於 --remote 選項的資訊，請執行 Vim 命令 :help remote。

與命令名稱相關的行為

Vim 有兩種主要風格：圖形化（使用類 Unix 作業系統下的 X Window 環境和其他作業
系統中包含 GUI 介面）和純文字兩種版本，兩者在絕大部分都具有相同功能的特徵。
Unix 使用者只需使用下列中的命令之一，即可得到對應的編輯器行為：

vim

> 啟動文字模式的 Vim。

gvim

> 啟動圖形模式的 Vim。在許多環境中，gvim 是一個不同的 Vim 二進制檔案，需要在
> 編譯過程時將所有 GUI 選項都打開。也可使用 vim -g 啟動 Vim，有相同的效果。

view, gview

> 以唯讀模式啟動 Vim 或 gvim。與使用 vim -R 啟動 Vim 相同。

rvim

> 以限制模式啟動 Vim。對所有呼叫外部 shell 的命令都予以禁止，以及使用 ^Z 命令
> 來暫停編輯過程的能力。

rgvim

> 與 rvim 相同，但作用於圖形化版本。

rview

> 類似 view，但以限制模式啟動。限制模式下，使用者無法使用過濾條件、外部環境
> 或作業系統所提供的功能。與 vim -Z 相同（-R 只會啟動唯讀效果）。

rgview

> 與 rview 相同，但作用於圖形化版本。

`evim, eview`

使用簡單模式進行檔案編輯或唯讀檢視。在這樣的模式，Vim 預先設定一些選項和特性，因此對於那些不熟悉 Vim 操作的使用者來說，編輯行為更加直觀。與 `vim -y` 啟動 Vim，有相同的效果。有經驗的使用者可能不會覺得這個模式「簡單」，因為已經熟悉標準 `vi` 的操作行為。

請注意，這個命令沒可對應的 *gXXX* 版本，因為 `gvim` 明顯被認為已經很容易，至少可藉由可預測的直覺點擊行為，來達到學習的目的。

`vimdiff, gvimdiff`

以「diff」模式啟動，並對輸入檔案執行差異比對。將在後面第 338 頁的「比較檔案差異」章節中深入說明。

`ex; gex`

使用 `ex` 行編輯模式。在指令稿中很有用。使用 `vim -e` 啟動 Vim，有相同的效果。

MS-Windows 使用者可以在應用程式清單（開始功能表）中，看到類似以上的 Vim 版本，提供選擇執行。

系統與使用者配置組態檔

Vim 依照特定順序搜尋初始化的過程。找到的第一組指令集（可能以環境變數或檔案的形式出現）並執行，然後開始編輯工作。所以，Vim 從下列清單中找到的第一個項目，就是唯一被執行的項目。順序如下：

1. `VIMINIT`：這是一個環境變數。如果非空值，Vim 將其內容作為 `ex` 命令執行。

2. 使用者的 *vimrc* 檔案：Vim 的初始化資源檔 *vimrc*，是一個具有跨平台概念的設計，但由於作業系統和平台之間的細微差異，Vim 會以下順序，在不同的位置搜尋檔案：

$HOME/.vimrc	Unix, OS/2,* and Mac OS X
$HOME/_vimrc	MS-Windows and MS-DOS
$VIM/_vimrc	MS-Windows and MS-DOS
s:.vimrc	Amiga
home:.vimrc	Amiga
$VIM/.vimrc	OS/2 and Amiga

   * 不知道有多少人仍使用 OS/2 或 Amiga 系統。但如果有人依舊使用著，應該會很高興知道 Vim 仍有所支援！

3. 目錄中 *.exrc* 與 *vimrc* 檔案：如果 Vim 設定 exrc 選項，Vim 會另外搜尋三個組態配置檔：*.vimrc*、*.gvimrc*、*.exrc*。在非 POSIX 系統上，檔案名稱可能不是以句點作為開頭。

.vimrc 檔案是調整 Vim 編輯功能的好地方。幾乎任何 Vim 選項，都可以在這個檔案中，設定啟動或取消關閉。而且還特別適合設定全域變數和定義函式、縮寫、映射鍵等等。以下是關於 *vimrc* 的一些需知事項：

- 註釋以雙引號（"）開頭，可位於一行之中的任何位置。雙引號之後（包括雙引號）之後的所有文字都將被忽略。

- ex 命令之前，可加入（也可不用）冒號來指定。例如，`set autoindent` 等同於 `:set autoindent`。

- 如果將多組選項設定個別分成單獨的一行，檔案會更容易維護管理。例如：

```
set terse sw=1 ai ic wm=15 sm nows ruler wc=<Tab> more
```

與下面相同：

```
set terse        " short error and info messages
set shiftwidth=1
set autoindent
set ignorecase
set wrapmargin=15
set nowrapscan   " don't scan past end or top of file in
set ruler
set wildchar=<TAB>
set more
```

請注意，第二組命令除了可讀性更高之外，在調整測試配置組態檔中的設定，會刪除、插入或臨時加入註解，也相對更容易維護。例如，如果使用者想在啟動配置中暫時關閉行編號的功能，只需在配置檔案中，在 `set number` 前加上雙引號（"）即可。

環境變數

許多環境變數影響到 Vim 的啟動行為，甚至一些編輯過程階段的特性。這裡列出最為明顯的環境變數；若未配置的組態，會以預設值處理。

如何設定環境變數

在登入時（在 Unix 中稱為 shell）的命令環境變數，設定變數以反映或控制其行為。環境變數特別強大的原因在於，因為它們會影響在命令環境中啟動的程式。接下來的說明並非侷限於 Vim；適用於使用者想要在命令環境中設定的任何變數：

MS-Windows

設定環境變數：

1. 打開控制台。

2. 左鍵雙擊「系統」圖示。

3. 選擇「進階」分頁。

4. 選擇「環境變數」按鈕。

結果會看到一個視窗，分為兩個環境變數區域，**使用者**和**系統**變數。初學者最好不要修改**系統**環境變數。在**使用者**區域，我們可以設定與 Vim 相關的環境變數，並使它們在登入階段期間維持不變。

Unix/Linux 的 Bash 與其他 Bourne shell

找出對應的 shell 組態配置檔（例如 Bash 使用者的 *.bashrc*）做編輯，加入類似於以下內容的行：

```
VARABC=somevalue
VARXYZ=someothervalue
MYVIMRC=myfavoritevimrcfile
export VARABC VARXYZ MYVIMRC
```

這些行的順序無關緊要。export 語法只讓變數在 shell 執行中的程式可以看到，因此將它們轉變為環境變數。在匯出變數的前後，均可對變數的值做設定。

Unix/Linux C shell

找出對應的 shell 組態配置檔（例如 *.cshrc*）做編輯，加入類似於以下內容的行：

```
setenv VARABC somevalue
setenv VARXYZ someothervalue
setenv MYVIMRC /path/to/my/vimrc/file
```

與 Vim 相關的環境變數

接下來列出大多數對 Vim 會使用到的環境變數及其影響。

Vim 的 -u 命令列選項覆寫 Vim 的環境變數，並直接寫入指定的初始化選項。-u 不會覆
寫非屬於 Vim 的環境變數：

EXINIT

功能上與 VIMINIT 相同；如果 VIMINIT 未定義，才可以使用。

MYVIMRC

覆寫 Vim 對初始化檔案的搜尋。如果啟動時找到 MYVIMRC 的值，Vim 會假設這個值
是一個初始化檔案；如果檔案也存在，則從中取得初始化設定。不再參考其他檔案
（請參考上一節的搜尋順序）。

SHELL

指定 Vim 使用哪一個 shell 或外部命令直譯器，來處理 shell 命令（!!、:! 等）。在
MS-Windows 的命令視窗中，如果未設定 SHELL，則使用 COMSPEC 環境變數。

TERM

設定 Vim 的內部 term 選項。這在某種程度上是不必要的，因為編輯器會自行設定它
認為合適的終端介面。換句話說，Vim 可能比預先定義的參數更瞭解終端介面。

VIM

包含標準 Vim 安裝在系統中的目錄路徑資訊（只提供資訊做參考，Vim 不使用）。

VIMINIT

指定 Vim 啟動時要執行的 ex 命令。以垂直符號（|）分隔多個命令。

如果一台機器上存在多種版本的 Vim，VIM 可能會根據使用者啟動的版
本，而反映不同的值。例如在某位使用者的機器上，Cygwin 設定 VIM 環
境變數為 */usr/share/vim*，但 vim.org 的套件則可能把它設為 *C:\Program
Files\Vim*。

使用者要了解對 Vim 檔案所進行的修改是很重要的，如果編輯錯誤的檔
案，將不會產生任何作用。

VIMRUNTIME

指向 Vim 支援的檔案，例如線上說明文件、語法定義和外掛程式目錄。Vim 通常能
自己找出這些檔案。如果使用者設定了這個變數（例如：在 *.bashrc* 檔案中），當安
裝較新版本的 Vim 時，可能會造成錯誤，因為使用者的個人 VIMRUNTIME 變數可能指
向一個舊的、不存在或無效的位置。

新的移動命令

Vim 提供了所有 vi 移動或動作命令，其中大部分已經列於第三章「快速移動位置」中，我們再增加其他幾個，總整在表 8-1 中。

表 8-1　Vim 的移動命令

命令	說明
n CTRL-END	前往檔案的末端，例如檔案最後一行的最後一個字元。如果加上數字 *n*，則跳至第 *n* 行的最後一個字元。
CTRL-HOME	前往檔案第一行的第一個非空白字元。這與 CTRL-END 行為的不同之處在於 CTRL-HOME 不會將游標移動到空白處。
count %	前往依據檔案百分比計算出的行，游標置於該行附近第一個非空白的行。需要注意的是，Vim 的計算是根據檔案中的行數，而不是總字元數。這看似不重要，但若考慮一個包含 200 行的檔案，其中前 195 行包含五個字元（例如，$4.98 這樣的價格單位），而最後四行包含 1,000 個字元。
	在 Unix 中，考慮到換行符號，該檔案將包含大約：
	(195 * (5 + 1))（前面只有五個字元的行之總字元數）
	+ 2 + (4 * (1000 + 1))（在一千個字元的行之總字元數）
	共 5,200 個字元。按字元計數 50% 會將游標放在第 96 行，而 Vim 的 50% 移動命令會將游標放在第 100 行。
:go *n* :*n* go	前往緩衝區的第 *n* 個位元。所有字元，包括行尾字元都計算在內。

符號 <C-*xxx*> 是 Vim 以獨立於系統，用於描述組合鍵的方式。在這種情況下，前面的 C- 表示在按住 CTRL 鍵的同時按下另一個 *xxx* 鍵。例如，<C-End> 表示按 CTRL 和 END。

標示模式中的移動

Vim 讓使用者能以視覺化的方式標示選取區域，並在標示區域上執行編輯命令。這個功能很類似在圖形化編輯器上，點擊並拖曳滑鼠造成反白標示區域的效果。Vim 的標示模式，提供了確認工作執行範圍的便利性，而且所有具此功能的 Vim 命令，都可在所見的選取文字區域上工作。這個功能與一般編輯器中，傳統所看到的剪切、貼上操作相比，使用者可以對特別標示的文字進行更複雜的工作。

使用者可以在 Vim 裡選擇一個標示區域，就像其他編輯器採取點擊並拖曳滑鼠所形成的效果一樣。但 Vim 還允許我們使用其強大的移動命令和一些特殊的標示模式命令來進行選擇。

舉例而言，我們可以在正常模式中輸入 v，進入標示模式。進入標示模式後，除了藉由移動命令，讓游標到移動到新位置以外，過程中游標還會反白來特別標示文字。因此，標示模式中的「下一個單字」命令（w），將游標移動到下一個單字時，會特別標示選取的文字。再多一些額外需要的移動，來擴展所選取的區域。

在標示模式下，Vim 使用一些特有的命令，方便我們可以藉由選擇游標附近的文字物件，而擴展選取區域。例如，Vim 允許游標選取的範圍，可以在「單字」內、也可以在「句子」內、亦可以在「段落」內；讓我們可延伸來增加區域內，特別標示出的文字。要在標示模式下選擇一個單字，請使用 aw。

使用者可以透過多種方式來強調標示在緩衝區內的區域。在文字為基礎的方式下，輸入 v 來開啟或關閉標示模式。開啟標示模式，在游標移動時會特別標示緩衝區所選取的部分。在 gvim 中，只需點擊並拖曳滑鼠游標，選取所需區域。這樣就設定了 Vim 標示的標記。

表 8-2 列出一些 Vim 在標示模式下移動命令。

表 8-2　在 Vim 標示模式下移動命令

命令	說明
n aw, *n* aW	選取 *n* 個單字。包含單字本身後方的空格。這與 iw 略有不同（參考下一項）。小寫 w 搜尋以標點符號分隔的單字，而大寫 W 搜尋以空格分隔的單字。
*n*iw, *n* iW	選取 *n* 個單字。被選擇加入的單字不考慮本身後方的空格。小寫 w 搜尋以標點符號分隔的單字，而大寫 W 搜尋以空格分隔的單字。
as, is	選取一個句子（sentence），或選取一個句子但不包含句子後方的空格。
ap, ip	選取一個段落（paragraph），或選取一個段落但不包含段落後方的換行。

想進一步瞭解文字物件的討論細節，及文字物件在標示模式中的應用，請使用輔助命令：

```
:help text-objects
```

我們建議使用者善用標示模式並習慣它。特別是，它是選取出要處理的文字，再拿來用以替換、或轉發給其他文字過濾工具的好方法。

延伸正規表示式

在 vi 的搜尋和替換所使用的正規表示式中，可用的中介字元在第六章第 91 頁的「搜尋樣式中使用的中介字元」一節已經討論過了。

Vim 總是提供可用的延伸正規表示式。其中提供一些額外的中介字元序列，功能等同於 egrep（或在完全符合 POSIX 標準之系統上的 grep -E）。接下來列出的說明，大部分都借用自 Vim 的說明文件：

\|

表示可選替換。例如，a\|b 比對 *a* 或 *b*。然而，這樣的組成不限於單一字元：像是 house\|home 比對字串 *house* 或 *home*。

\&

表示「接續」。一個接續比對後的結果，除了要符合最後一個在 \& 之後的部分以外，而且前面的部分也都需要比對相符才可以。Vim 輔助文件提到這些例子：foobeep\&... 可比對出 *foobeep* 中的 *foo*，以及 .*Peter\&.*Bob 可比對出，同時包含 *Peter* 和 *Bob* 的行。

\+

比對在這個符號之前的正規表示式，一次或多次。可以是一個字元，也可以是括號中的一組字元。注意 \+ 和 * 之間的區別。* 允許沒有比對出任何內容，但 \+ 必須至少有一個比對項。例如，ho\(use\|me\)* 可比對出 *ho*、*home*、*house*，但 ho\(use\|me\)\+ 沒有比對出 *ho*。（請參考列表後面關於如何使用括號對樣式進行群組的說明；而在括號之前的反斜線，意味著需要進行表示法的額外神奇（magic）轉換。）

\=

比對在這個符號之前的正規表示式，零次或一次。這和 egrep 的 ? 運算子一樣。

\?

比對在這個符號之前的正規表示式，零次或一次。這和 egrep 的 ? 運算子一樣以外，對於熟悉 egrep 和 awk 的人來說更自然

\{...}

定義一個區間表示式（*interval expression*），區間表示式用來描述重複的次數。Vim 只要求左大括號前面需要有一個反斜線，而右大括號不用。下面提到的 *n* 與 *m* 代表整數：

\{*n,m*\}

比對在這個符號之前的正規表示式，出現 *n* 至 *m* 次。邊界很重要，因為它控制著在替換命令期間將多少文字做替換[6]。其中 *n* 和 *m* 是非負整數（包括零）。

\{*n*\}

比對在這個符號之前的正規表示式，出現剛好重複 *n* 次。例如，(home\|house){2} 比對 *homehome*、*homehouse*、*househome* 和 *househouse*，除此之外沒有其他的。

\{*n*,\}

比對在這個符號之前的正規表示式，出現至少重複 *n* 次，而且愈多愈好。將它視為「最少 *n*」次重複。

\{,*m*\}

比對在這個符號之前的正規表示式，出現 0 次至 *m* 次，而且愈多愈好。

\{\}

比對在這個符號之前的正規表示式，出現 0 次或多次，而且愈多愈好（與 * 相同）。

\{-*n,m*\}

比對在這個符號之前的正規表示式，出現 *n* 次至 *m* 次，而且愈少愈好。

\{-*n*\}

比對在這個符號之前的正規表示式，出現 *n* 次。

\{-*n*,\}

比對在這個符號之前的正規表示式，至少出現 *n* 次，而且愈少愈好。

\{-,*m*\}

比對在這個符號之前的正規表示式，出現 0 次至 *m* 次，而且愈少愈好。

~

最後一次比對的替換字串。

---

6 *、\+ 和 \= 運算符號可以分別簡化為 \{0,\}、\{1,\} 和 \{0,1\}，但區間表示式使用起來更方便。此外，區間表示式是在 Unix 正規表示式的歷史後期發展起來的。

\(...\)

為 *、\+、\? 和 \= 提供群組區分，並在替換命令的替換部分（\1、\2 等）中提供比對符合的子字串文字。

\1

符合比對的第一組，以 \(和 \) 前後夾的表示式，所得到比對結果字串。例如，\([a-z]\).\1 可以得到如同 *ata*、*ehe*、*tot* 等的比對結果。\2、\3 等可用於表示第二組、第三組等子群組表示式。

isident、iskeyword、isfname 和 isprint 選項分別定義，可出現在識別字、關鍵字、檔案名稱和顯示螢幕上的字元序列。利用這些選項，可讓正規表示式的比對非常靈活彈性。

Vim 提供了許多額外的特殊序列，作為一些非列印字元和常使用的括號表示式，它們的簡寫。Vim 在早期原始的 Unix 文件中，稱呼這些用法為**字元類別**（*character classes*）。將它們列在表 8-3 中。

表 8-3　Vim 正規表示式字元和字元類別

順序	意義
\a	字母字元，與 [A-Za-z] 相同
\A	非字母字元，與 [^A-Za-z] 相同
\b	退格字元
\d	數字字元，與 [0-9] 相同
\D	非數字字元，與 [^0-9] 相同
\e	轉義字元
\f	比對由 isfname 選項定義的任何檔案名字元
\F	與 \f 類似，但不包括數字
\h	字頭字元，與 [A-Za-z_] 相同
\H	非字頭字元，與 [^A-Za-z_] 相同
\i	比對由 isident 選項定義的任何識別字的字元
\I	與 \i 類似，但不包括數字
\k	比對由 iskeyword 選項定義的任何關鍵字字元
\K	與 \k 類似，但不包括數字
\l	小寫字元，與 [a-z] 相同

順序	意義
\L	非小寫字元，與 [^a-z] 相同
\n	比對換行符號。可用於比對多行樣式
\o	八進制數字元，與 [0-7] 相同
\O	非八進制數，與 [^0-7] 相同
\p	比對由 isprint 選項定義的任何可列印字元
\P	與 \p 類似，但不包括數字
\r	歸位符號
\s	比對空白字元或定位符號（tab）
\S	比對任何不是空格或定位符號的內容
\t	比對一個定位符號
\u	大寫字母，與 [A-Z] 相同
\U	非大寫字元，與 [^A-Z] 相同
\w	單字字元，與 [0-9A-Za-z_] 相同
\W	非單字字元，與 [^0-9A-Za-z_] 相同
\x	十六進制字元，與 [0-9A-Fa-f] 相同
\X	非十六進為數字元，與 [^0-9A-Fa-f] 相同
_x	其中 x 是上述任何前面的字元，比對相同的字元類別，但包含換行符號

最後，Vim 提供了許多額外、非常深奧的方法來比對正規表示式。如果使用者有興趣，請參考 :help regexp 以獲得完整的詳細資訊。在本節中的清單列表和表格描述提供了足夠的功能說明，可以讓使用者好好研究。

擴充還原

除了還原任意數量的編輯的便利特性之外，Vim 還提供了一個有趣的功能，稱為分支還原（*branching undos*）。

要使用此功能，首先要確保使用者想要對還原編輯進行多少次的控制。使用 undolevels 選項，來定義使用者可以在編輯過程中，進行可還原修改的次數。預設值為一千，這對於大多數使用者來說多半綽綽有餘。如果使用者想要 vi 相容性，請將 undolevels 設定為零：

    :set undolevels=0

在 vi 中，還原命令 u 基本上是在檔案的目前狀態和前一次的修改之間做切換。第一個還原恢復到最後一次修改之前的狀態。下一個還原再次恢復到未完成的修改。Vim 的行為完全不同，因此命令的實作方式也不同。

Vim 並非在最近一次改變間切換；重複呼叫 Vim 的還原功能，將從最近一次改變開始，依序還原前面的所有改變，直到 undolevels 選項定義的限制。因為還原命令 u 只向後移動，我們需要一個向前移動的「重做」命令。Vim 有個重做命令，:redo；也可用 CTRL-R 鍵。 CTRL-R 鍵前加上數值，可定義重做改變的次數。

當使用還原和重做命令向前和向後移動修改時，Vim 會維護一份檔案狀態的對照表，並知道前一次還原的可能執行時間。當所有可能的還原完成後，Vim 會重置檔案的修改狀態，允許在沒有！字尾的狀況下離開檔案。雖然這對一般使用者的互動沒有太多幫助，但對於幕後的指令稿設計而言，檔案的修改狀態就很重要了。

對於大多數使用者，簡單的還原和重做修改就足夠了。但若是考慮一個更複雜的狀況。如果我們對檔案進行七次修改，然後還原三次怎麼辦？到目前為止，一切都很好，沒有什麼不尋常需要考慮的。但假設在還原三次後，又做了一次改變；我們做出的修改，不同於 Vim 修改紀錄中的下一個前向修改；Vim 將修改歷史中的那個點定義為一個**分支**（*branch*），從這個分支路徑來記錄後續發生的不同修改。有了路徑，我們可以依據時間前後移動，加上分支後，即可沿著任何記錄改變的不同路徑而移動。

關於如何形成樹狀變更記錄（change-tree）的路徑方式導覽，完整說明，請使用 Vim 的輔助命令：

    :help usr_32.txt

要更深入地分析 Vim 的修改樹狀路徑，請查看一下網站 *https://vimawesome.com/?q=undo* 上，一些關於還原的外掛程式。

漸進式搜尋

當使用漸進式搜尋（*incremental searching*）時，比對文字輸入搜尋樣式，編輯器會在檔案中移動游標。當使用者最終輸入 ENTER 時，才完成搜尋[7]。Vim 使用 incsearch 選項開啟漸進式搜尋。當選項開啟後，Vim 會將使用者從檔案一開始到目前輸入的內容，比對出相符的文字並特別標示；當搜尋樣式中輸入更多字元時，變換特別標示的比對內容。

如果使用者從未接觸這項功能，那標示的結果一開始會相當令人不安。然而，一段時間使用者習慣後，甚至會懷疑沒有這項功能要怎麼進行工作。我們強烈建議將 set incsearch 增加到 *.vimrc* 檔案中。

左右捲動

預設情況下，vi 和 Vim 都會把過長的行繞排到螢幕的另一端。也就是說，邏輯上的一行可能會佔據螢幕上的許多行。

然而，讓過長的行在螢幕的右邊消失，而不是繞排成下一行，有時可能比較好。游標如果位於這樣的一行中，又一直往右移，最後將「捲動」螢幕。

在 Vim 中，sidescroll 數字選項，預設值為零，負責控制捲動螢幕的程度，以及 wrap 布林選項，預設開啟，負責控制行是否從螢幕邊緣換行。

因此，需要橫向捲動的檢視方式，使用者可以使用 :set nowrap，並設定 sidescroll 一個合理的值，如 8 或 16。

總結

多年來，vi 一直是 Unix 上的標準文字編輯工具。vi 在當年幾乎是完全創新的事物，具有雙重模式與觸碰式的編輯原則。Vim 接續 vi 的傳承，它是下一個為了強化編輯功能與文字管理的進化階段：

- Vim 擴充了 vi，在舊編輯器的設定之上，建立一套傑出的準則。儘管其他編輯器也建立在原始版本的基礎上，但 Vim 已成為最受歡迎、廣泛使用的 vi 複刻版。

---

7 Emacs 一直都做漸進式搜尋。

- Vim「遠遠」比 vi 提供更多的功能，以至於成為新的標準。事實上 Vim 已經是標準了，因為大多數類 Unix（Unix-like）作業系統，將 vi 命令連結到 Vim。

- Vim 適合初學者和進階使用者。對於初學者來說，它提供各種學習工具和「簡單」模式，而對於專家來說，它提供對 vi 強大的擴充，以及一個可以讓進階使用者強化和調整 Vim，以滿足他們確切需求的平台。

- 到處都有 Vim 在執行。如本章的討論內容，在無法取得 Vim 的環境中，會有人站出來、把它移植到最好用的 OS 平台上。Vim 或許不是真的到處都有，但很接近了！

- Vim 是自由軟體。此外，Vim 是個慈善軟體（charityware）。Bram Mollenaar 對於建立、改良、維護、延續 Vim 的努力，在自由軟體市場上，真是非常值得表彰的功績。如果使用者喜歡他的作品，Bram 也希望使用者瞭解他最喜愛的理想，協助烏干達的兒童。請參考網站 ICCF Holland（*http://iccf-holland.org/*），瞭解更多資訊；或使用 Vim 內建的輔助命令，參考「uganda」標題（`:help uganda`）。

## 第九章

圖形化 Vim（gvim）

作為從 vi 衍生出來的產品，Vim 最初是透過增加一個 vi 中所沒有的功能，來擴充 vi 的項目。作為一項獨立專案所需的任務，Vim 對優秀的 vi 進行了功能的增加與改進，並且 Vim 根據使用者回饋快速完成這項工作，而無須承擔 POSIX 要求的責任。

在本書第七版，當時 Vim 已經提供了成熟、全面的圖形使用者介面（GUI）的特性，正是本章所要討論的。自從那以後幾年之間，Vim 不斷強化 GUI，如今它比過往的任何時候都還要好。

長期以來使用者對 vi 以及其他衍生的複製版本，總是抱怨缺乏 GUI。尤其是對於那些捲入 Emacs 與 vi 宗教戰爭的人來說，在討論編輯器時，vi 缺少 GUI 是爭論 vi 無法提供給初學者的最終王牌。而這個爭論似乎早已得到答覆。

vi 的複刻和「類似的運作模式」建立了自己的 GUI 版本。圖形化的 Vim 稱為 gvim。與其他類似 vi 的編輯器一樣，gvim 提供了強大且可擴充的 GUI 功能和特性。我們將在本章中介紹最常用的功能。

在 gvim 的一些圖形功能中，包含常用的 Vim 功能，而有一些則引入大多數電腦使用者期望的點選功能。儘管一些經驗豐富的 Vim 使用者，可能會對於將 GUI 移植到他們屬意的主要編輯器上的想法感到畏縮，但 gvim 是經過深思熟慮的構思和實現。gvim 提供不同使用者，跨越其能力範圍的功能與特性，替初學者減緩學習 Vim 的陡峭曲線，並且為進階使用者帶來額外的編輯能力。這是一個很好的妥協方案。

 用於 MS-Windows 的 gvim 在開始選單中帶有一個標示為「easy gvim」的選項。這對於從未使用過 Vim 的使用者來說，確實很有價值，但對於進階使用者來說，這是很容易的。

在本章中，首先討論 gvim GUI 一般性的概念和特性，並簡單介紹滑鼠的互動。此外，會圍繞著 gvim 在不同環境上的差異與使用者應該注意的事項，有更詳細的討論。具體而言，我們專注於 MS-Windows 和 X Window System，這兩個主要的圖形平台[1]。我們還概述摘要 GUI 選項列表。

gvim 簡介

gvim 帶來 Vim 的所有功能、強大和特性，同時加入 GUI 環境下的便利和直覺。從傳統選單到視覺特別標示的效果，gvim 提供當今使用者期望的 GUI 體驗。對於以控制台為基礎、熟練文字環境的 vi 使用者，gvim 仍然提供熟悉的核心功能，也並未減少贏得 vi 強大編輯器的榮譽典範。

啟動 gvim

使用 gvim 命令或 vim -g 啟動圖形模式。在 MS-Windows 中，從執行的安裝檔中，在滑鼠選單右鍵選單中增加「使用 Vim 編輯此檔」的項目。藉由整合到 Windows 環境中，可以快速輕鬆地取得執行 gvim。

gvim 能識別的組態配置檔與選項，與 Vim 所使用的稍有不同。gvim 讀取並執行兩種啟動檔案：*.vimrc*，然後是 *.gvimrc*。雖然使用者可以將屬於 gvim 特定的選項與定義放在 *.vimrc* 中，但最好還是在 *.gvimrc* 中。如此可為 Vim 與 gvim 的客製化帶來良好區別；也能確保啟動時的適當行為。例如，:set columns=100 在 Vim 中是無效的，並且啟動 Vim 時將產生錯誤[2]。

如果系統存在 *gvimrc* 檔案（通常在 $VIM/gvimrc 位置），則會讀取執行。系統管理者可以使用這個系統性範圍的配置檔案，為使用者設定常用選項。這提供了基礎的配置，讓使用者有共同的操作、相同的編輯體驗。

更有經驗的 Vim 使用者，可以加入自己喜歡的設定與功能。在 gvim 讀取完選用的系統配置後，還會依序在以下四個地方尋找額外的配置資訊，並且在找到其中任何一個後停止搜尋：

---

1. 特別是現在 MS-Windows 提供 Windows Subsystem for Linux (WSL)，一個完整的 GNU/Linux 子系統，使用者可以選擇安裝喜歡的 GNU/Linux 發行版。我們說明一種在 WSL 中，啟動本機 Linux gvim 並在本機 Windows 中，顯示執行過程的方法。
2. 我們發現 Vim 並非總是產生錯誤，實際上一開始沒有錯誤訊息。需要注意的是，即使 Vim 沒有產生錯誤，Vim 仍會嘗試重新配置控制台／螢幕／終端機的定義。某些終端機或控制台，雖然可以正常調整，但最終使用者終端機可能不完全有正確的動作。這些相關的影響，可能干擾到其他應用程式，在終端機中所定義的正確行為。

- 儲存在 $GVIMINIT 環境變數中的 exrc 命令。

- 使用者的 *gvimrc* 檔案，通常儲存在 *$HOME/.gvimrc* 中。如果找到檔案，則做為資訊來源。

- 在 Windows 環境中，若沒有設定 $HOME，gvim 會在 *$VIM/_gvimrc* 中尋找。Windows 使用者經常遇到這個情況，但對於安裝類似 Unix 系統，並且可能設定了 $HOME 變數的使用者來說，這是一個重要的區別。例如：Unix 工具裡很受歡迎的 Cygwin 套件。

- 如果 *_gvimrc* 尚未被發現，gvim 最後則會尋找 *.gvimrc*。

如果 gvim 找到可執行、有內容的檔案，則該檔案的名稱儲存在 $MYGVIMRC 變數中，並且進一步的初始化停止。

還有另一種自訂選項。如果，在如前所述分層級的初始化順序中，設定了 exrc：

```
:set exrc
```

 gvim 將另外於目前的目錄中尋找 *.gvimrc*、*.exrc* 或 *.vimrc*，如果找到的檔案不是前面列出的檔案之一（也就是說這個檔案尚未被作為初始化檔案，也還沒被執行），則當作來源。在 Unix 環境中，包含配置檔案（*.gvimrc* 和 *.vimrc*）的本地目錄存在安全問題。如果檔案不歸使用者所有，gvim 預設為設定 secure 選項，強迫從這些檔案執行的內容加上一些限制。這有助於防止執行惡意程式碼造成破壞。如果使用者想確認，請在 *.vimrc* 或 *.gvimrc* 檔案中明確設定 secure 選項。有關 secure 選項的更多資訊，請參閱第 470 頁的「Vim 8.2 選項」部分。

使用滑鼠

滑鼠在 gvim 中的每一種編輯模式下均有作用。讓我們看看標準的 Vim 編輯模式，以及 gvim 如何在每個編輯模式中處理滑鼠：

ex 命令模式（*ex command mode*）

當使用者輸入冒號（:）打開視窗底部的命令緩衝區時，使用者將進入此模式。如果視窗處於命令模式，我們可以使用滑鼠，將游標重新定位在命令列中的任何位置。預設已啟用這個模式，亦可於 mouse 選項中加入 c 旗標值。

插入模式（*Insert mode*）

這是輸入文字的模式。如果點選一個處於插入模式的緩衝區，會將滑鼠游標移到點選的位置，並從該處開始編輯文字。預設已啟用這個模式，亦可於 mouse 選項中加入 i 旗標值。

滑鼠在插入模式裡，提供簡單直覺、點選即可移動位置的方式。尤其是，不需先離開插入模式、使用移動命令或其他方式後，再切換回到插入模式。

從表面上看，這似乎是個好主意，但實際上只對一部分使用者有助益。對於熟悉 Vim 的使用者，它可能煩人多於助益。

考慮一下當使用者處於插入模式，後來暫時離開 gvim，使用其他應用程式。當使用者返回 gvim 點選視窗時，點選的位置就是插入文字的位置，而且大概不會是預期的位置。在單一視窗的 gvim 工作階段下，使用者可能會落在與原本工作不同的點；在多視窗的 gvim 螢幕中，使用者的滑鼠可能點到完全不同的視窗，文字內容可能會輸入完全不同的檔案。使用者最終可能會在錯誤的檔案中輸入文字！

vi 命令模式（*vi command mode*）

這個模式泛指包括使用者不在插入模式或命令列上的任何時間點。在螢幕上點擊滑鼠，游標將移到使用者點選的字元上。預設已啟用這個模式，亦可於 mouse 選項中加入 n 旗標值。

vi 命令模式提供了一種簡單的定位游標的方法，但對於超出可見視窗的頂端或底端時，所支援的移動方式則顯得相當笨重。需要點擊並按住滑鼠不放、然後往視窗頂端或底端拖曳；gvim 將會向上或向下捲動。如果捲動停止，請左右移動滑鼠游標，以使其恢復。尚不清楚為什麼 vi 命令模式會這樣。

vi 命令模式的另一個缺點，則是使用者，尤其是初學者，變得依賴滑鼠點擊做為選擇位置的方式。這會阻礙他們學習 Vim 導覽命令的動力，進而無法接觸這種強大的編輯方式。最後，它會產生與插入模式相同的潛在混淆困擾。

此外，gvim 提供（視覺）標示模式（*visual mode*），又稱選取模式。預設已啟用這個模式，亦可於 mouse 選項中加入 v 旗標值。標示模式是最通用的模式，它讓我們透過滑鼠拖曳的方式選取文字，並特別標示選取的區域。標示模式能與命令、插入和 vi 命令模式結合使用。

可在 mouse 選項中指定任何參數的組合。以下說明使用的語法：

```
:set mouse=""
```

關閉所有滑鼠行為

```
:set mouse=a
```

開啟所有滑鼠行為（預設）

```
:set mouse+=v
```

開啟標示模式（v）。這裡使用 += 語法，把新旗標值加入到目前的 mouse 設定中。

```
:set mouse-=c
```

在 vi 命令模式下關閉滑鼠行為（c）。這裡使用 -= 語法，從目前的 mouse 設定中移除指定旗標值。

初學者或許喜歡「開啟」各個模式設定，但專家則可能把滑鼠功能全都關閉（例如本章的作者）。

如果你使用滑鼠，我們建議透過 gvim 的 :behave 命令選擇熟悉的滑鼠行為：此命令接受 mswin 或 xterm 做為參數。正如參數名稱所表示的，mswin 將設定為模仿 Windows 的行為，xterm 則設定為模仿 X Window System。

Vim 還有幾個滑鼠相關選項，包括 mousefocus、mousehide、mousemodel、selectmode。請參考 Vim 的內建說明文件，以取得這些選項的詳細資訊。

能上下捲動螢幕或視窗，預設情況下 gvim 可以很好地處理使用行為，無論 mouse 如何設定，都能上下捲動螢幕或視窗。

有用的選單

選單操作，是 gvim 從 GUI 環境帶入的一項不錯功能。簡化一些 Vim 更深奧的命令。在此有兩種選單，特別說明。

gvim 的視窗選單

gvim 的 *Window*（視窗）選單包含許多最有用、最常見的 Vim 視窗管理命令：像是將單一個 GUI 視窗分割為多個顯示區域的命令。使用者可在選單中點選「剪切線」，切換為浮動選單，如圖 9-1 所示，這樣就可以方便地在視窗之間開啟和切換。結果顯示在圖 9-2 中。（稍後會討論浮動選單）。

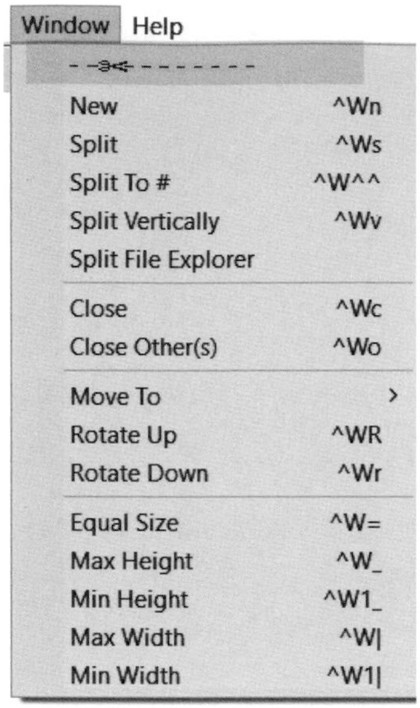

圖 9-1　gvim 的 Window 選單

請注意，在圖 9-2 中，選單浮動在一個完全無關的應用程式之上。這是一個可讓常用選單隨時可取得，但又不會妨礙編輯的好方法。這兩種選單對於常見的選取、剪下、複製、刪除、貼上等操作都很方便。其他 GUI 編輯器的使用者一直都在使用這種特性，但對於長期使用 Vim 的使用者來說也很有用。尤其是在 Windows 剪貼簿，以可預測的方式互動時。

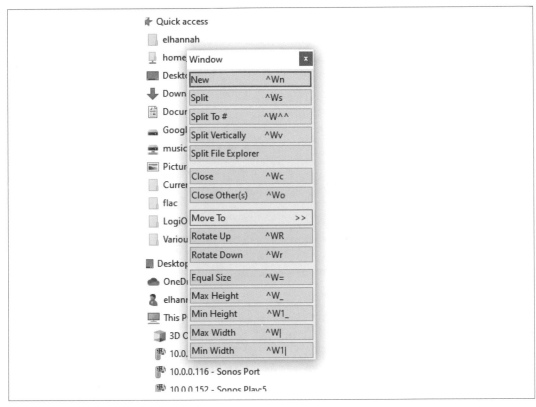

圖 9-2　剪切並浮動的 gvim Window 選單

gvim 的右鍵選單

當我們在編輯中的緩衝區裡點按下滑鼠右鍵時，gvim 會彈出如圖 9-3 所示的選單。

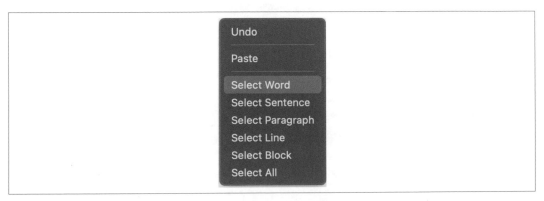

圖 9-3　gvim 一般編輯選單

如果任何文字被選取的情況下（特別標示），當我們按下滑鼠右鍵時會彈出另一個選單，如圖 9-4 所示。

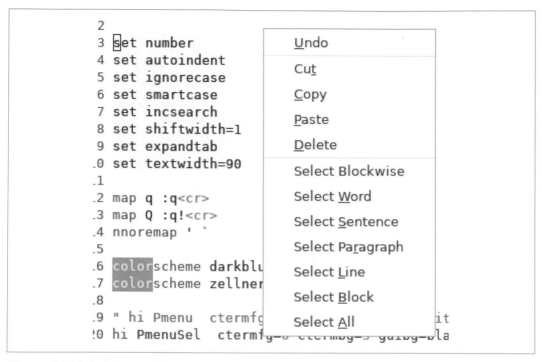

圖 9-4　選擇文字時的 gvim 編輯選單

自訂捲軸、選單與工具列

gvim 提供常用的 GUI 工具集，例如捲軸、選單和工具列。與多數現代 GUI 應用程式一樣，可以自訂這些工具集。

預設情況下，gvim 於視窗頂端呈現數個選單與工具列，如圖 9-5 所示。

圖 9-5　gvim 視窗頂端（Linux 版）

捲軸

捲軸，可在檔案中快速上下、左右瀏覽檔案，在 gvim 中是選用項目。可以使用 guioptions 選項，控制顯示或隱藏，在本章結尾第 215 頁的「GUI 選項與命令概要」一節中有詳細說明。

有趣的是，因為 Vim 的標準行為，是顯示檔案中的所有文字（必要時在視窗中換行），水平捲軸在 gvim 執行過程中的配置，通常沒有任何作用。

左右捲軸的開啟或關閉，是透過在 guioptions 裡加入或排除 r 或 l 旗標值來達成。l 確保螢幕上總是出現左側捲軸，r 則確保總是有右側捲軸。大寫 L 或 R，則要求 gvim 只在有垂直分割視窗時，才顯示左右捲軸。

水平捲軸，則是在 guioptions 選項中加入或排除 b 而控制。

還有，使用者可以同時捲動左側與右側的捲軸！更精確地說，捲動其中一側的捲軸，會讓另一側的捲軸也跟著捲動。同時設定兩側捲軸的組態，可以非常便利。根據使用者的滑鼠位置，只要點選並拖曳最靠近的捲軸就好了。

 許多選項，包括 guioptions 在內，都控制了許多行為，因此預設即可容納許多旗標。甚至可以在未來的 gvim 版本中，增加新的旗標。因此，在 :set guioptions 命令中使用 += 與 -= 這樣的語法很重要，以避免誤刪需要的行為。例如，:set guioptions+=l 能為 gvim 增加「捲軸永遠在左側」的選項，讓其他 guioptions 選項裡的內容保持完整。

選單

gvim 有完整的自訂選單功能。本節將討論預設選單，請參考前面的圖 9-5，並介紹如何控制選單排列方式。

圖 9-6 顯示一個使用選單的範例。在這種情況下，我們從 Edit（編輯）選單中的「Global Settings」（全域設定）。

有趣的是，這些選單項目只是 Vim 命令，經過視覺化的包裝。事實上，我們建立與自訂選單項目的方式也是如此，稍後會討論。

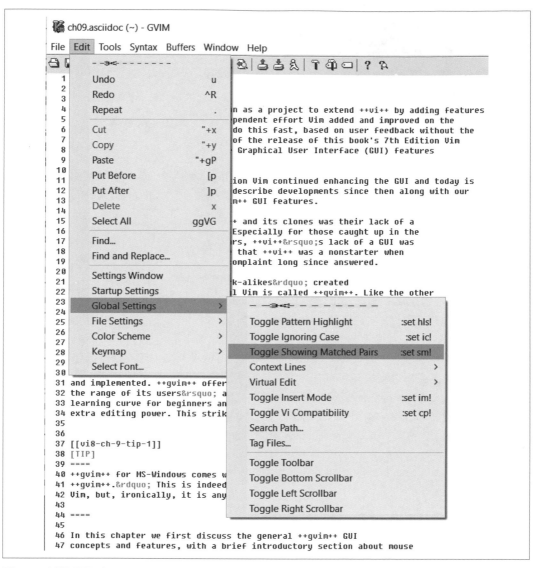

圖 9-6　編輯選單（Windows 版）的層級

 如果注意到選單部分，包括右側列出的快捷鍵或命令，使用者可以隨著時間慢慢的學習 Vim 命令。以圖 9-6 為例，雖然初學者可以在 Edit（編輯）選單中找到熟悉的 Undo（復原）命令，而覺得簡單，但也許是因為它也出現在其他普及的應用程式中；然而在 Vim 裡，直接使用按鍵 u 會快得多，這項資訊也顯示在選單裡。

如圖 9-6 所示，每個選單的頂端，都包含帶有虛線的剪刀圖示。點選這一行剪切線後，選單切換為一個獨立視窗，提供子選單的選項，而無須透過工具列。如果點擊圖 9-6 中「Toggle Pattern Highlight」（切換特別標示模式）選項上方的剪切線，將看到類似於圖 9-7 的浮動選單。浮動選單能自由地放在電腦螢幕桌面上的任何地方。

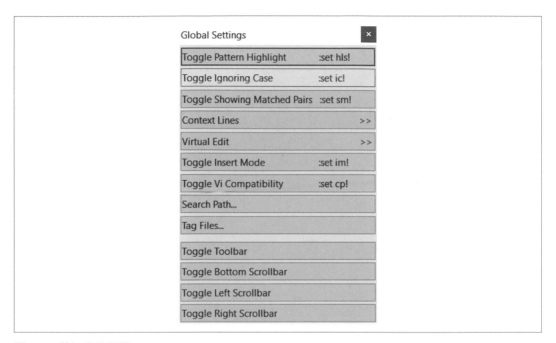

圖 9-7　剪切後的選單

現在，子選單上的所有命令都在一個視窗中，只要點一下即可使用。選單中的每個項目都有自己的按鈕，如果某個項目本身又是子選單，則它的按鈕右側會加上大於符號（看起來感覺像是指向右方的箭號）。點選箭頭即可展開子選單。

基本的自訂選單

gvim 將選單定義，儲存在一個名為 *$VIMRUNTIME/menu.vim* 的檔案中。

定義選單項的方式與映射（mapping）類似。如同在第 126 頁的「使用 map 命令」一節中看到的，可以像下列這樣映射某個按鍵：

```
:map <F12> :set syntax=html<CR>
```

選單的處理方式也非常相似。

假設這次不是將 F12 映射到語法設定為 html 的動作，而是希望在 File（檔案）選單中，增加特殊的「HTML」項目來執行此任務。使用 :amenu 命令：

```
:amenu File.HTML :set filetype=html<CR>
```

而 <CR>，如上所示逐字輸入，並且是命令的一部分。

現在檢查的 File 選單。應該出現一個新的 HTML 項目，如圖 9-8 所示。藉由使用 amenu 而不是 menu 命令，可確保這個項目能在所有模式（命令、插入、正常模式）下使用。

```
.vimrc (~) - GVIM

File  Edit  Tools  Syntax  B

Open...                    :e
Split-Open...             :sp
Open Tab...          :tabnew
New                     :enew
Close                   :close
Save                       :w
Save As...               :sav
Split Diff With...
Split Patched By...
HTML
Print
Save-Exit                :wqa
Exit                      :qa
```

圖 9-8　File 選單下的 HTML 選項

> menu 命令加入的選單項目，只有命令模式能使用；該項目不會出現在插入與一般模式中。

選單項目的位置，是由一連串以點號（.）分隔的選單項目來指定。在範例中，File.HTML 將選單項目「HTML」增加到 File 選單中。這個系列項目中的最後一項，即為我們要加入的新項目。到這裡我們已在現有選單中新增項目，但很快就會發現可以輕鬆地建立一個完整全新的系列階層式選單。

請務必選取一下的新項目做測試。例如開始編輯一個被 Vim 檢測為 XML 型態的檔案，如圖 9-9 中的狀態列所示。（參見第 304 頁的「一個附帶訊息的 Vim 技巧」一節，了解如何設定狀態列）。我們已經把 Vim 或 gvim 的狀態列設定為顯示目前啟用的語法，於狀態列最右側。

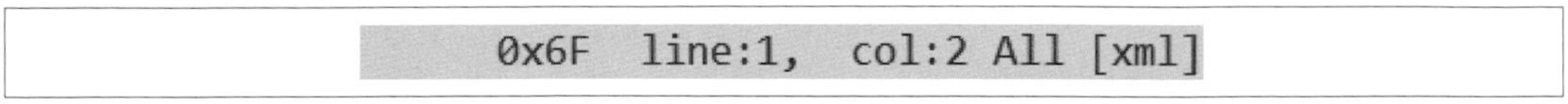

```
           0x6F  line:1,  col:2 All [xml]
```

圖 9-9　在新選單操作前的狀態列，顯示 XML 檔案類型

啟動新的 HTML 選單項目後，Vim 狀態列檢查項目是否運作，並且檔案類型變成是 HTML。如圖 9-10 所示。

```
           0x6F  line:1,  col:2 All [html]
```

圖 9-10　在新選單操作後的狀態列，顯示 HTML 檔案類型

我們加入的 HTML 選單項目，在右側沒有快捷鍵或命令。讓我們重做一次新增選單項目，加入這項強化功能。

首先，刪除現有的 HTML 項目：

    :aunmenu File.HTML

如果只使用 menu 命令由 ex 命令模式增加選單項目，移除項目則使用 unmenu 命令。

接下來，新增一個新的 HTML 選單項目，需要與項目的命令做關連：

    :amenu File.HTML<TAB>filetype=html<CR> :set filetype=html<CR>

現在選單項目的規則後面是 <TAB>（依照字面輸入）和 filetype=html<CR>。通常，要在選單的右側顯示文字，請將其放在字串 <TAB> 之後，並且以 <CR> 做結尾。圖 9-11 顯示 File 選單修改後的結果。

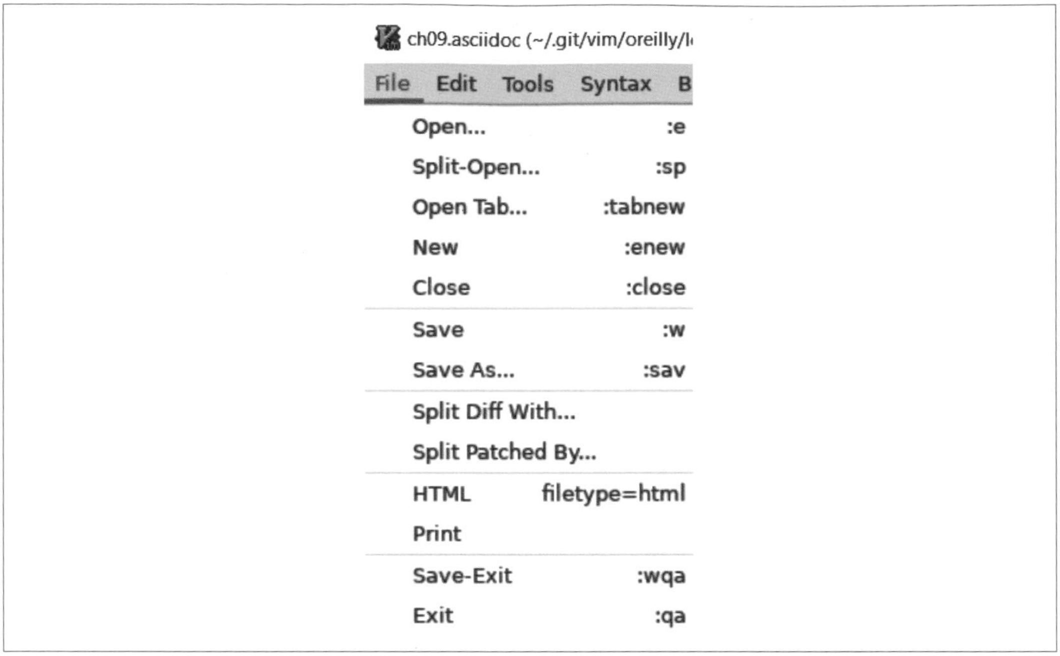

圖 9-11　顯示相關命令的 HTML 選單項目

> 如果想在選單項目的描述文字（或項目本身）中使用空格，請在空格前
> 加上反斜線（\）。如果不使用反斜線，Vim 會使用第一個空格字元之後
> 的所有內容，來定義選單的操作。在前面的範例中，如果想採用 :set
> filetype=html 而不只是 filetype=html，來當成描述文字，那麼 :amenu 命
> 令需改為：
>
>   :amenu File.HTML<TAB>set\ filetype=html<CR> :set filetype=html<CR>

在大多數情況下，最好不要修改預設選單定義，而是建立獨立的選單項目。這需要在根
階層定義新選單，但這就像在現有選單中，增加一個項目，一樣簡單。

繼續前面的範例，讓我們在選單列上建立一個名為 MyMenu 的新選單，然後在新選單中增
加 HTML 項目。首先，從 File 選單中刪除 HTML 項目：

    :aunmenu File.HTML

接著輸入以下命令：

    :amenu MyMenu.HTML<TAB> filetype=html :set filetype=html<CR>

圖 9-12 顯示選單列的變化。

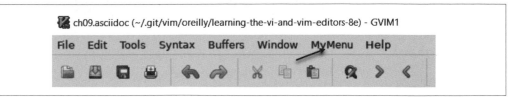

圖 9-12　增加「MyMenu」的選單列

以上討論的選單命令，對選單的顯示位置和行為，提供更多細部的控制，例如命令是否代表任何活動，甚至包括選單項目是否顯示。我們將在下一節中，進一步討論這些可能性。

自訂選單更多的細節

現在瞭解修改和擴充 gvim 的選單是多麼容易之後，讓我們再看看更多自訂與控制選單的範例。

前面的例子沒有指定新的 MyMenu 選單放置位置，gvim 隨意把它放在選單列上的 Window（視窗）與 Help（輔助說明）之間。gvim 讓依據優先權的概念，來控制位置；而優先權只是分配給每個選單一個數值，以決定在選單列上的位置。數值愈高，選單出現的位置就愈靠右邊。不幸的是，使用者對優先權的看法與 gvim 的定義相反。要直接理解優先權，請回顧圖 9-5 中的選單順序，並與 gvim 預設的選單優先權進行比較，如表 9-1 中所條列。

表 9-1　gvim 預設的選單優先權

選單名稱	優先權
File（檔案）	10
Edit（編輯）	20
Tools（工具）	40
Syntax（語法效果）	50
Buffers（緩衝區）	60
Window（視窗）	70
Help（輔助說明）	9999

大多數使用者會認為 File 的優先權高於 Help（這就是為什麼 File 在左邊，Help 在右邊），但其實 Help 的優先權比較高。所以，請將優先權值視為選單出現在右側邊界的順序。

使用者可以透過安插前置數值到選單命令，來定義選單的優先權順序。如果沒有指定任何值，預設值為 500，這解釋了為什麼之前的範例中，MyMenu 會出現在，位於 Window（70）與 Help（9999）之間。

假設希望新選單要在位於 File 與 Edit 之間，則需指派一個大於 10、小於 20 的優先權給 MyMenu。下列命令指派優先權 15，可形成我們想要的效果：

```
:15amenu MyMenu.HTML<TAB> filetype=html :set filetype=html<CR>
```

 一旦選單出現後，它的位置在整個編輯過程中都是固定的，並且不會響應影響選單的其他命令而改變。例如，不能利用增加選單新項目的命令，並在命令前加上不同的優先權值，來修改選單的位置。

若想把選單位置與優先順序的討論弄得更混亂，還可以透過指定優先權，來控制選單內項目的位置。在選單中，較高優先權比較低優先權的選單項目，顯示時更靠近選單底部，但定義語法與選單的優先權不同。

我們將透過，為 HTML 選單項目指定一個非常高的值 (9999)，來擴充一個前面的選單範例，讓它顯示在 File 選單的底部：

```
:amenu .9999 File.HTML <TAB>filetype=html<CR> :set filetype=html<CR>
```

為什麼在 9999 之前有一個句點？因為需要在此處指定兩個優先權，以句點分隔：一個用於 File，一個用於 HTML。我們將 File 優先權空著，因為它是一個預先存在的選單並且無法修改。

一般而言，選單項目的優先權順序，出現在該選單位置與項目定義之間。對於選單層次結構中的每個層級，必須指定一個優先權，或者包括一個句點以代表將其空著。因此，如果在層次結構的深處增加一個項目，例如「Edit → Global Settings → Context lines → Display」，並且將最後一個項目（Display）的優先值設為 30，則指定方式為 ...30，位置連同優先權如下所示：項目位置加上優先值的標示方式，如下所示：

```
Edit.Global\ Settings.Context\ lines.Display ...30
```

與選單優先權一樣，一旦指定選單項目的優先權後，它們就會被固定。

最後，還可以使用 gvim 的選單分隔符號，控制選單的「空白」。使用新增選單項目的相同定義，但把命令名稱改為前後加上連字號（-）。請參見下一個範例中，帶有識別字 2 和 3 的部分。

綜合運用

現在知道如何建立、置放和自訂選單。我們將前面討論過的命令加入到 *.gvimrc* 檔案中，讓範例常駐在 gvim 的執行環境中。命令的順序應該類似如下：

```
" add XML/HTML/XHTML menu between File and Edit menus
❶15amenu MyMenu.XML<TAB>filetype=xml :set filetype=xml<CR>
❷amenu ❸.600 MyMenu.-Sep- :
❹amenu ❺.650 MyMenu.HTML<TAB>filetype=html :set filetype=html<CR>
❻amenu ❼.700 MyMenu.XHTML<TAB>filetype=xhtml :set filetype=xhtml<CR>
```

現在我們擁有一個位於頂層的個人化選單，其中包含三個最喜歡的檔案類型命令，提供我們快速使用。在這個例子中有一些重點需要注意：

* 第一個命令（❶）在開頭使用 15，告訴 gvim 使用優先權 15。對於未經過個人化的環境，這個值將會把新選單放在 File 與 Edit 選單中間。

* 接下來的命令（❷、❹、❻），並未指定優先權；因為一旦決定優先權值後，就不會使用其他值。

* 我們在第一個命令後，使用子選單優先權的語法（❸、❺、❼），以確保每個新項目的正確順序。請注意，我們的第一個定義為 .600。用於確定子選單項目均位於在第一個定義的項目之後，因為我們並未指定它的優先權，因此它的預設值為 500。

為了更方便使用，請點選「剪切線」，將個人化浮動選單分離出來，如圖 9-13 所示。

We now have a top-level, personalized menu with three favorite file type commands quickly available to us. There are a few important things to note in this example:

* The first command (❶) uses the prefix 15, telling gvim to use priority 15. For an uncustomized environment, this places the new menu between the File and Edit menus

圖 9-13　個性化的浮動撕下選單

工具列

工具列是包含許多圖示的長條形空間，能快速取得程式功能。例如，在 GNU/Linx 上，gvim 在視窗頂端顯示的工具列，如圖 9-14 中所示。

圖 9-14　gvim 的工具列（Linux 版本）

表 9-2 列出工具列圖示及其含義。

表 9-2　工具列圖示及其含義

圖示	說明	圖示	說明
	開啟檔案的對話框		尋找下一個搜尋樣式
	儲存目前編輯的檔案		尋找前一個搜尋樣式
	儲存所有檔案		載入已儲存的編輯過程參數
	列印緩衝區		儲存目前的編輯過程參數
	復原前次編輯		選擇執行的 Vim 指令稿
	重做前次編輯		以 make 命令編譯目前的專案
	剪下選取區域至剪貼簿		在目前的目錄下以遞迴方式建立標籤
	複製選取區域至剪貼簿		跳至目前游標下的標籤
	貼上剪貼內容至緩衝區	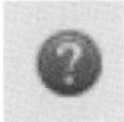	開啟輔助說明
	尋找並取代		搜尋輔助說明

如果這些圖示看起來不熟悉或不直觀，使用者可以讓工具列同時顯示文字和圖示。請執行下列命令：

```
:set toolbar="text,icons"
```

與許多 Vim 的進階功能一樣，需在編譯期間選擇開啟工具列功能；如果使用者不需要工具列，則可排除這項功能，以節省記憶體。除非 +GUI_GTK、+GUI_Athena、+GUI_Motif、+GUI_Photon 功能包含在編譯的 gvim 版本中，才會出現工具列。附錄 D「vi 和 Vim：原始碼與建置」，說明如何重新編譯 Vim，建立 gvim 可執行檔案的連結。

修改工具列的方式與修改選單非常相似。事實上，我們使用相同的 :menu 命令，但使用額外的語法來指定圖形。儘管 gvim 內部存在一種計算方法，來幫助找到與每個命令相關的圖示，但我們建議採用明確地指定圖示。

gvim 將工具列視為一維陣列的選單。正如我們控制新選單，由右到左排列方式的位置一樣，透過在 menu 命令之前，加上一個確保位置的**優先權**數字，來控制新工具列項目的位置。與選單不同，沒有建立新工具列的方式。所有新工具列的定義都出現在單一工具列上。新增工具列的語法為：

```
:amenu icon=/some/icon/image.bmp ToolBar.NewToolBarSelection Action
```

其中 */some/icon/image.bmp* 表示包含在工具列中，顯示工具列按鈕或圖形（通常是圖示）的檔案路徑，*NewToolBarSelection* 是工具列按鈕的新項目，*Action* 定義按鈕的作用。

例如，讓我們定義一個工具列的新選項，在點擊或選取時，會在 Windows 中打開一個 DOS 視窗。假設 Windows 路徑設定正確，我們將定義一個從 gvim 中開啟 DOS 視窗的工具列選項，並執行選項動作（這是它的 *Action*）：

```
:!cmd
```

對於工具列新選項的按鈕或圖示，我們使用一個表示 DOS 命令提示符號的圖示，如圖 9-15 所示，在系統中它儲存於 *$HOME/dos.bmp*。

圖 9-15　DOS 圖示

執行命令：

```
:amenu icon="c:$HOME/dos.bmp" ToolBar.DOSWindow :!cmd<CR>
```

這將建立一個工具列項目，並將圖示增加到工具列的末端。工具列現在應該如圖 9-16。新圖示呈現在工具列的最末端。

圖 9-16　加上 DOS 命令按鈕的工具列

工具提示

gvim 允許為選單項目和工具列圖示，定義工具提示。滑鼠移動到選單項目上方時，工具提示會將提醒訊息顯示在 gvim 命令列區域中。若滑鼠移動到工具列圖示上方時，工具提示會將提醒訊息以說明框方式跳出。例如，圖 9-17 所示，當我們把滑鼠移到工具列上「尋找上一個」按鈕時，跳出工具提示。

圖 9-17　「尋找上一個」圖示的工具提示

:tmenu 命令負責為選單和工具列項選定義工具提示。語法為：

    :tmenu TopMenu.NextLevelMenu.MenuItem tool tip text

其中 *TopMenu.NextLevellMenu.MenuItem*，從最頂端開始計算，定義出我們希望加入工具提示的選單項目之層級。例如，File 選單下的 Open 選單項目的工具提示，將使用以下命令定義：

    :tmenu File.Open Open a file

如果是定義工具列的提示（工具列沒有真正最頂層的選單）時，則將 ToolBar 作為頂層「選單」。

讓我們為上一節所建立的 DOS 工具列圖示，定義一個彈出工具提示。請輸入以下命令：

    :tmenu ToolBar.DOSWindow Open up a DOS window

現在滑鼠經過新增加的工具列圖示時，即可看到工具提示，如圖 9-18 所示。

圖 9-18　新增 DOS 命令功能及其提示的工具列

Microsoft Windows 中的 gvim

gvim 在 MS-Windows 使用者中越來越受歡迎。熟練的 vi 與 Vim 使用者則將發現 Windows 的 gvim 版本非常出色，可能還是眾多平台上可採用最新的版本。

 可自動安裝的執行檔，會無縫的將 Vim 整合到 Windows 環境中。如果沒有，請查閱 Vim 執行時期目錄中的 *gui-w32.txt* 協助檔案，以瞭解 regedit 操作說明。因為這牽涉到編輯 Windows 的登錄檔（Windows Registry），只要使用者對這個過程沒有把握，請不要嘗試修改它。你也許可以找到更專業的人來幫助你。這是一個常見，卻不平凡的練習。

長期使用 Windows 的使用者都熟悉剪貼簿（Clipboard），這是一個保存文字與其他資訊的地方，協助複製、剪下、貼上等操作。Vim 支援對 Windows 剪貼簿的互動。只需在標示模式下標示文字，並按下選單項目複製（Copy）或剪下（Cut），即可儲存 Vim 文字至 Windows 剪貼簿。然後可將該文字貼上到其他 Windows 應用程式中。

在 X Window 系統下的 gvim

熟悉 X 環境的使用者，可以定義並使用許多可調整的 X 功能。例如，利用通常定義在 *.Xdefaults* 檔案中的標準類別定義，來定義許多資源。

 請注意，這些標準 X 資源（X resource），只適用於 Motif 或 Athena 版的 GUI。顯然，Windows 版本不會瞭解 X 資源，而 KDE 或 Gnome 也未採納使用 X 資源，但在現代系統中，gvim 合適的執行在這兩種套裝平台之一。

在 Microsoft Windows WSL 中執行 gvim

在撰寫本書時，Microsoft 已經發布了對 GNU/Linux 發行兩個支援虛擬化的主要版本，*Windows Subsystem for Linux* (WSL)。通常被稱為 WSL 和 WSL 2。

WSL 提供允許執行 GNU 應用程式的相容介面，從而使得完整 GNU/Linux 的發行版本能夠在 Windows 下執行。WSL 2 支援再提高，提供在虛擬環境中執行原生的 Linux 核心。深入的細節超出了本書的範圍，但值得一提的是，作者已經成功時常且高效率的使用 WSL，並證實 Vim 執行在 Microsoft 的終端機應用程式（它是一個控制台應用程式）中的全部功能。雖然這是一個驚喜，但更令人興奮的是得知 Microsoft 正在為 WSL Linux 增加更多 GUI 特性的支援。

本節將幫助使用者從 WSL 2 執行 gvim，並在 Windows 中顯示。對於熟悉 X11 的人來說，這種方式是相當標準的，但是對於 Windows 需要進行一些調整設定，並且必須為目標 GNU/Linux 發行版本安裝適當的 gvim 套件。

在 WSL 2 中安裝 gvim

我們會說明，在 WSL 2 Ubuntu 發行版中，gvim 的安裝和配置。

首先，使用 dpkg 搜尋 gvim 二進制檔案，要檢查 gvim 是否存在。我們忽略不需要的結果（如手冊頁、配置檔案等），請搜尋「bin/gvim」：

```
$ dpkg -S bin/gvim
vim-gui-common: /usr/bin/gvimtutor
```

沒有出現 gvim，而 gvimtutor 也不是 gvim！在未安裝 gvim 前，先暫時簡單回到目標，尋找以終端機為基礎的 Vim 來安裝。

現在，以 root 身份（透過 sudo 取得）安裝 gvim 套件。有時 Ubuntu 套件管理系統所提供的提示資訊是很有用的，讓我們幸運得知這個套件是 vim-gtk3。使用 apt 命令簡單的安裝 gvim，使用者可能會看到三種選擇，我們選擇 vim-gtk3 軟體套件：

```
vim@office-win10:~$ sudo apt install gvim
[sudo] password for vim:
Reading package lists... Done
Building dependency tree
Reading state information... Done
Package gvim is a virtual package provided by:
  vim-gtk 2:8.0.1453-1ubuntu1.4
```

```
    vim-athena 2:8.0.1453-1ubuntu1.4
    vim-gtk3 2:8.0.1453-1ubuntu1.4
You should explicitly select one to install.
```

現在我們知道想要的軟體套件，並使用 apt 來安裝：

```
vim@office-win10:~$ sudo apt install vim-gtk3
...
```

在所有條件都相同的情況下（我們無法排除所有安裝失敗的可能性，但這多半是可靠的），現在可以在 Linux 子系統中使用 gvim。因此，安裝時會更新使用者的 PATH，並將 gvim 重新設定後，可在命令中使用。使用 type 命令來證實這一點：

```
$ type gvim
gvim is /usr/bin/gvim
```

使用者可以執行 gvim，但這仍然不是我們想要的。如果直接執行 gvim，會看到以下的回應：

```
$ gvim
E233: cannot open display
Press ENTER or type command to continue
```

並且當按 ENTER 繼續執行時，在終端機環境中的 gvim 會退回到以文字為基礎的 Vim。此外，我們還需要透過在 Windows 環境中建立一個 X Windows 伺服程式，來完成 X Window 設定；之後才能讓 Linux 下的 gvim，以圖形方式呈現[3]。

為 Windows 安裝 X 服務程式

正如先前提到的，我們必須從 Microsoft Windows 建立一個服務程式來接收圖形請求，使得在 WSL Linux 執行的 gvim 能夠穿透顯示在 Windows 桌面上。在範例中，將使用到免費可用於 Windows 的服務程式「Xming」。

下載最新版本的 Xming 服務程式（*https://sourceforge.net/projects/xming*），安裝並執行。啟動安裝程式的畫面，如圖 9-19 所示。

3　這可能有點混亂，請等一下。Windows 和 X Windows 不一樣，但在這裡兩者都很重要。Windows 就是 Windows，就是熟知的 Microsoft 桌面。X Windows 是在 Microsoft Windows 中執行的圖形服務程式，它知道如何顯示來自遠端系統的圖形。

圖 9-19　Xming 安裝程式

為 Windows 設定 X 服務程式

Xming 安裝兩個可執行檔案：

- XLaunch，一個簡化載入 Xming 常見設定的啟動程式
- Xming，實際運作的 X 服務程式

開啟 Windows 應用程式選單，並找到 Xming 檔案資料夾。將看到類似圖 9-20 的內容。

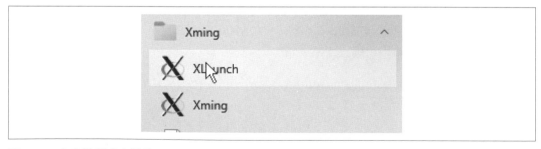

圖 9-20　在安裝程式安裝後，Xming 的應用程式

執行 XLaunch 設定 Xming。XLaunch 將引導使用者完成標準 X 的相關設定。圖 9-21 是 XLaunch 的第一個畫面。選擇使用者在這些圖中所看到的選項。

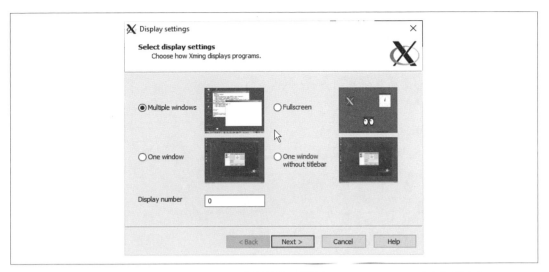

圖 9-21　在 XLaunch 開啟 Display settings 對話框後，選擇 Multiple windows（多個視窗）

選擇「Multiple windows」（多個視窗），並在「Display number」（顯示編號）中，填入
數字零[4]。

下一個對話框定義 X 的「Session type」（執行型態），如圖 9-22 所示。

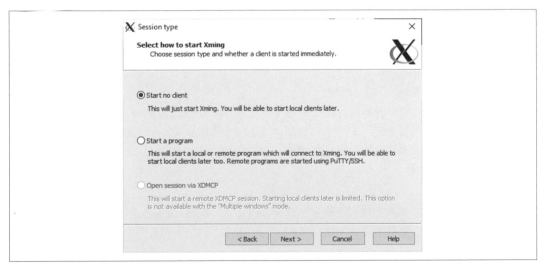

圖 9-22　XLaunch 出現「Session type」（執行型態）對話框，選擇「Start no client」（不啟動
　　　　客戶端）

4　各種選項的說明，超出本書的範圍。簡單來說，我們選擇「Multiple windows」，因為這個選項讓 gvim 在
　 Windows 視窗中，能以圖形方式顯示。

選擇「Start no client」，告訴 XLaunch 啟動 Xming X Window 服務程式。在這個啟動規則中，Xming 將等待並顯示來自遠方主機（在本例中是我們的 WSL Linux 主機）請求顯示的應用程式。

接下來，XLaunch 會記錄其他各種常見的 X Windows 參數。如圖 9-23。

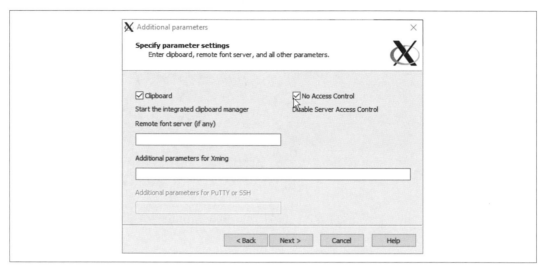

圖 9-23　在 XLaunch 對話框中，「Additional parameters」（額外參數）；選擇「Clipboard」（剪貼簿）和「No Access Control」（沒有權限控制）

選擇「剪貼簿」和「沒有權限控制」。請注意，一開始「沒有權限控制」選項是未選取的狀態。

選擇「沒有權限控制」選項是為不處理 X Windows 安全機制。這樣做前提是，電腦處於「安全」的環境中；例如，不會對 Xming X 服務程式進行區域網路的攻擊。這不會是在任何公用網路或商務辦公室環境中，所做的選擇。

現在已經設定完成並準備啟動 Xming。圖 9-24 所示，在 XLaunch 對話框中，最後顯示儲存新設定的選項（我們並不需要）和啟動 Xming。

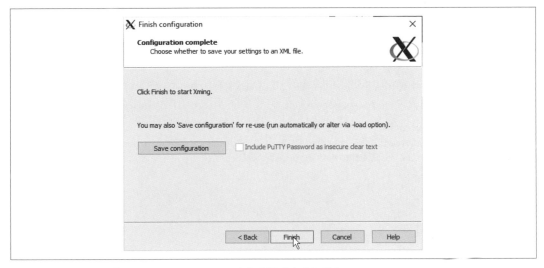

圖 9-24　XLaunch「Finish configuration」（完成設定）對話框

啟動 Xming 後，在系統工具列通知區域中，搜找 Xming 圖示，確認是否正在執行並準備好顯示 Ubuntu X Windows 應用程式（如圖 9-25）。

圖 9-25　Windows 系統工具列通知區域中的 Xming 圖示

到此，已經完成 gvim 在 Ubuntu 環境下啟動的所有工作，但還沒有完成。如果執行 gvim，仍然會顯示錯誤訊息，並退回到終端機文字模式的 Vim。

這是因為我們需要告訴 Ubuntu 系統要從哪裡來顯示 gvim。在這個例子的情況下，必須設定 Ubuntu 指向 Microsoft Windows 桌面。雖然表面上來說很明顯，但根據 X Windows 應用程式定義，必須請求 X 服務程式來顯示它們的內容，然而我們還沒有設定。

需要在 Ubuntu 中明確指出顯示目標，哪裡是我們希望用於顯示 gvim 的 Microsoft Windows 網路位置與相關 X 服務程式[5]。顯示目標的格式為 *hostname:DISPLAY*，其中 *hostname* 將是我們 Windows IP 位址，而 *DISPLAY* 則是 0。

尋找 Microsoft Windows IP 位址，最簡單方式是查看 Ubuntu 中的 /etc/resolv.conf 設定檔，其中 Ubuntu 的「nameserver」後方資訊就是 Microsoft Windows 位址：

```
$ cat /etc/resolv.conf
# This file was automatically generated by WSL. To stop automatic generation of
# this file, add the following entry to /etc/wsl.conf:
# [network]
# generateResolvConf = false
nameserver 172.17.224.1
```

或：

```
$ grep nameserver /etc/resolv.conf
nameserver 172.17.224.1
```

在例子中，Ubuntu 的名稱伺服器位址是 172.17.224.1。所以我們 X 服務程式將設定為 172.17.224.1:0.0[6]。

有多種方法可以傳達出，要在哪一個顯示器上顯示 gvim。最常見的方法是透過環境變數 DISPLAY，我們使用 shell 命令設定：

```
$ export DISPLAY=172.17.224.1:0.0
```

現在準備好了。啟動 gvim，使用者現在應該在桌面上看到一個 GUI 視窗版本的執行畫面。請參考圖 9-26。這是真的：所抓取的畫面是我們用 gvim 編輯本書這一章節的瞬間。使用者將注意到，我們是在終端機和命令列的環境下，真實的編輯章節檔案。

依照編號標註以下重點：

❶ 這個由通透地執行 gvim 產生的實際視窗，就如同 Microsoft Windows 桌面上的應用程式。

---

5 是的，現在狀態下，電腦中 MS-Windows 可以見到 Linux 子系統的網路介面。這就是 WSL 的運作方式，因為它是一個具有自己網路位址的虛擬電腦，因此需要真實的網路語意來描述，讓 Linux 和 MS-Windows 可以相互通訊。

6 注意，顯示編號 0.0 的數字形式。這與顯示器以及可能的多個螢幕有關。在大多數（簡單的）狀況下，應該顯示 0.0。

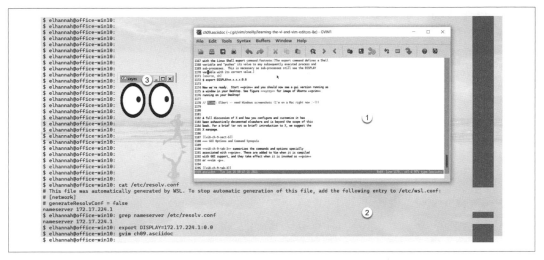

圖 9-26　Ubuntu 的 `gvim` 顯示在 Microsoft Windows 桌面

❷ 這是一個在 Microsoft 終端機底層、執行於 WSL 下的 Ubuntu 實體。使用者可以在命令列中，看到我們剛剛在文中提到的執行命令。

❸ xeyes 是一個功能單薄卻流行的小型 X Windows 應用程式，在工作時看著我們[7]。

我們以實際例子向使用者展示，如何設定和使用 Microsoft Windows WSL Linux 中的 `gvim`，並完整的呈現整個過程。有許多種方法可以設定和配置 X Windows 服務端和客戶端的程式。在這裡學到的是使用 `gvim` 和瞭解 X Windows 基礎。關於 X 以及如何配置和自訂的完整討論，在其他地方已有詳細記錄，超出本書的範圍。對於 X 的簡要介紹或詳細內容，建議參考 X 手冊頁。

GUI 選項和命令概要

表 9-3 總結了 `gvim` 相關的命令和選項。在使用這些項目時，需要在 Vim 的編譯時期，加入對 GUI 的支援，並且透過執行 `gvim` 或 `vim -g` 命令啟動這些功能。

7　使用者可能沒意識到，還可以在 Ubuntu 中開啟任何和所有 X Windows 相關的應用程式，xeyes 就是其中之一。一旦使用者設定 X 服務程式，並且定義網路與 DISPLAY 的配置，所有 X Windows 應用程式都能以相同方式呈現。恭喜！我們剛剛完成有關 X Windows 的實用課程。要進一步驗證，請試著執行 X Windows 的終端應用程式 xterm。

表 9-3　特定 gvim 的選項

命令或選項	類型	說明
guicursor	選項	設定游標的形狀與閃爍
guifont	選項	使用單位元組的字型名稱
guifontset	選項	使用多位元組的字型名稱
guifontwide	選項	使用雙位元組字元的字型名稱
guiheadroom	選項	留給視窗裝飾的像素數量
guioptions	選項	使用的元件與選項
guipty	選項	為「:!」命令使用虛擬終端機
guitablabel	選項	為標籤分頁自訂標籤
guitabtooltip	選項	為標籤分頁自訂工具提示
toolbar	選項	顯示在工具列中的項目
-g	旗標 選項	啟動 GUI（也允許其他選項）
-U *gvimrc*	旗標 選項	啟動 GUI 時，使用命名為 *gvimrc* 或其他類似名稱的檔案，作為 gvim 的啟動檔案
:gui	命令	啟動 GUI（僅限類似 Unix 的系統）
:gui *filename...*	命令	啟動 GUI 並編輯指定的檔案
:menu	命令	列出所有選單
:menu *menupath*	命令	列出所有以 *menupath* 起始的選單
:menu *menupath action*	命令	新增選單到路徑 *menupath* 下，並且執行 *action*
:menu *n menupath action*	命令	新增選單到路徑 *menupath* 下，附有優先權為 *n*，並且執行 *action*
:menu ToolBar.*toolbarname action*	命令	新增工具列項目 *toolbarname*，並且執行 *action*
:tmenu *menupath text*	命令	為選單項目 *menupath* 建立工具提示，*text* 為提示內容
:unmenu *menupath*	命令	移除 *menupath* 指定的選單

## 第十章

Vim 多視窗功能

預設情況下，Vim 在單一視窗中編輯所有檔案；當我們在檔案間移動，或是移動到某個檔案的不同區域時，一次只顯示一個緩衝區。然而 Vim 也提供多視窗編輯的功能，可以讓複雜的編輯任務變得更輕鬆。多視窗與在圖形終端介面上開啟多個不一樣的 Vim 實體。本章討論如何使用多視窗，在單一個正在執行 Vim 的行程之中，後面將稱為工作階段（*session*）。

可以在啟動編輯階段時開啟多視窗，也可以在工作階段開始後才建立新視窗。使用者可以一直在編輯階段中增加新視窗，加到自己暈頭轉向，再動手清除，直到只剩下一個編輯視窗。

隨著高解析度的顯示器已成為常態，多視窗功能比以往任何時候都更具有意義。在本書第七版的時候，WXGA (1280x800) 是被認為不錯的解析度。而如今以大致相同的價格，很容易找到 4K 超高畫質解析度的顯示器（3840x2160）大約 400 美元。兩者相比，解析度大約成長了**九倍**！

在 Vim 多視窗所提供的多個可視區域，可以同時檢視單一或多個檔案，來強化使用者的編輯能力。這對於強大的編輯來說是向前邁出一大步，但往往需要在功能與空間上做一些取捨。一個是設定換行參數，使得整行文字自動折行，保持在可見範圍；另一個是設定行移位選項，使得整行文字被可視區域裁切後，利用捲軸左右捲動視窗。

現在有了高解析度螢幕，加上 Vim 多個視窗功能，使用者更能輕鬆地分割與並排視窗，並且仍然可以為每個視窗提供全寬度顯示文字的能力 [1]。

1　當然，如本章所述，使用者可以選擇將視窗切成非常小的尺寸，來滿足編輯的需求。

以下是多個視窗讓我們更輕鬆的一些例子：

- 編輯許多需要以相同格式的檔案，使用者在進行編輯過程中，更可以直觀的進行比較
- 可在多個檔案或視窗之間快速重複地剪下和貼上文字進行操作
- 比較檔案的兩個版本

Vim 提供許多管理視窗的便利功能，包括：

- 水平或垂直地分割視窗
- 快速在視窗間切換與跳回的導覽能力
- 在多個視窗之間複製和移動文字
- 移動與重新安排視窗的位置
- 使用緩衝區，包括隱藏緩衝區（稍後說明）
- 在多個視窗中使用外部工具，例如 `diff` 命令

在本章中，我們將引導各位體驗多重視窗。包括如何開啟多重視窗階段，討論這類編輯階段的功能與訣竅，並討論如何退出工作，同時確保使用者的所有工作都妥善地儲存（或放棄儲存）。涵蓋以下主題：

- 多重視窗編輯工作的初始化或啟動
- 多重視窗下的 `:ex` 命令
- 在視窗之間的游標移動
- 在顯示區域中移動視窗
- 調整視窗大小
- 緩衝區及其所屬視窗之間的互動
- 多重視窗下遊歷標籤
- 分頁編輯（如同現在瀏覽器所提供的分頁瀏覽與對話框）
- 關閉和離開視窗。

啟動多視窗編輯

我們可以在執行 Vim 時，啟動多視窗編輯，也可以在編輯過程中分割視窗。多視窗編輯是動態的，在大多數的情況下，允許我們瀏覽內容過程中，隨時打開、關閉多個視窗檢視，並且在視窗之間移動。

從命令列啟動多視窗

預設情況下，即使我們指定了多個檔案，Vim 也只為一個工作階段開啟一個視窗。雖然不確保 Vim 為何不為多個檔案打開多個視窗，但或許是因為使用單一視窗才與 vi 的行為一致。多個檔案佔用多個緩衝區，每個檔案都在自己的緩衝區中。（很快將討論到緩衝區）

想從命令列開啟多重視窗，請使用 Vim 的 -o 選項。

```
$ gvim -o file1.txt file2.txt
```

這將打開編輯階段，顯示為水平分成兩個大小相等的視窗，每一個檔案一個視窗（參考圖 10-1）。對於命令列中所帶入的每個檔案，Vim 都會嘗試打開一個視窗進行編輯。如果 Vim 不能將螢幕分割成足夠多的視窗來容納檔案，命令列參數中的第一個檔案，將取得視窗顯示內容，其餘檔案則載入緩衝區中，使用者無法看到（但仍可取得）。

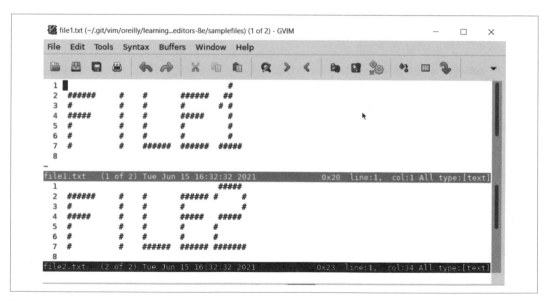

圖 10-1　gvim -o file1.txt file2.txt（Linux gvim）的結果

另一種透過命令列的形式，在 -o 之後附加數字 *n*，來預先指定視窗數量：

```
$ gvim -o5 file1.txt file2.txt
```

這將開啟一個工作階段，畫面呈現為水平分割成五個大小相等的視窗，其中最頂端包含 *file1.txt*，第二個包含 *file2.txt*（如圖 10-2）。

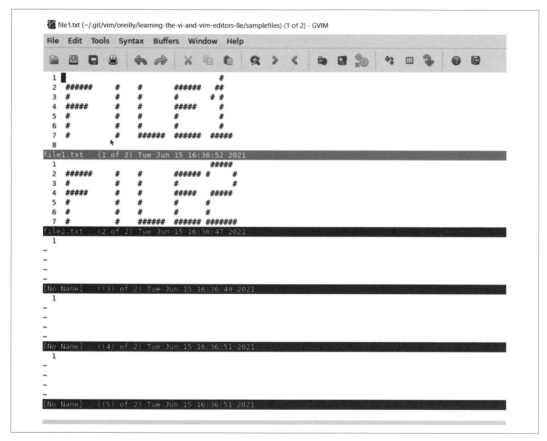

圖 10-2　`gvim -o5 file1.txt file2.txt`（Linux gvim）的結果

　當 Vim 建立多個視窗時，它預設行為是為每個視窗建立一個狀態列（而單一視窗的預設行為是不顯示任何狀態列）。我們可以使用 Vim 的 **laststatus** 選項來控制這個行為，例如：

```
:set laststatus=1
```

將 **laststatus** 設定為 2，可讓每個視窗總是存在著狀態列，即使在單一視窗模式下也是如此。使用者最好在 *.vimrc* 檔案中設定它。

因為視窗大小會影響可讀性與可用性，使用者可能想要控制 Vim 視窗大小。使用 Vim 的 `winheight` 和 `winwidth` 選項，為使用中的視窗，定義合理的限制（其他視窗可能會順應調整大小）。

Vim 多視窗下的編輯

使用者可以在 Vim 中，開啟和修改視窗配置。使用 `:split` 命令建立一個新視窗。這會將目前視窗分成兩半，並且都顯示相同的緩衝區內容。現在我們可以分別在兩個視窗中，瀏覽相同的文件。

> 本章提到的命令，許多都有方便的按鍵順序。在這個例子來說，按下 `CTRL-W` `S` 可分割出一個視窗。所有與 Vim 視窗相關的命令都以 `CTRL-W` 開頭，其中「W」是「window」的助記符號。為了討論方便，我們只列出命令列的方式，因為它們提供了選項參數（可自訂預設行為）的額外功能。如果發現自己經常使用命令，可以在 Vim 說明文件中輕鬆找到相關按鍵順序，可參考第 167 頁的「內建輔助功能」一節所述。

同樣地，也可以使用 `:vsplit` 命令，建立全新的垂直分割編輯視窗，此時使用 `:vsplit` 命令（如圖 10-3）。

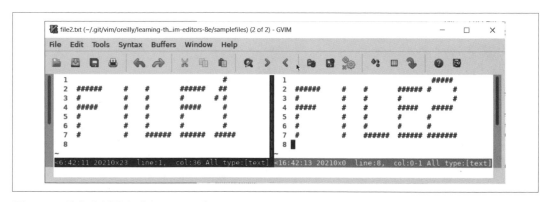

圖 10-3　垂直分割視窗（Linux gvim）

這些方法 Vim 都會分割視窗（水平或垂直），並且由於在 `:split` 命令列上沒有指定檔案，因此我們將在兩個視窗中編輯同一份檔案。

不相信正在同時編輯同一個檔案嗎？分割編輯視窗，並捲動分割後的視窗，讓每個視窗所顯示的內容都在相同區域。然後做一些改變，同時觀察另一個視窗。很神奇吧！

這項功能為什麼有用？或該如何使用？一個常見的用途是在編輯 shell 指令稿或 C 程式時，編寫一段描述程式使用方式的文字。通常是在程式傳入 --help 選項時，所顯示的區塊。我們分割呈現畫面，用一個視窗顯示用途說明，並把這個視窗當成編輯另一個視窗中，程式碼的樣版；而程式碼視窗中的工作，則是解析用途說明視窗裡提到的所有選項與命令列參數。這類原始碼通常（幾乎總是）很複雜，實作區域與說明區域距離太遠，因此無法在單一視窗畫面裡呈現所需的一切東西。

如果我們想編輯或瀏覽另一個檔案，而又不想失去目前所在檔案中的編輯位置，請將新檔案作為 :split 命令的參數。例如：

    :split otherfile

下一節詳細說明視窗的分割與移除。

開啟視窗

本節深入介紹如何在分割視窗時，獲得所需的精確行為。

新視窗

如前所述，打開新視窗最簡單方法是使用 :split（用於水平分割）或 :vsplit（用於垂直分割）。接下來對於眾多相關命令和變化，進行更深入的討論。還包括命令摘要提供快速參考。

分割視窗的選項

開啟一個新水平視窗的完整 :split 命令是：

    :[*n*]split [++*opt*] [+*cmd*] [*file*]

其中：

n

　　對 Vim 指定在新視窗中開啟的行數，並位於畫面頂端。

opt

> 將 Vim 選項資訊傳遞給新的視窗階段（注意它前面必須加上兩個加號）。

cmd

> 傳入要在新視窗執行的命令（請注意，它的前面必須加上一個加號）。

file

> 指定要在新視窗中編輯的檔案。

假設我們正在編輯一個檔案並希望分割視窗，用來編輯另一個名為 *otherfile* 的檔案。要確保工作階段使用 unix 的 fileformat；目的為了採用換行符號（line feed）來結束每一行，而不是使用游標歸位（carriage return）和換行符號的組合。最後，則是想要一個 15 行高的視窗。請輸入：

```
:15split ++fileformat=unix otherfile
```

要簡單地分割螢幕，在兩個視窗中顯示相同的檔案，並使用所有目前的預設值，可以使用 vi 按鍵命令 CTRL-W S 、 CTRL-W SHIFT-S 或 CTRL-W CTRL-S 。

> 如果希望視窗總是平均分割，設定 equalalways 選項，最好把它放在使用者的 *.vimrc* 中，讓它在工作階段間中保持不變。預設情況下，設定 equalalways 會平均分割水平和垂直視窗維持相同大小。增加 eadirection 選項（採用 hor、ver、both，分別代表水平、垂直或兩者皆是）來控制哪個方向的平均分割。

以下形式的 :split 命令會像先前一樣，打開一個新的水平視窗，但仍有細微差異：

```
:[n]new [++opt] [+cmd] [file]
```

除了建立新視窗外，還自動執行 WinLeave、WinEnter、BufLeave、BufEnter 命令。（關於自動命令的更多資訊，請參考第 309 頁的「自動命令」一節）。

除了水平分割命令，Vim 也提供類似的垂直分割命令。例如，要分割垂直視窗，不是使用 :split 或 :new，而是分別改用 :vsplit 或 :vnew。也與水平分割命令有著相同的選用參數。

有兩個水平分割命令，沒有垂直版的對應命令：

:sview *filename*

水平分割螢幕，以開啟新視窗，並為緩衝區設定 readonly。:sview 的 *filename* 為必要引數。

:sfind [++*opt*] [+*cmd*] *filename*

與 :split 運作方式相似，但在路徑中尋找 *filename*。如果 Vim 未找到檔案，則不會分割視窗。

有條件的分割命令

Vim 允許我們指定一個命令，如果找到新檔案時才開啟視窗。:topleft *cmd* 告訴 Vim，執行 *cmd*，並在 *cmd* 打開一個新檔案時，顯示一個帶有游標的新視窗在左上角。

這個命令可能產生三種不同結果：

- *cmd* 水平分割視窗，新視窗跨越 Vim 視窗的上半部。
- *cmd* 垂直分割視窗，新視窗跨越 Vim 視窗的左半部。
- *cmd* 未分割視窗，而是把游標移到目前視窗的左上角。

除了條件分割命令 :topleft 之外，Vim 還提供類似的命令 :vertical、:leftabove、:aboveleft、:rightbelow、:belowright、:botright。也可以透過 Vim 的 :help 命令找到相關使用的詳細說明。

視窗命令摘要

表 10-1 總整分割視窗的命令。

表 10-1　視窗命令整理

ex 命令	vi 命令	說明
:[*n*]split [++*opt*][+*cmd*][*file*]	CTRL-W S CTRL-W SHIFT-S CTRL-W CTRL-S	將目前視窗水平分割成兩個視窗，並把游標放置於新視窗中。可選的 *file* 參數，將該檔案放入新建立的視窗中。分割視窗的大小盡可能相等，根據可用的視窗空間來決定。
:[*n*]new [++*opt*][+*cmd*]	CTRL-W N CTRL-W CTRL-N	與 :split 相同，但會開啟一個新視窗、編輯空白檔案。請注意，緩衝區不會有名稱，除非我們另外指定。

ex 命令	vi 命令	說明
:[*n*]sview [++*opt*][+*cmd*][*file*]		唯讀版的 :split。
:[*n*]sfind [++*opt*][+*cmd*][*file*]		分割視窗並在新視窗開啟檔案（如果指定了 *file*）。於路徑下尋找檔案。
:[*n*]vsplit [++*opt*][+*cmd*][*file*]	CTRL-W V CTRL-W CTRL-V	垂直分割目前視窗成兩個視窗，並於新視窗開啟檔案（如果指定了 *file*）。
:[*n*]vnew [++*opt*][+*cmd*]		垂直分割版的 :new。

游標在視窗之間的移動

在 gvim 和 Vim 中使用滑鼠游標，在視窗之間移動很容易。gvim 預設支援使用滑鼠游標點擊，然而在 Vim 中，需要先設定 mouse 選項才能啟動此功能。將 Vim 設定 :set mouseu=a 是一個很好的預設值，為所有命令列、輸入、導覽都啟動滑鼠的使用。

如果沒有滑鼠，或者更喜歡用鍵盤控制工作階段，Vim 提供了一套完整的導覽命令，可以在執行視窗之間快速準確地移動。令人開心的是，Vim 始終使用含有輔助記憶的 CTRL-W 按鍵組合，進行視窗導覽。接下來的按鍵組合，定義了游標的移動或其他行為，有經驗的 vi 與 Vim 使用者應該熟悉這些視窗導覽命令，因為它們緊密對應到相同的動作命令來進行編輯。

我們將採用一個範例來說明，而不是描述每個命令及其行為。之後再看命令語法的表格，應該能更能一目瞭然。

要從目前的視窗移動到下一個視窗，請輸入 CTRL-W J （或 CTRL-W ↓ 或 CTRL-W CTRL-J）。CTRL-W 是「window」命令的助記符號，而 j 類似於 Vim 的 j 命令，會將游標移動到下一行。

表 10-2 總結視窗導覽命令。

就像其他 Vim 與 vi 命令一樣，在這些命令前加上數量，就可多次執行。例如，3 CTRL-W J 告訴 Vim，從目前的視窗跳到往下數的第三個視窗。

表 10-2　視窗導覽命令

命令	說明
CTRL-W W CTRL-W CTRL-W	移動到下方或右側的下一個視窗。請注意，與 CTRL-W J 不同，這個命令會在循環地走訪所有的 Vim 視窗。當到達最底端的視窗時，Vim 會重新開始循環，並移動到最左上角的視窗。
CTRL-W ↓	向下移動到下一個視窗。
CTRL-W CTRL-J CTRL-W J	請注意，這個命令不會在視窗中循環；它只是向下移動到目前視窗下方的下一個視窗。如果游標位於螢幕底部的視窗中，則此命令無效。此外，此命令在「向下」時，會繞過相鄰的視窗；例如，如果目前視窗右側有一個視窗，則該命令不會轉跳到相鄰視窗。（使用 CTRL-W CTRL-W 在視窗中循環移動）
CTRL-W ↑ CTRL-W CTRL-K CTRL-W K	向上移動到下一個視窗。這是 CTRL-W J 命令的相反方向。
CTRL-W ← CTRL-W H CTRL-W BACKSPACE	移動到目前視窗的左側視窗。
CTRL-W → CTRL-W CTRL-L CTRL-W L	移動到目前視窗的右側視窗。
CTRL-W SHIFT-W	移動到上方或左側的下一個視窗。這是 CTRL-W W 命令的相反順序（注意大小寫的不同）。
CTRL-W T CTRL-W CTRL-T	移動到最左上角的視窗。
CTRL-W B CTRL-W CTRL-B	移動到最右下角的視窗。
CTRL-W P CTRL-W CTRL-P	移至上一個（最後選取過的）視窗。

移動視窗

在 Vim 有兩種移動視窗本身的方式。其一只是簡單地在螢幕上切換視窗。另一種則是改變視窗實際的排版位置。第一種情況下，雖然在螢幕上的位置有變，但視窗尺寸維持不變。第二種情況中，視窗不只移動，還重新調整其大小，以填入它們移動的位置。

移動視窗（輪替或交換）

在不調整版面配置的情況下，移動視窗的命令共有三個。其中兩個在一個方向（向右或向下）或另一個（向左或向上）輪替視窗，另一個命令則交換兩個可能不相鄰的視窗位置。這些命令只對目前視窗所在的行或列有作用。

CTRL-W R 向右或向下輪替視窗。與它互補的是 CTRL-W SHIFT-R，以相反的方向輪替視窗。

關於視窗的輪替，我們可想像成有一行或一列的一維 Vim 視窗陣列。CTRL-W R 將陣列的每個元素，向右移動一個位置，並將最後一個元素移動到空出來的第一個位置。而 CTRL-W SHIFT-R 只是將元素往另一個方向移動。

如果在目前視窗所對齊的列或行中沒有視窗，則這些命令不執行任何動作。

在 Vim 輪替視窗後，游標仍維持在執行輪替命令的視窗裡；也就是說，游標隨著視窗移動。

CTRL-W X 和 CTRL-W CTRL-X 可以在一行或一列視窗中交換兩個視窗。預設情況下，Vim 會與下一個視窗交換目前的視窗，如果沒有下一個視窗，Vim 會嘗試與前一個視窗交換。也可以在命令前增加數量來與之後第 *n* 個視窗進行交換。例如，要將目前視窗與之後的第三個視窗切換，使用命令 3 CTRL-W X 。

與前兩個命令一樣，游標停留在執行交換命令的視窗中。

移動視窗並改變版面配置

有五個移動並重新配置視窗的命令：兩個命令可以移動目前視窗至最頂端或最底端（且為螢幕的全部寬度）、兩個命令可以移動目前視窗至最左端或最右端（且為螢幕的全部高度）、第五個命令則把目前的視窗移到另一個現有的分頁。分頁詳細討論，請參考第 238 頁的「分頁式編輯」部分。前四個命令與其他 Vim 命令有著熟悉的印象關係；例如，CTRL-W SHIFT-K 對應了以往「向上」動作的 k 鍵。表 10-3 整理了這些命令[2]。

表 10-3　移動並重新配置視窗的命令

命令	說明
CTRL-W SHIFT-K	移動目前的視窗至螢幕頂端，採用螢幕的全部寬度。
CTRL-W SHIFT-J	移動目前的視窗至螢幕底端，採用螢幕的全部寬度。
CTRL-W SHIFT-H	移動目前的視窗至螢幕左端，採用螢幕的全部高度。
CTRL-W SHIFT-L	移動目前的視窗至螢幕右端，採用螢幕的全部高度。
CTRL-W SHIFT-T	移動目前的視窗至新的現存分頁。

很難描述這些配置版面命令的明確行為。在視窗移動並擴展到全螢幕的高度或寬度後，Vim 會以合理的方式重做視窗配置。重新配置的行為也會受到一些視窗選項設定的影響。

視窗移動命令概要

表 10-4 和 10-5 總結本節介紹的命令。

2　這裡的移位鍵或大寫字母是一種放大版的視窗管理行為。請記住，使用這些命令是在移動視窗，而不是游標。

表 10-4　輪替視窗位置的命令

命令	說明
CTRL-W R CTRL-W CTRL-R	向右或向下輪替視窗。
CTRL-W SHIFT-R	向左或向上輪替視窗。
CTRL-W X CTRL-W CTRL-X	與下一個視窗交換位置，或者加上數量 n 時，則與之後的第 n 個視窗交換。

表 10-5　改變位置與版面配置的命令

命令	說明
CTRL-W SHIFT-K	移動視窗至螢幕頂端，並採用全部寬度。游標維持在移動的視窗裡。
CTRL-W SHIFT-J	移動視窗至螢幕底端，並採用全部寬度。游標維持在移動的視窗裡。
CTRL-W SHIFT-H	移動視窗至螢幕左端，並採用全部高度。游標維持在移動的視窗裡。
CTRL-W SHIFT-L	移動視窗至螢幕右端，並採用全部高度。游標維持在移動的視窗裡。
CTRL-W SHIFT-T	將目前視窗移動到新分頁。游標維持在移動的視窗裡。如果目前的視窗是所有分頁裡的唯一視窗，則不會發生任何操作。

調整視窗尺寸

現在使用者對 Vim 的多視窗功能更加熟悉了，需要對這些功能進行更多的控制。本節說明如何修改目前視窗的大小，當然也影響到螢幕上的其他視窗。Vim 在使用視窗分割命令打開新視窗時，提供了控制和調整視窗尺寸的選項。

如果希望在*沒有*命令的情況下控制窗口大小，請使用 gvim 讓滑鼠來完成工作。只需要用滑鼠點選並拖曳視窗邊界，即可調整視窗尺寸。若遇到垂直分割的視窗，則用滑鼠點選 | 垂直分隔字元。水平分割的視窗是以狀態列分隔。

調整視窗尺寸命令

如意料之中，Vim 具有垂直和水平調整大小的命令。與其他視窗命令一樣，這些命令都以 CTRL-W 作為開頭，並有很好喚起記憶之技巧的對應方式，使它們更容易學習和記憶。

CTRL-W = 嘗試將所有視窗調整為相同大小。這也受下一節討論到 winheight 和 winwidth 的現有數值所影響。如果可用的螢幕空間不均等，Vim 盡可能將視窗尺寸調整為接近均等。

CTRL-W - 將目前視窗高度減少一行。Vim 還有一個 ex 命令，可以明確地指定減少的視窗尺寸。例如，命令 :resize -4，將目前視窗減少四行，並將這些行數提供給它下面的視窗。

 還有另外一種改變視窗尺寸的機制；行選項。通常 Vim 管理 lines 選項數值，可以透過 ex 的 set 命令，來查看或設定這個數值：

　　:set lines

然而，對於 gvim，可以透過設定 lines 來修改圖形視窗的大小。所有這一切的影響是，在終端環境中，如果只有一個視窗，將 lines 設定為小於 vim 緩衝區視窗中的行數之數值時，Vim 會將繪圖空間調整為較小的數。因此，Vim 將「消失」在視窗緩衝區的行數，分配給 ex 命令列，導致它的行數增加。例如，如果在 .vimrc 檔案中，將 lines 設定為 15，並在 30 行終端視窗中啟動 vim，Vim 會分配 15 行作為編輯緩衝區。而剩餘行數分配給狀態列（1 行）和 ex 命令緩衝區（14 行），這可能會造成混淆，因為 ex 命令緩衝區通常只有 1 行。為避免這種影響，我們建議只有在 .gvimrc 配置檔案中使用 :set lines=xx[3]。

CTRL-W + 將目前視窗增加一行。:resize +n 命令將目前視窗增加 n 行。一旦達到視窗的最大高度後，再使用此命令將無效。

 請參閱第 350 頁的「調整視窗大小」部分，介紹一對很好的重新映射鍵，讓視窗尺寸的調整變得更加容易。

:resize n 將目前視窗的水平尺寸設定為 n 行。命令設定絕對大小，與前面所描述，進行相對修改的命令行為不同。

zn 將目前視窗高度設定為 n 行。注意 n 是不可少的！省略它會導致 vi/Vim 的 z 命令，會將游標所在的行位置移動到螢幕頂端。

3　我們可以使用 cmdheight 選項修改 ex 命令空間的高度（不要與 cmdwinheight 選項混淆）。

CTRL-W `<` 和 CTRL-W `>` 分別減小和增加視窗寬度。想想「左移」（<<）和「右移」（>>）的命令，將輔助記憶這些命令與它們的功能相關連。

最後，CTRL-W │ 將目前視窗調整至可能的最大寬度（預設情況下）。還可以使用 :vertical resize *n* 明確指定如何修改視窗寬度。其中 *n* 定義視窗的新寬度。

視窗尺寸調整選項

有幾個 Vim 選項會影響上一節所描述調整尺寸命令的行為：

winheight 和 winwidth
> 當視窗變為「使用中」（active）時，它們分別定義了最小視窗高度和寬度。例如，如果螢幕有兩個大小相同的 45 行視窗，Vim 的預設行為是將它們平均分配給視窗。如果 winheight 的設定值大於 45 行（例如 60 行），則 Vim 將把每次游標移動所選取到的視窗，高度調整為 60 行，另一個則為 30 行。在同時編輯兩個檔案時，這種行為蠻方便的；在切換視窗、切換檔案時自動增加視窗尺寸，以提供檢視內容最大範圍。

equalalways
> 這告訴 Vim 在分割或關閉視窗後，總是把視窗調整為相同尺寸。這是一個很好的設定選項，以確保視窗在增加和刪除時，都維持相等分配。

eadirection
> 這定義了 equalalways 的方向管轄權。可能的值為 hor、ver、both 分別告訴 Vim 依照水平、垂直、以上兩種方向上，調整為相同視窗尺寸。每次分割或刪除視窗，都會套用尺寸的調整。

cmdheight
> 設定命令列的高度。如前所述，只有在一個視窗時，減少視窗的高度，將增加命令列的高度。使用此選項，可保持命令列的高度。

winminwidth 和 winminheight
> 告訴 Vim 調整視窗時，視窗尺寸的最小寬度和高度。Vim 把這兩個選項數值是硬性規定，所以視窗永遠不許小於這兩個值。

尺寸調整命令概要

表 10-6 整理出調整視窗大小的方法。使用 :set 命令設定選項。

表 10-6　視窗尺寸調整命令

命令或選項	型態	說明
CTRL-W =	vi 命令	重新調整所有視窗至相同尺寸。目前視窗將採用 winheight 和 winwidth 選項的設定。
:resize -*n*	ex 命令	減少目前視窗的尺寸。預設數量為一行。
CTRL-W -	vi 命令	與 :resize -*n* 相同。
:resize +*n*	ex 命令	增加目前視窗的尺寸。預設數量為一行。
CTRL-W +	vi 命令	與 :resize +*n* 相同。
:resize *n*	ex 命令	設定目前視窗高度。預設是最大視窗高度（除非指定 *n*）。
CTRL-W CTRL-_ CTRL-W _	vi 命令	與 :resize *n* 相同。
z *n* ENTER	vi 命令	將目前視窗高度設定為 *n*。
CTRL-W <	vi 命令	減少目前視窗寬度。預設數量為一列。
CTRL-W >	vi 命令	增加目前視窗寬度。預設數量為一列。
:vertical resize *n*	ex 命令	將目前視窗寬度設定為 *n*。預設為最大視窗寬度。
CTRL-W ❘	vi 命令	與 :vertical resize *n* 相同。
cmdheight	選項	設定命令列高度。
eadirection	選項	定義 Vim 是否在垂直、水平或兩個方向上相等的調整視窗尺寸。
equalalways	選項	當視窗數量改變時，無論是因為分割或關閉視窗，把改變後的視窗都調整為相同尺寸。
winheight	選項	進入或建立視窗時，將其高度至少設定為指定值。
winwidth	選項	進入或建立視窗時，將其寬度至少設定為指定值。
winminheight	選項	定義最小視窗高度，套用在所有建立的視窗上。
winminwidth	選項	定義最小視窗寬度，套用在所有建立的視窗上。

緩衝區與視窗的互動

Vim 使用緩衝區做為工作內容的容器。完整瞭解緩衝區是必備的技能；有許多用於操作和導覽的命令。然而，熟悉一些緩衝區的基本知識，並瞭解緩衝區如何在 Vim 的整個工作階段裡的運作，將是值得的。

開啟幾個視窗、編輯不同檔案，是瞭解緩衝區很好的起點。例如，啟動 Vim 編輯 *file1*。然後在工作階段中，輸入命令 :split file2 和 :split file3。現在應該已有三個 Vim 視窗、各自顯示不同的檔案。

現在使用命令 :ls、:files 或 :buffers 表列緩衝區。使用者應該看得到三行，每一行都有編號，並顯示檔案名稱，及一些額外資訊。這些是 Vim 本次工作階段的緩衝區。每個檔案都有一個緩衝區，每個緩衝區都有一個唯一、不變的關聯編號。在本例中，*file1* 位於一號緩衝區，*file2* 位於二號緩衝區，*file3* 位於三號緩衝區。

如果在任何命令後附加驚嘆號（!），還能顯示每個緩衝區的額外資訊。

在每個緩衝區編號右側，首先列出狀態旗標（status flag）。這些旗標描述了緩衝區的特性，如表 10-7 所示。

表 10-7　描述緩衝區的狀態旗標

狀態代碼	說明
u	表示不表列的緩衝區。這個緩衝區不會表列，除非使用 ! 修飾符號。要察看到非表列緩衝區的範例，請輸入 :help。Vim 分割目前的視窗，來容納呈現內建說明的新視窗。直接使用 :ls 命令，不會顯示說明使用的緩衝區，需使用 :ls!，才會列出內建說明的緩衝區。
% 或 #	% 表示目前視窗所用的緩衝區。# 則是使用 :edit # 命令切換過去的緩衝區。兩者是互斥的。
a 或 h	a 表示活動中的緩衝區；意為該緩衝區已載入且可被見看。h 則表示隱藏的緩衝區；它雖然存在，但不能在任何視窗中檢視。兩者是互斥的。
- 或 =	- 表示緩衝區把 modifiable 選項關閉了。這個檔案為唯讀檔案。= 則表示該檔案是個不能把狀態修改為可調整的唯讀檔案（例如我們沒有寫入這個檔案的檔案系統權限）。兩者是互斥的。
+ 或 x	+ 表示修改過的緩衝區。x 表示緩衝區有讀取錯誤。兩者是互斥的。

狀態旗標 u 是一種知道正在檢視哪一份 Vim 說明檔案的有趣方式。例如，在執行 `:help split` 命令後，接著再執行 `:ls!` 命令，將看到一個非表列緩衝區、指向內建的 Vim 協助說明檔案，*windows.txt*。

既然我們已經能表列出 Vim 的緩衝區，接下來討論緩衝區及其各種應用。

Vim 的特殊緩衝區

Vim 使用一些有各自專屬的目的緩衝區，稱為**特殊緩衝區**（special buffer）。例如，上一節提到的說明文件緩衝區，就是特殊的。一般而言，這些緩衝區不能被編輯或修改。

以下舉出四種 Vim 的特殊緩衝區：

directory

包含目錄的內容，也就是某個目錄中的檔案清單（以及一些有用的額外命令提示）。這是 Vim 中的一個方便工具，能讓我們在緩衝區裡四處移動，就像在一般文字檔案裡移動，並透過選擇游標下的檔案，按 ENTER 進行編輯。

help

包含 Vim 的協助說明檔案，在前面第 167 頁的「內建輔助功能」一節中已經討論過。`:help` 載入這些文字檔至特殊緩衝區裡。

QuickFix

包含由我們在執行命令時，所建立的錯誤列表（可以使用 `:cwindow` 命令檢視）或位置列表（可以使用 `:lwindow` 命令檢視）。不要編輯這個緩衝區的內容！它能協助程式設計師重複循環「編輯 – 編譯 – 除錯」週期。請參考第十一章「Vim 為程式設計師強化的功能」。

scratch

這些緩衝區包含一般用途的文字。其中的文字可擴充，而且隨時可被刪除。

隱藏緩衝區

隱藏緩衝區是目前未顯示在任何視窗中的 Vim 緩衝區。考慮到多個視窗所能佔用的螢幕空間有限，這使得編輯多個檔案又變得更加容易，而無須反覆執行讀取、覆寫檔案的命令。例如，假設正在編輯 *myfile* 檔案，但又希望暫時編輯另一個檔案 *myOtherfile*。如果設定了 `hidden` 選項，可以透過 `:edit` *myOtherfile* 編輯 *myOtherfile*，讓 Vim 隱藏 *myfile*

緩衝區，並在它的位置上顯示 *myOtherfile*。我們可以使用 :ls 確認這一點，將會列出兩個緩衝區，並在 *myfile* 的旗標標示為隱藏。

緩衝區命令

大約有五十個專門針對緩衝區的命令。許多命令很有幫助，但大部分都超出本書的討論範圍。當我們打開和關閉多個檔案和視窗時，Vim 會自動管理緩衝區。緩衝區命令幾乎能對緩衝區執行所有操作。這些命令通常用在指令稿中，以管理卸載、刪除、調整緩衝區等任務。

但在平常使用時，最好記住以下兩個緩衝區命令，因為它們能一次對許多檔案執行大量工作：

windo *cmd*

> 表示「window do」的簡稱（至少我們認為它還蠻好記的），這個虛擬緩衝區命令（實際上是一個視窗命令）在每個視窗裡執行指定命令 *cmd*。它的動做就像先來到頂端視窗（CTRL-W T），並在每一個循環視窗其中執行指定的 :cmd 命令。它只在目前分頁中起作用，若遇到任何因為 :cmd 產生的錯誤，即停在產生錯誤的視窗。產生錯誤的視窗隨即成為新的目前視窗有關 Vim 分頁的討論，請參見第 238 頁的「分頁式編輯」部分。
>
> *cmd* 不允許改變視窗的狀態；也就是說，它不能刪除、增加或修改視窗的順序。

 cmd 能使用管道（|）符號串聯多個 ex 命令。命令按順序執行，第一個命令在所有視窗中按順序執行，然後第二個命令在所有視窗中執行，依此類推。

> 關於 :windo 動作的範例，假設你正在編輯一組 Java 檔，但因為某些原因，發現有個類別的名稱大小寫不正確。你需要改變每個 myPoorlyCapitalizedClass 為 MyPoorlyCapitalizedClass。可以使用 :windo 這麼做：
>
>   :windo %s/myPoorlyCapitalizedClass/MyPoorlyCapitalizedClass/g
>
> 很酷吧！

bufdo[!] *cmd*

> 這類似於 windo 的命令，但操作對象是所有工作階段的緩衝區，而不只是目前分頁的可見緩衝區。bufdo 與 windo 的行為相仿，遇到第一個錯誤立刻中止，並把游標留在命令執行失敗的緩衝區裡。

以下範例能改變所有緩衝區為 Unix 檔案格式：

```
:bufdo set fileformat=unix
```

緩衝區命令概要

表 10-8 並沒有試圖想要描述所有與緩衝區相關的命令；而是總結本節中討論的命令和一些其他常用的命令。

表 10-8　緩衝區命令摘要

命令	說明
:ls[!] :files[!] :buffers[!]	列出緩衝區與檔案名稱。如果加上！，則包括不列出的緩衝區。
:ball :sball	編輯所有參數或緩衝區。（sball 則會另開新視窗）
:unhide :sunhide	編輯所有載入的緩衝區。（sunhide 則會另開新視窗）
:badd *file*	將 *file* 增加到列表中。
:bunload[!]	從記憶體中卸載目前緩衝區。加上！則可強制修改過的緩衝區在未被儲存的狀況下卸載。
:bdelete[!]	卸載緩衝區，並從緩衝區清單中刪除。加上！則可強制修改過的緩衝區在未被儲存的狀況下卸載。
:buffer [*n*] :sbuffer [*n*]	移向緩衝區 *n*。（sbuffer 則會另開新視窗）
:bnext [*n*] :sbnext [*n*]	移向接下來的第 *n* 個緩衝區。（sbnext 則會另開新視窗）
:bNext [*n*] :sbNext [*n*] :bprevious [*n*] :sbprevious [*n*]	移向後面或前面的第 *n* 個緩衝區。（sbNext 與 sbprevious 則會另開新視窗）
:bfirst :sbfirst	移到第一個緩衝區（sbfirst 則會另開新視窗）
:blast :sblast	移到最後一個緩衝區（sblast 則會另開新視窗）
:bmod [*n*] :sbmod [*n*]	移到第 *n* 個有修改過的緩衝區（sbmod 則會另開新視窗）

多重視窗下遊歷標籤

Vim 將 vi 標籤功能擴充到視窗，在多個視窗中，提供相同標籤遊歷的機制。（有關 vi 標籤的討論，請參考第 149 頁的「使用標籤（tags）」部分。）使得追蹤一個標籤時，也能在新視窗中開啟相關聯的檔案。

標籤視窗命令，會分割目前的視窗，並依照位於游標之下的標籤文字，找出符合標籤的檔案或檔案名稱。

`:stag[!]`*tag*

> 開啟分割視窗，來顯示找到的標籤位置。還會將標籤找到的檔案載入到目前視窗中，並且游標移到比對的標籤上。如果沒有找到標籤，則命令失敗，也不會建立新視窗。

 逐漸熟悉 Vim 的協助說明系統後，可使用 `:stag` 命令來分割協助說明的視窗，而不是在同一個視窗中，從一個檔案跳到另一個檔案。

CTRL-W `]` 或 CTRL-W `^`

> 這會分割一個新視窗並建立在目前視窗的上方。新視窗變成目前視窗，游標位在比對的標籤上。如果沒找到與標籤相符的文字，則命令執行失敗。

CTRL-W `G` `]`

> 這會分割一個新視窗並建立在目前視窗的上方。在新視窗中，Vim 會執行命令 `:tselect` *tag*，其中 *tag* 是游標下的標籤標識文字。游標位於新視窗中，並成為目前視窗。如果比對的標籤不存在，則命令執行失敗。

CTRL-W `G` CTRL-`]`

> 這與 CTRL-W `G` 一樣，只是它不是執行 `:tselect`，而是執行 `:tjump`。

CTRL-W `F` 或 CTRL-W CTRL-F

> 將游標下的標籤標識文字視為檔案名稱，開啟分割視窗並編輯。Vim 將依照選項變數 path 中的設定，依序尋找檔案。如果在 path 目錄下找不到任何檔案，則命令執行失敗，也不會開啟新視窗。

| CTRL-W | SHIFT-F |

分割視窗並編輯游標所在的檔案名稱。游標將移到編輯該檔案的新視窗裡,確切位置則是原始視窗中、檔案名稱後列出的編號所指定的行。

| CTRL-W | G | F |

這將在新分頁中打開游標下的檔案。如果檔案不存在,則不會建立新分頁。

| CTRL-W | G | SHIFT-F |

這將在新分頁打開游標下的檔案,游標則移動到原始視窗中、檔案名稱後列出的編號所指定的行。如果檔案不存在,則不會建立新分頁。

分頁式編輯

除了在多個視窗裡編輯各位知道也可以建立多個分頁嗎? Vim 允許建立新分頁,每個分頁都獨立執行。在每個分頁中,你可以分割螢幕、編輯多個檔案 —— 幾乎所有在單一視窗中執行的操作;但現在所有工作都可以在一個帶有分頁的視窗中輕鬆管理。

許多 Chrome 和 Firefox 的使用者,都已經非常熟悉並依賴標籤式瀏覽,並且也將認識到分頁為編輯帶來的助力[4]。對新手而言,分頁也是個值得嘗試的功能。

我們可在一般的 Vim 與 gvim 中使用分頁,但 gvim 會更好用、更容易。建立和管理分頁的一些重要的方法包括:

:tabnew *filename* 或 :tabedit *filename*

開啟新分頁並(可選)編輯新檔案。如果沒有指定檔案,Vim 即開啟一個新分頁,並附上空的緩衝區。

:tabclose

關閉目前的分頁。

:tabonly

關閉其他所有分頁。如果其他分頁中有修改過的檔案,則不會移除該分頁;除非設定了 autowrite 選項,此時,所有修改過的檔案都在分頁關閉前先行寫入。

4　這本書第七版出版時,Chrome 還沒有出現!今天所有的瀏覽器都有分頁功能,所有使用者都應該很熟悉。

在 gvim 中，要開啟分頁只需點選螢幕頂端的分頁。如果配置滑鼠的模式種類，還可以在文字終端介面中，使用滑鼠操作分頁（參考 mouse 選項）。此外，使用 CTRL PAGE DOWN （向右移動一個分頁）和 CTRL PAGE UP （向左移動一個分頁）可以輕鬆的在分頁之間右左移動。如果已在最左或最右的分頁，而還要試著再向更左邊或更右邊移動時，Vim 會循環至相反端點的分頁。

gvim 在分頁上，提供滑鼠右鍵選單功能，可以從中打開一個新分頁（不管有沒有要編輯的新檔案）或關閉一個分頁。

圖 10-4 是一組分頁的範例（請注意分頁的右鍵選單）。圖 10-5 是終端模擬器中的相同例子。

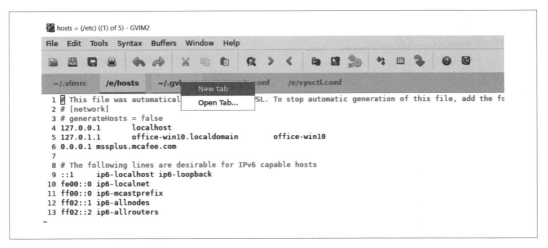

圖 10-4　gvim 分頁與分頁編輯

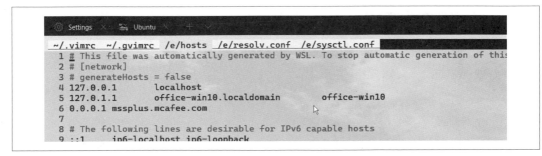

圖 10-5　終端模擬器 (Linux Vim) 中的分頁

Vim 命令列的 -p 選項可以打開多個檔案，每個檔案使用一個單獨的分頁。我們在圖 10-4、圖 10-5 的例子中，分別使用命令：

```
gvim -p ~/.vimrc ~/.gvimrc /etc/hosts /etc/resolv.conf/etc/sysctl.conf
vim -p ~/.vimrc ~/.gvimrc /etc/hosts /etc/resolv.conf/etc/sysctl.conf
```

關閉和離開視窗

有四種關閉視窗的方式，而且特別與視窗編輯有關：離開（quit）、關閉（close）、隱藏（hide）、關閉其他視窗。

CTRL-W Q 或 CTRL-W CTRL-Q

這些實際上只是視窗版本的 :quit 命令。它的最簡單形式（也就是只有一個視窗的單一編輯階段），就像 vi 的 :quit 命令。如果設置了 hidden 選項，當目前的視窗是螢幕上參照檔案的最後一個視窗時，則視窗雖然被關閉了，但檔案緩衝區仍保留並隱藏（仍可讀取）。換句話說，Vim 仍然儲存著檔案，我們可以稍後回頭編輯。如果沒有設定 hidden，當視窗為最後一個參照檔案的視窗、且目前視窗的緩衝區裡還有尚未儲存的改變，則命令會失敗，避免你所做的修改遺失了。但如果其他視窗呈現相同的檔案，則會關閉目前的視窗。

CTRL-W C 或 :close[!]

關閉目前的視窗。如果設定了 hidden 選項，且關閉的目標是最後一個參照到檔案的視窗，Vim 將關閉視窗與隱藏緩衝區。如果視窗位於分頁中，而且是該分頁的最後一個視窗，則會同時關閉視窗及分頁。只要不使用 !，這個命令就不會放棄任何未儲存的改變。! 告訴 Vim，無條件地關閉目前的視窗。

注意這個命令不是使用 CTRL-W CTRL-C，因為 Vim 使用 CTRL-C 來取消命令。因此，如果嘗試使用 CTRL-W CTRL-C，CTRL-C 只會取消這個命令。

同樣，雖然 CTRL-W 命令與 CTRL-S 和 CTRL-Q 結合使用，但某些使用者可能會發現他們的終端模擬器操作被凍結住了，因為某些終端模擬器將 CTRL-S 和 CTRL-Q 視為控制字元，用來停止和開始在螢幕上顯示資訊。如果在使用這些組合鍵，發現螢幕莫名其妙地無法操作，請嘗試使用其他方式的組合。

[CTRL-W] [O]、 [CTRL-W] [CTRL-O] 和 :only[!]

將關閉目前視窗以外的所有視窗。如果設定了 hidden 選項，所有被關閉視窗的緩衝區將被隱藏。如果並未設置，任何視窗若參照到尚未儲存改變的檔案，將維持在螢幕上；除非使用 !，此時，所有視窗均會關閉，檔案改變也會丟棄。這個命令的行為，受到 autowrite 選項的影響：如果設定選項，所有視窗都會關閉，但遇到尚未儲存改變的視窗時，將在離開前把檔案寫入磁碟。

:hide *[cmd]*

如果沒有其他視窗參照到這個緩衝區，在離開目前的視窗時，將會隱藏緩衝區。如果提供了選用的 *cmd*，則會隱藏緩衝區並執行命令。

表 10-9 列出這些命令的摘要。

表 10-9　關閉和離開視窗的命令

命令	按鍵順序	說明
:quit[!]	[CTRL-W] [Q] [CTRL-W] [CTRL-Q]	離開目前視窗。
:close[!]	[CTRL-W] [C]	關閉目前視窗。
:only[!]	[CTRL-W] [O] [CTRL-W] [CTRL-O]	讓目前的視窗成為唯一的視窗。
:hide[*cmd*]		關閉目前視窗並隱藏緩衝區。如果存在 *cmd* 則執行它。

總結

正如現在所瞭解的，Vim 提供許多視窗相關功能，提升編輯工作的能力。Vim 讓我們可以輕鬆、動態的建立和刪除視窗。此外，Vim 提供了原始緩衝區命令的底層功能，緩衝區是 Vim 管理視窗編輯的底層，用於檔案管理基礎架構。這又是一個完美的例子，展現了 Vim 如何為初學者帶來多視窗編輯，同時為進階使用者提供調整視窗體驗所需的工具。

## 第十一章

Vim 為程式設計師強化的功能

文書編輯只是 Vim 的強項之一。優秀的程式設計師需要強大的工具來確保工作的效率和熟練。一個好的編輯器只是個開始，但這樣還不夠。許多現代程式編譯環境，試圖提供全面的解決方案，然而真正需要的是一個強大而高效率的編輯器和一些額外的智慧。

所謂程式編譯工具中的編輯器，提供的額外功能，從具有語法標示、自動縮排和格式化調整、關鍵字完成等等，到具有構建完整開發生態系統的整合開發環境（Integrated Development Environment，IDE）。這些 IDE 可能很昂貴（例如 Visual Studio[1]）或免費（Eclipse），而電腦資源需求已不那麼注重，通常一些輕量級的已足夠負荷。Vim 透過提供一些類似於 IDE 的功能來滿足輕量級的空間，並藉由社群提供的外掛程式實現 IDE 功能。（要更深入地瞭解使用 Vim 的 IDE 外掛程式來進行開發，請參考第十五章「Vim 作為 IDE 所需要的組裝需求」）。

程式設計師的任務各不相同，他們的技術要求也各不相同。小型的開發任務，能以簡單、提供比文書編輯稍多一點功能的編輯器輕鬆完成。大型、多元件、多平台、多人員的工作，則幾乎需要 IDE 為我們分擔的工作。但根據一些經驗的傳聞，許多資深的程式設計師認為，IDE 提供太多複雜度，但對於成功的可能性卻沒有什麼助益。

Vim 在簡易編輯程式與龐大的 IDE 中間，提出一個不錯的折衷方案。它具有最近才能在昂貴的 IDE 上使用的功能。讓我們進行快速而簡單的程式設計任務，而不需體驗 IDE 的學習曲線與消耗的成本。

1　不要與 Microsoft 免費且優秀的 VS Code 混淆。

許多特別適合程式設計師的選項、功能、命令與函式，包括：把許多行程式碼摺疊成一行、語法色彩標示、自動調整格式等等。Vim 為程式設計師提供許多工具，只有實際使用，才知道這些工具的好處。在高階的部分，則提供一個縮小版的 IDE，稱為 Quickfix，它對各種程式編譯任務，具有特定的便利功能。我們將在本章中介紹以下主題：

- 摺疊
- 自動智慧縮排
- 關鍵字與自訂單字字典檔的自動完成
- 標籤與擴充標籤
- 色彩語法特別標示與自己編寫專屬的語法標示
- Quickfix，Vim 的縮小版 IDE

摺疊與大綱（大綱模式）

摺疊功能，用來定義檔案的哪些部分是我們想看到的。例如在程式區塊內，我們可以隱藏任何在大括號裡的事物，或隱藏所有註釋。摺疊共有兩個步驟。首先，使用任何一種摺疊方式（稍後另有討論），在構成區塊的文字中，定義需要摺疊的內容。然後，在使用摺疊命令時，Vim 將隱藏指定文字，並在它的位置留下一行佔位符號。圖 11-1 呈現 Vim 的摺疊效果。我們可用摺疊的佔位符號，管理隱藏起來的文字行。

```
  4
  5 int fcn (int v1, int v2)
  6   {
  7
  8   printf ("02 some line\n");
  9   printf ("03 some line\n");
 10 +--  2 lines: printf ("04 some line\n");--------------------
 12   printf ("06 some line\n");
 13
 14   if (thiscode == anysense)
 15 +--  8 lines: { ------------------------------------------
 23
 24   printf ("06 some line\n");
 25   printf ("06 some line\n");
 26 +--  4 lines: printf ("06 some line\n");--------------------
 30
 31   }
```

圖 11-1　Vim 摺疊範例（MacVim，配色方式：zellner）

在範例中，第 11 行被從第 10 行開始的兩行摺疊隱藏。從第 15 行開始的八行摺疊，隱藏了第 15 到 22 行。從第 26 行開始的四行摺疊，隱藏了第 26 到 29 行。

對於可建立的摺疊行數，實際上並無限制。甚至可建立巢狀摺疊（摺疊中的摺疊）。

有些選項可控制 Vim 建立與顯示摺疊的方式。還有，如果你曾花時間建立許多摺疊，Vim 也提供方便的命令：`:mkview` 與 `:loadview`，可在工作階段間保存摺疊，不需再次建立。

學習摺疊需要一些努力，但熟練後便多了一種強大工具，可控制顯示內容與時機。別低估這項功能帶來的效果。正確且可維護的程式，在許多層面都需要可靠的設計，所以良好的程式設計通常需要看到森林整體而非一棵樹——換句話說，為了看清檔案的整體結構，往往需要忽略實作的一些細節[2]。

對於進階使用者，Vim 提供六種定義、建立、操作摺疊的方式。這種靈活彈性讓我們能在不同背景情境下建立並管理摺疊。最後，一旦建立，摺疊的打開、關閉與行為，將與整套摺疊命令相近。

建立摺疊的六種方式：

diff

　　兩個檔案之間的差異來定義摺疊。

expr

　　正規表示式定義摺疊。

indent

　　摺疊與摺疊層級，對應至文字的縮排與 shiftwidth 選項值。

manual

　　手動定義，摺疊和摺疊層級由使用者 Vim 命令產生（例如，摺疊段落）。

marker

　　預先在檔案中定義標記（亦可由使用者定義），指定摺疊邊界。

syntax

　　摺疊對應於檔案所用的程式語言之語意（例如 C 程式的函式區塊即可摺疊）。

2　而實際上或許是「需要見樹不見林」，兩者都需要具備的，摺疊命令做得到！

使用以上這些方式項目作為 foldmethod 選項的值。對所有方式，摺疊的操作（打開與關閉、刪除等等）都一樣。我們將檢視手動定義摺疊，並詳細討論 Vim 的摺疊命令。也會提到其他方式的一些細節，但這些細節很複雜、有專門的使用場合，而且超出本書簡介的範圍。我們希望這裡討論到的範圍，能促使讀者探索這些其他方式的豐富用途。

因此，讓我們簡單看一下重要的摺疊命令，並進入摺疊的簡短範例。

摺疊命令

摺疊命令均以 z 開頭。同樣方便大家記憶，請試想一張紙摺疊後，（摺法正確的話）它的側面不是有點像字母「z」嗎？

大約有二十個 z 摺疊相關的命令。使用這些命令，可以建立或刪除摺疊、打開或關閉摺疊（呈現或隱藏屬於摺疊中的文字），以及切換摺疊的呈現或隱藏狀態。以下列出命令及簡短的說明[3]：

zA

遞迴觸發摺疊狀態。

zC

遞迴關閉摺疊狀態。

zD

遞迴刪除摺疊。

zE

刪除所有摺疊。

zf

建立摺疊，範圍從目前的行位置開始，到游標移動後的位置結束（藉由移動命令改變游標位置）。

[count]zF

建立一個涵蓋 count 行數的摺疊範圍，從目前的行開始。

---

3 請注意，不要將「刪除摺疊」與 Vim 的 delete 命令混淆。刪除摺疊會刪除隱藏線的視覺表現，就只有這樣。

zM

設定 foldlevel 選項為 0。

zN, zn

設定（zN）或重設（zn）選項 foldenable。

zO

遞迴打開摺疊。

za

觸發一個摺疊的狀態。

zc

關閉一個摺疊。

zd

刪除一個摺疊。

zi

觸發 foldenable 選項的值。

zj, zk

移動游標至下一個文字摺疊的起始處（zj），或移動至前一個摺疊的結尾處（zk）。（請注意易記的 j（jump）與 k 移動命令，以及它們在摺疊情境下如何類比移動的方式。）請注意，它們在摺疊情況下，如何類似於 j 和 k 移動命令的動作，來協助記憶。

zm, zr

逐一遞減（zm）或遞增（zr）foldlevel 選項的值。

zo

打開一個摺疊。

 不要將刪除摺疊與刪除文字弄混淆了。使用「刪除摺疊」（zd）命令，用以刪除或取消摺疊的定義。摺疊的刪除，對於包含在該摺疊中的文字沒有影響。你可能已經注意到我們不止一次提到這一點。知道這一點很重要。就有人因此而失去工作，以為只是刪除摺疊，而實際上卻是刪除內容。當然，這是總是很晚才發現的狀況。

zA、zC、zD、zO 被形容為遞迴（recursive）的原因，在於執行這些命令操作於某一個摺疊後，其內巢狀的所有摺疊也成為操作對象。

手動摺疊

如果知道 Vim 的移動命令，就已經知道精通手動摺疊所需的一半知識。

以隱藏三行於摺疊中為例，下列兩個命令都能達成：

```
3zF
2zfj
```

3zF 對三行內容執行摺疊命令 zF，從目前的行開始。2zfj 則是從目前的行開始執行 zf 命令，範圍到 j 移動游標所達的地方為止（本例為向下兩行）。

讓我們嘗試更複雜的命令，以套用在 C 語言上為例。要摺疊一塊 C 的原始碼時，請把游標放在程式區塊的起始或結尾括號（{ 或 }）上，並輸入 zf%。（記得 % 移動游標至相對應的括號上）。

輸入 zfgg 可從游標位置建立直達檔案起始處的摺疊。（gg 移動游標到檔案的起始處）。

跟著範例走，比較容易瞭解摺疊。我們將用一個簡單檔案建立並操縱摺疊，並觀察摺疊的行為。我們還將看到 Vim 提供的一些特別在視覺上的摺疊提示。

首先考慮圖 11-2 的範例檔案，它包含一些（無意義的）C 原始碼。剛開始，沒有摺疊。

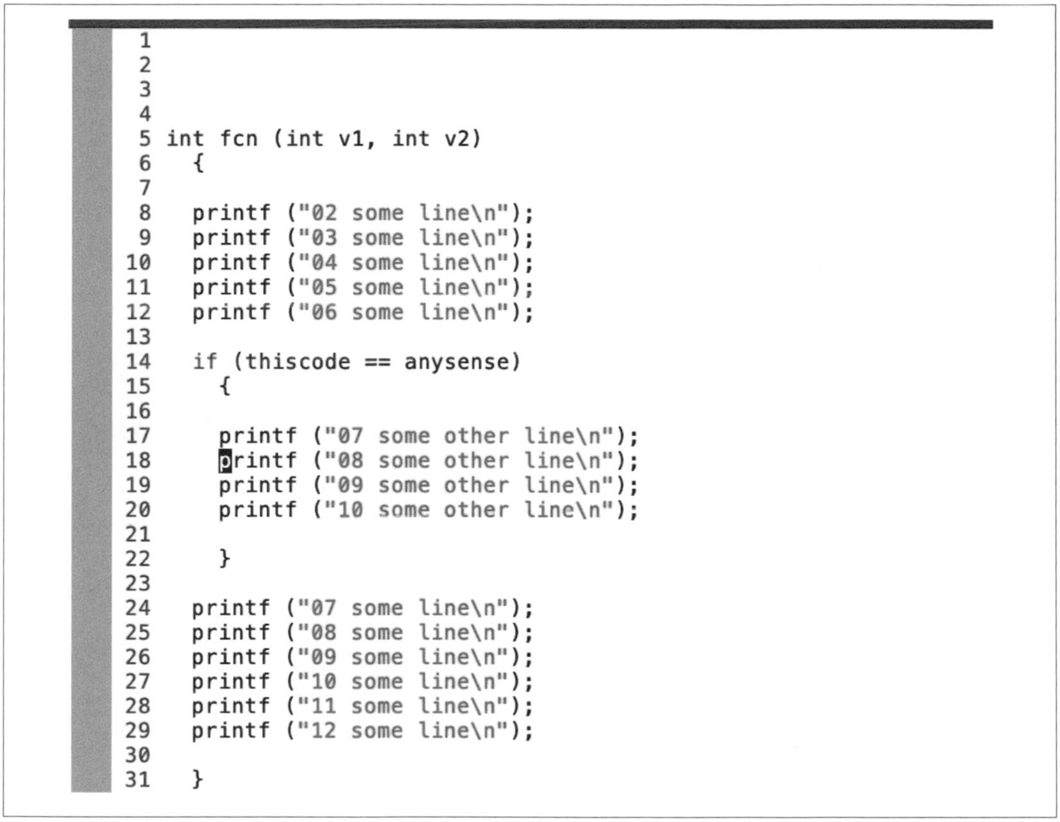

```
 1
 2
 3
 4
 5  int fcn (int v1, int v2)
 6    {
 7
 8    printf ("02 some line\n");
 9    printf ("03 some line\n");
10    printf ("04 some line\n");
11    printf ("05 some line\n");
12    printf ("06 some line\n");
13
14    if (thiscode == anysense)
15      {
16
17      printf ("07 some other line\n");
18      printf ("08 some other line\n");
19      printf ("09 some other line\n");
20      printf ("10 some other line\n");
21
22      }
23
24    printf ("07 some line\n");
25    printf ("08 some line\n");
26    printf ("09 some line\n");
27    printf ("10 some line\n");
28    printf ("11 some line\n");
29    printf ("12 some line\n");
30
31    }
```

圖 11-2　沒有摺疊的範例檔案（MacVim，配色方式：zellner）

圖中有些需要注意的地方。首先，Vim 於螢幕左側顯示了行號。我們建議大家始終保持開啟行號的顯示（使用 number 選項），增加辨識檔案位置的可見資訊，在本例的情境下，行號在部分內容被摺疊後更為可貴。Vim 告知未被顯示的行數，行號則確認並強調此項資訊。

也請注意行號左側的灰色留白，這些位置要保留下來，以供更多摺疊提示的線索呈現。隨著摺疊的建立及使用，將看到 Vim 安插至這些位置的提示線索。

請注意圖 11-2 中的游標位於第 18 行。我們輸入 zf2j，把第 18 行及其下兩行摺入一個摺疊裡。圖 11-3 即為呈現了結果。

```
 1
 2
 3
 4
 5  int fcn (int v1, int v2)
 6    {
 7
 8    printf ("02 some line\n");
 9    printf ("03 some line\n");
10    printf ("04 some line\n");
11    printf ("05 some line\n");
12    printf ("06 some line\n");
13
14    if (thiscode == anysense)
15      {
16
17      printf ("07 some other line\n");
18 +--   3 lines: printf ("08 some other line\n");--------------------
21
22      }
23
24    printf ("07 some line\n");
25    printf ("08 some line\n");
26    printf ("09 some line\n");
27    printf ("10 some line\n");
28    printf ("11 some line\n");
29    printf ("12 some line\n");
30
31    }
```

圖 11-3　在第 18 行位置加入三行摺疊（MacVim，配色方式：zellner）

請注意 Vim 如何使用 +-- 做為字首，佔據一行，建立一個容易辨識的標記，同時列出摺疊內容第一行的文字。再看螢幕最左側，行號旁的留白處，Vim 加上一個 + 號；這也是可見的線索。

使用同樣一份檔案，接下來要摺疊 if 敘述後、大括號之間的程式區塊（也會包括大括號所在的行）。把游標放在（起始或結尾）大括號上，而後輸入 zf%[4]。檔案現在的變化，如圖 11-4 所示。

---

[4] 摺疊一般來說；可以使用第一部分中，介紹過的文字目標的概念。因此，可以摺疊任何位於文字目標之間的內容——在本例中，是大括號內的任何內容。vi 命令是 zf{。

```
 10    printf ("04 some line\n");
 11    printf ("05 some line\n");
 12    printf ("06 some line\n");
 13
 14    if (thiscode == anysense)
+15 +--  8 lines: { ---------------------------
 23
 24    printf ("07 some line\n");
 25    printf ("08 some line\n");
 26    printf ("09 some line\n");
 27    printf ("10 some line\n");
 28    printf ("11 some line\n");
 29    printf ("12 some line\n");
 30
 31    }
```

圖 11-4　在 if 語句之後摺疊的程式區塊（MacVim，配色方式：zellner）

這次共摺疊了八行原始碼，其中更有三行包含在前次建立的摺疊中。這稱為巢狀摺疊（nested fold）。請注意，巢狀摺疊沒有特殊標記。

我們的下一個實驗，是把游標移到第 25 行，並往上摺疊內容，直到（並包括）定義 fcn 的地方。這一次我們使用 Vim 的搜尋動作。摺疊命令以 zf 起始，使用 ?int fcn（Vim 的反向搜尋命令）搜尋到 fcn 函式的起始處，然後按下 ENTER 鍵。螢幕畫面應如圖 11-5 所示。

```
  3
  4
+ 5 +-- 21 lines: int fcn (int v1, int v2)---
 26    printf ("09 some line\n");
 27    printf ("10 some line\n");
 28    printf ("11 some line\n");
 29    printf ("12 some line\n");
```

圖 11-5　摺疊到函數的開頭（MacVim，配色方式：zellner）

如果你計算了行數，並建立一個跨越其他摺疊的摺疊（例如 3zf），所有包含在被跨越摺疊裡的內容，都會計算為一行。假設游標位於第 30 行，其下的第 31 行到 35 行被隱藏在一個摺疊裡，所以再下一行顯示為第 36 行；3zf 建立一個包含畫面上三行的摺疊：文字行 30、摺疊成一行的第 31-35 行，以及接下來的第 36 行。聽得一頭霧水嗎？有一點。我們可以這麼想：zf 命令的行數計算方式規則就是「眼見為憑」。

讓我們嘗試其他功能。首先，使用 zO 命令（z 後接字母 O，不是數字 0）打開所有摺疊。現在看到一些關於摺疊的線索，出現在左邊界處，如圖 11-6 所示。這裡的每一欄都稱為摺疊欄位（fold column）。

```
       4
 -     5   int fcn (int v1, int v2)
 |     6     {
 |     7
 |     8     printf ("02 some line\n");
 |     9     printf ("03 some line\n");
 |    10     printf ("04 some line\n");
 |    11     printf ("05 some line\n");
 |    12     printf ("06 some line\n");
 |    13
 |    14     if (thiscode == anysense)
 |-   15       {
 ||   16
 ||   17       printf ("07 some other line\n");
 ||-  18       printf ("08 some other line\n");
 |||  19       printf ("09 some other line\n");
 |||  20       printf ("10 some other line\n");
 ||   21
 ||   22       }
 |    23
 |    24     printf ("07 some line\n");
 |    25     printf ("08 some line\n");
      26     printf ("09 some line\n");
      27     printf ("10 some line\n");
      28     printf ("11 some line\n");
      29     printf ("12 some line\n");
      30
      31     }
```

圖 11-6　打開所有摺疊（MacVim，配色方式：zellner）

在圖中，每個摺疊的第一行都附有減號（-）、其他被摺疊的行則標上垂直線（|）。代表最大（最外層）摺疊的符號位在最左欄，最內層摺疊的符號則為最右欄。如圖所示，第 5 行到 25 行顯然處於最外層的摺疊（本例為第一層），第 15 行到 22 行顯示為向內一層的摺疊（第二層），第 18 行到 20 行則顯示為最內層的摺疊。

預設情況下，這麼好用的可見線索卻設定為關閉（我們不知道原因，或許因為佔用螢幕畫面的空間）。下列命令可打開這個功能，並設定佔用的寬度：

　　:set foldcolumn=n

其中，n 是顯示巢狀摺疊使用的欄數（最大為 12，預設為 0）。在圖中，我們採用 foldcolumn=5。如果有注意到，沒錯，前面的幾張圖把 foldcolumn 設定為 3。我們改變設定值，以獲得較好的視覺呈現。

現在繼續建立更多摺疊，觀察它們的效果。

首先，重新摺起最內層的摺疊（涵蓋第 18 行到 20 行），把游標移到摺疊範圍內的任一行，輸入 zc（關閉摺疊）。圖 11-7 呈現了結果。

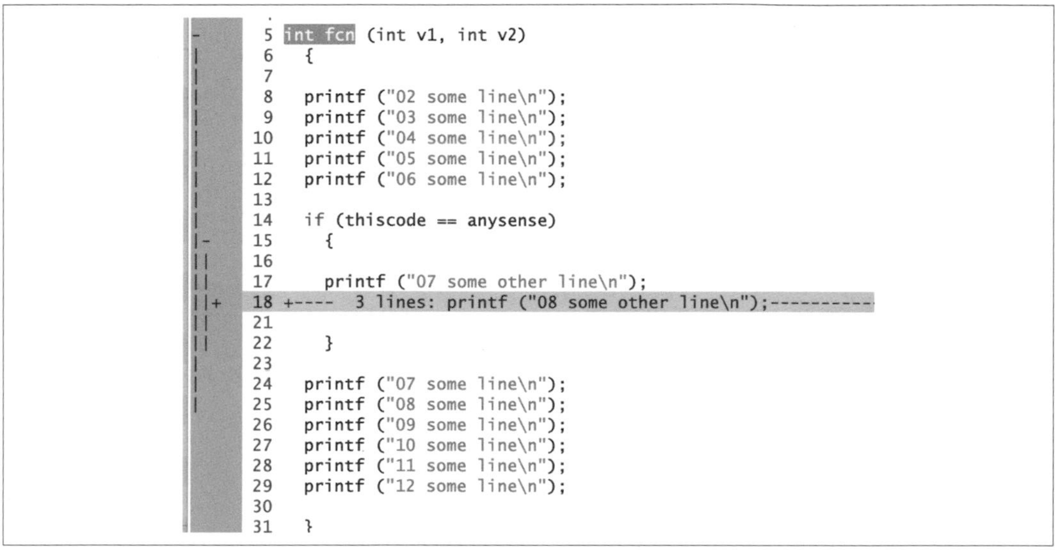

```
    5 int fcn (int v1, int v2)
    6 {
    7
    8   printf ("02 some line\n");
    9   printf ("03 some line\n");
   10   printf ("04 some line\n");
   11   printf ("05 some line\n");
   12   printf ("06 some line\n");
   13
   14   if (thiscode == anysense)
   15     {
   16
   17       printf ("07 some other line\n");
   18 +----   3 lines: printf ("08 some other line\n");----------
   21
   22     }
   23
   24   printf ("07 some line\n");
   25   printf ("08 some line\n");
   26   printf ("09 some line\n");
   27   printf ("10 some line\n");
   28   printf ("11 some line\n");
   29   printf ("12 some line\n");
   30
   31 }
```

圖 11-7　摺疊第 18-20 行後的結果（MacVim，配色方式：zellner）

看到灰色邊界的改變嗎？ Vim 也負責維護可見的線索提示，讓摺疊的視覺表現與管理都變得容易。

現在看看典型的「單行」命令對摺疊的影響。把游標放到摺疊行（18）上。輸入 ~~（為目前這一行的所有字元變更大小寫）。注意，這是在 Vim 有開啟 tildeop 選項設定時，修改大小寫的用法；否則命令將是 g~~。請記得，在 Vim 中的 ~ 是個物件運算子（除非設定了 compatible 選項），因此應該能變更本行中所有字元大小寫。下一步，輸入 zo 打開摺疊，現在摺疊裡的原始碼，將如圖 11-8 所示。

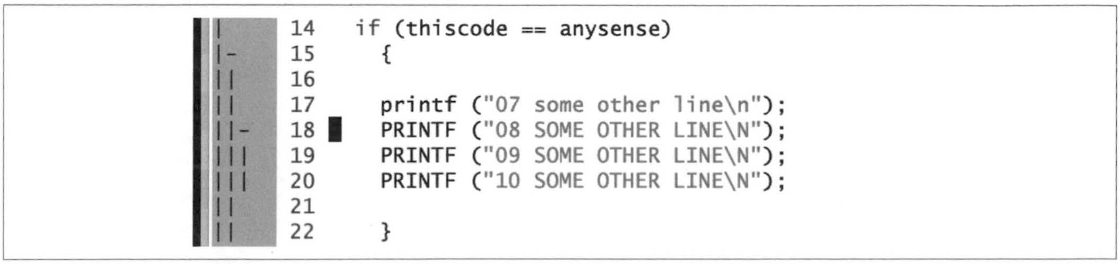

```
   14   if (thiscode == anysense)
   15     {
   16
   17       printf ("07 some other line\n");
   18       PRINTF ("08 SOME OTHER LINE\N");
   19       PRINTF ("09 SOME OTHER LINE\N");
   20       PRINTF ("10 SOME OTHER LINE\N");
   21
   22     }
```

圖 11-8　應用於摺疊的大小寫修改（MacVim，配色方式：zellner）

這是個很強大的功能。對一行執行命令或運算符號，能套用在摺疊行代表的所有文字上！這個範例或許不太自然，但它妥善地說明這種技術的潛力。

 任何對摺疊採取的任何操作，都會影響整個摺疊範圍的內容。例如，把游標放在圖 11-7 的第 18 行（摺疊隱藏第 18 到 20 行），接著輸入 dd（刪除整行），則摺疊內的三行都會被刪除，並移除摺疊。

請注意，Vim 在管理所有編輯動作時，它會當做好像沒有任何摺疊存在（這點很重要），所以任何復原將會復原整個編輯動作。假如我們在剛才的修改後輸入 u（復原），則剛才刪除的三行都將一起復原。這裡的復原功能與本節討論的「單行」操作有區別，但行為有時似乎又很相似。

現在是熟悉摺疊欄位邊界種種可見提示的好機會。讓我們可以容易檢視正在處理的摺疊。例如，zc（關閉摺疊）命令可關閉包含游標位置行的最內層摺疊。我們可以透過摺疊欄位中，所列出的垂直線段數量，而看出摺疊的大小。一旦熟悉這些，像打開、關閉、刪除摺疊等行動，都會成為你既有的習慣。

大綱

請看下列使用 tab 做縮排的簡單（刻意製作的）檔案：

```
1. This is Headline ONE with NO indentation and NO fold level.
    1.1 This is sub-headline ONE under headline ONE
        This is a paragraph under the headline.  Its fold
        level is 2.
    1.2 This is sub-headline TWO under headline ONE.
2. This is Headline TWO.  No indentation, so no folds!
    2.1 This is sub-headline ONE under headline TWO.
        Like the indented paragraph above, this has fold level 2.
            - Here is a bullet at fold level 3.
                A paragraph at fold level 4.
            - Here is the next bullet, again back at fold level 3.
        And, another set of bullets:
            - Bullet one.
            - Bullet two.
    2.2 This is sub-heading TWO under Headline TWO.
3. This is Headline THREE.
```

可以使用 Vim 摺疊形成模擬大綱，觀察你的檔案。請把摺疊方式定義為 indent：

```
:set foldmethod=indent
```

在我們的檔案中，定義 shiftwidth（tab 的縮排層級）為 4。現在我們可根據一行的縮排來打開或關閉摺疊。每個 shiftwidth（本例中為四欄的倍數）遇到有縮排的行，該行摺疊層級增加一。例如，範例檔案中的副標題的縮排為一個 shiftwidth，也就是四欄，因此摺疊層級即為 1；縮排八欄（兩個 shiftwidth）的行，其摺疊層級即為 2，依此類推。

我們可以使用 foldlevel 命令，控制看見的摺疊層級。它接受一個整數參數，只呈現摺疊層級小於等於參數的內容行。以我們的檔案為例，下列命令要求只檢視最高摺疊的標題：

    :set foldlevel=0

螢幕畫面將如圖 11-9 所示。

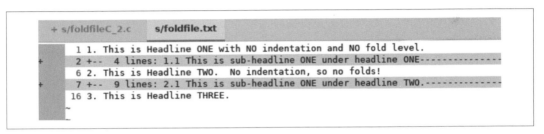

圖 11-9　執行 :set foldlevel=0 的結果（Linux gvim，配色方式：zellner）

透過將 foldlevel 設定為 2，來顯示包括項目符號在內的所有內容。然後顯示摺疊層級大於或等於 2 的所有內容，如圖 11-10 所示。

```
  + s/foldfileC_2.c     s/foldfile.txt

    1 1. This is Headline ONE with NO indentation and NO fold level.
    2     1.1 This is sub-headline ONE under headline ONE
    3         This is a paragraph under the headline.  Its fold
    4         level is 2.
    5     1.2 This is sub-headline TWO under headline ONE.
    6 2. This is Headline TWO.  No indentation, so no folds!
    7     2.1 This is sub-headline ONE under headline TWO.
    8         Like the indented paragraph above, this has fold level 2.
    9 +----  3 lines: - Here is a bullet at fold level 3.----------------------
   12         And, another set of bullets:
   13 +----  2 lines: - Bullet one.------------------------------------------
   15     2.2 This is heading TWO under Headline TWO.
   16 3. This is Headline THREE.
```

圖 11-10　執行 :set foldlevel=2 的結果（Linux gvim，配色方式：zellner）

可利用這項技巧檢閱檔案，使用 Vim 的摺疊遞增（zr）或遞增（zm）命令，即可快速地展開或摺疊可見的層級細節。

其他摺疊方式

我們的篇幅不夠討論所有摺疊方式，但為了引起各位的興趣，歡迎大家快速翻閱 syntax摺疊方式。

借用先前用過的 C 檔案，但這一次我們讓 Vim 根據 C 語法決定摺疊的對象。掌控在 C 裡摺疊的規則很複雜，但我們的簡單程式片段，已足以示範 Vim 的自動化能力。

首先，輸入 zE（刪除所有摺疊），確認清除所有摺疊。畫面上列出所有原始碼，在 foldcolumn 的留白上沒有任何可見標記。

使用下列命令，確認摺疊功能已開啟：

```
:set foldenable
```

手動摺疊前其實不需多此一舉；因為預設情況下，foldenable 設定為開啟、foldmethod設定為 manual。接著輸入兩個 Vim ex 命令：

```
:syntax on
:set foldmethod=syntax
```

摺疊效果如圖 11-11 所示。

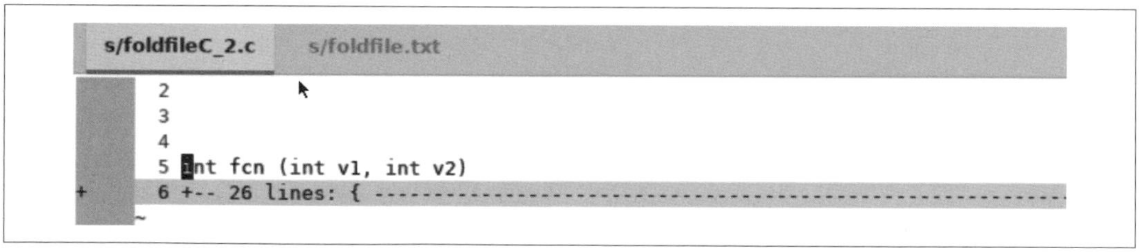

圖 11-11　執行 :set foldmethod=syntax 命令後（Linux gvim，配色方式：zellner）

Vim 摺起所有大括號圍起的程式區塊，因為這些區塊是 C 語言中的邏輯語意區塊（logical semantic blocks）。如果把游標移到本例的第 6 行，輸入 zo，Vim 將展開這個摺疊，並顯示它的內部摺疊。

每種摺疊方式都使用不同的摺疊定義規則。我們鼓勵大家捲起（摺疊？）自己的袖子，到 Vim 輔助說明裡，多加參考這些強大的方式。

Vim 的 diff 模式（透過 `vimdiff` 命令呼叫），是個能與摺疊、視窗、語法強調等功能結合的強力工具，稍後另有討論。如圖 11-12 所示，diff 模式呈現檔案間的差異，通常用於比較同一份檔案的兩個不同版本。

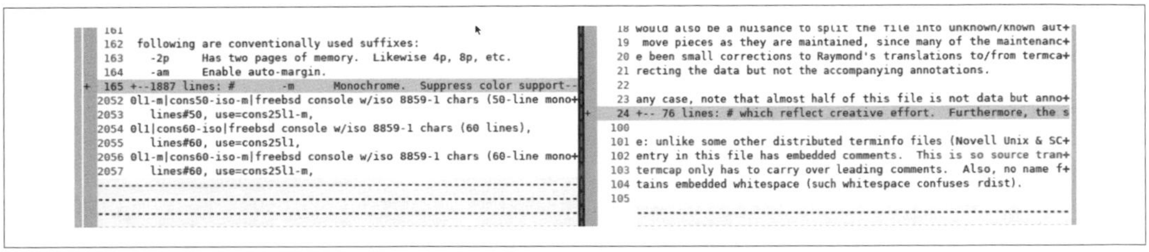

圖 11-12　Vim 的 diff 功能，結合摺疊的使用（Linux gvim，配色方式：zellner）

自動智慧縮排

Vim 提供了四種複雜和強大的方式來自動縮排文字。其中最簡單的形式，運作方式幾乎與 vi 的 autoindent 選項相同，而且 Vim 也確實使用相同名稱，來描述這項行為。（有關 vi 如何自動縮排的資訊，請參閱第 145 頁的「縮排控制」部分）。

我們可以簡單的在 `:set` 命令中，選擇指定縮排方式，例如：

    :set cindent

Vim 提供以下方法，依照遞增的複雜程度依序列出：

autoindent

　　自動縮排方式類似 vi 的 autoindent。兩者的細微差異，僅在於縮排刪除後的游標位置。

smartindent

　　這比 autoindent 稍微強大一點，它認得基礎 C 語法元素，用於定義縮排層級。

cindent

　　顧名思義，cindent 加入更多 C 語法理解能力，並在簡單的縮排層級上引入複雜的自訂方式。例如，cindent 的配置能調整為符合你（或你老闆）的程式設計風格，包括（但不侷限於）大括號（{}）如何縮排、大括號的位置安排、起始與結尾括號是否也要縮排，甚至能設定尋找內含的文字進行縮排。

indentexpr

让我们可以自訂表示式，Vim 則根據每一個新行開始時的狀況，對表示式進行檢查評估。有了這項功能，就能寫出自己的規則。詳細的說明，建議參考第十二章「Vim 指令稿」，並查閱 Vim 的輔助說明。如果其他三種方式，還無法提供足夠的自動縮排靈活性，那 indentexpr 一定能滿足你的需求。

Vim 自動縮排的擴充

Vim 的 autoindent 的動作，幾乎與 vi 類似，可以透過設定 compatible 選項，使兩者動作相同。Vim 對於 vi 的 autoindent 有一項很好的擴充：Vim 能夠識別檔案的「類型」，並在檔案中的某一行註解，超過設定一行限制需要繞排到下一個新行時，會適當加上註解字元。這項功能與 wrapmargin（文字遇到規定的右邊界 wrapmargin 欄，即換行繞排）或 textwidth（當一行的字元超過 textwidth 設定的字元，即換行繞排）共同運作。圖 11-13 顯示了相同輸入的結果，一個使用 Vim 擴充的自動縮排，另一個使用原本 vi 自動縮排。

```
 1 #! /bin/sh
 2
 3 if [ $xyz -eq 0 ]
 4 then
 5     # this block of comments I typed
 6     # with option textwidth set to 40,
 7     # autoindent on, and
 8     # (automatically), syntax=sh.
 9     # Notice how each line has the '#'
10     # with a separating space, all
11     # courtesy of vim's autoindent...
12     # now I will type the same text but
13     # instead with the option
14     # "compatible" (with vi) set...
15
16     # this block of comments I typed
17     with option textwidth set to 40,
18     autoindent on, and (automatically),
19     syntax=sh.  Notice how each line has
20     the '#' with a separating space, all
21     courtesy of vim's autoindent... now
22     I will type the same text but
23     instead with the option "compatible"
24     (with vi) set...
```

圖 11-13　Vim 和 vi autoindent 的差異（Linux gvim，配色方式：zellner）

注意在第二段文字區塊（第 16 行及以後）中沒有前置的註解字元。此外，使用 compatible 選項後（會模仿 vi 的行為），無法辨識 textwidth 選項，造成目前的文字，只會因為 wrapmargin 的值而繞排。

smartindent

smartindent 稍微擴充了一點 autoindent 的特性。它很有用，但是如果使用類似 C 的程式語言編輯原始碼，並且語法相當複雜，那麼使用 cindent 會更好。

smartindent 在以下情況下自動插入縮排：

- 新的一行，緊接在前一行含有左大括號（{）之後。

- 以 cinwords 選項中包含的關鍵字起始的行。

- 新的一行，建立在前一行起始符號為（}）之前；如果游標位在包含括號的行之上，且使用者輸入 O 命令（在目前位置的上方開啟新行），會建立新的一行。

- 新的一行，結尾是右大括號（}）。

> 通常，使用 smartindent 時應該打開 autoindent：
>
>   :set autoindent

cindent

一般使用類似 C 語言程式編譯的 Vim 使用者，會希望使用 cindent 或 indentexpr 進行縮排。儘管 indentexpr 更強大、更靈活、更適合自訂，但 cindent 對於大多數程式編譯任務而言更為實用。它有許多設定，可以滿足大多數程式人員的需求（和企業標準）。請試著使用 cindent 預設的設定，如果與你的標準不同，再自訂縮排格式。

> 若是 indentexpr 選項非空值，將覆寫 cindent 的動作。

三個選項定義了 cindent 的行為：

cinkeys
    定義讓 Vim 重新計算縮排的鍵盤按鍵組合。

cinoptions

　　定義縮排樣式。

cinwords

　　定義 Vim 應該在後續內容中，增加額外縮排的關鍵字。

cindent 使用 cinkeys 定義的字串，做為描述如何縮排的規則組合。我們將檢視 cinkeys 的預設值，再討論其他可以定義的設定，以及這些設定的運作方式。

cinkeys 選項

cinkeys 是一個以逗號分隔的值列表：

```
0{,0},0),:,0#,!^F,o,O,e
```

以下列出各個值，依照狀況情境做分隔，並對每種行為進行簡要描述：

0{

　　0（零）表示設定為前後文的行開頭（beginning of line），緊接著以 { 字元的情況。也就是說，如果一行中輸入的第一個字元為 {，Vim 將重新計算該行的縮排。

　　別把這個選項裡的 0，誤以為「在此處使用零縮排」，這是 C 語言縮排的常見做法。這裡的 0 表示「如果字元輸入的位置是一行的起始處」，而不是強迫字元顯示在一行的起始處。

　　預設 { 的縮排距離為零：除了現有縮排層級，不另行增加縮排。以下範例顯示典型效果：

```
main ()
{
    if ( argv[0] == (char *)NULL )
    { ...
```

0}, 0)

　　與前面的描述一樣，這兩個表示設定為前後文的行開頭。因此，若於行起始處輸入 } 或)，Vim 將重新計算縮排。

　　} 預設的縮排間距，與成對的起始括號 {，有著相同定義的距離。而) 的縮排距離，則是一個 shiftwidth。

:

這表示是 C 的標籤（label）或 case 語句的情況。如果 :（冒號）是標籤或 case 語句的結尾，Vim 會重新計算縮排。

: 的預設縮排距離為 1，該行中的第一欄。不要與零縮排弄混了，零縮排讓新的一行與前一行維持相同縮排層級。當縮排距離為 1，新一行的第一個字元將向左移到第一欄。

0#

這也是一行起始之處的情況。當 # 是輸入某行的第一個字元時，Vim 會重新計算縮排。

與前面的定義一樣，預設縮排將整行移動到第一欄。這與縮排第一欄裡開始的定義巨集（#define）習慣是一致的。

!^F

特殊字元 !，後續定義的任何字元，將觸發目前這一行縮排的重新計算。本例的觸發字元為 ^F，代表 CTRL-F，所以預設行為是讓 Vim 在我們按下 CTRL-F 時，重新計算目前所在行的縮排。

o

這個情況是定義我們在建立的任何新行，無論是於插入模式中按 ENTER 鍵，或是使用 o 命令（開啟新行）。

O

這個情況是涵蓋使用 O 命令，在目前這一行之上建立新行。

e

這是 *else* 情況。如果一行以 else 開頭，Vim 會重新計算縮排。在輸入 *else* 的最後一個「e」之前，Vim 都不會識別這個情況。

cinkeys 語法規則

每個 cinkeys 定義的組成，包括一個選用字首（! 或 * 或 0），以及重新計算縮排的按鍵。字首意義如下：

!

表示一個鍵（預設 CTRL-F ）讓 Vim 重新計算目前這一行的縮排。我們可以增加額外按鍵定義做為命令（使用 += 語法），而不覆寫既有的命令。換句話說，我們可以提供多組觸發行縮排的按鍵。任何加入 ! 定義中的按鍵，仍可繼續執行它的舊有功能。

*

要求 Vim 在插入指定按鍵前，重新計算目前行的縮排。

0

設定一行起始的情況。指定在 0 後的按鍵，只在輸入一行的第一個字元時，才會觸發縮排的重新計算。

請注意，vi 與 Vim 兩者對於「一行的第一個字元」與「一行的第一欄」的區別。你已經知道，按下 ^，可移動至一行的第一個字元，但不見得是第一欄（最靠左端的位置）；使用 I 插入內容時也是如此。同樣地，字首 0 套用於輸入第一行的第一個字元，無論是否靠左對齊。

cinkeys 具有特殊的關鍵字名稱，而且提供覆寫任何保留字元（例如前述的字首字元）的方式。專用的關鍵字選項如下：

<>

使用字面上形式的字元來定義關鍵字。對於特殊的非列印鍵，則使用它的唸法。例如說，字面上形式「:」可定義為 <:>，非列印鍵「向上箭頭」則可定義為 <Up>。

^

使用插入符號（^）代表控制字元。例如，^F 定義按鍵 CTRL-F 。

o、0、e、:
我們在 cinkeys 的預設值中看到這些特殊鍵值。

=word、=~word
使用這樣的關鍵字，來定義一個應該接受特殊行為的單字。一旦出現相符字串 word，而且是新行的第一個字，Vim 即重新計算縮排。

=~word 的形式與 =word 完全一樣，但它忽略大小寫差異。

不幸的是，*word* 一詞使用不當。更準確地說，它表示單字的開頭，因為只要字串比對符合就會觸發動作，但並未要求比對字串結尾也如同單字結尾。Vim 的內建輔助說明中，提到 end 可比對出 end 與 endif。

cinwords 選項

cinwords 定義關鍵字，在輸入這些關鍵字時，於下一行觸發額外縮排。選項的預設值是：

```
if,else,while,do,for,switch
```

已涵蓋了 C 語言的標準關鍵字。

這些關鍵字有大小寫之分。Vim 甚至忽略 ignorecase 選項的設定。如果需要關鍵字大小寫的多種組合，則需於 cinwords 字串中，指定所有可能的組合。

cinoptions 選項

cinoptions 控制 Vim 如何在編輯 C 語言程式的狀況下，重新縮排文字行的行為。其中包括控制一些原始碼格式標準的設定，例如：

- 由大括號（{}）圍起的程式區塊的縮排距離
- 當大括號接在條件式後時，是否加入新行（newline）
- 如何根據對應的大括號，所圍起的程式區塊進行對齊

cinoptions 的預設值，定義了 28 種設定：

```
s,e0,n0,f0,{0,}0,^0,:s,=s,l0,b0,gs,hs,ps,ts,is,+s,c3,C0,/0,(2s,us,U0,w0,W0,
    m0,j0,)20,*30
```

這個選項值的長度，應該能讓各位體會到 Vim 自訂縮排的方式有多少種。大多數以 cinoptions 自訂的縮排，依據區塊情況而略有不同。有些自定義的掃瞄距離（在檔案裡向前與向後的行數距離），用來建立在正確的情況下，適當計算縮排。

根據各種情況，更換縮排距離的設定，可以遞增或遞減縮排的層級。還有，也可以重新定義縮排使用的欄數。例如，設定 cinoptions=f5 能使起始大括號（{）的縮排為五欄，只要它並非位於其他大括號內。

另一種定義縮排遞增的方式，則是使用 shiftwidth 的某個倍乘數（不必為整數）。以前面範例而言，把 w 附加到定義中（即 cinoptions=f5w），起始大括號會移動五個 shiftwidth 的距離。

在任何數值前加入減號（-），可向左改變縮排層級（表示負向的縮排）。

 這個選項及其字串，在調整時需要非常小心。請記住，當使用 = 語法時，是完全重新定義一個選項。因為 cinoptions 可能有多組設定，請使用極小部分調整的命令做改變：+= 用於增加設定、-= 移除既有設定，透過 -= 後接著 += 則可改變現有設定。

接下來簡短列出你最可能想要修改的選項。它是 cinoptions 設定中的一小部分子集，或許將發現其他（或甚至全都）的設定，適合用於自行定義：

>n（預設為 s）

需要縮排的任何行，應該縮排的位置為 n。預設值為 s，表示預設的一行縮排距離為一個 shiftwidth。

fn, {n

f 定義一個非巢狀的起始大括號（{}）的縮排距離。預設值為零，讓大括號與它們在邏輯上的另一半括號相對齊。例如，一個接在 while 語句後的大括號，將被放置在 while 的 w 下。

{ 與 f 的行為相同，但套用至巢狀的起始大括號。它的預設縮排層級也是零。

圖 11-14 與 11-15，呈現兩個 Vim 裡縮排文字的範例，第一個範例的設定為 cinoptions=s,f0,{0，第二個範例的設定為 cinoptions=s,fs,{s。這兩個範例的 shiftwidth 均為 4（四欄）。

```
18
19 while (condition)
20 {
21     if (someothercondition)
22     {
23         printf("looks like I've got both conditions!\n");
24     }
25 }
26
```

圖 11-14　:set cinoptions=s,f0,{0 的結果（WSL Ubuntu Linux 終端畫面，配色方式：zellner）

```
26
27  while (condition)
28     {
29     if (someothercondition)
30        {
31        printf("looks like I've got both conditions!\n");
32        }
33     }
34
```

圖 11-15　:set cinoptions=s,fs,{s 的結果（WSL Ubuntu Linux 終端畫面，配色方式：zellner）

}*n*

使用這項設定，定義結尾右大括號（}）與其對應之大括號的偏移量。預設值為零
（對齊相對應的大括號）。

^*n*

如果起始大括號位在第一欄，則在一對大括號間（{...}），對目前的縮排距離增加 n。

:*n*, =*n*, b*n*

這三個設定控制 case 語句的縮排。使用 :，Vim 把 case 的標籤縮排 *n* 個字元，從對
應的 switch 語句開始計算。預設值為一個 shiftwidth。

= 根據相關的 case 標籤，定義各行程式的縮排。這些語句的預設縮排值為一個
shiftwidth。

b 定義放置 break 語句的位置。預設值（零）讓 break 與相關 case 區塊中的其他語句
對齊。任何不為零的值，均讓 break 與相關的 case 標籤對齊。

)*n*, **n

這兩項設定掃瞄行數，分別讓 Vim 尋找非結尾括號（預設為 20 行），以及未結束的
註解（預設為 30 行）。

顯然，最後這兩個設定，因為需要尋找對應內容，導致增加 Vim 的工作
量。使用現今功能強大的電腦，應該考慮增加這些項目值，以確保註釋和
括號，有更完整的控制比對範圍。

indentexpr

如果定義 indentexpr，它將覆寫 cindent，使用我們自訂縮排規則，為程式語言編輯所需而量身訂做。

indentexpr 定義表示式，檔案中每次建立新行時，都要計算縮排。這個表示式決定 Vim 用於縮排新行的數值。

除此之外，indentkeys 能像 cinkeys 一樣定義常用的關鍵字，出現這些關鍵字後，重新計算該行的縮排。

問題是，為一個語言從頭開始設計自訂縮排規則，可不是簡單的項目。請搜尋 $VIMRUNTIME/indent 目錄，查看使用者愛用的語言是否已在其中。快速瀏覽現今的版本（8.2 版），已經有 120 多個縮排檔案。

常見的程式設計語言都在囊括的範圍，包括 *ada*、*awk*、*docbook*（縮排檔名為 *docbk*）、*eiffel*、*fortran*、*html*、*java*、*lisp*、*pascal*、*perl*、*php*、*python*、*ruby*、*scheme*、*sh*、*sql* 和 *zsh*。甚至還有為 xinetd 定義的縮排檔案。

可以在 *.vimrc* 檔案中加入 filetype indent on 命令，要求 Vim 自動檢測檔案類型，並載入縮排檔案。現在，Vim 將嘗試偵測編輯中的檔案類型，並載入對應的縮排定義檔案。如果縮排規則無法滿足你的需求（例如，採用不熟悉或不想要的風格）可使用 :filetype indent off 命令關閉縮排。

我們鼓勵進階使用者多加探索，並從 Vim 提供的縮排定義檔案中學習。如果使用者發展出新的定義檔案，或改良了現有的檔案，我們都鼓勵大家上傳到 *vim.org*（*https://www.vim.org/*），有可能加入 Vim 套件喔！

關於縮排的最後叮嚀

在結束我們的討論前，值得再提醒一些使用自動縮排時的重點：

不做自動縮排時

任何時候，只要在編輯階段中「手動」針對具有自動縮排的行、改變它的縮排方式，Vim 將為該行加上標記，而後不再試著為該行自動縮排。

複製與貼上

當我們貼上文字到檔案中打開自動縮排的地方時，Vim 把貼上的文字視為一般輸入，而套用所有自動縮排規則。在大多數情況下，自動規則通常都不會符合我們的期望。任何對貼上文字的縮排，也會附加在已套用的縮排規則上。通常造成貼上文字的縮排太深而擠在畫面右邊，並未對應的向左邊縮回。

為了避免奇怪的狀況，還有在貼上文字時沒有副作用，請在增加匯入文字前，設定 Vim 的 paste 選項。paste 選項調整所有 Vim 自動功能，以忠實地容納貼上文字。想回到自動縮排模式時，只需以 :set nopaste 命令重設 paste 選項。

關鍵字和字典檔案的文字完成

Vim 提供了一套完整性的插入完成（*insertion completion*）功能。從特定的程式語言專用關鍵字，到檔案名稱、字典單字，甚至是一整行文字，Vim 都知道如何替未完成的文字，提供可能的文字補齊選項。不只如此，Vim 除了基於字典檔（dictionary）提取完整的語意，也包括了根據同義詞庫（thesaurus）所提供的同義字來完成文字。

本節中，我們將以範例說明各種不同完成文字的方式及語法，以及它們運作的方式。完成方式包括：

- 整行完成
- 以目前檔案關鍵字完成
- 以 dictionary 選項關鍵字完成
- 以 thesaurus 選項關鍵字完成
- 以目前及引用檔案關鍵字完成
- 以標籤完成（如同於 ctags）
- 檔案名稱的完成
- 以巨集完成
- 以 Vim 命令列完成
- 依使用者定義而完成
- 以 Omni 函式完成
- 拼字建議
- 以 complete 選項關鍵字完成

除了完成關鍵字，所有完成相關的命令均以 CTRL-X 起始。第二組按鍵則特別定義 Vim 嘗試的完成類型。例如，自動完成檔案名稱的命令是 CTRL-X CTRL-F 。可惜並非所有命令都這麼容易記憶。Vim 使用未映射的鍵，透過適當地映射命令，我們可以將大多數的命令縮短到二次按鍵。例如，可以將按鍵 CTRL-X CTRL-N 映射到 CTRL-N 。

所有完成的方式，幾乎都有一樣的行為：在我們輸入第二次按鍵時，會顯示一份重複循環的候選完成名單。因此，以透過 CTRL-X CTRL-F 選擇檔案名稱的自動完成為例，如果第一次沒有出現正確的字，我們可以重複按下 CTRL-F ，檢視其他選擇。此外，如果按下 CTRL-N （表示「下一個」），則會移動到下一種可能性， CTRL-P （表示「前一個」）則向後移動。

讓我們透過範例來看看其中一些自動補齊方法，並思考它們的用處。

插入模式中的補齊命令

這些方法「用於插入模式」的功能範圍，從簡單地在目前檔案中搜尋單字，到跨整個程式碼專案中的函數、變數、巨集和其他名稱。最後一種方法結合了其他方法的特性，在功能與複雜之間取得了很好的平衡。

使用者可能想依照自己喜歡的補齊方式，將命令映射到一個更容易使用的鍵。有人將命令映射到 TAB 鍵：

```
:imap Tab <C-P>
```

雖然犧牲了輕鬆插入 tab 字元的能力，但讓我們能使用相同於 DOS、shell（如 xterm、konsole）等命令列環境下的按鍵（預設按鍵），完成部分輸入的資訊。

請記住，我們始終可以透過使用 CTRL-V 引用它來插入 tab 字元。映射到 TAB 鍵，也與一般在 Vim 命令列模式的補齊相呼應。

以下章節描述了 Vim 提供我們多種補齊的方式。

整行補齊

透過呼叫 CTRL-X CTRL-L 來完成整行。這種方式會在目前檔案中，往回搜尋符合已輸入字元的行。我們嘗試使用一個範例，更清楚說明整行補齊的運作。

想像一個檔案，內容包含終端（terminal）或控制台（console）的定義說明，定義中描述終端機的功能及操縱方式。假設畫面類似如圖 11-16 所示。

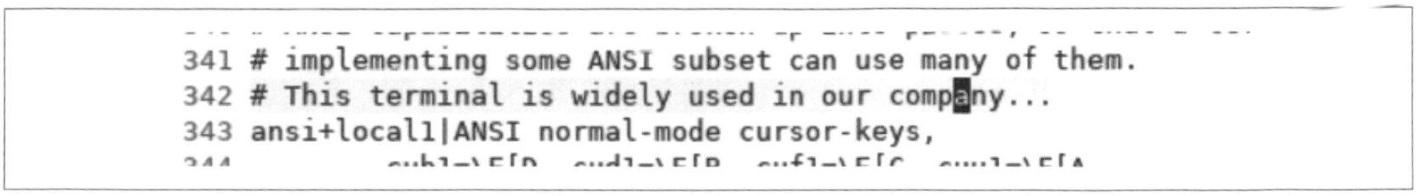

圖 11-16　整行補齊的範例（Linux gvim，配色方式：zellner）

請注意特別標示的地方，包含「This terminal is widely used in our company...」字樣。我們在很多地方都需要這行文字，正如文字內容，公司裡廣泛「widely used」使用這個終端裝置。只需輸入足夠文字，盡量讓這一行的內容獨一無二，然後按下 CTRL-X CTRL-L。因此，圖 11-17 中包含輸入部分文字行：

```
# Thi
```

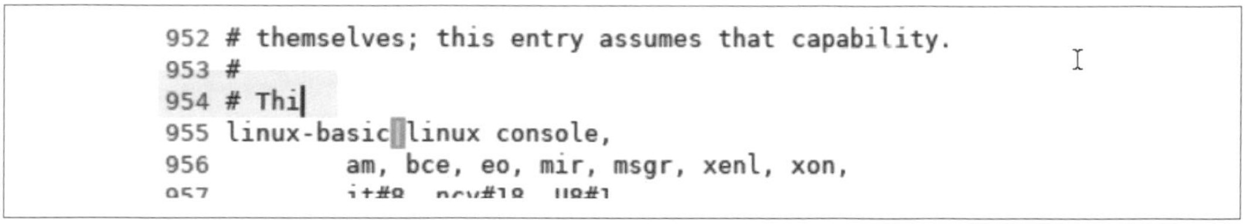

圖 11-17　已輸入部分文字行，正等待補齊（Linux gvim，配色方式：zellner）

在 CTRL-X CTRL-L 的影響下，使得 Vim 列出可能補齊整行的清單；清單依據之前在檔案中，已輸入的內容而列出。這份補齊清單，如圖 11-18。

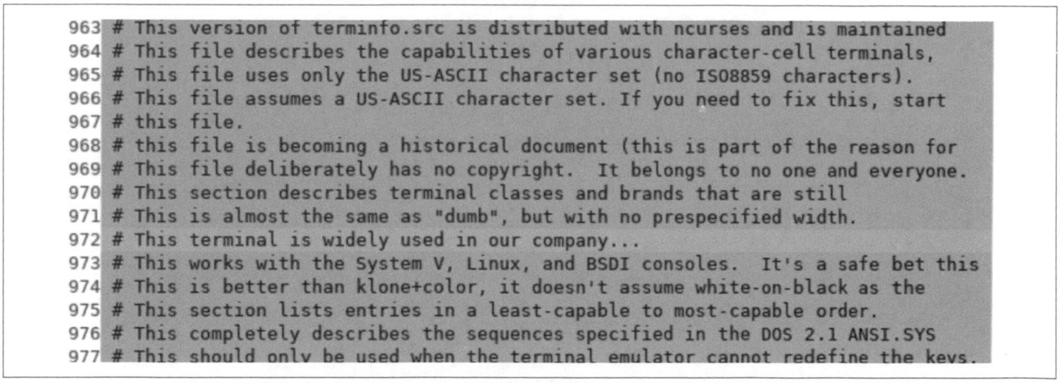

圖 11-18　輸入 CTRL-X CTRL-L 後（Linux gvim，配色方式：zellner）

在灰階的書本印刷上不容易看出來,但在彩色的畫面中會彈出不同顏色的清單視窗,視窗中包含多筆符合部分行內容的文字。在螢幕擷圖上看不見,但同時還呈現了相符文字的比對資訊。這個方式使用 complete 選項,定義搜尋相符文字的範圍。關於範圍,將於本節的最後一個方式中再詳細討論。

當我們在彈出的清單中向前(CTRL-N)或向後(CTRL-P)移動時,清單中的選項也會特別強調標示改變[5]。也可以使用方向鍵在清單中上下移動。按下 ENTER 即可選擇符合需求的選項。如果沒有可用的選項,按下 CTRL-E ,停止比對且不取代任何文字。游標則回到輸入部分內容時的原始位置。

圖 11-19 呈現從清單中選擇所需選項後的結果。

```
954 # This entry is good for the 1.2.13 or later version of the Linux console.
955 # This terminal is widely used in our company...|
956 linux-basic█linux console,
---
```

圖 11-19 輸入 CTRL-X CTRL-L 後,選擇符合需求的文字行(Linux gvim,配色方式:zellner)

依照檔案中關鍵字補齊

CTRL-X CTRL-N 在目前的檔案中,向前搜尋符合游標前方字元的關鍵字。輸入按鍵組合後,可使用 CTRL-N 或 CTRL-P 分別向前或向後搜尋。按下 ENTER 即可選擇想要的選項。也可以使用方向鍵在清單中上下移動。

請注意,此處「關鍵字」的定義很鬆散。雖然它很接近程式設計師熟悉的「關鍵字」,但確實可以比對出檔案中的任何單字。在 iskeyword 選項中,單字被定義為一組連續的字元。iskeyword 的預設值已經很健全,但如果想要納入或排除某些標點符號,我們可以重新定義該選項。iskeyword 中的字元,可以直接指定(例如 a-z),或以 ASCII 碼指定(例如使用 97-122 代表 a-z)。

例如,預設值允許底線做為單字的一部分,但將句點或連字符號視為分隔符號。這項規則適用類似 C 的程式語言,但或許不是其他環境中的最佳選擇。

---

[5] 彈出清單在 gvim 才看得到;Vim 的表現方式不太一樣。

依照字典檔補齊

使用 CTRL-X CTRL-K 向前搜尋定義在 dictionary 選項中的關鍵字，尋找是否有符合游標前方字元的關鍵字。

dictionary 選項的預設為未定義。有幾個常見的地方能找到字典檔案，使用者也可以自己手動定義。最常見的字典檔案是：

- */usr/share/dict/words*（在 MS-Windows 中的 Cygwin 或 Ubuntu GNU/Linux）
- */usr/share/dict/web2*（FreeBSD）
- *$HOME/.mydict*（個人的單字字典檔）

依照同義字補齊

CTRL-X CTRL-T 向前搜尋由 thesaurus 選項定義的檔案，尋找是否有符合游標前方字元的關鍵字。

這種方式提供了一個有趣的轉折點。當 Vim 找到相符文字後，如果在同義單字檔案中的那一行包含多個單字，Vim 會把所有列出的單字放入候補清單裡。

從表面上看（亦由選項的名稱所暗示），這種方式提供同義字，但允許我們自訂標準。以下列包含多行的檔案為例[6]：

```
fun,enjoyable,desirable
funny,hilarious,lol,rotfl,lmao
retrieve,getchar,getcwd,getdireentries,getenv,getgrent,getgrgid,...
```

前兩行是典型的英語同義字（分別對應至「fun」與「funny」），但第三行則可能對經常插入，以 get 作為函數名稱開頭的 C 程式設計師很有用。我們用在這些函數的同義字是「retrieve」。

實際上，我們會將英語與 C 語言的同義字區分開來，因為 Vim 可以搜尋多份同義字檔案。

在輸入模式中，輸入 fun，然後按下 CTRL-X CTRL-T。圖 11-20 呈現 gvim 彈出視窗的結果。

6　注意每一行同義字中的單字用逗號分隔。若在單字中要包含逗號，請用反斜線引用它。

```
22
23  " this is fun_
24            fun        ./samplefiles/thesaurus.txt
25  " set fol enjoyable ./samplefiles/thesaurus.txt
26  "set fold desirable ./samplefiles/thesaurus.txt
27  "set fold funny     ./samplefiles/thesaurus.txt
28  set js    hilarious ./samplefiles/thesaurus.txt
29  set mouse lol       ./samplefiles/thesaurus.txt
30  set terse rotfl     ./samplefiles/thesaurus.txt exrc wc=<Tab> more
31  set histo lmao      ./samplefiles/thesaurus.txt tyfast
```

圖 11-20　「fun」的同義字補齊（WSL Ubuntu Linux，配色方式：zellner）

請注意以下幾點：

- Vim 在同義字記錄中，會盡可能比對找到任何單字，而不僅僅是同義字檔案中的每一行的第一個詞。

- Vim 包含來自同義字檔中各行的候選單字，這些單字符合游標前方的關鍵字。因此，本例將找出「fun」與「funny」。

> 另一項有趣、或許意想不到的同義字行為是，比對可能發生在一行同義字中的任何地方，而不只有第一個單字。例如，在前面的範例中：
>
>   funny hilarious lol rotfl lmao
>
> 如果你輸入 hilar 並嘗試補齊這個字；在 Vim 列出的清單中，將包含該行中 hilarious 以後的每個單字，也就是包含 hilarious、lol、rotfl、lmao。有趣吧！

是否注意到候選清單中的額外資訊嗎？把 preview 加入 completeopt 選項中，即可從 Vim 取得候選單字的來源資訊，並呈現於彈出的選單中。

再來看一個範例，仍使用稍早的相同檔案，輸入部分單字 retrie。如此會符合「retrieve」，我們喜歡將「getting」東西，作為輔助記憶的同義詞，並且將所有「get」函式名稱都列為同義詞。現在按下 CTRL-X CTRL-T ，為我們提供所有函式，在彈出選單中（在 gvim 中），作為完成單字的選項。請參考圖 11-21。

```
22
23  " Now create a retrieve_
24                retrieve        ./samplefiles/thesaurus.txt
25  " set foldcolu getchar        ./samplefiles/thesaurus.txt
26  "set foldmetho getcwd         ./samplefiles/thesaurus.txt
27  "set foldlevel getdireentries ./samplefiles/thesaurus.txt
28  set js         getenv         ./samplefiles/thesaurus.txt
29  set mouse=a    getgrent       ./samplefiles/thesaurus.txt
30  set terse sw=1 getgrgid       ./samplefiles/thesaurus.txt ab> more
31  set history=10 getgrnam       ./samplefiles/thesaurus.txt
32  set novisualbe gethostbyaddr  ./samplefiles/thesaurus.txt
33  set nrformats= gethostbyname  ./samplefiles/thesaurus.txt
34  set dictionary getmntent      ./samplefiles/thesaurus.txt
```

圖 11-21　字串 retrie 的同義字補齊（WSL Ubuntu Linux，配色方式：zellner）

與其他補齊方式一樣，按下 ENTER 即可選擇需要的選項。

> 同義單字不應與拼字檢查相互混淆，拼字檢查是 Vim 另一個不錯的功能。
> 可參考第 325 頁的「拼字」章節有更詳細的討論。

依照目前檔案和引用檔案的關鍵字來補齊

這個功能對 C 和 C++ 程式開發人員很有用，其中 #include 檔案被大量使用。 CTRL-X CTRL-I 在目前和引用的檔案中，向前搜尋比對游標前方的關鍵字。這個方式與「搜尋目前檔案」（ CTRL-X CTRL-P ）的不同之處在於，Vim 檢查目前檔案對引用（ include ）檔案的參照，一併搜尋。

Vim 使用 include 中的值，檢測引用檔案的內容。預設值是一種樣式，告訴 Vim 尋找符合標準 C 結構的行：

```
# include <somefile.h>
```

在這個例中，Vim 將至系統的標準引用目錄中的 somefile.h 檔案中尋找。Vim 也會使用 path 選項，做為尋找引用檔案時的目錄清單。

依照標籤補齊

CTRL-X CTRL-] 在目前標籤與引用檔案中向前搜尋，尋找符合標籤的關鍵字。有關標籤的討論，請參考第 149 頁的「使用標籤（tags）」部分。

依照檔案名稱補齊

CTRL-X CTRL-F 尋找符合游標前面字元的檔案名稱。請注意,這會導致 Vim 使用檔案名稱來完成關鍵字,而不是檔案中的單字。

 從 Vim 8.2 開始,Vim 只搜尋目前目錄下,尋找可能符合的檔案名稱。這與許多使用 path 選項搜尋檔案的 Vim 功能,形成鮮明的對比。內建的 Vim 輔助說明中,暗示這項行為只是暫時性,它說只是「尚未使用」path。然而,這樣的情況已經持續十多年。

依照巨集與定義名稱補齊

CTRL-X CTRL-D 在目前檔案及引用檔案中向前搜尋,尋找巨集名稱和 #define 指令所做的定義。

依照 Vim 命令列補齊

這個方式以 CTRL-X CTRL-V 啟動,用於 Vim 命令列,並試圖猜測補齊單字的最佳選擇。提供這個功能,在於協助使用者開發 Vim 指令稿。

依照使用者函式補齊

這個方式以 CTRL-X CTRL-U 啟動,讓我們以自訂的函式內容來補齊文字。Vim 使用 completefunc 選項指定的函式而補齊內容。關於撰寫指令稿及 Vim 函式的設計,請參考第十二章。

依照 omni 函式補齊

這個方式以 CTRL-X CTRL-O 啟動,使用使用者定義的函式,與之前的使用者函式方法非常相似。明顯的差異在於,這個方式會預期函式依檔案類型而不同,因而在載入檔案時才決定並載入所需函式。omni 函式可支援 C、CSS、HTML、JavaScript、PHP、Python、Ruby、SQL、XML 的檔案。

拼字建議

這個方式以 CTRL-X CTRL-S 執行。以游標前的字元做為基礎,讓 Vim 提供完成單字的候選清單。如果單字看起來有拼字錯誤,則 Vim 會提供「較正確」的拼字方式。

依照 complete 選項關鍵字補齊

這是最通用的選項，以 CTRL-N 啟動，可讓我們結合其他所有搜尋。對許多使用者而言，這應該是最令人滿意的方式，因為它幾乎不需要理解個別具體方法的細微區別。

可以在 complete 選項中，設定可用來源（中間以逗號分隔），即可定義這項補齊動作的位置及方式。每一個可用來源以單一字元表示。選擇包括：

. （點號）

搜尋目前的緩衝區

w

搜尋其他視窗的緩衝區（包含 Vim 在螢幕中的工作階段）

b

搜尋緩衝區清單中，其他已載入的緩衝區（可能無法在任何 Vim 視窗中看到）

u

搜尋緩衝區清單中，未載入的緩衝區

U

搜尋不在緩衝區清單中的緩衝區

k

搜尋字典檔案（列在 dictionary 選項中）

kspell

使用目前的拼字檢查格式（這是唯一不是單一字元的選項）

s

搜尋同義字檔案（列在 thesaurus 選項中）

i

搜尋目前與引用檔案

d

在目前與引用檔案中搜尋定義的巨集

t、]

搜尋標籤補齊

關於 Vim 自動補齊功能的最後叮嚀

我們已經介紹了很多關於自動補齊的相關內容，但還有更多其他的部分。投入一些時間，熟練自動補齊的方法，將帶來很大的回報。如果經常需要編輯，而且有任何文字註記或內容修改，請試著找出最適合的方式好好學習。

最後一點：具有兩組按鍵的組合（如果你是典型的 Unix 使用者，把按鍵組合視為「不只一個鍵」），可能容易出現錯誤，尤其是這裡的按鍵組合都與 CTRL 鍵有關。如果覺得自己經常大量使用到自動完成，可考慮把最喜歡的自動補齊方式映射到一個或一組按鍵。大量自動補齊的命令，縮短成原來命令的一半，將提高不少效率。

接下來的範例，示範我們為何發現這種自訂方式很有價值。如前所述，倘若將 TAB 映射鍵到常用關鍵字比對。在使用 DocBook XML 標記編輯本書（第七版）時，作者輸入「emphasis」超過 1,200 次！（對檔案使用 grep 得到的結論）使用關鍵字補齊，我們知道「emph」只會比對出一個選擇，也就是想要的「emphasis」標籤。因此，每次出現這個單字時，至少節省按下另外三個鍵（假設輸入前三個字母時都很完美），合起來總共省下 3,600 次按鍵的動作！

再提供另一種衡量完成效率的方法：作者已經知道自己 1 秒大約輸入 4 個字元，因此把輸入這個關鍵字省下 3,600 按鍵，除以 4，表示節省 15 分鐘。對於相同的 DocBook 檔案，也以相同的方式完成了另外 20 到 30 個關鍵字。節省的時間快速增加！

標籤的堆疊

標籤的堆疊在前面第 153 頁的「標籤堆疊」一節中已進行討論。

除了在搜尋的標籤之間來回移動之外，還可以在許多符合搜尋的標籤中進行選擇。我們也可以用一個命令，達成標籤選擇與視窗分割。表 11-1，列了在 Vim 中用於處理標籤的 ex 模式命令。

表 11-1　Vim 的標籤命令

命令	函式
ta[g][!][*tagstring*]	如 tags 檔案的定義，編輯包含 *tagstring* 的檔案。如果目前的緩衝區已被修改但尚未儲存，! 可強迫 Vim 切換至新檔案。檔案是否會被另外寫入，需根據 autowrite 選項的設定而定。
[*count*]ta[g][!]	跳至標籤堆疊中第 *count* 個新的項目。

命令	函式
[*count*]po[p][!]	從堆疊中彈出游標位置,將游標恢復到之前的位置。如果有 *count*,則移到第 *count* 個舊的項目。
tags	顯示標籤堆疊的內容。
ts[elect][!][*tagstring*]	利用標籤檔案中的資訊,列出符合 *tagstring* 的標籤。如果沒有指定 *tagstring*,則使用標籤堆疊中最後一個標籤的名稱。
sts[elect][!][*tagstring*]	與 :tselect 相似,但是對選擇的標籤做分割視窗。
[*count*]tn[ext][!]	向後跳到第 *count* 個符合的標籤。(預設值為 1)
[*count*]tp[revious][!]	向前跳到第 *count* 個符合的標籤。(預設值為 1)
[*count*]tN[ext][!]	
[*count*]tr[ewind][!]	跳到第一個符合的標籤。如果有提供 *count*,則跳到第 *count* 個符合的標籤。
tl[ast][!]	跳到最後一個符合的標籤。

一般來說,Vim 會顯示跳到哪一個標籤,以及總共有幾個標籤。例如:

```
tag 1 of >3
```

大於符號(>)表示還沒有嘗試所有的符合結果。你可以使用 :tnext 或 :tlast 來切換更多的符合。如果因為某些其他的資訊,而未顯示這個訊息,可以使用 :0tn 命令。

以下是 :tags 命令的輸出結果如下,目前的位置則由大於符號(>)標示:

```
  # TO tag       FROM line in file
  1  1 main           1 harddisk2:text/vim/test
> 2  2 FuncA          58 -current-
  3  1 FuncC         357 harddisk2:text/vim/src/amiga.c
```

:tselect 命令可以讓我們從多個符合的標籤中作選擇。而「優先順序」(pri)欄位則指示符合的程度(全域或靜態標籤、是否分辨大小寫等等);在 Vim 文件中有更詳細的解說。

```
  nr pri kind tag            file ~
   1 F   f    mch_delay      os_amiga.c
                             mch_delay(msec, ignoreinput)
>  2 F   f    mch_delay      os_msdos.c
                             mch_delay(msec, ignoreinput)
   3 F   f    mch_delay      os_unix.c
                             mch_delay(msec, ignoreinput)
Enter nr of choice (<CR> to abort):
```

:tag 與 :tselect 命令可以接受一個以 / 開頭的參數。在這種情況下，命令將參數視作為正規表示式，Vim 將搜尋指定的正規表示式，比對所有符合的標籤。

例如，:tag /normal 可找出巨集 NORMAL、函式 normal_cmd 等等。請使用 :tselect /normal 再加上所需的標籤編號。

Vim 命令模式的標籤命令列於表 11-2 中介紹。除了使用鍵盤，如果 Vim 啟動了滑鼠支援，也可以使用滑鼠。

表 11-2　Vim 命令模式的標籤命令

命令	功能
^]	在 *tags* 檔案中，搜尋目前游標位置下的識別字，然後移動到那個位置。目前的位置會自動被推入標籤堆疊。
g <LeftMouse> CTRL-<LeftMouse> ^T	回到標籤堆疊中的上一個位置，也就是彈出一個元素。前面加上計數值，表示要彈出的元素數量。

表 11-3 中描述影響標籤搜尋的 Vim 選項。

表 11-3　Vim 標籤管理相關選項

選項	功能
taglength, tl	控制要搜尋的標籤中有效字元的數量。預設值為零，表示所有字元都是有效字元。
tags	其值是搜尋標籤所使用的目錄與檔名列表。有一種特殊情況是，如果檔名以 ./ 開頭，則點號會被替換成目前檔案路徑中的目錄部分，讓 *tags* 檔案可以在不同的目錄中使用。預設值是 ./tags,tags。
tagrelative	如果設為 true（預設值），並且在其他目錄中使用 *tags* 檔案，則 *tags* 檔案中的檔名會被當成相對於 *tags* 檔案所在的目錄。

Vim 可以使用 Emacs 風格的 *etags* 檔案，但只是為了向下相容性；這種格式在 Vim 的說明文件中沒有介紹，也不鼓勵使用 *etags* 檔案。

最後，Vim 也會尋找包含游標的整個單字，而不是只尋找從游標位置開始的一部分單字。

語法特別標示

Vim 對 vi 最有力的強化功能之一，就是語法特別標示（syntax highlighting）。Vim 的語法格式極為依賴色彩的使用，但也在不支援色彩的螢幕上做了相當大程度的降級。本節將討論三個主題：入門、自訂特別標示、從頭開始動手做。Vim 的語法特別標示，包含的功能已超出本書範圍，所以我們把重點放在提供資訊，並讓使用者熟悉它的操作，能根據自己的需求擴充特別標示。

因為 Vim 的語法特別標示主要帶來色彩層面的影響，但本書不是彩色的，我們強烈建議動手嘗試語法特別標示，才能充分體會顏色在定義文字情況的效力。從未遇到使用過語法特別標示後，仍然拒絕使用這項功能的使用者[7]。

入門

顯示檔案的語法特別標示很容易。只需執行下列命令：

```
:syntax enable
```

如果一切順利，而且你也用正式的語法編輯檔案，例如某種程式語言，應該會看到文字以各種顏色呈現，一切都視情況與語法決定。如果沒有任何變化，可嘗試著打開語法標示設定：

```
:syntax on
```

當語法不足夠的時後

開啟語法特別標示的選項應該就已足夠了，但是我們遇過需要更多額外工作的情況。

如果還是看不到語法特別標示，可能是 Vim 不曉得你的檔案類型，因此不瞭解哪種語法才合適。發生這種情況的原因有很多。

7　好吧，除了我們的一位審稿人員！

例如，你建立一個新檔案，且未使用能辨識的字尾（副檔名），或根本沒有字尾，Vim 就無法判斷檔案類型，因為該檔案是新的、空無一物。假如，寫了一個沒加上 .sh 字尾的 shell 指令稿。每個新 shell 指令稿的編輯生命週期，都是從沒有語法特別標示開始。幸好，在檔案逐漸加入程式碼後，Vim 就知道如何找出檔案類型，語法特別標示也將如預期般運作。

但 Vim 還是有可能（雖然可能已經很低）不認得你的檔案類型。這種情況很稀少，通常只是需要明確地指定檔案類型，因為已經有許多人為各種程式語言寫好語法檔案。不幸的是，從頭開始建立一份語法檔案是一項複雜的終生事業；本章稍後會提供一些提示。

可以從 ex 命令列中手動設定語法，強制 Vim 使用我們選擇的語法特別標示來呈現。以編輯一份 shell 指令稿為例，我們總是用以下方式定義語法：

```
:set syntax=sh
```

後面第 308 頁的「透過指令稿進行動態檔案類型配置」章節部分，提供一種避免此步驟的巧妙但迂迴的方法。

當開啟語法特別標示後，Vim 依照固定步驟而設定它。以不陷入太多技術細節為前提，簡而言之，Vim 最終能決定我們的檔案類型、找到適當的語法定義檔案，並為載入該檔案。語法檔案的標準儲存位置在 *$VIMRUNTIME/syntax* 目錄中。

語法定義的涵蓋範圍究竟有多大？以 Vim 的語法檔案目錄下而言，包含將近 *500 種語法檔案*。可使用的語法範圍，從程式語言（C、Java、HTML）到內容（calendar），再到組態指令檔案（*fstab*、*xinetd*、*crontab*）等等。如果 Vim 無法識別你的檔案類型，可試著在 *$VIMRUNTIME/syntax* 目錄下，尋找一個最接近的語法檔案。

自訂

開始使用語法特別標示後，可能會發現某些顏色不適合自己。也許是不容易看出來，或者是不符合你主觀認定。Vim 有幾種方式可以自訂和調整顏色。

在採取激烈手段之前（例如，動手撰寫自己的語法，如下一節所述），有幾件事可以嘗試，讓語法特別標示適合你的需求。

造成失控的語法特別標示，兩個最常見、最引人關注的議題是：

- 對比度差，色彩太相近，很難看出彼此間的差異
- 色彩太多、太花悄，使內容看起來很刺眼

雖然這兩項都是主觀意見，但 Vim 能讓我們動手修改，仍是一件好事。命令 colorscheme 與 highlight，以及選項 background，大概能滿足所有使用者對色彩的偏愛。

還有幾個其他命令與選項，能自訂我們的語法特別標示。在簡短介紹語法群組後，我們將於其後章節討論這些命令與選項，並特別強調前面提到的三個。

語法群組

Vim 把不同類型的文字區分群組。這些群組各自接受顏色與特別標示定義。此外，Vim 也接受群組中的群組。我們可以在不同層級處理不同定義。如果對包含子群組的群組指派定義，每個子群組都會繼承父群組的定義，除非子群組另有定義。

語法特別標示時層級較高的群組包含：

註解（*Comment*）

程式語言專用的註解，例如：

```
// I am both a C++ and a JavaScript comment
```

常數（*Constant*）

任何常數，例如 TRUE。

識別字（*Identifier*）

變數與函式名稱

型別（*Type*）

宣告，例如 C 語言裡的 int、struct

特殊字元（*Special*）

特殊字元，例如分隔用的字元

先不管**特殊**群組，我們可以看看子群組的範例：

- 特殊字元（SpecialChar）

- 標籤（Tag）

- 分隔字元（Delimiter）

- 特殊註解（SpecialComment）

- 除錯（Debug）

對於語法特別標示、群組與子群組有了基本認識後，現在知道足夠的資訊，能修改語法特別標示來滿足我們的喜好。

colorscheme 命令

這個命令重新定義這些語法群組，為不同語法特別標示改變顏色，例如註解、關鍵字、字串。Vim 提供以下配色方式選擇[8]：

```
blue      delek    evening   murphy     ron      torte
darkblue  desert   koehler   pablo      shine    zellner
default   elflord  morning   peachpuff  slate
```

這些檔案在目錄 *$VIMRUNTIME/colors* 中。使用以下命令即可啟用想要的配色：

```
:colorscheme scheme_name
```

在 Vim 和 gvim 中，可以透過這種方式快速循環瀏覽不同的配色方式：輸入部分命令 :color，按下 TAB 完成命令，緊接著按空白鍵，然後反覆按 TAB，就可以循環選擇不同的項目。

在 gvim 中，做選擇就更加容易了。點選編輯選單，將滑鼠移到配色方式子選單上，然後剪切下選單。現在只要點選按鈕，就能看到不同配色選擇了。

有許多種配色方式可以使用，全部由 Vim 的使用者社群所提供。使用者可能對 GitHub 儲存庫更感興趣（*https://github.com/flazz/vim-colorschemes/tree/master/colors*），其中有近千種配色方式可供下載。

8　我們注意到，Vim 在一些不同版本上的預設配色方式可能略有不同。

設定 background 選項

當 Vim 設定色彩時,它首先嘗試判斷螢幕上的背景顏色。Vim 只有兩類背景色:深色或淺色。根據 Vim 的判斷,分別設定不同的色彩,希望配色結果與背景搭配得宜(搭配是指良好的色彩對比與顏色相容性)。雖然 Vim 非常努力,正確的評估卻非常困難,關於深色或淺色的安排是很主觀的。有時候,對比配色把工作階段的畫面變得看起來不舒服,有時候可能無法閱讀。

所以,如果色彩看起來不順眼,可試著明確選擇背景設定。首先確認設定:

```
:set background?
```

這樣就可以知道設定是否改變。然後使用如下命令:

```
:set background=dark
```

使用 background 選項搭配 colorscheme 命令,即可仔細微調螢幕畫面顏色。兩者的結合通常能產生令人滿意、看起來舒適的配色。

highlight 命令

Vim 的 highlight 命令能操縱不同群組,並在編輯階段中控制不同群組如何特別標示。這個命令很強大。我們可以用清單條列的方式,檢視各種群組的設定,也可以請求列出特定群組特別標示的顏色資訊。例如:

```
:highlight comment
```

回傳的結果如圖 11-22。在結果中,第一個文字小段,列出了特別標示的名稱(在本例中為「Comment」)。

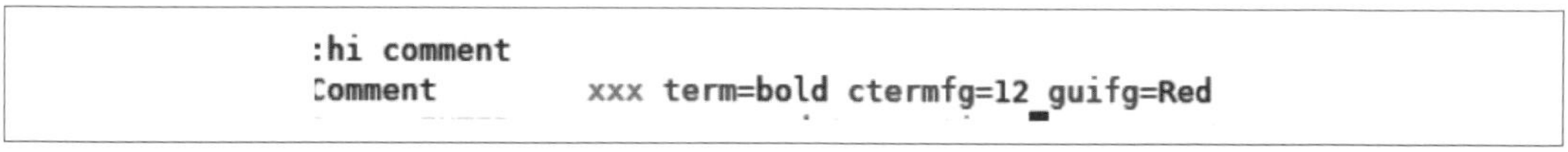

```
:hi comment
Comment          xxx term=bold ctermfg=12 guifg=Red
```

圖 11-22 highlight 命令執行註解的結果(WSL Ubuntu Linux 終端畫面,配色方式:zellner)

第二個文字小段,始終顯示字串「xxx」,並且會以如先前在同終端機或 GUI 裡所定義的特別標示之樣式來呈現。輸出結果可以看出,在檔案中的註解是如何呈現。文字 xxx 在頁面上是深灰色,但在實際螢幕中,它是紅色[9]。term=bold 表示在不支援色彩的終端介面上,註解文字將以粗體呈現。ctermfg=12 表示在彩色的終端介面上,例如彩色螢幕上

9　由圖 11-22 至圖 11-27 的彩色畫面,請參考 O'Reilly 網站(*https://oreil.ly/LhSuQ*)。

的 xterm，註解文字的前景（文字）色彩將符合 DOS 版的深藍色。最後，guifg=Red 表示 GUI 介面，將以前景為紅色呈現註解文字。

 與現在的 GUI 相比，DOS 能用的色彩組合是有較多限制。DOS 的色彩只有八種：black、red、green、yellow、blue、magenta、cyan、white。每一個都能設置為文字前景色或背景色，亦可選擇定義為「明亮」（bright），也就是在螢幕畫面上較為明亮的色彩。Vim 使用類似對應的方式，來定義非 GUI 視窗中的文字顏色，例如在 xterms 中。

GUI 視窗提供幾乎無限的色彩定義。Vim 讓我們使用常見的名稱定義色彩，例如 Blue，但也可以把色彩定義為 red、green、blue。格式為 #rrggbb，其中 # 是字元，而 rr、gg、bb 則是代表色彩層次的十六進制數值。例如，紅色可以用 #ff0000 定義。

使用 highlight 命令，來改變不喜歡的群組設定。我們的 GUI 會把這個檔案中的識別字（Identifier）顯示為深青色，如圖 11-23 中所示：

    :highlight identifier

```
Constant     xxx term=underline ctermfg=4 guifg=Magenta
Special      xxx term=bold ctermfg=5 guifg=SlateBlue
Identifier   xxx term=underline ctermfg=3 guifg=DarkCyan
Statement    xxx term=bold ctermfg=6 gui=bold guifg=Brown
PreProc      xxx term=underline ctermfg=5 guifg=Purple
Type         xxx term=underline ctermfg=2 gui=bold guifg=SeaGreen
Underlined   xxx term=underline cterm=underline ctermfg=5 gui=underline guifg=SlateBlue
Ignore           ctermfg=15 guifg=bg
Error        xxx term=reverse ctermfg=15 ctermbg=12 guifg=White guibg=Red
Todo         xxx term=standout ctermfg=0 ctermbg=14 guifg=Blue guibg=Yellow
String       xxx links to Constant
Character    xxx links to Constant
Number       xxx links to Constant
Boolean      xxx links to Constant
Float        xxx links to Number
Function     xxx links to Identifier
```

圖 11-23　識別字的特別標示

我們可以使用下列命令重新定義識別字的顏色：

    :highlight identifiers guifg=red

現在，所有畫面上的識別字都變成（相當難看的）紅色。這類自訂的配色非常沒有彈性：它會套用到各種檔案上，而且不會配合不同背景或配色而改變。

需要知道有多少 highlight 的定義及設定值，一樣利用 highlight：

```
:highlight
```

圖 11-24 顯示 highlight 命令執行後的一小部分結果。

```
Identifier    xxx term=underline ctermfg=9 guifg=red
Statement     xxx term=bold ctermfg=4 guifg=Brown
PreProc       xxx term=underline ctermfg=13 guifg=Purple
Type          xxx term=underline ctermfg=9 guifg=Blue
Underlined    xxx term=underline cterm=underline ctermfg=5 gui=underline guifg=SlateBlue
```

圖 11-24　:highlight 命令的部分結果（WSL Ubuntu Linux 終端畫面，配色方式：zellner）

請注意有幾行包含完整定義（列出 term、ctermfg 等等），同時有些則接受父群組的屬性
（例如 String 連結到 Constant）。

覆寫語法檔案

在前一節中，我們學到如何一次定義整個語法群組的屬性。假設我們只想修改一兩個語
法定義時，Vim 利用 *after* 目錄達成需求。這是個可以建立無數個語法檔案在 *after* 目錄
之中，Vim 將在正常語法檔案之後執行這些檔案。

如此，只需將 *after* 的目錄路徑加入到 runtimepath 選項中，*after* 目錄中的特定檔案，包
含特別標示命令（「after」這個字的概念，蘊含了在處理任何命令之後）。現在當 Vim
為檔案類型設定語法特別標示規則時，也會執行在 *after* 檔案中的自訂命令。

例如，我們使用 xml 語法的 XML 檔案進行自訂規則。也就是說，Vim 從語法目錄裡載
入檔案 *xml.vim* 的語法定義。與前面的範例一樣，我們希望將識別字定義為紅色。所以
建立一個名為 *xml.vim* 的檔案，儲存在 ~/*.vim/after/syntax* 目錄下。在檔案 *xml.vim* 中，
有這麼一行：

```
highlight identifier ctermfg=red guifg=red
```

在執行上述自訂項目前，還需確認 ~/*.vim/after/syntax* 的路徑已加入 runtimepath 之中：

```
:set runtimepath+=~/.vim/after/syntax        設定於 .vimrc 檔案中
```

為了使改變永久固定，這一行當然要放入我們的 *.vimrc* 檔案中。

現在，每當 Vim 載入 xml 的語法定義時，都會用我們自己的自訂覆蓋識別字的定義。

自己動手做

有了前面部分的基礎，我們現在有足夠的知識來撰寫自己的語法檔案，儘管它們可能很簡單。但在我們全面投入語法檔案的開發前，還有很多方面需要學習。

我們將逐步建立一份語法檔案。因為語法定義可能非常複雜，讓我們先看一些簡單、容易掌握，但又潛在複雜程度的範例。

我們使用任意產生的 latin 檔案 *loremipsum.latin*：

```
Lorem ipsum dolor sit amet, consectetuer adipiscing elit. Proin eget
tellus. Suspendisse ac magna at elit pulvinar aliquam. Pellentesque
iaculis augue sit amet massa. Aliquam erat volutpat. Donec et dui at
massa aliquet molestie. Ut vel augue id tellus hendrerit porta. Quisque
condimentum tempor arcu. Aenean pretium suscipit felis. Curabitur semper
eleifend lectus. Praesent vitae sapien. Ut ornare tempus mauris. Quisque
ornare sapien congue tortor.

In dui. Nam adipiscing ligula at lorem. Vestibulum gravida ipsum iaculis
justo. Integer a ipsum ac est cursus gravida. Etiam eu turpis. Nam laoreet
ligula mollis diam. In aliquam semper nisi. Nunc tristique tellus eu
erat. Ut purus. Nulla venenatis pede ac erat.

...
```

我們可以藉由建立具有語法名稱的新檔案，來建立新語法。本例為 latin；對應到的 Vim 檔案為 *latin.vim*，並且建立在個人 Vim 執行階段 *$HOME/.vim/syntax* 的目錄中。然後，使用 syntax keyword 命令建立一些關鍵字，開始語法定義。選擇 *lorem*、*dolor*、*nulla*、*lectus* 作為關鍵字，使用下面這行來啟動語法檔案：

```
syntax keyword identifier lorem dolor nulla lectus
```

編輯 *loremipsum.latin* 時，還不會出現任何語法特別標示。在自動標示前，還需要額外的工作。但目前，我們先啟動語法：

```
:set syntax=latin
```

現在螢幕上的文字應該類似於圖 11-25。

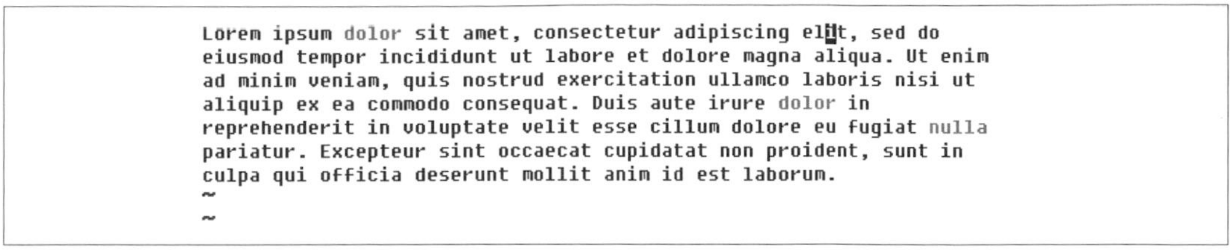

```
      Lorem ipsum dolor sit amet, consectetur adipiscing elit, sed do
      eiusmod tempor incididunt ut labore et dolore magna aliqua. Ut enim
      ad minim veniam, quis nostrud exercitation ullamco laboris nisi ut
      aliquip ex ea commodo consequat. Duis aute irure dolor in
      reprehenderit in voluptate velit esse cillum dolore eu fugiat nulla
      pariatur. Excepteur sint occaecat cupidatat non proident, sunt in
      culpa qui officia deserunt mollit anim id est laborum.
      ~
      ~
```

圖 11-25　加上關鍵字定義後的 Latin 檔案

在螢幕上，文字的部分，單字為黑色，關鍵字為紅色。在書籍印刷中，很不好區分；關鍵字是深灰色而不是黑色。

你或許發現第一個出現的 *Lorem* 並未加上特別標示。預設情況下，語法關鍵字有大小寫之分。在回到語法檔案中，在最頂端加上：

```
:syntax case ignore
```

應該看到 *Lorem* 加入特別標示的關鍵字了。

再次嘗試前，先把一切都改為自動化。在 Vim 嘗試偵測所有檔案類型後，它會選擇性地檢查位於包含在 runtimepath 的 *ftdetect*，目錄裡的其他定義，甚至覆寫一些定義（不建議）。因此，在 *$HOME/.vim* 下建立上述目錄，並建立 *latin.vim* 檔案，其中包含一行：

```
au BufRead,BufNewFile *.latin set filetype=latin
```

這一行告訴 Vim，任何字尾是 *.latin* 的檔案都是 latin 檔案，因此 Vim 應該在顯示時執行 *$HOME/.vim/syntax/latin.vim* 的語法檔案。

現在，回頭編輯 *loremipsum.latin*，結果將如圖 11-26 所示。

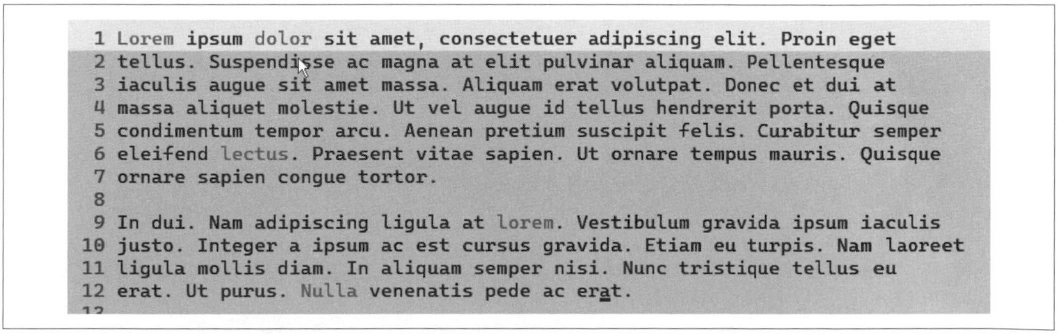

```
 1 Lorem ipsum dolor sit amet, consectetuer adipiscing elit. Proin eget
 2 tellus. Suspendisse ac magna at elit pulvinar aliquam. Pellentesque
 3 iaculis augue sit amet massa. Aliquam erat volutpat. Donec et dui at
 4 massa aliquet molestie. Ut vel augue id tellus hendrerit porta. Quisque
 5 condimentum tempor arcu. Aenean pretium suscipit felis. Curabitur semper
 6 eleifend lectus. Praesent vitae sapien. Ut ornare tempus mauris. Quisque
 7 ornare sapien congue tortor.
 8
 9 In dui. Nam adipiscing ligula at lorem. Vestibulum gravida ipsum iaculis
10 justo. Integer a ipsum ac est cursus gravida. Etiam eu turpis. Nam laoreet
11 ligula mollis diam. In aliquam semper nisi. Nunc tristique tellus eu
12 erat. Ut purus. Nulla venenatis pede ac erat.
13
```

圖 11-26　加上關鍵字定義的 latin 檔案，並忽略關鍵字大小寫（WSL Ubuntu Linux 終端畫面，配色方式：zellner）

首先，請注意語法已經啟動了，Vim 正確地偵測出新增的語法類型為 *latin*。而且尋找關鍵字時也不再有大小寫之分。

為了做一些有趣的擴充，定義一個 match，並指定給 Comment 群組。match 方法使用正規表示式，定義特別標示的內容。例如，將定義所有以 s 開頭、並以 t 結尾的字，作為 Comment 語法（這只是個範例！）。我們的正規表示式為 \<s[^\t]*t\>。同時還定義一段區域為 Number；區域使用正規表示式定義 start 與 end。

區域從 Suspendisse 開始，到 sapien\. 結束。為了增加更多的變化，我們決定關鍵字 lectus 也包括在區域裡。現在，*latin.vim* 修改為如下所示：

```
syntax case ignore
syntax keyword identifier lorem dolor nulla lectus
syntax keyword identifier lectus  contained
syntax match comment /\<s[^\t ]*t\>/
syntax region number start=/Suspendisse/ end=/sapien\./ contains=identifier
```

現在，編輯 *loremipsum.latin* 時，將看到圖 11-27 所示。

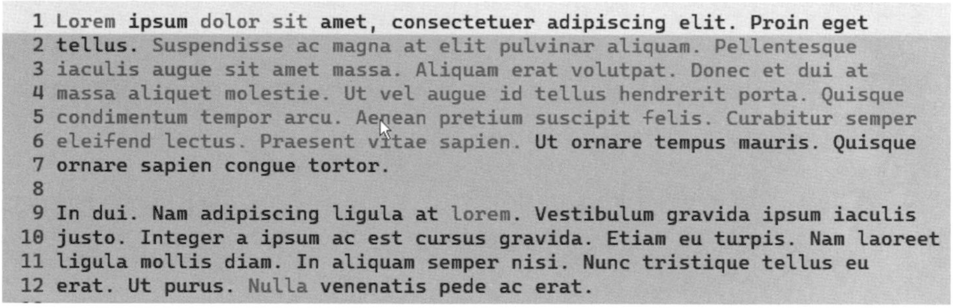

```
 1 Lorem ipsum dolor sit amet, consectetuer adipiscing elit. Proin eget
 2 tellus. Suspendisse ac magna at elit pulvinar aliquam. Pellentesque
 3 iaculis augue sit amet massa. Aliquam erat volutpat. Donec et dui at
 4 massa aliquet molestie. Ut vel augue id tellus hendrerit porta. Quisque
 5 condimentum tempor arcu. Aenean pretium suscipit felis. Curabitur semper
 6 eleifend lectus. Praesent vitae sapien. Ut ornare tempus mauris. Quisque
 7 ornare sapien congue tortor.
 8
 9 In dui. Nam adipiscing ligula at lorem. Vestibulum gravida ipsum iaculis
10 justo. Integer a ipsum ac est cursus gravida. Etiam eu turpis. Nam laoreet
11 ligula mollis diam. In aliquam semper nisi. Nunc tristique tellus eu
12 erat. Ut purus. Nulla venenatis pede ac erat.
```

圖 11-27　新的 latin 語法特別標示

有好幾件事要注意，如果手動製作範例，並觀察顯示的配色結果，這樣比較容易看出來：

- 出現新的特別標示。在第一行，*dolor sit* 以紅色特別標示，因為它滿足比對的正規表示式。

- 新的區域標示也出現了。段落中從 *Suspendisse* 到 *sapien* 的整個部分，以紫色特別標示。

- 關鍵字的語法特別標示仍與之前相同。

- 在特別標示的區域內，關鍵字 *lectus* 仍以紅色特別標示，因為我們把 identifier 群組定義為 contained，並定義我們的範圍為 contains identifier。

這個例子只是開始，呈現一些語法特別標示的強大功能而已。雖然這個特殊範例沒什麼用，我們希望它示範了足夠的特性，並能鼓勵使用者嘗試自行建立語法定義。

用 Vim 編譯和檢查錯誤

Vim 不是整合式開發環境（IDE），但它試著減輕程式設計師的負責，把編譯功能加入編輯階段，並提供快速尋找與簡易更正錯誤的方式。

除此之外，Vim 提供一些便利功能，用在檔案中的位置追蹤與定位。我們討論一個簡單的範例：使用 Vim 的內建功能，及一些相關命令與選項，容易來處理「編輯 – 編譯 – 編輯」循環週期。這些行為都要依賴同一個 Vim Quickfix List 視窗。

作為一個簡單的起點，Vim 允許使用者在每次修改檔案時使用 make 編譯檔案。Vim 使用預設行為，管理構建檔案後的結果，我們才能輕易在編輯與編譯階段間切換。編譯錯誤出現在 Vim 特殊的 Quickfix List 視窗，可在其中檢視錯誤、跳至錯誤處並更正錯誤。

關於這個主題，我們使用一個產生 Fibonacci 數列的 C 程式 [10]。正確且可編譯的程式碼版本如下所示：

```c
# include <stdio.h>
# include <stdlib.h>

int main(int argc, char *argv[])
  {
  /*
   * arg 1: starting value
   * arg 2: second value
   * arg 3: number of entries to print
   *
   */

  if (argc - 1 != 3)
    {
    printf ("Three command line args: (you used %d)\n", argc-1);
    printf ("usage: value 1, value 2, number of entries\n");
    return (1);
    }
```

---

10 該檔案在本書的 GitHub（*https://www.github.com/learning-vi/vi-files*）中可用；請參閱第 480 頁的「存取檔案」章節。

```
/* count = how many to print */
int count = atoi(argv[3]);

/* index = which to print */
long int index;

/* first and second passed in on command line */
long int first, second;

/* these get calculated */
long int current, nMinusOne, nMinusTwo;

first  = atoi(argv[1]);
second = atoi(argv[2]);
printf("%i fibonacci numbers with starting values: %li, %li\n", count, first,
    second);
printf("=====================================\n");

/* print the first 2 from the starter values */
printf("%i %04li\n", 1, first);
printf("%i %04li  ratio (golden?) %.3f\n", 2, second, (double) second/first);

nMinusTwo = first;
nMinusOne = second;

for (index=1; index<=count; index++)
  {
  current = nMinusTwo + nMinusOne;
  printf("%li %04li  ratio (golden?) %.3f\n",
          index,
          current,
          (double) current/nMinusOne);
  nMinusTwo =  nMinusOne;
  nMinusOne = current;
  }
}
```

從 Vim 中編譯這個程式（假設檔名為 *fibonacci.c*），使用如下命令：

```
:make fibonacci
```

預設中，Vim 把 make 命令傳至外部 shell，並於特殊視窗 Quickfix List 中捕捉結果。在編譯上例程式碼後，Quickfix List 視窗畫面應如圖 11-28 所示。

```
53              (double) current/nMinusOne);
54      nMinusTwo =  nMinusOne;
55      nMinusOne = current;
56      }
57  }
~
fibonacci.c   Wed Jun 23 16:04:49 2021
  1 || cc       fibonacci.c   -o fibonacci
~
~
~
~
~
~
~
~
[Quickfix List][-]   Wed Jun 23 16:04:49 2021
```

圖 11-28　編譯後沒有錯誤訊息的 Quickfix List 視窗（WSL Ubuntu Linux 終端畫面，配色方式：
　　　　　zellner）

 如果沒有看到 QuickFix 視窗（它沒有自動打開），可以用 Vim 的 ex 命
令 :copen 打開。

接下來，我們修改數行程式碼，引入相當數量的錯誤。

改變：

```
long int current, nMinusOne, nMinusTwo;
```

為不合格的宣告：

```
longish int current, nMinusOne, nMinusTwo;
```

改變：

```
nMinusTwo = first;
nMinusOne = second;
```

為拼字錯誤的變數名稱 xfirst 與 xsecond：

```
nMinusTwo = xfirst;
nMinusOne = xsecond;
```

改變：

```
printf("%d %04li  ratio (golden?) %.3f\n", 2, second, (double) second/first);
```

讓它缺少一個逗號：

```
printf("%d %04li  ratio (golden?) %.3f\n", 2 second (double) second/first);
```

現在重新編譯這個程式。圖 11-29 顯示了 QuickFix List 視窗包含的內容。

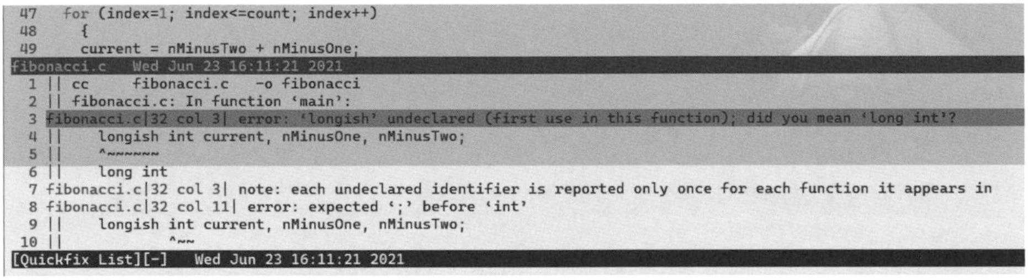

圖 11-29　編譯後出現錯誤的 Quickfix List 視窗（WSL Ubuntu Linux 終端畫面，配色方式：zellner）

Quickfix List 視窗的第 1 行，顯示了執行的編譯命令。如果沒有錯誤，這就是視窗裡唯一的一行。但因為此時有錯誤，第 3 行開始列出錯誤及狀況。

Vim 在 Quickfix List 視窗中列出所有錯誤，並讓使用者存取被標示數種錯誤的原始碼，並在啟動時還會特別標示第一個錯誤。然後再於原始檔中移動位置（必要時需捲動螢幕），把游標定位在原始碼的行號中，對應到錯誤的起始處。

在修正錯誤時，有數種方式能前往下一個錯誤：輸入命令 :cnext，或在 Quickfix List 視窗中，把游標移到有錯誤的行，然後按下 ENTER。同樣地，如果有需要時，Vim 會捲動原始碼，並把游標放在有問題原始碼的起始處。

做了改變，也對修正錯誤的結果滿意之後，使用相同技巧再開始「編譯 – 編輯」的週期。如果有標準的開發環境（Unix/Linux 機器幾乎總是如此），Vim 的預設行為將以前述方式處理「編輯 – 編譯 – 編輯」，而無須任何調整。

如果 Vim 的預設值並不會找到適合的編譯程式，它有一些選項可以用來定義公用程式的位置，讓我們完成該做的工作。關於程式設計環境與編譯器的細節，已經超出本書的討論範圍，但我們仍列出這些 Vim 選項，可做為需要研究開發環境時的起點：

`:cnext, :cprevious`

分別移動游標至下一個或前一個錯誤位置的命令，如 Quickfix List 視窗中的定義。

`:colder, :cnewer`

Vim 會記住錯誤清單中最後 10 個紀錄。這兩個命令分別於 Quickfix List 視窗中，載入錯誤清單中較舊或較新的紀錄。每個命令均可以接受選用的整數 n 以載入第 n 舊或第 n 新的錯誤清單

`errorformat`

此選項定義 Vim 比對所用的格式，以找出編譯程式回傳的錯誤。Vim 的內建輔助說明中，關於此選項的定義有更詳細的資訊，但預設值已可良好的運作。如果你需要調整這個選項，請參閱它的細節：

```
:help errorformat
```

`makeprg`

包含開發環境的 make 或 compile 的選項。

Quickfix 列表視窗的更多運用

Vim 也讓我們在檔案裡建立自己的位置清單，透過類似 grep 的語法指定位置。QuickFix List 視窗，透過編譯過程回傳的文字，依照如前面所述的相似格式，取得我們要求的結果，這是透過 :vimgrep 命令完成的，其語法為：

```
:vimgrep[!] /pattern/[g][j] file(s)
```

這本質上是標準 *grep*(1) 工具程式的內建版本。它在 *files* 中搜尋與 *pattern* 比對相符的行內容，並將結果放入 QuickFix 視窗。（有關參數及其意義的詳細資訊，請參考 Vim 文件）。

這個功能對於一般重構之類的任務很有用。例如，我們用 AsciiDoc 撰寫了這份稿件。在製作過程中的某些時刻，我們將任何出現的「++vim++」的符號，並且將 ++vim++ 轉換為 __vim__[11]。所以，每次出現都像：

```
++vim++
```

需要改為

```
__vim__
```

---

11 符號稍後修改了一些。

在執行下列命令後：

```
:vimgrep /++vim++/ *.asciidoc
```

Quickfix List 視窗中顯示所包含的資訊，如圖 11-30。

```
 1 appd.asciidoc|51 col 26| If the command ++vi++ or ++vim++ doesn't start your editor it is either not
 2 appd.asciidoc|208 col 43| When done, you'll have an executable name ++vim++.  To install
 3 ch01.asciidoc|31  col 1| ++vim++ is the Unix command that invokes the Vim editor for an existing
 4 ch01.asciidoc|318 col 50| file or for a brand new file. The syntax for the ++vim++ command is:
 5 ch02.asciidoc|1562 col 36| |Start Vim, open file if specified|++vim++ __++file++__
 6 ch04.asciidoc|98 col 32| There are other options to the ++vim++ command that can be helpful. You
 7 ch08.asciidoc|142 col 10| Give the ++vim++ command with the option ++$$-c /$$++__++pattern++__
 8 ch08.asciidoc|726 col 1| ++vim++::
 9 ch08.asciidoc|952 col 1| ++VIM++::
10 ch08.asciidoc|965 col 54| If more than one version of Vim exists on a machine, ++VIM++ will
11 ch08.asciidoc|968 col 10| sets the ++VIM++ environment variable to __$$/$$usr$$/$$share$$/$$vim__,
```

圖 11-30　執行 :vimgrep 命令後的 Quickfix List 視窗（WSL Ubuntu Linux 終端，配色方式：shine）

記得用 Vim 的 ex 命令打開 QuickFix 視窗：

```
:copen
```

否則你將看不到結果。

注意圖 11-30 中，Vim 如何顯示 :vimgrep 的輸出。左側是 QuickFix 緩衝區行號，簡單的標示出輸出中有多少行；可以使用 Vim 的 ex 命令關閉它：

```
:set nonumber
```

:vimgrep 輸出包含，由三個直線字元（|）所分隔的文字小段。第一個文字小段是 vimgrep 比對模式的檔案名稱。第二個文字小段描述找到比對模式的行和列。第三個文字小段是符合比對行內容的實際文字。

我們可以透過，將游標移動到感興趣的行，或者可以滑鼠雙擊左鍵，來導引到任何比對符合的項目中。Vim 在另一個（分割）視窗中，將打開該檔案並且游標定位在符合比對樣式的第一個字元上。

在圖 11-30 中，特別反白的標示行中，是指向檔案 *ch04.asciidoc* 的第 98 行第 32 列位置（雖然我們盡可能嘗試，選擇可讀的配色方式，但仍有點難閱讀）。滑鼠雙擊左鍵該行後的結果，如圖 11-31 ；可以看到 Vim 是如何將游標放在對應的 *ch04.asciidoc* 檔案視窗中，以及正確的行和列。

```
 98 There are other options to the ++vim++ command that can be helpful. You
 99 can open a file directly to a specific line number or pattern. You can
100 also open a file in read-only mode. Another option recovers all changes
101 to a file that you were editing when the system crashed.
102
103 The options described in the following section apply both to ++vi++
104 and to Vim.
105
106 [[vi8-ch-4-sect-2.1]]
107 ==== Advancing to a Specific Place
108
109 When you begin editing an existing file, you can call the file in and
110 then move to the first occurrence of a __pattern__ or to a specific line
ch04.asciidoc    Mon Aug 30 14:53:30 2021
```

圖 11-31 從 vimgrep 的 QuickFix 視窗中，Vim 將游標定位在檔案的行與列之上（WSL Ubuntu Linux 終端，配色方式：shine）

因此，瀏覽所有事件並且快速修改新數值，變成是一件簡單的事情。

> 這個例子似乎可以用更簡單的命令來解決問題：
>
> :%s/++vim++/__vim__/g
>
> 請記住，vimgrep 更通用，可以針對多個檔案進行操作。這是 vimgrep 所做的一個範例，而不是執行這個任務的絕對方式。在 Vim 中，通常有很多方法可以完成某一件事。

關於使用 Vim 設計程式的最後叮嚀

在本章中，我們已經了解許多強大的功能。花一些時間掌握這些技術，你將獲得巨大的生產力。如果你是 vi 的長期使用者，表示已經攀登上一條陡峭的學習曲線。學習 Vim 附加的額外功能，是值得努力挑戰的第二次學習曲線。

如果你是一名程式設計人員，希望本章呈現 Vim 程式編譯所提供的功能，能為你多少帶來幫助。鼓勵嘗試其中的一些功能，甚至擴充 Vim 以滿足自己的需求。也許你能打造出擴充套件，回饋給 Vim 社群。現在，開始設計吧！

## 第十二章

Vim 指令稿

有時候，只是自訂行為，還不足以應付你的編輯環境。Vim 允許我們在 *.vimrc* 檔案裡定義所有偏好設定，但使用者或許還想要更動態、或更「即時」的組態調整。Vim 指令稿（Vim script）可以達成你的需求。

從檢視緩衝區內容，到處理意外的外部因素，Vim 的指令稿語言能讓我們完成複雜的任務，並根據個人需求而做決定。

如果你有 Vim 的組態檔（*.vimrc*、*.gvimrc* 或兩者都有），其實已經在撰寫 Vim 裡的指令稿，只是自己不知道罷了。所有 Vim 命令與選項，都是指令稿的有效輸入。還有，Vim 也提供在所有其他語言中，常見的標準流程控制（例如 `if...then...else`、`while` 等）、變數、函式等等。

本章中，我們將探索一個範例，並逐步建造一份指令稿。我們會討論簡單的架構，試著利用 Vim 內建函式，並檢測必須考量的規則，以設計出行為良好、可以預測的 Vim 指令稿。

你最喜歡的顏色（方案）是什麼？

讓我們從最簡單的配置開始。將根據自己喜歡的配色方式來設定環境。這項工作很簡單，而且使用了 Vim 指令稿的基礎之一，單純的 Vim 命令。

Vim 附帶 17 種自訂配色方式[1]。可以在 *.vimrc* 或 *.gvimrc* 檔案裡加上 colorscheme 命令，即可選取並啟動某種配色方式。其中一位作者最喜歡的「低調」配色方式是「desert」：

```
:colorscheme desert
```

把上面的 colorscheme 加入組態指令檔後，每次使用 Vim 編輯時，都會看到自己最喜歡的配色。

所以我們的第一個指令稿很簡單。如果你對配色方式的喜好比較複雜怎麼辦？如果喜歡不止一種配色方式怎麼辦？如果一天中的時間與配色偏好有關係怎麼辦？Vim 指令稿很容易讓我們做到這一點。

 根據時間早晚而選擇不同的配色，聽起來有點老套，但或許不無可能。即使是 Google，也會在一天裡，根據時間而改變 *iGoogle* 主頁的配色。

條件執行

本書作者群中，有人喜歡把一天分成四個時段，每個時段都有專屬的配色：

darkblue

午夜至早上六點。

morning

早上六點至中午。

shine

中午至晚上六點。

evening

晚上六點至午夜。

我們將為上述時段建立一個巢狀的 if...then...else... 程式區塊。在這個區塊中，有幾種不同的語法可供使用。其中一種較為傳統，具有很明顯的語法編排方式：

```
if cond expr
  line of vim code
  another line of vim code
  ...
```

---

1 聽說其他人回報，這數量和預設配色方式有些差異，但這非常接近。

```
elseif some secondary cond expr
  code for this case
else
  code that runs if none of the cases apply
endif
```

elseif 與 else 區塊可選擇是否使用，而且可以加入多個 elseif 區塊。Vim 也容許更為簡潔、類似 C 的程式結構：

```
cond ? expr 1 : expr 2
```

Vim 檢查條件句 cond。如果條件句成立，則執行 expr 1；反之則執行 expr 2。

使用 strftime() 函式

知道如何有條件地執行程式碼後，我們需要知道哪一個時段。Vim 具有回傳時間資訊的內建函式。以我們的需求而言，可使用 strftime() 函式。strftime() 接受兩個參數，第一個參數定義時間字串的輸出格式。格式因系統而定，而且無法跨平台使用，所以在選擇格式時務必小心。幸好，大多數常用格式在各個系統都算常見。第二個是選用參數，時間計算方式採用從 1970 年 1 月 1 日開始以秒為單位的時間（標準的 C 時間表示方式）。這個選用參數的預設值為目前時刻。以我們的範例而言，可以使用時間格式 %H，形成 strftime("%H")，因為只需要小時的資訊，即可決定採用的配色。

知道如何使用條件程式碼後，還必須使用 Vim 內建函式取得時間資訊，用以選擇相符的配色。把下列原始碼放到你的 .vimrc 檔案裡：

```
" progressively check higher values... falls out on first "true"
if strftime("%H") < 6
  colorscheme darkblue
  echo "setting colorscheme to darkblue"
elseif strftime("%H") < 12
  colorscheme morning
  echo "setting colorscheme to morning"
elseif strftime("%H") < 18
  colorscheme shine
  echo "setting colorscheme to shine"
else
  colorscheme evening
  echo "setting colorscheme to evening"
endif
```

請注意，我們引入了另一個 Vim 指令稿命令，echo。為方便起見，我們加入 echo 來反映目前的配色；它也能讓我們檢查程式碼是否確實執行、是否產生預期的結果。echo 的訊息應該顯示在 Vim 的命令列狀態視窗，或以對話框的形式出現，根據它在啟動順序中的位置而定。

當我們發出 colorscheme 命令時，使用配色的名稱（例如 desert），不需加上引號；但在發出 echo 時，則需加上引號（"desert"）。這個是重要的區別！

以上例的 colorscheme 命令為例，我們發出一個直接的 Vim 命令，這個命令的參數為文字形式。如果我們加入引號，引號將被 colorscheme 解釋為配色名稱的一部分。因此將產生錯誤，因為所有配色名稱裡都沒有引號。

另一方面，echo 命令把沒有引號的單字當成運算式（能回傳計算結果）或函式。因此，我們需要把選取的配色名稱加上引號。

變數

如果你是個程式設計師，大概已經從剛才的指令稿裡發現了問題。雖然對我們的任務不會是太大的問題，但前面的例子中在每個判斷條件的地方，都呼叫 strftime() 函式，以檢查時間。技術上而言，我們的條件都在檢查同一件事，但卻以運算式的形式多次計算，有可能在執行中途就遇到條件改變判斷結果的狀況。

與其每次都執行這個函式，不如只對函式計算一次，並把結果儲存在 Vim 指令稿變數（*variable*）裡。而後即可於條件句中盡可能使用變數，而不會經常浪費函式呼叫所需的成本。

使用 :let 命令賦與變數數值：

```
:let var = "value"
```

根據目的，可以隨需求（包括情況因素）定義變數，因為我們只會使用一次（但這點稍後會改變）。現在，讓 Vim 預設把我們的變數視為全域變數。稍後我們將看到，可以使用特殊字首來定義變數的範圍。

變數取名為 currentHour[2]。只需把 strftime() 的結果指派給這個變數一次，就得到更有效率的指令稿：

```
" progressively check higher values... falls out on first "true"
let currentHour = strftime("%H")
echo "currentHour is " currentHour
if currentHour < 6
  colorscheme darkblue
  echo "setting colorscheme to darkblue"
elseif currentHour < 12
  colorscheme morning
  echo "setting colorscheme to morning"
elseif currentHour < 18
  colorscheme shine
  echo "setting colorscheme to shine"
else
  colorscheme evening
  echo "setting colorscheme to evening"
endif
```

我們引進新變數 colorScheme，可以再清理一點程式碼，去掉幾行代碼。這個變數保存依據時間決定的配色方式。它的名稱裡採用大寫字母 S，與命令 colorscheme 區隔；但其實可以使用大小寫完全相同的字母當變數名稱，沒有關係：Vim 能根據狀況而判斷出它是命令或變數。

```
" progressively check higher values... falls out on first "true"
let currentHour = strftime("%H")
echo "currentHour is " . currentHour
if currentHour < 6
  let colorScheme ="darkblue"
elseif currentHour < 12
  let colorScheme = "morning"
elseif currentHour < 18
  let colorScheme = "shine"
else
  let colorScheme = "evening"
endif
echo "setting color scheme to " . colorScheme
colorscheme colorScheme
```

2　經過技術審查的結果，我們同意：變數名 currentHour 有點用詞不當，因為它的值並不是一個小時。目前這個名稱是因為沿用過去版本，但可以依照它的用途替換變數名稱為 colorIndex。儘管如此，我們仍保留原始形式的指令稿。

請注意，在 echo 命令中點號（.）的使用。這個運算符號連接運算式與字串，形成 echo 最後顯示的內容。本例中，我們串聯字串「setting color scheme to」與指派給 colorScheme 的變數值。

 在這指令稿中，我們對執行命令做了錯誤的假設。如果跟著範例一起撰寫程式碼，你應該已經知道這一點。我們在下一節中更正錯誤。

執行命令

到目前為止，我們已經改進了選擇配色的方式，但最後一次修改帶來些微的變化。最初，根據一天中的時間來執行配色方式的命令。最後的改良看起來正確，但是在定義了一個變數（colorScheme）來保存配色方式的數值之後，發現命令：

```
colorscheme colorScheme
```

導致如圖 12-1 中顯示的錯誤。

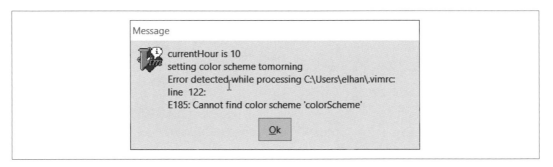

圖 12-1　colorscheme colorScheme 錯誤訊息

我們需要一種方法來執行引用變數，而不是文字字串（如 darkblue）的 Vim 命令。為此，Vim 提供了 execute 命令。傳給它一個命令時，它會計算變數與運算式，並把結果代入命令中。我們可以利用這項功能，搭配前一節講到的連接，將變數值傳遞給 colorscheme 命令：

```
execute "colorscheme " . colorScheme
```

此處使用的確切語法（尤其是引號）可能會造成混淆。execute 預期接收變數或運算式，但 colorscheme 只是個字串。我們不希望 execute 實際計算 colorscheme，只是希望它接受這個名稱。因此，我們使用引號將命令名稱圍起來，將它轉換為文字字串。其中，我們在結尾引號前加上一個空格。這一點很重要，因為在命令與值中間需要保留一個空格。

我們的變數 colorScheme 必須待在引號外，才能接受 execute 的計算。execute 的行為可以這麼想：

- 計算單純的文字（不加引號）時，文字將被視為變數或運算式，execute 將把傳入的部分替換為計算結果。

- 引號圍起的字串視為文字，execute 不會試著計算字串以及回傳值。

使用 execute 可修正我們的錯誤，Vim 現在如預期載入指定配色方式。

在載入 Vim 後，即可確認是否載入適當的顏色。colorscheme 命令會設定它自己的變數，colors_name。除了反映設定在指令稿中的變數值，我們也可以手動執行 echo 檢查變數 colors_name，確認指令稿是否根據時間執行正確的 colorscheme 命令：

```
:echo colors_name
```

定義函式

到目前為止，我們已經建立了一份運作良好的指令稿。現在讓我們建立可以在工作階段中，隨時都可以執行的程式碼，而不只是在 Vim 啟動時執行。我們很快就會提供一個範例，但首先需要建立包含指令稿原始碼的函式。

Vim 使用 function...endfunction 敘述，讓我們定義函式。以下是使用者自訂函式的範例架構：

```
function MyFunction(arg1, arg2...)
  line of code
  another line of code
endfunction
```

我們可以很容易地將指令稿變成一個函式。請注意到我們不需要傳入任何引數，所以函式定義中的括號裡是空的：

```
function SetTimeOfDayColors()
  " progressively check higher values... falls out on first "true"
  let currentHour = strftime("%H")
  echo "currentHour is " . currentHour
  if currentHour < 6
    let colorScheme = "darkblue"
  elseif currentHour < 12
    let colorScheme = "morning"
```

```
    elseif currentHour < 18
      let colorScheme = "shine"
    else
      let colorScheme = "evening"
    endif
    echo "setting color scheme to " . colorScheme
    execute "colorscheme " . colorScheme
  endfunction
```

 Vim 使用者定義的函式名必須以大寫字母開頭。

現在我們在 *.gvimrc* 檔案裡定義了一個函式。但如果我們不呼叫函式,其中的程式碼也不會執行。請使用 Vim 的 **call** 敘述呼叫函式。以我們的函式為例:

```
  call SetTimeOfDayColors()
```

現在,我們隨時可在 Vim 的任何一個工作階段中設定配色。方法之一,只把上述的 **call** 敘述行放入 *.gvimrc*;這樣的結果與稍早範例相同,差別只在原本的範例沒有使用函式。但在下一節,我們會看到另一種 Vim 技巧,可重複呼叫函式,自動於工作階段中設定配色,因此配色會動態改變!當然,如此一來又帶出其他需要解決的問題。

一個附帶訊息的 Vim 技巧

在上一節中,我們定義了一個 Vim 函式 `SetTimeOfDayColors()`,可以啟動一次來定義配色方式。如果我們想重複檢查時間,並根據時間改變配色呢?顯然,只能在 *.gvimrc* 裡使用一次的呼叫,無法達成這項需求。為了修正這個問題,我們使用 **statusline** 選項引入了一個巧妙的 Vim 技巧。

大多數 Vim 使用者認為 Vim 狀態列是理所當然的存在。預設情況下,**statusline** 沒有值,但可以將其定義為在狀態列中,顯示 Vim 可用的(幾乎)所有資訊。並且由於狀態列可以顯示動態資訊,例如目前行和列,Vim 會在編輯狀態發生變化的任何時候,重新計算並顯示狀態列。Vim 中的幾乎所有動作都會觸發狀態列重新繪製。我們將利用這項特點,呼叫配色設定函式,並動態地改變配色。很快地,我們也將看到這個方法的缺點。

statusline 能接受運算式，計算後於狀態列呈現結果；傳入函式也可以。於每次更新狀態列時呼叫 SetTimeOfDayColors()，更新的次數將很頻繁。因為這項功能覆寫預設的狀態列，而我們又不想失去預設取得的重要資料，讓我們將大量資訊合併到狀態列的初始定義中：

```
set statusline=%<%t%h%m%r\ \ %a\ %{strftime(\"%c\")}%=0x%B\
    \\ line:%l,\ \ col:%c%V\ %P
```

 statusline 的定義分成兩行。Vim 將帶有反斜線 (\) 作為起始字元的任何行，視為前一行的延續，並且在反斜線之前的所有空格將會忽略。因此，如果使用我們的定義，請務必準確地複製與輸入。如果無法運作，可以恢復使用未定義的 statusline 重新開始。

關於以百分比符號（%）開頭各種字元的含義，請參考 Vim 的說明文件。上述定義產生如下狀態列：

```
ch12.asciidoc   Thu 26 Aug 2021 12:39:26 PM EDT     0x3C line:1, col:1 Top
```

本章的重點不是狀態列可以顯示什麼，而是利用 statusline 選項來計算函式。

現在將 SetTimeOfDayColors() 函式增加到 statusline。需使用 += 取代一般等號（=），才能於末端附加一些內容，而非取代之前定義的內容：

```
set statusline +=\ %{SetTimeOfDayColors()}
```

現在我們的函式成為狀態列的一部分了。雖然它不會為狀態列提供有趣的資訊，但會檢查時間，並隨著時間經過，而於適當的時機更新配色。這有兩個問題：

- 我們現在有一個 Vim 指令稿函式，可以在每次 Vim 狀態列更新時檢查一天中的時間。在稍早的章節中，我們才努力減少對 strftime() 的呼叫來增進效率，現在卻於工作階段中增加次數多到無法計數的函式呼叫。

- 當我們的階段中，剛好在適當的時間範圍內計算 statusline 時，它會修改我們想要的效果、改變配色。但正如同定義的那樣，它會檢查時間，並重設配色，不管是否需要改變。

在下一節中，我們的檢查會更有效率，也就是在函式外使用全域變數。

使用全域變數調整 Vim 指令稿

Vim 提供純量變數（數字和字串）和陣列。此外，還可以指定變數的範圍。

變數範圍

Vim 的變數相當簡單，但在討論全域變數之前，有一些事情需要了解和維護。具體來說，必須維護我們的變數範圍（*scope*）。Vim 依照變數名稱的前置字首（*prefix*）來定義變數的範圍。前置字首包括：

a:

函式的引數

b:

在單一 Vim 緩衝區中識別的變數。

g:

全域變數，也就是能在任何地方被參照

l:

在函式中識別的變數，局部變數（local variable）。

s:

在來源的 Vim 指令稿中識別的變數

t:

在單一 Vim 分頁中識別的變數。

v:

Vim 變數，由 Vim 控制的變數（也是全域變數）。

w:

在單一 Vim 視窗中識別的變數。

 如果不使用字首定義變數的使用範圍，則在函式外部定義時預設為全域變數（g:），在函式內定義時預設為區域變數（l:）。

全域變數

正如我們對 Vim 指令稿所做的最後修改中發現的那樣，幾乎具有所需的行為。每次更新 Vim 狀態列時都會啟動我們的函式，但因為這種情況經常發生，所以在幾個層面上都會出現問題。

首先，因為它經常被啟動，我們可能會擔心它在電腦處理器上造成的負擔。幸好，對今天的電腦而言，這已經不太構成問題，但如此經常反覆地重新定義配色，仍可能是一種不好的形式。如果這是唯一的問題，我們可能會認為指令稿是完整的，而不需要進一步調整它。然而，事實並非如此。

如果跟隨著我們的步驟一起撰寫指令稿，或許已經知道問題何在了。在編輯過程不斷四處移動時，重新建立配色會產生明顯且令人討厭的閃爍，因為每次配色定義，即使與目前配色方式相同，也需要 Vim 重新讀取配色定義的指令稿、重新解釋文字、並重新套用所有顏色語法特別標示的規則。即使具有極高計算能力的電腦，也不太可能提供足夠的圖形處理能力，來呈現不斷更新而無閃爍的狀況。我們需要解決這個問題。

我們可以先定義配色，然後每次在條件區塊中，判斷配色是否需要改變、是否需要執行後續的重新定義與重新繪製畫面。需要利用 colorscheme 命令設定的全域變數 colors_name。讓我們重新調整函式，把全域變數納入考量：

```
function SetTimeOfDayColors()
  " progressively check higher values... falls out on first "true"
  let currentHour = strftime("%H")
  if currentHour < 6
    let colorScheme = "darkblue"
  elseif currentHour < 12
    let colorScheme = "morning"
  elseif currentHour < 18
    let colorScheme = "shine"
  else
    let colorScheme = "evening"
  endif
  " if our calculated value is different, call the colorscheme command.
  if g:colors_name !~ colorScheme
    echo "setting color scheme to " . colorScheme
    execute "colorscheme " . colorScheme
  endif
endfunction
```

現在我們有了一個動態而且有效率的函式。下一節將是最後一項改善。

陣列

如果能夠只提取配色值，而不用增加 if...then...else 區塊，那就太好了。利用 Vim 的陣列，可以改善指令稿，並大幅增進可讀性。

把變數值定義透過中括號（[...]）並以逗號分隔的數值清單，即可定義 Vim 陣列。我們為函式加入一個命名為 Favcolorschemes 的陣列。此陣列的定義可在函式範圍中進行，但為了考量在工作階段的其他部分使用陣列的可能性，我們將在函式之外將它定義為全域陣列：

```
let g:Favcolorschemes = ["darkblue", "morning", "shine", "evening"]
```

這一行應該放入你的 .gvimrc 檔案中。現在我們可以透過它的索引，參考任何在陣列變數 g:Favcolorschemes 中的值，從元素 0 開始。例如，g:Favcolorschemes[2] 等於字串 "shine"。

利用 Vim 對數學函式的處理，整數除法的結果仍然是整數（餘數則被捨去），可以快速而輕易地根據時間、取得喜好配色。讓我們看看自訂函式的最終版本：

```
function SetTimeOfDayColors()
  " currentHour will be 0, 1, 2, or 3
  let g:CurrentHour = strftime("%H") / 6
  if  g:colors_name !~ g:Favcolorschemes[g:CurrentHour]
    execute "colorscheme " . g:Favcolorschemes[g:CurrentHour]
    echo "execute " "colorscheme " . g:Favcolorschemes[g:CurrentHour]
    redraw
  endif
endfunction
```

echo ... 語句列印資訊並顯示指令稿剛剛發生操作的修改。redraw 語句告訴 Vim 立即重繪螢幕。

恭喜！你剛建立一個完整的 Vim 指令稿，其中加入許多在建立任何有用的指令稿時，可能需要考量的因素。

透過指令稿進行動態檔案類型配置

讓我們看另一個漂亮的指令稿範例。一般而言，編輯新檔案時，Vim 用於判斷並設定 filetype 的唯一線索，就是檔案的副檔名（extension）。例如，.c 表示該檔案是 C 代碼。Vim 能輕易辨別這項線索，並載入正確的行為，讓編輯 C 程式更加輕鬆。

但並非所有檔案都需要副檔名。就像 shell 指令稿採取副檔名 .sh 雖然已成為慣例，但有些人不喜歡或不遵守此約定，尤其是在建立數千份指令稿後才知道有這個慣例的狀況。事實上 Vim 具有良好訓練，只需判讀檔案內容，不需副檔名也足以辨識出 shell 指令稿。然而，這個方式只能用在檔案提供一些內容，提供作為判斷檔案類型（如第二次編輯）。Vim 指令稿可以解決這個問題！

自動命令

在我們的第一個指令稿範例裡，依靠 Vim 更新狀態列的慣性，而把函式「隱藏」在狀態列中，並根據時間設定配色。至於判斷檔案類型的指令稿，則需依賴更為正式一點的 Vim 慣例，自動命令（*autocommand*）。

自動命令包括任何有效的 Vim 命令。Vim 使用事件（*event*）來執行命令。以下的所有事件，都會在事件發生時觸發連動的命令：

BufNewFile
> 當 Vim 開始編輯一個新檔案時。

BufReadPre
> 在 Vim 移動到新緩衝區之前。

BufRead、BufReadPost
> 編輯新緩衝區時，但在讀取檔案之後。

BufWrite、BufWritePre
> 在將緩衝區寫入檔案之前。

FileType
> 在設定 filetype 之後。

VimResized
> Vim 視窗大小改變之後。

WinEnter、WinLeave
> 分別在進入或離開 Vim 視窗時。

CursorMoved、CursorMovedI
> 每次游標分別在 vi 命令模式或插入模式下移動時。

總共有近 80 個 Vim 事件。對於這些事件中的任何一個，都可以定義在事件發生時，自動執行 autocmd。自動命令格式為：

```
autocmd [group] event pattern [nested] command
```

上述格式裡的元素：

group

可選用的命令群組（稍後說明）。

event

觸發命令的事件。

pattern

比對檔名的樣式，找出應該執行命令的檔案。

nested

如果出現，表示這個自動命令允許以巢狀方式，放在其他自動命令中。

command

當事件發生時執行的 Vim 命令、函式，或使用者自訂的指令稿。

以我們的範例來說，目標在於辨識任何新開啟檔案的類型，所以樣式為 *。

再來決定觸發指令稿的事件。因為想要盡可能早一點辨識出檔案類型的關係，挑出兩個候選事件：CursorMovedI 與 CursorMoved。

CursorMoved 於游標移動時觸發事件，使用它似乎有點浪費；因為只是移動游標，不太可能提供關於檔案類型的更多資訊。然而，CursorMovedI 是於輸入文字時觸發，似乎是不錯的候選。

我們必須設計負責工作的函式，就稱之為 CheckFileType()。現在已有足夠資訊可定義 autocmd，如下所示：

```
autocmd CursorMovedI * call CheckFileType()
```

檢查選項

在我們的 CheckFileType 函式中,需要檢視 filetype 選項的值。Vim 指令稿利用特殊變數擷取選項值,方法是在選項名稱前(本例為 filetype)加入字首 & 字元。因此我們將在函式中使用變數 &filetype。

先從簡易版的 CheckFileType() 函式開始:

```
function CheckFileType()
 if &filetype == ""
    filetype detect
 endif
endfunction
```

Vim 命令 filetype detect,是安裝在 *$VIMRUNTIME* 目錄中的 Vim 指令稿。它檢查許多標準,試著為檔案指派一個類型。通常這個命令只執行一次,如果檔案是新檔案,而 filetype 無法判斷檔案類型時,編輯階段也無法指定語法格式。

這裡有一個問題:每次游標在插入模式下移動時,都會呼叫我們的函式,試圖偵測檔案類型。為了解決這個問題,首先確認是否已經有檔案類型,這表示著我們的函式在之前已經成功執行,因此不需要再執行一次。此處不特別考量異常狀況,例如辨識錯誤,或是遇到原本以一種程式語言設計,後來卻更改為另一種程式語言的程式。

讓我們先編輯一份新的 shell 指令稿,並看看它的結果:

```
$ vim ScriptWithoutSuffix
```

輸入下列內容:

```
#! /bin/sh

inputFile="DailyReceipts"
```

現在,Vim 已經開啟了語法色彩標示,如圖 12-2 所示。

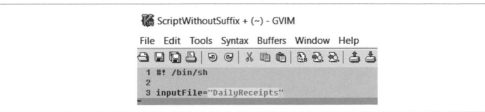

圖 12-2　檢測到新檔案的檔案類型(MS Windows gvim,配色方式:morning)

從圖中可看到 Vim 把字串標為灰色，但黑白印刷呈現不出 #! /bin/sh 標示為藍色、inputFile= 是黑色、"DailyReceipts" 則為紫色的效果。而且，這不是 shell 語法標示的配色。透過命令 :set filetype，檢查 filetype 選項，顯示如圖 12-3 的訊息。

```
ScriptWithoutSuffix[+]
       filetype=conf
```

圖 12-3　偵測到檔案類型為 conf（MS Windows gvim，配色方式：morning）

Vim 把 conf 指派為檔案類型，但並非我們想要的結果。哪裡出問題？

如果你嘗試過這個範例，將看到 Vim 於輸入第一個字元 # 後立即指派檔案類型，也就是第一個 CursorMovedI 事件發生時。Unix 公用程式與常駐程式（daemon）的組態檔案，均以 # 字元起始註解，所以 Vim 聰明地假設一行的起始字元若為 # 時，表示它是組態設定檔案的註解。我們必須告訴 Vim 耐心地多等一下再判斷。

讓我們把函式修改為允許更多內容加入判斷。與其一開始就嘗試檢測檔案類型，不如讓使用者先輸入大約 20 個字元。

緩衝區變數

我們需要對函式加入變數，告訴 Vim 稍等，別試著偵測檔案類型，直到 CursorMovedI 自動命令呼叫函式的次數超過 20 次。關於何謂新檔案以及輸入檔案裡字元數量的概念，都是侷限在一個特定的緩衝區。換句話說，編輯階段中其他緩衝區的游標移動，應該不會列入呼叫函式的計數裡。因此，我們使用緩衝區變數 b:countCheck。

接下來，我們修改函式，檢查游標是否已在插入模式下移動超過 20 次（意即大約輸入 20 個字元），並檢查檔案類型是否已被設定：

```
function CheckFileType()
  let b:countCheck += 1

  " Don't start detecting until approximately 20 chars.
  if &filetype == "" && b:countCheck > 20
    filetype detect
  endif
endfunction
```

不過卻出現圖 12-4 的錯誤訊息。

圖 12-4　b:countCheck 產生一個「未定義」錯誤訊息

這是個很眼熟的錯誤訊息，之前才發生過；我們又遇到在變數定義前就檢查變數的問題。這一次是我們的錯，因為我們的指令稿應該負責定義 b:countCheck。下一節將詳細說明這一點。

exists() 函式

知道如何管理自己的所有變數與函式，是很重要的。Vim 要求定義每一個變數與函式，所以在任何運算參照到變數或函式前，它們已經存在了。

藉由檢查 b:countCheck 是否存在，並以稍早所示的 :let 命令指定一個值給它，即可輕易地解決指令稿中的錯誤：

```
function CheckFileType()
  if exists( "b:countCheck" ) == 0
    let b:countCheck = 0
  endif

  let b:countCheck += 1

  " Don't start detecting until approx. 20 chars.
  if &filetype == "" && b:countCheck > 20
    filetype detect
  endif
endfunction
```

現在再測試一下程式碼。圖 12-5 顯示了達到 20 個字元限制之前的狀態，圖 12-6 顯示了輸入第 21 個字元的效果。

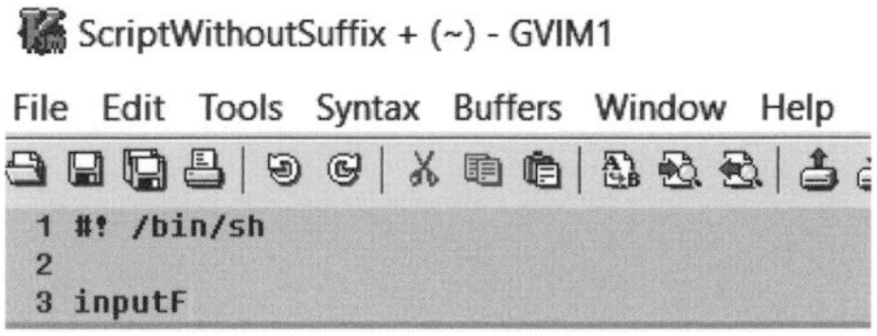

圖 12-5　尚未檢測到檔案類型（MS Windows gvim，配色方式：morning）

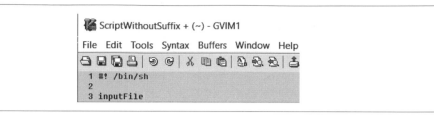

圖 12-6　檢測到檔案類型（MS Windows gvim，配色方式：morning）

/bin/sh 突然加上了語法顏色特別標示。使用 set filetype 快速檢查一下，確認 Vim 已經正確指定了檔案類型，如圖 12-7 所示。

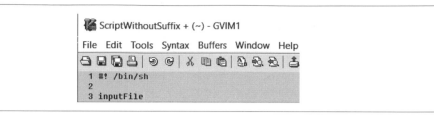

圖 12-7　正確的偵測結果

基於所有實際用途，如此已經是一個完整且令人滿意的解決方案，但為了讓格式更好，再加上另一項檢查，阻止 Vim 在已經輸入 200 字元後還嘗試偵測檔案類型：

```
function CheckFileType()
  if exists("b:countCheck") == 0
    let b:countCheck = 0
  endif

  let b:countCheck += 1

  " Don't start detecting until approx. 20 chars.
  if &filetype == "" && b:countCheck > 20 && b:countCheck < 200
    filetype detect
  endif
endfunction
```

現在，雖然每次 Vim 的游標移動時，都會呼叫我們的函式 CheckFileType，但產生很少的開銷，因為一旦檢測到檔案類型或超過 200 個字元的臨界值，初始檢查就會退出函式。雖然這樣大概已是合理運作兼顧最少量處理的整體成本，我們將繼續討論更多機制，帶入更完整、更令人滿意的解決方案，不只能使整體成本降至最低，而且當我們不再需要這個函式時，確實地消失不見。

你可能已經註意到，我們對臨界值 20 個字元計算上的確切含義有些模糊。這種模棱兩可是刻意的。因為計算游標移動的關係，在插入模式中，假設每次游標移動都對應到一個新字元是合理的，才能增加「足夠的」內容文字，讓 CheckFileType() 判斷檔案類型。

然而，在插入模式下的所有游標移動都會被計算，所以任何以退格鍵更正錯字的移動也包含在內。為了確認這一點，請在我們的範例中，輸入 # 然後按倒退鍵、再輸入一次 # 後按倒退鍵；重複 10 次。第 11 次應該就會出現標上顏色的 #，檔案類型則（錯誤的）被設定為 conf。

自動命令和群組

到目前為止，我們的指令稿忽略了每次移動游標就呼叫函式所帶來的副作用。藉由合理檢查，避免不必要且頻繁的呼叫 filetype detect 命令，來降低整體成本。但如果函式的最低成本也很昂貴呢？我們需要一個在不需要原始碼時，可以停止啟動的方式。因此，我們利用 Vim 對自動命令的群組註記方式，以及移除關聯群組的命令能力。

我們修改範例，首先是透過 CursorMovedI 事件，為函式呼叫與一個群組建立關聯。Vim 提供了 augroup 命令來執行此操作，它的語法是：

```
augroup groupname
```

所有後續的 autocmd 定義，均與 groupname 產生關聯，直到出現以下語句：

```
augroup END
```

還有一個命令的預設群組，不在 augroup 區塊裡輸入。

現在我們將之前的 autocmd 與群組建立關聯：

```
augroup newFileDetection
  autocmd CursorMovedI * call CheckFileType()
augroup END
```

原本以 CursorMovedI 觸發的函式，現在成為自動命令群組 newFileDetection 的一部分。下一節將探討這項功能的用處。

刪除自動命令

為了盡可能乾淨地實作我們的功能，希望它只在需要時保持有效的狀態。我們希望在函式達成目的後（也就是偵測到檔案類型，或確定偵測不出類型的時候），立即解除對它的參照。Vim 允許你透過參照事件、符合檔案名稱的樣式，或屬於某個群組來刪除自動命令。

```
autocmd! [group] [event] [pattern]
```

通常在 Vim 中用於「強制」的字元——驚嘆號（!）接在關鍵字 autocmd 後，表示要刪除與群組、事件或樣式相關聯的命令。

因為我們之前已將函式與使用者自訂群組 newFileDetection 產生關聯，即可透過群組控制函式，並可於自動命令的移除語法中，透過參照群組來移除函式。如下所示：

```
autocmd! newFileDetection
```

即可刪除所有與 newFileDetection 關聯的自動命令，此例為刪除我們的函式。

在我們啟動（建立新檔案）時，使用以下命令查詢 Vim，來確認自動命令的定義與刪除：

```
:autocmd newFileDetection
```

Vim 的回應如圖 12-8 所示。

圖 12-8　對 autocmd newFileDetection 命令的回應 (MS Windows gvim，配色方式：morning）

在偵測出檔案類型並予以指定，或到達 200 個字元的上限後，我們不再需要自動命令的定義。所以加上對原始碼的最後一項修正。結合我們對 augroup 的定義、autocmd 命令，和自訂函式後，.vimrc 的內容應如下所示：

```
augroup newFileDetection
  autocmd CursorMovedI * call CheckFileType()
augroup END

function CheckFileType()
  if exists("b:countCheck") == 0
    let b:countCheck = 0
```

```
    endif

    let b:countCheck += 1

    " Don't start detecting until approx. 20 chars.
    if &filetype == "" && b:countCheck > 20 && b:countCheck < 200
      filetype detect
    " If we've exceeded the count threshold (200), OR a filetype has been detected
    " delete the autocmd!
    elseif b:countCheck >= 200 || &filetype != ""
      autocmd! newFileDetection
    endif
  endfunction
```

開始出現語法色彩標示後，我們可以輸入與一開始進入緩衝區時的相同命令，來確認函式是否自我刪除：

```
:autocmd newFileDetection
```

Vim 的回應如圖 12-9 所示。

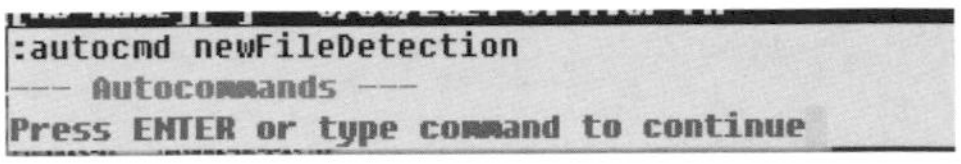

圖 12-9　在我們的自動命令組滿足刪除條件後（MS Windows gvim，配色方式：morning）

請注意，現在的 newFileDetection 群組中沒有定義自動命令了。下列命令可刪除自動群組：

```
augroup! groupname
```

但是這樣做並不會刪除已關聯的自動命令，而且 Vim 將於每次參照到這些自動命令時，產生一個錯誤狀況。因此，請確已刪除群組中所有自動命令，再刪除群組。

不要將刪除自動群組，誤以為刪除自動命令。

恭喜！你已經完成第二份 Vim 指令稿。這次的指令稿拓展你對 Vim 的知識，也稍微窺見指令稿可取用的各種不同功能。

關於 Vim 指令稿的一些額外想法

我們只介紹了整個 Vim 指令稿世界的一小部分，但希望你能理解 Vim 的強大功能。幾乎所有你可以使用與 Vim 互動的執行操作，都可以撰寫在指令稿中。

在本節中，我們將討論一個包括在 Vim 內建說明文件中的優秀範例，深入瞭解稍早提過的概念，並仔細研究幾種功能。

一個有用的 Vim 指令稿範例

在 Vim 內建的說明文件中，包含一個好用的指令稿，我們覺得使用者可能用得到。這份指令稿專門處理在 HTML 檔案的 `<meta>` 行中、保持目前檔案時間戳記的問題，但也可以輕易用於許多其他檔案類型，只要於檔案文字中保存最新的檔案修正時間，能對檔案有所幫助。

先看一個基本完整的範例（我們稍微做一點調整）：

```
autocmd BufWritePre,FileWritePre *.html    mark s|call LastMod()|'s
fun LastMod()
 " if there are more than 20 lines, set our max to 20, otherwise, scan
 " entire file.
 if line("$") > 20
   let lastModifiedline = 20
 else
   let lastModifiedline = line("$")
 endif
 exe "1," . lastModifiedline . "g/Last modified: .*/s//Last modified: " .
 \ strftime("%Y %b %d")
endfun
```

下面是 `autocmd` 命令的簡單說明：

`BufWritePre, FileWritePre`

　　這些是觸發命令的事件。在本例中，Vim 在檔案或緩衝區寫入儲存裝置之前，執行自動命令。

`*.html`

　　對任何檔名結尾為 *.html* 的檔案，執行自動命令。

`mark s`

改變此項以從原稿中做準備。此處不採用 `ks`，而是使用效果相等，但意義更為明顯的 `mark  s` 命令。這只是在檔案中建立一個名為 s 的標記位置，以便稍後回到這個位置。

`|`

垂直線字元，用於分隔在自動命令定義中執行的許多 Vim 命令。此處只是單純用於分隔，與 Unix shell 的管道（pipe）字元沒有關係。

`call LastMod()`

呼叫使用者定義的 `LastMod` 函式。

`|`

參考前述說明。

`'s`

回到標示為 s 的位置。

在驗證這份指令稿前，請編輯一份 *.html* 檔，在其中加入：

`Last modified:□`

並執行 w 命令。

 這個範例的確很有用，但對於其中描述，取代 HTML 的 meta 指定目標而言，是不夠正確。更適當地說，如果它真的想針對 meta 敘述，替代時應該尋找 meta 敘述中的 `content=...` 部分。儘管如此，這個範例仍然是解決問題的一個好的開始，而且對其他檔案類型而言也是好例子。

更多關於變數的細節

現在進一步討論 Vim 變數的構成，以及使用方式。Vim 有五種變數型別：

數值（*Number*）

有帶正負號的 32 位元數字。數值能以十進制、十六進制（如 `0xffff`）、八進制（如 `0177`）表示。如果編譯器有支援，那 Vim 將支援 64 位元數字。在 ex 命令中，執行 `:version`，顯示在編譯編輯器時，是否支援 64 位元。請參考圖 12-10。

```
  break          +netbeans_intg     +sy
  indent         +num64             +ta
  cmds           +packages          +ta
```

圖 12-10　顯示結果，有支援 64 位元數字的版本（WSL Ubuntu Linux，配色方式：zellner）

字串（*String*）

一串字元。

函式參照（*Funcref*）

對函式的參照。

列表（*List*）

這是 Vim 的陣列版本。它是先後順序的數值列表，可包含任何 Vim 允許的值，任意組合作為元素。

字典（*Dictionary*）

這是 Vim 的雜湊（hash）版本，通常也稱為關聯式陣列。它是沒有順序的數值集合，第一個位在前面的值當成鍵值（key），用於取得相關數值（value）。

運算式

Vim 以相當簡單的方式計算運算式。運算式可以是很簡單的數字或文字字串，也可以複雜到由一個運算式所組成的複合敘述，。

有一個重點值得注意，Vim 的數學函式只能與整數運作。如果需要浮點數與精確度，則需要一些擴充套件，例如由系統呼叫可以做數學運算的外部執行程式。

擴充套件

Vim 提供許多擴充套件與其他指令稿語言的介面。尤其值得注意，其中包括 Perl、Python、Ruby，三種最受歡迎的指令稿語言。有關使用的詳細資訊，請參考 Vim 的內建說明文件。

關於 autocmd 的一些討論

在第 308 頁的「透過指令稿進行動態檔案類型配置」一節中，我們使用 Vim 的 autocmd 命令來安插啟動自訂函式的事件。這是非常有用，但不要忽視 autocmd 的簡易用法。例如，可以使用 autocmd 為不同檔案類型調整特定 Vim 的選項。

一個很好的例子是，為不同的檔案類型修改 shiftwidth 選項。而某些具有大量縮排與巢狀層級的檔案類型，或許能因較有節制的縮排而獲益。例如定義 HTML 的 shiftwidth 為 2，以免原始碼超出螢幕右側，但定義 C 程式的 shiftwidth 為 4。為了達成這項區別，請把下範例加入你的 .vimrc 或 .gvimrc 檔案中：

```
autocmd BufRead,BufNewFile *.html set shiftwidth=2
autocmd BufRead,BufNewFile *.c,*.h set shiftwidth=4
```

內部函式

除了所有 Vim 命令，我們還能使用大約 200 個內建函式。逐一說明所有函式的功能已經超出了討論範圍，但瞭解可使用的函式種類，將會很有幫助。下列分類取自 Vim 內建的協助檔案 usr_41.txt：

字串操作

　　程式人員所期待的所有標準字串函式，都在這些函式中；從常用的轉換函式，到常用的子字串函式等等。

列表函式

　　這是針對一整個陣列使用的陣列函式。它們與 Perl 中的陣列函式非常相似。

字典（關聯式陣列）函式

　　這些函式包括提取、操作、查核和其他類型的函式。同樣，這些函式也很類似 Perl 的雜湊函式。

變數函式

　　這些是讀取「getter」和設定「setter」變數的函式，用於 Vim 視窗和緩衝區之間移動變數。還有一個 type() 函式用來判斷變數型別。

游標與位置函式

　　這些函式允許在檔案與緩衝區間移動，並建立標記，以便記憶與返回位置。另外也有提供位置資訊的函式（例如游標所在的行與欄）。

目前緩衝區內文字的函式

這些函式操作緩衝區的內文字，例如修改一行、擷取一行等等。還有搜尋的函式。

系統與檔案操縱函式

其中包括執行 Vim 在作業系統中導覽的函式，例如可在路徑中尋找檔案、判斷目前的工作目錄、建立與刪除檔案等等。這個群組包括 system() 函式，將命令傳遞給作業系統，以供外部執行。

日期與時間函式

這些函式能對日期與時間格式做廣泛的操作。

緩衝區、視窗、引數清單函式

這些函式提供了收集有關緩衝區資訊的機制，以及每個緩衝區的參數。例如，當 Vim 啟動時，包含的檔案參數列表，函式 argc() 回傳檔案的數量。參數列表函式是取得從 Vim 命令列傳遞的特定參數。緩衝區函式提供特定緩衝區和視窗的資訊。目前有 25 個函式。更多詳細資訊，請在 Vim 的協助檔案 *usr_41.txt* 中，搜尋 *buffers*、*windows* 或 *argument list* 等關鍵字。或者可以使用 ex 命令快速取得 Vim 函數的類型：

```
:help function-list
```

命令列函式

這些函式取得命令列位置、命令列和命令列的類型，並設定命令列中的游標位置。

QuickFix 與位置列表函式

這些函式會檢索和修改 QuickFix 列表。

插入模式完成函式

這些函式用於命令和插入完成的功能。

摺疊函式

這些函式提供摺疊（fold）資訊，並展開閉合摺疊顯示的文字。

語法與標示函式

這些函式檢索有關語法特別標示群組和語法 ID 的資訊。

拼字函式

　　這些函式尋找可能的錯誤拼字，並提供修正建議。

歷史記錄函式

　　這些函式取得、新增、刪除歷史記錄。

互動函式

　　這些函式為使用者提供了一個介面，來進行檔案選擇等活動。

GUI 函式

　　包含三個簡易函式，分別可以取得目前的字型名稱、GUI 視窗的 *x* 座標與 GUI 視窗
　　的 *y* 座標。

Vim 伺服器函式

　　這些函式與（可能的）遠端 Vim 伺服器溝通。

視窗尺寸與位置函式

　　這些函式取得視窗資訊，並允許視窗所見內容的儲存與復原。

其他函式

　　這些是雜項的「其他」功能，無法歸類至前述分類中。其中有 exists() 之類的函
　　數，檢查 Vim 項目的存在與否；還有 has()，檢查 Vim 是否支援某項功能。

資源

希望我們已經引起使用者足夠的興趣，並提供足夠的資訊來幫助使用者開始使用 Vim 指
令稿。關於 Vim 指令稿，足以撰寫一本書來專門討論。幸好，還有其他資源可以協助
我們。

Vim 本身的來源（*https://www.vim.org/scripts/index.php*）就是很好的起點，請參考專門
撰寫指令稿的說明頁面。在這裡，將可找到兩千多個，可供下載的指令稿。所有內容均
可搜尋，可以透過對指令稿進行投票，甚至貢獻自己的指令稿，來參與其中。

在此也提醒大家，內建的 Vim 說明文件乃是無價之寶。我們推薦的最有收獲的說明主題是：

```
help autocmd
help scripts
help variables
help functions
help usr_41.txt
```

也別忘記在 Vim 執行階段的目錄下，還有大量 Vim 指令稿。所有字尾是 .vim 的檔案都是指令稿，而且藉由這些程式碼設計的學習範例，提供了絕佳、有創意的測試場地。

動手玩一玩。這是最好的學習方式。

## 第十三章

其他好用的 Vim 功能

第八章到第十二章涵蓋了強大的 Vim 功能與技術，我們認為讀者應該知道如何有效地使用編輯器。本章將對 Vim，從即時的拼字檢查（帶有建議的修正）、編輯二進制檔案和管理 Vim 會話的狀態，進行了簡單的介紹。其中囊括了一些不屬於之前主題的特性、關於編輯和 Vim 哲學的想法，以及關於 Vim 的一些有趣的事情（並不是說前面的章節不好玩！）。

拼字

協助 Vim 拼字檢查在速度和靈活性方面表現出色。根據 Vim 內建專屬拼字檢查的輔助說明指出，建議使用 Vim 內建拼字檢查功能，來替換 *vimspell* 外掛程式。請參考輔助說明檔案 *spell.txt*，或使用 ex 命令協助搜尋：

```
:help spell
```

Vim 預設沒有拼字檢查。使用 ex 命令開啟拼字檢查：

```
:setlocal spell
```

和拼字檢查的區域：

```
:setlocal spelllang=en_us
```

Vim 標記「壞」字、未以大寫字作為開頭的句子、「稀有」字和「地區詞彙」。（因為某一個人拼錯的字，是另一個人的「好」字，因此用「壞」和「好」而不是用「正確」和「不正確」的字眼來區分）Vim 是如何特別標示「壞」字和「開頭大寫」的範例，請參考圖 13-1；以及圖 13-2 中特別標示的單字範例。

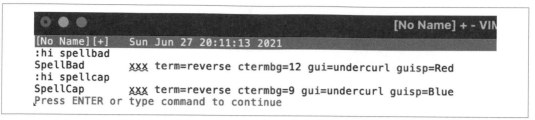

圖 13-1　Vim 拼字檢查語法特別標示（MacVim，配色方式：zellner）

圖 13-2　特別標示的「壞」字

打開拼字檢查後，可以分別使用 vi 命令模式命令]s 和 [s，前進到下一個或上一個壞字。當游標位於任何位置的壞字上時，vi 命令 z= 會用編號列出建議的單字來替換壞字。輸入對應的數字並按 ENTER 以替換壞字。或者，如果在 GUI 的 Vim 執行過程中開啟了滑鼠，則可透過游標點擊選擇的字來替換。要取消操作，請輸入 ESC 或 ENTER 而不進行選擇。

Vim 透過將編碼的單字檔案加載到記憶體中，來管理拼字清單，並應用兩種主要算法來檢測拼字錯誤。一個是快速；另一個是慢速。Vim 允許打開或關閉其中一個。在快速的拼字檢查中，假設拼字錯誤的單字將與正確拼字的單字非常近似，並且錯誤可能是字元換位或缺少字元。這些拼字錯誤與正確的單字，兩者之間會考慮到「最短距離」，因此該算法效率高且速度快。

在慢速的拼字演算法，則是假設單字可能與正確的單字有「大」距離。例如，可能在不知道什麼是真正正確的情況下拼出這個字。根據 Vim 的文件，如果使用者是一個優秀的拼字者，使用者的錯誤很可能屬於快速算法類型，為了提高效率，Vim 建議使用者只使用快速選項。

可以透過選擇 fast 或 double，作為 Vim 的 spellsuggest 選項值，來選擇使用者喜歡的拼字檢查方法[1]。

我們在表 13-1 中，列出了比較常見的 vi 命令模式命令。

1　還有第三種方法 best，Vim 建議最好使用英文，但 fast 的還是很快。

表 13-1　常用的 Vim 命令模式拼字檢查命令

命令	動作
zg	將游標下的單字增加到好的單字列表中。
zG	將游標下的單字增加到 internal-wordlist 好的單字列表中（參考 Vim 協助）。當單字被增加到 internal-wordlist 中，認定是臨時的，並在離開 Vim 時清空。
zw	將游標下的單字增加到壞字列表中。如果這個字在好字列表中，會從中刪除。
zW	將游標下的單字增加到 internal-wordlist 的壞字列表中。與 zG 一樣，會在離開 Vim 時清空。
[*number*]z=	顯示將壞字替換的建議列表。Vim 將顯示一個編號列表，可以透過輸入對應的編號來選擇替換。如果在 z= 前面加上一個數字，Vim 會自動將壞字替換為建議列表中的第 *number* 個字。

一些注意事項：

- Vim 選項 wrapscan 適用於]s 和 [s。也就是說，在目前位置和緩衝區結尾（或是開頭，這取決於命令的方向）之間，如果沒有更多拼字錯誤的單字，游標不會再繼續移動下去。

- Vim 將單字區分為「好」或「壞」，而不是「拼字正確」或「拼字錯誤」，因為在前後文中，可能存在正確，但不一定是實際單字的用語。

- 對於 zg 和 zG，使用者所加入的好字和壞字到列表中，都會增加到 Vim 選項所定義的拼字檔案中。而這些增加的單字，與 Vim 更廣的全域拼字檔案是互相分開。

- 對於 z=，如果使用 GUI 版本的 Vim 或開啟滑鼠操作，使用者可以透過點選建議的單字來替換。Vim 文件提到，會將最有可能替換壞字的項目，放在清單中的第一個。

表 13-2 列出了 ex 命令及其使用方式。

表 13-2　Vim 用於拼字檢查常用的 ex 命令

命令	動作
:[*n*]spellgood *word*	將 *word* 增加到好的單字列表中。如果命令前面有一個數字，則將 *word* 增加到，由 spellfile 所定義的檔案，其中列表的第 *n* 個。
	如果沒有對應的第 *n* 個（例如，數字為 3，但在 spellfile 選項定義的檔案中，只有兩個），Vim 標記一個錯誤，並且不加入任何單字。
:spellgood! *word*	將 *word* 增加到 internal-list 中的好字列表中。Vim 在每次執行過程後，清空 internal-list。

命令	動作
:spellwrong *word*	將 *word* 增加到壞字列表中。
:spellwrong! *word*	將 *word* 增加到 internal-list 中的壞字列表中。Vim 在每次執行過程後，清空 internal-list。

除了簡單檢查單字的拼字錯誤之外，Vim 文件還提供其他詳細的說明。例如，可以定義自己的單字檔案，Vim 關於 *spell.txt* 協助文件說明中，在第三節「產生拼字檔案（Generating a spell file）」中，展示如何從一開始建立單字檔案，類似如同 OpenOffice 中的單字設定一樣。你可以使用免費提供的檔案，建立自己的檔案，或將兩者結合使用。參考 Vim 的協助文件（:help spell）以獲得更多關於設定自訂拼字的配置、更多可使用的命令和選項的詳細說明。

取得不同的字彙（使用同義字庫）

不要與拼字檢查混淆的是，Vim 還提供了同義字庫的單字完成功能。有關 Vim 同義字庫選項的詳細討論，請參考第 271 頁的「依照同義字補齊」。

編輯二進制檔案

嚴格來說，Vim 和 vi 一樣，是一個文字編輯器。但在緊要關頭，Vim 還允許你編輯包含一般人類無法讀取的資料檔案。

為什麼要編輯二進制檔案？二進制檔案是不是有它存在的道理嗎？二進制檔案通常是不是由某些應用程式以明確的定義及特定格式產生的嗎？

確實，二進制檔案通常是由電腦化建構或類比處理所建立的，並且不能直接手動編輯。例如，數位相機通常以 JPEG 格式儲存圖片，這是一種用於數位圖片的二進制壓縮格式。這種檔案是二進制檔案，但具有良好的定義段落或區塊，儲存著標準資訊（也就是說，如果根據規格實作，即可儲存資訊）。JPEG 格式的數位圖片，把圖片的中介資訊（meta-information，例如：拍照時間、解析度、相機設定、日期等等）儲存在保留區塊裡，與數位圖片壓縮的資料，分隔開來。實際的應用，可能會使用 Vim 的二進制檔案編輯特性，來編輯某個目錄下的 JPEG 檔案，修改所有「建立」區塊裡的年份欄位，以更正圖片的「建立日期」欄位。

雖然我們喜歡 Vim 的二進制編輯功能，但不會深入討論編輯二進制檔案時，需要考慮的潛在嚴重問題。例如，有些二進制檔案包含數位簽章或校驗 checksum，來確保檔案完整性。編輯檔案時，可能會損害其完整性，並且使檔案無法使用。因此，不要以為這是對隨意二進制編輯的認同。

圖 13-3 顯示 JPEG 檔案的編輯過程。請注意游標位置是停留在日期欄位上。改變這些欄位，我們即可直接編輯關於這張圖片的資訊。

圖 13-3　編輯二進制 JPEG 檔案

對於熟悉特定二進制格式的進階使用者，Vim 可以非常容易地直接進行修改，否則可能需要使用其他工具進行繁瑣、重複的存取檔案。

二進制編輯的救援故事

在作者們中的一人，他的真實故事，以 Vim 二進制編輯功能挽救的一天。任務是將舊有的應用程式，從已棄用的電腦中移植到新電腦。舊有的應用程式，部分的 Python 類別是許多經過編譯的 *.pyc* 檔案所組成。他遇到了一個典型的 IT 困境，無法找到原始的 Python 程式碼，因此無法藉由在新電腦上經由編譯後來移植這些類別。

而這些類別，實際上可以在新電腦上執行，但其中在許多地方夾雜一些舊有、過去的電腦名稱和位址。憑著直覺，他以二進制模式編輯了這些編譯過的類別，並且發現所有舊主機與新電腦，兩者的名稱字串長度相同。經過簡單的批次替換和儲存後，Python 類別在新系統上完美執行。是的，或許新、舊電腦名稱的長度相同是一種幸運。但儘管如此，如果沒有 Vim，這將是一項艱鉅的任務。

主要有兩種編輯二進制檔案的方式。在 Vim 命令列中可以設定 binary 選項：

```
:set binary
```

或在啟動 Vim 時加上 -b 選項。

為了協助二進制編輯，並避免 Vim 破壞檔案的完整性，Vim 因而設置下列選項：

- `textwidth` 與 `wrapmargin` 設定為 0。這會阻止 Vim 在檔案中插入虛假連續的換行符號。

- `modeline` 與 `expandtab` 均不予設置（`nomodeline` 與 `noexpandtab`）。以免 Vim 用 tab 增加 `shiftwidth` 的空間；並避免解譯 Vim 在模式列（modeline）中的命令，否則有可能設定選項，造成不需要的副作用。

 在使用二進制模式時，在視窗或緩衝區之間移動時請務必小心。Vim 使用進入和離開事件，設定並改變切換緩衝區與視窗的選項，或許會誤以為是移除一些剛剛列出的保護措施。我們建議在編輯二進制檔案時使用單一視窗、單一緩衝區階段。

複合字元：非 ASCII 字元

什麼？《彌賽亞》（Messiah）的作者是 George Frideric Händel，而不是 George Frideric Handel？奇怪「résumé」好像比「resume」多了一些特徵？請使用 Vim 的複合字元（digraph）輸入特殊字元。

即使是英文文字檔案，有時也需要特殊字元，尤其是在這個全球化的世界裡參考其他文獻時。非英語的文字檔案，需要大量特殊字元。

digraphs 一詞，傳統用於描述兩個字母結合的字元，以代表單一音節，例如「digraph」或「phonetic」中的 ph。Vim 借用結合兩個字母的標記方式，來描述特殊字元的輸入機制，這些字元包括具有特殊特徵、典型的重音記號，或像是「ä」上的變音符號。這些特殊記號的正確稱呼是 diacritic 或 diacritical mark（變音符號標記）。換句話說，Vim 使用複合字元，來建立變音符號標記。（很高興我們能弄清楚這一點）。

Vim 有好幾種輸入特殊字元（變音符號）的方式，其中兩種相對簡單與直覺。這兩種方式分別依賴透過字首（CTRL-K）或在兩個鍵盤字元間使用 BACKSPACE，來定義複合字元。（其他方法更適合透過原始數值輸入字元，可用十進制、十六進制、八進制數值指定字元。雖然威力強大，但這些方法卻不容易記憶數值與其對應字元）。

第一種輸入 diacritic 的方法，是由三個字元組成的序列：CTRL-K、基本字母和一個標點符號字元，用於表達重音或需要增加的記號。例如附有尾形符號的 c（ç），輸入 CTRL-K C ,；想建立附有重音記號的 a（à），輸入 CTRL-K A ! 。

希臘字母是透過輸入相對應的拉丁字母，後接一個星號來建立（例如輸入 CTRL-K P *可形成小寫的 π）。俄文字母是透過輸入相對應的拉丁字母後，接著等號 = 或在少數情形輸入百分號 % 來建立的。使用 CTRL-K ? SHIFT-I 會輸入倒置問號（¿）；CTRL-K S S 則可輸入德文字母 S（ß）。

第二種輸入特殊字元的方式，則需設定 digraph 選項：

```
:set digraph
```

現在，輸入雙字元組合中的第一個字元，然後加上倒退鍵（ BACKSPACE ），再輸入建立記號的標點符號。因此，ç 的輸入方式是 C BACKSPACE ,，à 的輸入方式則是 A BACKSPACE ! 。

設定 digraph 選項，不會阻止你使用 CTRL-K 方法輸入。如果不常輸入特殊字元，可考慮只使用 CTRL-K 的方式。否則，有可能經常在按下倒退鍵更正輸入錯誤時，發現自己不小心輸入複合字元。

使用 :digraph 命令顯示所有預設字元組合；使用 :help digraph-table 可以獲得更詳細的描述。圖 13-4 顯示了 :digraph 命令的部分列表。

圖中每個複合字元，都以三個欄位表示。看起來很亂，因為 Vim 會在螢幕允許盡可能多的情況下，在每行中插入三欄組合。每個群組中，第一欄顯示複合字元的雙字元組合，第二欄顯示組合代表的複合字元，第三欄則是它的十進制 Unicode 值。

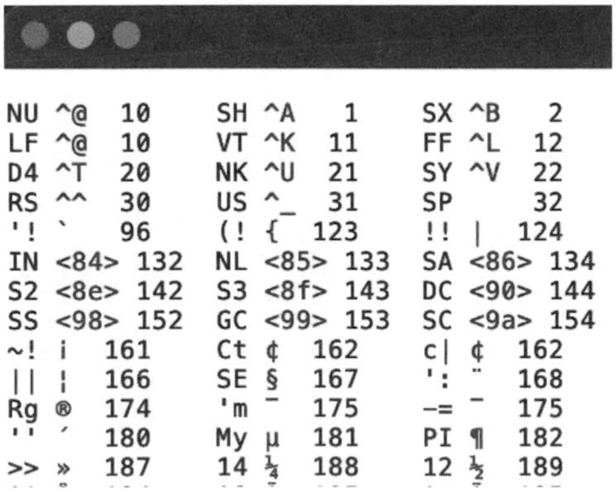

圖 13-4　Vim 的複合字元（MacVim，配色方式：zellner）

為方便起見，表 13-3 列出最常用到的重音和記號，以及代表它們的組合中，最後一個字元的標點符號。

表 13-3　如何輸入重音符號和其他記號

記號	例子	表達的複合字元
尖音符號	fiancé	單引號（'）
短音符號	publică	左括號（(）
抑揚符號	Dubček	小於符號（<）
軟音符號	français	逗號（,）
揚抑符號	português	大於符號（>）
重音符號	voilà	驚嘆號（!）
長音符號	ātmā	連字號（-）
斜刪除線	Søren	斜線（/）
波浪符號	señor	問號（?）
變音符號	Noël	冒號（:）

在其他地方編輯檔案

感謝網路協定的無縫整合，Vim 能讓我們編輯遠端機器上的檔案，如同在本地端一樣！如果你只是簡單指定 URL 做為檔案，Vim 將在視窗中打開它，並將所做的修改寫入遠端系統。（這取決於你的存取權限）舉例來說，以下命令將編輯一份由系統 flavoritlz 上的使用者 elhannah 所擁有的 shell 指令稿。遠端機器在 port 122 提供 SSH 安全協定（port 122 是個非標準連接埠，透過隱匿來增加安全性）：

```
$ vim scp://elhannah@flavoritlz:122//home/elhannah/bin/scripts/manageVideos.sh
```

因為我們在遠端機器上編緝 elhannah 家目錄下的檔案，可使用簡單檔名而縮短 URL。它被視為相對於遠端系統上的使用者家目錄的路徑：

```
$ vim scp://elhannah@flavoritlz:122/bin/scripts/manageVideos.sh
```

讓我們剖析完整的 URL，以便學習如何針對特殊環境建立 URL：

scp:

第一部分，到冒號為止，代表傳輸協定。本例的協定為 scp，建立在 Secure Shell（SSH）協定上的檔案複製協定。一定要加冒號（:）。

//

這個部分引入主機資訊，對大部分傳輸協定均採用 [*user@*]*hostname* [:*port*] 的形式。

elhannah@

可選用的部分。對 scp 這類安全協定，這個部分指定登入遠端機器時的使用者身分。省略時，預設值為你在本地端機器上的使用者名稱。當收到要求密碼的提供時，必須輸入該使用者在遠端機器上的密碼。

flavoritlz

這部分是遠端機器的名稱，也能以數值 IP 位址表示，例如 192.168.1.106。

:122

選用的部分，指定協定使用的連接埠。以冒號分隔連接埠編號與前面的主機名稱。所有標準協定都使用熟知的連接埠，若使用標準連接埠，可在 URL 中省略這個部分。本例中，122 不是 scp 協定的標準連接埠，而且因為 flavoritlz 系統的管理者選擇透過 port 122 提供服務，所以必須予以指定。

//home/elhannah/bin/scripts/manageVideos.sh

這是遠端機器上，我們想編輯的檔案。起始處有兩個斜線，因為指定的是絕對路徑。相對路徑或簡單檔名，只需要一個斜線，用來和前面的主機名稱做分隔。相對路徑是相對於我們登入後，使用者的家目錄。(在本例中，與 */home/elhannah* 相關。)

以下列出幾種支援的協定：

ftp: 與 sftp:
    一般 FTP 與安全 FTP

scp:
    透過 SSH 的安全遠端檔案複製

http:
    使用標準瀏覽器協定傳送檔案

dav:
    一個相對較新也流行的網路傳輸公開標準。

`rcp:`

遠端複製。請注意，此協定是不安全的；應該避免使用它。

到目前為止，我們所說明的內容，足以達成遠端編輯，但過程可能不像在本地端編輯檔案那樣透明。也就是說，由於需要從遠端主機移動資料，因此可能會提示需要輸入密碼才能完成這項工作。如果習慣在編輯期間定時把檔案寫入磁碟，對密碼的要求可能會很惱人，每次「寫入」都會跳出輸入密碼的提示，才能執行動作。

前述所有傳輸協定，均可調整服務的組態指令，允許不需密碼的存取，但細節各不相同。請參考各項服務的說明文件，瞭解特定協定的相關細節及配置 [2]。

目錄的導覽與切換

如果經常使用 Vim，或許已經意外的發現，可以使用與檔案內移動時相似的按鍵方式，來檢視目錄並在目錄之間移動。

假設一個包含兩個儲存庫的目錄 */home/elhannah/.git/vim*（有兩個不同的 *git* 目錄）。編輯 */home/elhannah/.git/vim*：

```
$ vim /home/elhannah/.git/vim
```

圖 13-5 的部分螢幕截圖，可能類似於你所看到的。

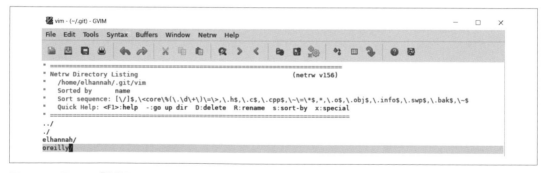

圖 13-5　用 Vim「編輯」vim 目錄（WSL Ubuntu Linux，配色方式：zellner）

Vim 顯示三種類型的資訊：簡介性質的註解（位於等號構成的水平線前）、目錄（以斜線表示）、檔案。每個目錄或檔案都自成一行。

2　我們已經驗證並成功設定 scp: 遠端存取編輯檔案，並且不需要輸入密碼。設定 scp:（以及其他協議）仍在本書討論的範圍之外，但遠端編輯則值得多加熟悉和透徹瞭解。

有許多使用這項功能的方式，但使用標準 Vim 移動命令（例如 w 移到下個字、j 是跳到下一行）或在所需項目上點擊滑鼠。以下是目錄模式的一些特殊功能：

- 當游標移到目錄名稱上時，按下 ENTER 鍵即可移至該目錄。

- 如果游標移到檔案名稱上時，按下 ENTER 鍵即可編輯該檔案。

> 如果想保持目錄視窗的開啟，以便進一步操作目錄，則在編輯（游標下的）檔案時按下 o，Vim 將分割視窗，在新建立的視窗中編輯檔案。當游標位於目錄名稱上時，移動到另一個目錄也是如此；Vim 分割視窗並在新視窗中「編輯」移動到的目錄。

- 可以刪除或重新命名檔案與目錄，輸入 SHIFT-R 。可能有點違反直觀，Vim 會建立一個命令列提示符號，來執行重新命名。應該類似於圖 13-6。

  要完成重新命名，請編輯第二個命令列參數。

  刪除檔案的操作方式類似。只需將游標放在要刪除的檔案名稱上，並輸入 SHIFT-D 即可。Vim 會提出確認要刪除檔案的對話框。與重新命名的功能一樣，Vim 的確認提示位在螢幕上的命令列區域。

```
appa.asciidoc
learning-the-vi-and-vim-editors-8e[-][RO]   Tue Jun 29 10:41:25 2021          0x78  line:10,  col:1 Top type:[netrw]
Moving /home/elhannah/.git/vim/oreilly/learning-the-vi-and-vim-editors-8e/xyzzy.txt to : /home/elhannah/.git/vim/oreilly
/learning-the-vi-and-vim-editors-8e/xyzzy.txt
```

圖 13-6　在「編輯目錄」下，重新命名的提示符號（WSL Ubuntu Linux，配色方式：zellner）

- 編輯目錄的優點之一是使用 Vim 的搜尋功能快速存取檔案。例如，假設要編輯 */home/elhannah/.git/vim/oreilly/learning-the-vi-and-vim-editors-8e* 中，檔案 *ch12.asciidoc*。要快速導覽並編輯此檔案，可以在全部檔案名稱中，搜尋檔案部分關鍵字。因此在這種情況下，搜尋數字 12：

    /12

  並在游標移到檔名時，按下 ENTER 或 O 。

> 在閱讀關於目錄編輯的線上輔助說明時，將看到 vim 把這個功能歸類在使用網路協定編輯檔案的內容裡，也是前一節提到的內容。我們則把目錄編輯獨立成一節，因為它很有用，而且與龐大的網路協定編輯檔案放在一起時，很容易忽略它。

使用 Vim 備份

Vim 透過備份編輯的檔案,來協助避免意外地損失檔案。對於出現嚴重錯誤的編輯階段而言,這項功能非常地有用,因為我們可以恢復到稍早前的檔案。

備份行為由設定兩個選項所控制:backup 與 writebackup。建立備份的位置與方式,則由另外四個選項所控制:backupskip、backupcopy、backupdir、backupext。

如果 backup 與 writebackup 選項都設為關閉(也就是 nobackup 與 nowritebackup),則 Vim 不會為編輯階段做備份。如果開啟 backup,Vim 會刪除任何舊有備份,並為目前的檔案建立備份。如果 backup 關閉但 writebackup 開啟了,Vim 會在編輯執行階段建立一個備份檔案,寫入檔案後刪除備份。

backupdir 是以逗號分隔的目錄清單,列出 Vim 建立備份檔的位置。例如,想在系統的暫存目錄中建立備份檔,可把 backupdir 設為 C:\TEMP(Windows 適用)或 /tmp(GNU/Linux 適用)。

> 如果想讓備份的檔案,總是儲存在目前編輯的目錄中,可以指定備份目錄為「.」(點號)。或者,先嘗試於隱藏的子目錄中建立備份檔,如果沒有隱藏子目錄,再試著在目前的目錄中建立;方法是定義 backupdir 值為類似 ./.mybackups,. 的設定(點號表示檔案目前所在的目錄)。這是個有彈性的選項,支援許多定義備份位置的策略。

如果想為編輯階段建立備份,但不想為所有檔案建立,請使用 backupskip 選項,定義以逗號分隔的樣式清單。Vim 不會為符合樣式的任何檔案建立備份。例如說,不想為任何在 /tmp 或 /var/tmp 目錄下編輯的檔案做備份。設定 backupskip 為 /tmp/*,/var/tmp/* 即可阻止 Vim 為我們備份檔案。

預設情況下,Vim 建立的備份檔名與原始檔案一樣,但備份檔案名稱的字尾是 ~。這是一個相當安全的字尾,因為檔案名稱很少以這個字元做結尾。使用 backupext 選項,改變成你想要的字尾。例如想讓備份檔的字尾是 .bu,請設定 backupext 為字串 .bu。

最後一個選項,backupcopy 定義建立備份檔案的方式。我們建議設定選項為 auto,讓 Vim 計算選擇最佳的備份方式。

以 HTML 表現文字

是否曾經需要對一群人呈現你的原始碼或文字內容嗎？或試著使用其他人的 Vim 組態設定來檢視原始碼，卻無法搞清楚內容？可以考慮把你的文字或原始碼轉換成 HTML，並透過瀏覽器檢視。

Vim 提供三種方式來建立 HTML 版本的文字。三種方式都以相同於原始檔案的名稱和字尾附加 *.html*，而建立新緩衝區。Vim 分割目前的階段視窗，並呈現 HTML 版本的檔案於新視窗：

gvim 的「*Convert to HTML（轉換成 HTML）*」

　　這是最友善的方式，建立在 gvim 圖形式編輯器裡（請見第九章「圖形化 Vim（gvim）」）。打開 gvim 的 Syntax（語法效果）選單，並選擇「Convert to HTML（轉換成 HTML）」。

2html.vim 指令稿

　　這是前面的「Convert to HTML」選項，底層呼叫的指令稿。可直接以下列命令呼叫：

　　　　:runtime!syntax/2html.vim

　　它不接受範圍的指定；而會轉換整個緩衝區。

tohtml 命令

　　這個方式比 2html.vim 指令稿有彈性，因為我們可以指定一段範圍，只有指定想轉換的行。例如，轉換緩衝區中的第 25 行到 44 行，請輸入：

　　　　:25,44TOhtml

 雖然在 Vim 發行版，仍然引用外掛程式（和自動載入）目錄中的 tohtml. vim，但我們卻無法成功使用此功能。你的情況可能會改變。但其他轉換確實有效。

使用 gvim 轉換成 HTML 的優點，在於 GUI 能準確地偵測色彩，並建立正確對應的 HTML 指令。這些方式也能在非 GUI 的背景情況下運作，但執行結果無法確保其準確，或許不是很有用。

管理新建立檔案的方式，要看各位的選擇。Vim 不為我們儲存檔案；只是建立緩衝區而已。我們建議使用某種管理策略，來儲存並同步檔案的 HTML 版本。例如，可以建立一些自動命令，觸發 HTML 檔案的建立與儲存。

已儲存的 HTML 檔案，能使用任何網站瀏覽器檢視。或許有些人不太熟悉在本地端系統上使用瀏覽器開啟檔案的方式。非常簡單，幾乎所有瀏覽器都在會「檔案」選單中提供「打開檔案」選項，並顯示一個檔案選擇對話框，讓我們導覽到包含 HTML 檔案的目錄。如果打算經常使用這項功能，我們建議為你的所有檔案建立一份書籤集合。

比較檔案差異

同一個檔案的兩個版本之間，修改差異通常很少，如果有個工具讓我們看一眼，就能知道兩個版本間的差異，想必能省下許多工作時間。Vim 整合 Unix 環境中有名的 diff 命令，成為一個複雜的視覺化介面，透過 vimdiff 命令啟動。

有兩種方式可啟動這項功能，藉由獨立命令或 Vim 的選項：

```
$ vimdiff old_file new_file
$ vim -d old_file new_file
```

通常，比較版本時的第一個檔案是較舊的版本，第二個檔案則是較新的版本，但這只是慣例。事實上，就算調換順序也可以完成比較。

圖 13-7 顯示了 vimdiff 的輸出結果。因為螢幕畫面有限，我們壓縮寬度，並關閉 Vim 的 wrap 選項，以便看出差異之處。

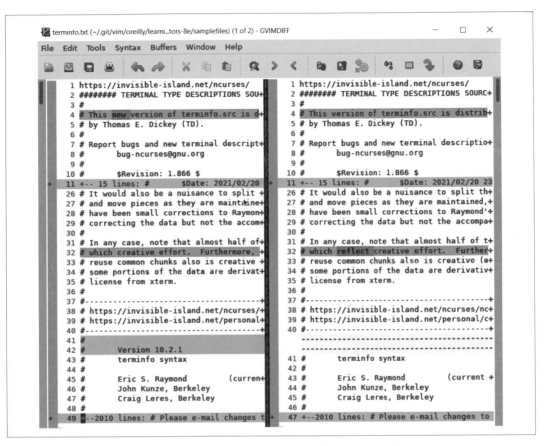

圖 13-7　vimdiff 的執行結果（WSL Ubuntu `gvimdiff`，配色方式：zellner）

雖然示範的圖中，因書籍印刷無法傳達色彩的視覺效果，但它顯示一些關鍵的特徵行為：

- 在第 4 行，可以看到左視窗裡有個單字 *new*，並未出現在右視窗。這是一個特別標示（紅色）的單字，表示兩行之間的差異。類似地，在第 32 行也特別標示出，在右側視窗未出現，卻出現在左側視窗中的單字 *reflect*。

- 在兩邊的第 11 行處，Vim 都建立了 15 行摺疊。兩個檔案中的這 15 行是相同的，所以 Vim 將它們摺疊起來，以呈現最多有用的「差異」資訊。

- 左側視窗中的第 41 到 42 行加上特別標示，而在右側視窗的相對位置上，則是出現虛線，表示缺少這些行。從這裡開始，行編號不再一樣，因為右視窗少了兩行，但兩個檔案中對應的行仍然水平並排。

- 左側視窗中的第 49 行，對應於側視窗中的第 47 行，兩者都個別顯示一個 2010 行的摺疊，這表示兩個檔案的其餘 2010 行，內容是相同的。

所有類似 Unix 的 Vim 安裝版本，都已附帶 `vimdiff`，因為 `diff` 命令是 Unix 的標準。非 Unix 的 Vim 安裝應該附有 Vim 自己的 `diff`。Vim 允許替換 `diff` 命令，只要命令能建立標準的 `diff` 輸出。

`diffexpr` 變數定義了替換預設 `vimdiff` 行為的運算式，通常實作成操作下列變數的指令稿：

`v:fname_in`

接受比較的第一個輸入內容

`v:fname_new`

接受比較的第二個輸入內容

`v:fname_out`

捕捉 `diff` 輸出結果的檔案

Vim 執行階段資訊

大多數文書編輯器都從第 1 行、第 1 欄開始編輯檔案。也就是說，每次啟動編輯器時，檔案載入都從第 1 行開始編輯。如果某個檔案已被編輯很多次，內容頗有進展，編輯階段若能從上次結束編輯的地方開始，應該會更為方便。Vim 能做到這一點。

有兩種方式能儲存編輯階段資訊，以備日後使用：`viminfo` 選項，及 `:mksession` 命令。

viminfo 選項

Vim 使用 `viminfo` 選項，定義儲存編輯階段的方式與位置。該選項是個字串，以逗號分隔參數，對 Vim 告知需要儲存的資訊量，以及儲存的位置。以下介紹一些 `viminfo` 的子選項定義：

`<n`

告訴 Vim 每個暫存器最大儲存的行數，到 *n* 行。

如果未指定任何值給這個選項，則每一行都會被儲存。雖然剛開始，這種設定似乎常理，但若考慮經常編輯大型檔案並大量改變檔案的情況。例如，如果經常編輯具有 10,000 行的檔案，然後刪除每一行（可能為了減少某些外部應用程式導致快速增長的內容），再儲存檔案，總共 10,000 行的內容將儲存在 .viminfo 檔案。如果經常這樣處理多個檔案，.viminfo 檔案將變得非常龐大。然後將會發現啟動 Vim 時出現嚴重延遲，即使是與大檔案無關的檔案，因為 Vim 每次啟動時均需處理 .viminfo 檔案。

我們建議為這個選項指定合理但有用的限制。我們使用 50。

/n

儲存搜尋樣式歷史記錄的數量。如果沒有指定，Vim 將使用 history 選項的值。

:n

儲存命令列歷史記錄的最大數量。如果沒有指定，Vim 將使用 history 選項的值。

'n

Vim 維護資訊的最大檔案數量。如果定義了 viminfo 選項，則這個參數是必需存在的。

以下是 Vim 儲存在 viminfo 檔案的內容：

- 命令列歷史記錄

- 搜尋字串歷史記錄

- 輸入行歷史記錄

- 暫存器記錄

- 檔案標記（例如由 mx 建立的標記會被儲存，重新編輯檔案時可以移動游標至標記 x 處）

- 最後一次搜尋和替換模式

- 緩衝區清單

- 全域變數

這個選項在維持編輯階段的持續性時非常方便。例如，編輯大型檔案，在其中改變了樣式，則搜尋樣式與游標在檔案中的位置都會一併記憶。想在新階段中繼續搜尋，只需鍵入 n，就可移動到下一個出現搜尋樣式的地方。

mksession 命令

Vim 以 :mksession 命令儲存所有關於工作階段（session）的編輯資訊。sessionoptions 選項包含以逗號分隔的字串，指定該在編輯階段裡儲存的內容。這種儲存編輯階段資訊的方式更為全面性，但比 viminfo 更為具體。這個方式可儲存所有目前編輯階段中的檔案、緩衝區、視窗等等，而 mksession 儲存資訊後，整個階段即可重新建構。所有正在被編輯的檔案與所有選項的設定，甚至視窗大小，都被儲存；以便重新載入資訊可以準確地重新建立執行階段。至於 viminfo，它只恢復每個檔案的編輯資訊。

想以這種方式儲存工作階段，請輸入：

    :mksession [*filename*]

其中 *filename* 指定儲存工作階段資訊的檔案。Vim 會建立一個指令稿檔案，稍後使用 source 命令執行該檔案時，會重建工作階段。如果沒有指定預設檔案名稱為 *Session. vim*。如果以下列命令儲存工作階段：

    :mksession mysession.vim

即可使用下列命令，重新建立工作階段：

    :source mysession.vim

以下列出可從工作階段中保存的內容，以及用於儲存對應內容的 sessionoptions 選項參數：

blank
    空白視窗

buffers
    隱藏與未載入的緩衝區

curdir
    目前的目錄

folds
    手動建立的摺疊、開啟或關閉的摺疊，以及局部區域的摺疊選項

 除了手動建立摺疊之外，儲存任何內容都沒有任何意義。自動建立的摺疊，本來就會自動重新建立！

globals

全域變數，以大寫字母開頭，其後至少包含一個小寫字母

help

輔助說明視窗

localoptions

在本地端視窗所定義的選項

options

由 :set 設定的選項

resize

Vim 視窗大小

sesdir

工作階段檔案所在的目錄

slash

檔名裡的反斜線替換為斜線

tabpages

所有標籤分頁

如果未在 sessionoptions 字串指定這個參數，則只有目前的分頁會被獨立
儲存。因此我們能彈性選擇在分頁層級或於全域層級（跨所有分頁）定義
工作階段。

unix

Unix 的一行結尾格式

winpos

Vim 視窗在螢幕上的位置

winsize

緩衝區在螢幕上的視窗大小

因此，舉例來說，想儲存工作階段以儲存所有緩衝區、所有摺疊、全域變數、所有選項、視窗大小與視窗位置等所有資訊，則 sessionoptions 選項將定義為：

```
:set sessionoptions=buffers,folds,globals,options,resize,winpos
```

一行內容的大小

Vim 允許一行擁有幾乎無限的長度。我們可以在螢幕畫面上，讓一行文字繞排為多行，檢視內容時才不需要水平捲軸；或者只呈現每一行的開頭，並向右捲動，來檢視隱藏的部分。

如果希望螢幕上的每一行只呈現一行文字，請關閉 wrap 選項：

```
:set nowrap
```

設定為 nowrap 後，Vim 顯示的字元數量就為螢幕寬度所允許的數量。請把螢幕想成觀景窗，透過小小的窗口觀察很寬的行。以 100 個字元的行而言，就比 80 欄寬的螢幕多了 20 個字元。根據呈現在螢幕第 1 欄的字元，Vim 判斷在這 100 個字元的內容中，哪些字元不顯示。假設，螢幕第 1 欄是該行的第 5 個字元，表示該行的第 1 到 4 個字元，位在可視螢幕之外的左側，因此是不可見的、隱藏的。第 5 到 84 個字元則可在螢幕上看到，而後續的第 85 到 100 個字元，位在可視螢幕之外的右側，因而也隱藏了。

當我們在很長的一行上左右移動時，Vim 會管理行的呈現方式。Vim 向左右移動時，只捲動（sidescroll）最小量字元。可以使用下命令設定捲動的值：

```
:set sidescroll=n
```

其中 n 是捲動的欄數。我們建議設定 sidescroll 為 1，因為現代個人電腦能輕易提供所需的處理能力，讓一次捲動一欄螢幕的移動表現平滑順暢。如果你的螢幕變慢，反應時間也延遲了，或許需要調高數值，使螢幕的重繪最小化。

sidescroll 值定義最小數量的位移。Vim 移動的距離，應該足以完成任何移動命令。例如，輸入 w 可移動游標至同一行中的下一個單字。然而，Vim 對移動的處理有點微妙。如果下一個單字只有部分可見（位在螢幕右側），Vim 將移動到詞彙第一個字元，但不會重畫整行。再度執行 w 命令，則會稍微向左移動，直到能把游標定位到下一個單字的第一個字元，但也僅僅顯示第一個字元。

我們可以用 sidescrolloff 控制這項行為。sidescrolloff 定義游標向左右移動時，螢幕保持的最少欄數。所以定義 sidescrolloff 為 10，能使游標移至螢幕兩側邊緣時，Vim 至少維持 10 個字元的空間。現在當我們移向一行的左右兩側、Vim 試著把足夠的文字

移入可視區域時，游標與螢幕兩側的距離將不會少於 10 欄。如此調整 Vim 的 `nowrap` 模式組態，或許是比較好的方式。

Vim 使用 `listchars` 選項提供便利的可視線索。設定 Vim 的 `list` 選項後，`listchars` 定義如何呈現字元。Vim 對此選項提供兩個設定，可控制是否使用字元，以表示螢幕可視範圍外是否還有內容。例如：

```
:set listchars=extends:>
:set listchars+=precedes:<
```

如果在可視範圍左側之外還有更多字元時，要求 Vim 在第一欄呈現 `<`；如果在可視範圍右側之外還有更多字元時，則要求 Vim 在最後一欄呈現 `>` 字元。圖 13-8 是示意圖。

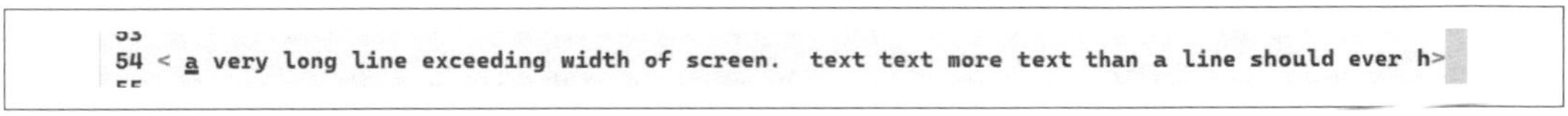

圖 13-8　`nowrap` 模式下的長內容行（WSL Ubuntu Linux，配色方式：morning）

相反地，如果希望看到整行內容而不想捲動水平軸，則以 `wrap` 選項繞排內容：

```
:set wrap
```

現在檔案內容的顯示方式如圖 13-9 所示。

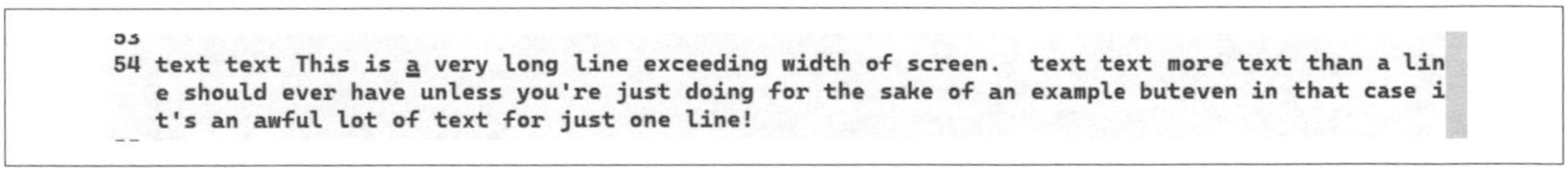

圖 13-9　`wrap` 模式下的長線（WSL Ubuntu Linux，配色方式：morning）

無法完整呈現在螢幕上的長文字行，在第一個位置以單一字元 `@` 呈現，直到游標與檔案定位到可以完全顯示該行的位置。圖 13-9 的行中，在靠近螢幕底部時，出現如圖 13-10 所示的狀態。

圖 13-10　長內容行的指示標記（WSL Ubuntu Linux，配色方式：morning）

最後，Vim 讓我們可以讓空格字元可見。有時我們為了快速檢視，將週期性地確認空格的表示，然後將其刪除。要使空格字元變成可見的，請將句點符號增加到 listchars 中，如下所示：

```
:set list
:set listchars+=space:.
```

關閉顯示空格字元：

```
:set list
:set listchars-=space:.
```

Vim 命令與選項的縮寫

Vim 中有非常多命令與選項，我們建議先從它們的名稱開始學習。幾乎所有命令與選項（至少任何具有多個字元的命令和選項），都有些相關的縮寫。這樣可以節省時間，但請確定縮寫的事物！我們在使用縮寫時，原本以為是某種結果，卻變成非預料且不同的東西。

隨著我們變得更有經驗，並發展出自己喜愛的一套 Vim 命令與選項，使用命令和選項的一些縮寫形式可以節省時間。Vim 通常會嘗試使用類似 Unix 的選項縮寫，並允許命令使用最短且唯一的起始子字串作為縮寫。

一些常用命令的縮寫包括：

```
n       next
prev    previous
q       quit
se      set
w       write
```

一些常用選項的縮寫包括：

```
ai      autoindent
bg      background
ff      fileformat
ft      filetype
ic      ignorecase
li      list
nu      number
sc      showcomd（不是 showcase，沒有這樣的選項）
sm      showmatch
sw      shiftwidth
wm      wrapmargin
```

當熟悉命令和選項後，命令和選項的縮寫可以節省時間。但在 *.vimrc* 或 *gvimrc* 檔案中編寫指令稿，以及使用命令設定工作階段時，就長遠效益而言，採用完整命令與選項名稱更能掌握控制。使用完整名稱，組態設定檔案與指令稿將較容易理解，也較容易除錯。

 請注意，這不是在 Vim 發布版本中的 Vim 指令稿套組（syntax、autoindent、colorscheme 等等）採用的方式，儘管我們對他們的方式沒有異議。這裡只是建議，為了輕鬆管理自己的指令稿，最好使用完整名稱。

一些快速訣竅（不僅限於 Vim）

我們現在提供幾種值得記憶和方便使用的技術，其中一些是基本 vi 和 Vim 提供的：

快速交換字元

輸入時誤把兩個字元的位置顛倒，是很常見的拼字錯誤。把游標放在第一個順序錯誤的字元，然後輸入 xp（剪下字元、放置字元）。這在前面第 34 頁的「對調兩個字母」一節中提到過。

另一種快速交換字元

想交換兩行的位置嗎？把游標放在上面的行，然後輸入 ddp（刪除一行、放在目前的內容行之後）。

快速呼叫輔助說明

別忘了 Vim 的內建輔助說明。按一下功能鍵 F1 ，就能分割螢幕，並呈現線上輔助說明的介紹。（gvim 也是這樣。如果在終端介面中，程式可能會為自己先佔用 F1 。）

我使用那個很棒的命令是什麼？

以最簡單的形式，Vim 讓我們在命令列上，使用方向鍵讀取最近執行的命令。使用方向鍵上下移動，Vim 會顯示最近使用過的命令，可以編輯其中的任何一個。無論是否編輯 Vim 歷史記錄中的命令，都可按下 ENTER 鍵執行該命令。

呼叫 Vim 的內建命令歷史記錄編輯，則可執行更複雜的操作。透過在命令列上輸入 CTRL-F 。將打開一個小的「命令」視窗（預設高度為 7），能在其中使用一般 Vim 的移動命令；可以像在平常 Vim 緩衝區中一樣搜尋，並進行修改。

在命令編輯視窗中，可以輕易找到最近的命令，如果需要就修改命令，並以按下 ENTER 鍵執行它。亦可選擇把緩衝區寫入某個檔案，記錄歷史命令以供將來參考。

有關使用命令列歷史視窗，作為工具的更詳細練習，請參考第 351 頁的
「歷史視窗的介紹」部分。

一點幽默感

　　請試著輸入下列命令：

　　　　:help "the weary"

　　然後閱讀 Vim 的回應。

更多參考資源

有用的線上資源包括 Vim 內建輔助說明的 HTML 版本，用於兩個最新的主要 Vim 版本，
Vim 7（*http://vimdoc.sourceforge.net/htmldoc/version7.html*）以及 Vim 8（*https://vimhelp.org/*）[3]。

除此之外，*https://vimhelp.org/vim_faq.txt.html* 收集 Vim 常見問題列表。它沒有將問題與
答案連結起來，但都在同一頁面上。我們建議可以試著向下捲動到答案區域，從那裡開
始尋找需要的內容。

Vim 的官方網頁以前曾經管理 Vim 的相關技巧，但因為垃圾郵件的問題，系統管理者把
相關資訊移到 wiki（*http://vim.wikia.com/wiki/Category:Integration*）上，比較容易維護。

3　感謝 Carlo Teubner，他維護了目前的 Vim 的 HTML 文件。

## 第十四章

一些 Vim 更強大技術

本章展示一些在 Vim 中，多年學習和使用中獲得到的經驗。調整一些預設值，並重新映射預設命令，會使每天數小時的 Vim 使用更加愉快。我們希望這些想法和技術能夠促使讀者產生新的想法，並讓創造自己的強大技術。

一些方便的指引

Vim 中的命令模式，有足夠多的動作和命令，幾乎沒有任何鍵可以在不改變預設行為的情況下自由使用。幸運的是，Vim 大多是正確的，雖然最初可能不管認不認同它他的方式，但幾乎總是會很快地藉由肌肉記憶，發展出自己喜歡使用的命令。

我們藉由替換一些沒有意義的映射，轉而選擇更便利的替代方案，這些映射有些是重複多餘並且需要多個按鍵組成，還有一些是透過將簡單地映射到更有用的功能來提供服務。

更簡單的離開 Vim

回到第 76 頁的「檔案的儲存與離開」一節，我們介紹離開 vi 和 Vim 的幾個方式。正如圖 5-1 中所述的，並不是每個人第一次都能掌握它。確實，「如何離開 Vim 編輯器？」是 Stack Overflow（*https://stackoverflow.blog/2017/05/23/stack-overflow-helping-one-million-developers-exit-vim*）上最受歡迎的問題之一，已被超過一百多萬人提問過！

我們可以簡單的使用這些映射鍵重新配置，將離開 Vim 所需的三到四次按鍵減少到一次：

```
:nmap q :q<cr>
:nmap Q :q!<cr>
```

:nmap 是標準 ex :map 命令的變形。Vim 有許多個這樣的變體。我們不會逐一介紹；詳細請參閱 :help :map-modes。

這兩個映射鍵，讓使用者只需按一下，即可正常（ Q ）或強制（ SHIFT-Q ）離開 Vim！

調整視窗大小

我們希望能夠輕鬆地，根據需要來調整視窗大小。GUI 的 Vim 實現了利用滑鼠，讓使用者在視窗之間選取和拖拉狀態列，使得調整大小變得容易；儘管身為純粹主義者，我們更傾向避免從鍵盤切換到滑鼠。所以我們找到了相鄰的兩個鍵， ＿ （底線符號，也就是 SHIFT 加上減號）和 ＋ ，它們不僅比其他的輔助鍵更容易按[1]，而且令人慶幸的是，剛好分別對應於「變得更小」、「變得更大」，來輔助記憶[2]。

因此，我們映射 ＿ 做為縮小焦點視窗，映射 ＋ 做為互補的放大焦點視窗。試著透過以下輸入（當成 ex 命令）的內容，並觀察操作行為，或者將它們增加到 .vimrc 檔案中：

```
map _ :resize -1<CR>
map + :resize +1<CR>
```

現在在任何視窗中，可以分別使用 _ 或 + 來放大或縮小視窗。這相當實用！稍後在討論 Vim 的命令歷史視窗時，它們會派上用場。

加倍的樂趣

作者有兩個最喜歡的重新映射想法，並認為是更符合一般 Vim 哲學。也就是說，在 vi 命令模式中，命令字元加倍輸入時，通常會是直觀上或預設行為的快速方式。例如，dw 刪除一個單字，加倍的 d（dd）刪除目前這一行。同樣地，yy 複製目前這一行。

我們將這種概念應用在映射上，透過直觀的按鍵，更快速的使用 Vim 功能。這些配置驅使著 Vim 強大命令和歷史搜尋，當它們被啟動時，都會出現在一個新的水平分割視窗中。

---

1 減號鍵本質上是不太需要的，近似 k 鍵，只是將游標定位到第一個非空白字元，而 + 字元則完全多餘，猶如 ENTER ；它們確實可以在不失去任何功能的情況下重新映射。

2 是的，技術上表示的是底線符號與加號，但為了配合輔助記憶，剛好一個鍵有減號與加號，兩個按鍵相鄰。

歷史視窗的介紹

Vim 有一個看似鮮為人知的特性，我們認為是最強大的功能之一：命令列視窗。Vim 儲存著執行 ex 命令與搜尋樣式的歷史紀錄。這些儲存的命令和樣式，可以在 Vim 的命令列視窗中存取，命令視窗會在螢幕底部開啟的一個新的小視窗。兩種歷史記錄都呈現在著這個視窗中；分別像是執行的命令和搜尋的樣式，檔案的儲存、存取和操作。

我們可以透過兩種方式進入歷史紀錄的視窗中。預設的 Vim 行為是使用 CTRL-F 或 q:（vi 命令模式下執行命令）打開命令列視窗。有關更多詳細資訊，請參考 Vim 輔助文件中，有關命令列視窗的說明：

```
:help c_CTRL-F
```

跟任何 Vim 視窗一樣，使用 :q 命令關閉它。

我們將在此視窗中簡單討論一些很酷的事情。首先，讓我們先以剛剛所述的方式，以 CTRL-F 和 q:，輕鬆、直覺打開它。（但它們很直觀嗎？）

所以讓我們替命令列視窗配置映射鍵。

兩個冒號比一個好

為了與「加倍輸入、加倍放大的直覺式期望」保持一致，我們決定將冒號加倍，即本身啟動一個 ex 命令。透過雙冒號 :: 打開命令列視窗，對於「ex 放大」將會很有感覺。

請記住，我們正在定義一個映射鍵，並且假設是在命令模式下啟動的。更重要的是，因為映射 :: 帶有 q 的連續指令；想藉由 :noremap 命令要求不被重新映射，來確保安全。

與 :map 命令一樣，Vim 有多個 :noremap 命令的變形。此處也不再贅述（請參考 :help :map-modes）；為了正確地映射 ::，我們使用 :nnoremap 命令。命令如下所示：

```
:nnoremap :: q:
```

現在讓我們試試看。可以互動方式中輸入命令，或增加到 .vimrc 檔案中。然後在命令模式下，快速輸入兩個冒號。現在應該看到游標位於最後一行的命令列視窗中，並且這一行始終是空行。

這裡有兩種不同的動作。如果你正在輸入 ex 命令，並輸入 CTRL-F，Vim 在 vi 命令模式下打開命令列歷史視窗，游標會位在最後一行的尾端，顯示剛剛輸入的部分命令。

如果從 vi 命令模式進入命令列視窗，因為沒有輸入 ex 命令，所以游標會位在最後一行的空行之上。

兩個斜線比一個好

同樣地，我們直觀發現可以使用雙斜線（//），來快速啟動命令列搜尋的歷史視窗。

它預設啟動的方式是 q/ 和 q?。類似於上一節的 ::，要啟動位於 Vim 命令列的搜尋樣式歷史視窗，也可以使用同樣的設定方法來存取。我們選擇 // 作為搜尋歷史視窗的映射鍵，類似命令模式 / 一樣啟動搜尋。此外，還加入 ?? 的映射鍵，類似命令模式 ? 啟動反向搜尋。

與我們假設在 vi 命令模式下啟動的 :: 一樣，並且我們也使用 :nnoremap 命令，假設在 vi 命令模式下啟動的。所以命令如下：

```
:nnoremap // q/
:nnoremap ?? q?
```

命令視窗有多高？

順便提一下，Vim 命令列視窗的預設高度是 7 行。我們發現 10 行的設定更令人滿意，並將其設定在 .vimrc 檔案中，如下所示：

```
set cmdwinheight = 10
```

請注意，依照前面所述，如果已經 _ 和 + 鍵，映射成放大和縮小焦點視窗，就可以方便地調整命令列視窗的大小。

現在讓我們試試看。在命令模式下，快速按下兩個斜線。現在應該看到搜尋樣式歷史視窗，游標位於最後一行，這是最後使用的搜尋樣式。

注意，Vim 在命令列視窗的最左列插入一個字元，表達視窗處於哪種模式，: 表示歷史執行的命令、/ 或 ? 表示歷史搜尋的樣式。

在這個歷史命令（或搜尋樣式）的視窗非常特別，在其中有一些不能使用的 ex 命令。特別是，命令 :e、:grep、:help 和 :sort 不可用。在這個視窗保持開啟狀態時，也不能使用移動到另一個視窗的命令，例如 CTRL-W CTRL-W。雖然這些限制不會減少命令列視窗的功能，但確實強調這是一個特殊用途的視窗。

需要注意以下幾點：

- 你可以像其他任何 Vim 緩衝區一樣，在其中移動導覽，以及使用最喜歡的 Vim 命令：

    :w *filename*

將緩衝區儲存到檔案中。

    :r *filename*

將檔案讀入命令列緩衝區。

- 可以像任何其他緩衝區一樣寫入 / 儲存命令列緩衝區的內容。
- 反過來說，也可以將檔案讀入命令列緩衝區。

最後兩點很重要，因為可以使你靈活地儲存命令列歷史記錄，假以時日可能會發現這些記錄很有用。然後，也可以將帶有命令的檔案「載入」到執行過程中，選擇地搜尋樣式或執行有效的命令。

進入加速區

現在已經能駕馭命令列視窗，讓我們做一些其他有趣的事情。

尋找一個難以記住的命令

首先將討論如何尋找一個執行命令的不同方法。

直接搜尋命令

我們知道使用 Vim 命令節省了大量時間，但卻不記得是什麼命令，甚至不記得是否是最近是否使用過。我們能夠記得大概是與將一些將 *TEST* 轉換為 *PROD* 有關的命令。所以輸入 ::，就可以找到那個命令。有多種方式，不外乎都是利用 Vim 來搜尋 Vim 命令。

例如，最簡單、最直接的方式，可能就是在命令列的歷史命令緩衝區中，進行搜尋。我們知道在同一命令中使用了 *TEST* 和 *PROD* 的字眼。只需輸入以下命令搜尋：

    ?.*TEST..*PROD

之後，Vim 將會依照比對的正規表示式，找到第一個符合的結果，並將游標定位在那一行上。現在，找到剛剛忘記的命令，只需按 ENTER 即可再次執行。接著，Vim 會自動執行命令並關閉命令列視窗。

如果第一個比對結果不是我們所要尋找的，使用 vi 命令 n，將移動到下一個符合比對結果。依據狀況使用 n 多次，直到找到所需的命令。

 在命令列視窗中搜尋命令時，Vim 遵照 wrapscan 設定[3]。如果設定 nowrapscan，並且在目前這一行位置到緩衝區開頭（或結尾，取決於搜尋的方向）之間，沒有出現我們想要的樣式，Vim 顯示「search hit⋯」開頭（或結尾）沒有找到樣式。

過濾緩衝區

由於各種原因，可能不像上一節中描述的搜尋情況；反而可能找到很多類似的命令，或是命令分散在記錄中，等等。

在一般 Vim 視窗中，可以像過濾文字一樣，過濾 / 修改命令列視窗的緩衝區內容。繼續之前的範例，假設我們仍然對尋找帶有 *TEST*，並且在之後的某處找到 *PROD* 的命令，感到興趣搜尋。

與其在緩衝區中，向前單一搜尋，倒不如透過反向的全域搜尋（:vg），刪除與目標比對不相符的內容，來整理緩衝區：

    :vg/.*TEST..*PROD/d

現在我們僅剩下的內容，就是符合我們期望；從其中選擇真正相符並執行。

以這種方式刪除的行內容，被刪除後將無法讀取，直到編輯過程結束。但是下次再 Vim 中打開檔案時，所有命令列儲存的紀錄都還會在那裡。

---

[3] 搜尋樣式也適用於命令列視窗中搜尋歷史命令的動作。

處理過濾後的結果

由於 Vim 本身在命令列視窗中提供了編輯功能，因此下一步很自然地會要考慮的不僅僅是搜尋命令並重新執行它們。但時常所遇到任務與先前的命令近似，但不完全相同，而這些任務的命令存在歷史緩衝區中。然而，這樣任務的命令從歷史緩衝區中，稍微修改調整，應該足夠使用。

我們再次接續前面的例子，依然假設想要執行相同的 Vim 命令，不但是將 *TEST* 轉換為 *PROD*，還想要把 *PROD* 轉換到 *QA*。

和先前一樣，首先從歷史緩衝區中，搜尋並過濾候選命令。現在將 *PROD* 修改為 *QA*，並將 *TEST* 修改為 *PROD*（就假設這麼簡單的轉換）。最後在已編輯的歷史命令上，按 ENTER 執行它，任務就完成了！

分析著名的演講

我們發現關於特定政治發言的來回討論很感興趣。尤其是發言內容以及爭論的說法和其背後的涵義。於是有了這個主意。為何不用 Vim 來編輯發言記錄，並依照依照單字使用頻率來過濾記錄？

> 這個範例引用一個非常著名且充滿政治色彩的發言。我們無意去做推論或意識形態的暗示。我們藉由這個例子，展示如何快速使用 Vim 作為一種分析資訊的工具，這通常不被認為是透過使用 Vim 編輯，所能做得到的。

為了讓更容易操作，完整發言文字記錄，在本書 GitHub（*https://www.github.com/learning-vi/vi-files*）裡（請參考第 480 頁的「存取檔案」部分）的 *book_examples/famous-speech.txt* 檔案中。

在拿到內容後，我們開始逐步發開 awk 命令，反覆持續修正達到預期的最終結果。記住，可以將緩衝區中的一個範圍內的行內容，轉變成為輸出，提供給執行的命令。在這種情況下，在 **vi** 命令模式下輸入：

```
:%!awk 'END { print NR }'
```

如此可以簡單的得知，它將用於替換所需的緩衝區行數。這不是我們想要的結果，但卻是一個很好的起點。

現在命令的「種子」在 Vim 的命令歷史中，開始成長，並且很容易改進。在不到十分鐘的時間，我們在 Vim 的命令列歷史視窗中，不斷的改進，最後結果如下（前方增加行號用於後續解釋，一行過長的內容自動換行，將內容都放在一頁之中）：

```
 1  1,$!awk '{ while (i = 1; i <= NF; i++) word[$i]++ } END { print word }'
 2  1,$!/usr/bin/awk '{ while (i = 1; i<= NF; i++) word[$i]++ }
        END { print word }'
 3  1,$!/usr/bin/awk '{ for (i = 1; i<= NF; i++) word[$i]++ }
        END { print word }'
 4  1,$!/usr/bin/awk '{ for (i = 1; i<= NF; i++) word[$i]++ }
                     END { for (words in word) print word[words], words }'
 5  1,$!/usr/bin/awk '{ for (i = 1; i<= NF; i++) word[$i]++ }
                     END { for (words in word) print word[words], words }'
 6  1,$!/usr/bin/awk '{ for (i = 1; i<= NF; i++) word[$i]++ }
        END { for (words in word) print word[words], words }' | sort
 7  1,$!/usr/bin/awk '{ for (i = 1; i<= NF; i++) word[$i]++ }
        END { for (words in word) print word[words], words }' | sort
 8  wq
 9  1,$!/usr/bin/awk '{ for (i = 1; i<= NF; i++) word[$i]++ }
        END { for (words in word) print word[words], words }' | sort -n
10  g/fight
11  1,$!/usr/bin/awk 'BEGIN { FS= "[,. ]+" } { for (i = 1; i<= NF; i++) word[$i]++ }
        END { for (words in word) print word[words], words }' | sort -n
12  g//
13  g/law
```

有可能會注意到前面程式碼中，對 awk 的啟動方式有所不同。這是因為我們在兩台不同電腦和作業系統之間做轉移下的產物。我們將可見的變化保留下來，並希望使用者選擇適合自己的執行環境做調整。

要了解前面列表內容中，不斷累積增加的命令，是重複同一個命令的結果，這非常重要。重複修改完成後，最後呈現的結果，在命令列歷史視窗中的這些命令。

例如，在修改第 1 行（帶有換行）之後：

```
1,$!awk '{ while (i = 1; i <= NF; i++) word[$i]++ }
        END { print word }'
```

到（帶有換行）：

```
1,$!/usr/bin/awk '{ while (i = 1; i<= NF; i++) word[$i]++ }
                    END { print word }'
```

下次再存取命令列的命令歷史記錄視窗時，這些將是在該視窗中的最後兩個行的位置。

第 2 行修正第 1 行指向 awk 的正確位置。執行時（因為範圍被指定為 1,$），Vim 將整個緩衝區替換為：

```
awk: cmd. line:1: { while (i = 1; i <= NF; i++) word[$i]++ } END { print word }
awk: cmd. line:1:                    ^ syntax error
awk: cmd. line:1: { while (i = 1; i <= NF; i++) word[$i]++ } END { print word }
awk: cmd. line:1:                              ^ syntax error
```

所以那樣產生的結果很糟糕。幸運的是，輸入 u 將會重置緩衝區回復原來的發言記錄 [4]。

記住，按下 :: 編輯最後一個命令前，比對一下前一個命令的例子。在第 3 行，修正一個語法錯誤。在第 4 行又修正一個。這有一點小尷尬。

最後，下一行（第 5 行，換行來填滿頁面）：

```
1,$!/usr/bin/awk '{ for (i = 1; i<= NF; i++) word[$i]++ }
                 END { for (words in word) print word[words], words }'
```

產生真正的結果！緩衝區中的前幾行，現在應該看起來像：

```
3 weeks.
4 State
1 you've
1 written
25 you're
1 telephone
1 Congress
1 ever,
5 biggest
38 are
```

我們現在看到發言紀錄中的每個單字，都有所屬的一行，單字前面的數字表示出現的次數。這很酷，但有些雜亂無章。所以讓我們對結果進行排序（第 6 行，以換行呈現）：

```
1,$!/usr/bin/awk '{ for (i = 1; i<= NF; i++) word[$i]++ }
                 END { for (words in word) print word[words], words }' | sort
```

這稍微好一點，但數字在排序上，有一些奇怪。為此，增加 -n 選項（以數字排序）進行排序（我們現在在第 9 行，換行呈現）：

```
1,$!/usr/bin/awk '{ for (i = 1; i<= NF; i++) word[$i]++ }
               END { for (words in word) print word[words], words }' | sort -n
```

4　使用 u 可以很容易重複緩衝區中的不同操作。一旦我們獲得肌肉記憶，它就會變得非常自然。

這是一個更好的結果。緩衝區的最後幾行應該看起來像：

```
115 that
125 they
134 you
146 in
167 I
203 a
227 and
265 of
326 to
394 the
```

一點也不奇怪，常用單字 *the* 是最常見的。

讓我們做最後一次重複處理。如果有注意到，在我們剛剛倒數第二次重複處理的結果中，仍然有一些單字含有標點符號。這會導致對諸如「car」、「car,」和「car.」之類的單字，在計算產生誤差，這些單字可能都應該被視為同一個單字。因此，對於最後的修改，讓我們將單字部分以分隔符定義出來，加入到 awk 的 BEGIN 規則中的正規表示式（第 11 行，再次以換行表示）：

```
1,$!/usr/bin/awk 'BEGIN { FS= "[,. ]+" } { for (i = 1; i<= NF; i++) word[$i]++ }
           END { for (words in word) print word[words], words }' | sort -n
```

看到數字上的差異，這代表我們可能更接近真實結果：

```
144 that
153 in
155 you
168 I
203 a
210
227 and
266 of
328 to
394 the
```

切記在每次重複處理後按下（u）還原，以便將原始文字傳遞給下一次命令。

這個範例依靠 awk 作為過濾器目前的內容，但是本著 Unix 和 GNU/Linux 的精神，有許多強大的命令，可應用於 Vim 緩衝區，執行同樣有用的結果。我們喜歡使用 awk，但也經常使用 sed、grep、wc、head、tail、sort 等等，沒有特別的喜好順序。還值得注意的是，管道（pipe）是放大處理 Vim 緩衝區能力的工作。

雖然這似乎是一個有些人為的例子，但作者在討論所說的發言時，做了這個練習，結果被用來解決「爭論」。並且從一開始的 awk 命令，經過重複處理，到最後的精煉命令，所花費只有幾分鐘的時間。結果是關於熱烈討論的發言中，含有什麼的試金石。我們對此不發表任何意見，但強調這是在社交環境中，富有成效和有用的練習。是的，Vim 不是社交聚會中常見的參與者，但也許已經證明它是可以的。

更多實用例子

前面範例可能看起來有些做作，但在眾多範例中，它是在不借助過多外部工具的情況下，對檔案進行分析提取有用資訊的例子之一。其他範例包括：

匯出檔案

有些人會透過一些應用程式紀錄鍛煉的過程。像是著名的 Garmin ™（*https://www. garmin.com/en-US*）。Garmin 匯出檔案是 CSV 文字檔案（參考圖 14-1 範例）。要如何解析其中的資訊，可參考我們之前範例的類似方式。

系統紀錄檔

我們使用相同的技術來提取、處理和 Unix 系統中具有格式化的紀錄檔案（例如，*/ var/log/messages*）。雖然有許多即時和輔助工具，可以進行監控和分析這些檔案（例如 Splunk（*https://www.splunk.com/*）），但有時只需轉換到 Vim，在命令列歷史視窗中，快速修改自訂命令。

其他產品紀錄檔案

過濾這些類似於過濾系統紀錄檔案。

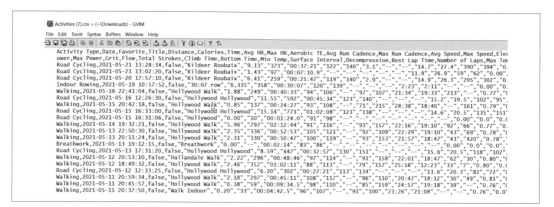

圖 14-1　Garmin 的 CSV 檔案

我們再次提到，將 Vim 儲存命令歷史記錄的數量設定，要設定一個大的
數字會很有幫助。這是由 viminfo 選項設定，應該在 *.vimrc* 配置檔案中
定義：

```
" example
set viminfo='50,:1000
```

有趣的是，在命令列歷史緩衝區中編輯命令時，如果編輯內容可以提供單字補齊，則按
下 TAB 鍵會彈出一個補齊選單，可藉由重複按下 TAB 鍵在清單中循環切換。也可以
使用方向鍵。按下 ENTER 選擇符合所需的項目。這要小心，因為可能會觸發立即執行
的修改命令。圖 14-2 顯示部分符合比對的補齊選項。圖 14-3 執行一個檔案名稱補齊的
例子。（命令列補齊在第 167 頁的「內建輔助功能」一節中討論過）。

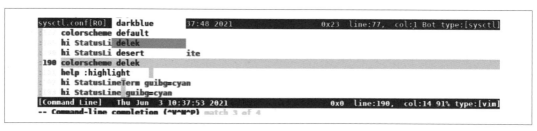

圖 14-2　補齊選單提供命令參數做為選項的例子（在選擇顏色的方案）

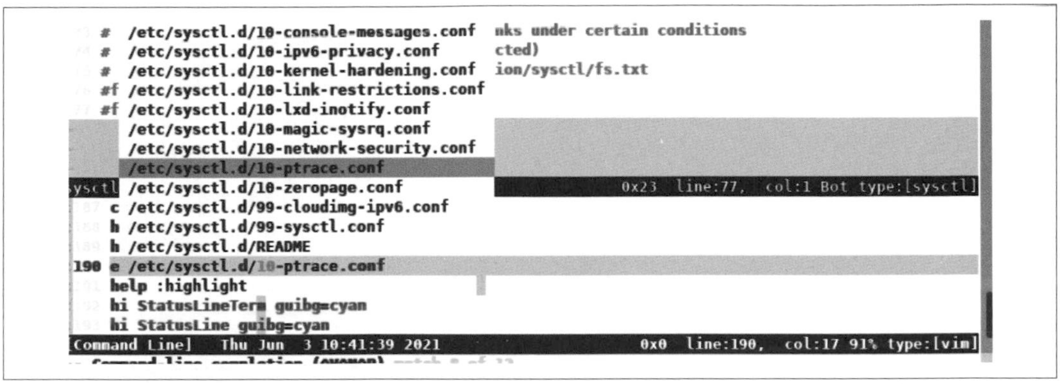

圖 14-3　補齊選單提供檔案名稱做為選項的例子

此外，要確認重要的開發命令已經儲存、不會超出限制，並且在整理這些命令過程中，會發現將它們儲存在文字檔案中是個有效的處理方式。然後可以將這些檔案「載入」到命令列歷史視窗中。

按鍵速度達到極限

正如之前對命令列歷史紀錄所做的那樣，讓我們思考一些方法使得搜尋樣式歷史紀錄變的更有用。我們透過樣式搜尋歷史視窗，來編輯、重複動作並且改進搜尋。一旦調整搜尋樣式，便能容易檢索到需要的目標。

回顧一下之前的映射鍵，更直覺地打開搜尋樣式視窗：

```
:nnoremap // q/
:nnoremap ?? q?
```

Vim 的搜尋樣式視窗，實際上與命令歷史視窗是同一個緩衝區；在任何時候都只能啟動有一個。唯一的區別是載入到視窗中的內容，以及在緩衝區中，在任何一行上按 ENTER，所採取的操作（一個是執行 ex 命令，另一個執行搜尋樣式）。因此，跟先前所討論的章節，有相同特點。我們可以搜尋之前搜尋過的任何樣式。沒錯，正在搜尋中的搜尋，只是一個比較小的資料範圍。如果我們搜尋樣式的歷史記錄足夠大，那麼很可能包含之前使用過的有效搜尋。

在這個視窗中，我們可以使用普通的 Vim 編輯功能來導覽、修改和執行過去搜尋中的搜尋。

就像之前透過使用命令列歷史視窗，重複命令來逐步構建有用的過濾器一樣；我們可以使用相同的技術，來逐步磨練搜尋樣式。

Vim 使用正規表示式進行搜尋的過程可能非常複雜。考慮一個產生可執行檔檔名的例子，這個檔案名稱會依照既定的命名方式，來區別檔案的規則。例如，可執行檔案可按照約定來命名，以句點分隔每個單字段落，提升可執行檔案的屬性描述（如：`production.accounting.receivables.east.rollup`）。要求是第一個單字是 *production*、*test* 或 *devel* 的其中之一，而且整個名稱包含五個單字段落。

我們不會像前面開發命令，那樣詳細介紹（在第 353 頁的「進入加速區」一節中），但它很簡單，可以從搜尋包含 *production* 的行開始：

    /production/

這將會在內容中找到任何包含 *production* 這個字的位置。快速按下 `//`，將開啟搜尋樣式歷史視窗，然後快速編輯加入所需的分隔符「.」，縮小搜尋範圍（請注意，我們刪除斜線，因為斜線沒有出現在搜尋樣式歷史記錄視窗中）：

    production\.

最終，所需要的可能結果類似於：

    \(production\|test\|devel\)\(\.[[:alnum:]_]*\)\{3\}\.[[:alnum:]_]\{1,}

我們曾經使用過類似的樣式，並在 *.vimrc* 檔案中建立了一個比對命令，在編輯檔案時，自動特別標示可執行檔案名稱，補充一般語法特別標示。

> 我們留下正規表示式的最終解答。重點不在於正規表示式及其工作原理，而在於達到目的的手段：如何使用 Vim 的搜尋樣式歷史視窗，來強化開發的正規表示式。

就像在命令列歷史範例中一樣，我們可以整理並儲存，再稍後載入常用正規表示式到搜尋樣式視窗緩衝區中。

強化狀態列

出於某種原因，Vim 提供了一個，缺少豐富資訊的狀態列（參考圖 14-4）。

圖 14-4　預設的 Vim 狀態列

在不深入探究的情況下，僅提供部分的解釋（完整的內容請參考 :help statusline），下面的 .vimrc 內容提供有關目前檔案的強化資訊：

```
set statusline=%<%t%h%m%r\ \ %a\ %{strftime(\"%c\")}%=0x%B\ \ line:%l,\ \ col:%c%V\ %P\ %v
```

有關使用這些狀態列的設定範例，請參考圖 14-5。

圖 14-5　作者 Elbert 的狀態列

Elbert 的 .vimrc 檔案，該範例來自該檔案，可在本書的 GitHub（*https://www.github.com/learning-vi/vi-files*）儲存庫中找到；請參考第 480 頁的「存取檔案」部分。

以下是範例中有使用到內建旗標的簡單說明。內建旗標都以 % 字元做開頭：

%a

　參數列表狀態。例如，如果 Vim 正在編輯 8 個檔案中的第 4 個檔案，狀態列將顯示
　（4 of 8）。

%B

　游標下十六進制的字元表示。

%c

　目前行號。

%h

　緩衝區的「協助」旗標（在這種情況下不會顯示，因為沒有編輯協助檔案）。

%l

　目前行號。

%m

修改過的旗標（如果緩衝區已被修改過，會出現 [+]；否則不顯示任何內容）。

%P

緩衝區中目前的位置，以百分比表示。

%r

唯讀旗標（如果緩衝區是唯讀的，則為 [RO]；否則不顯示任何內容）。

%{strftime…}

在大括號內執行命令的結果（在本例中為 strftime）。參數 %c 要求提供標準日期和時間。

%t

目前檔案名稱（組成檔案名稱的最後一個部分，等同於 *basename*(1) 的輸出）。

%v

正在編輯的檔案的類型。這不只有檢查延伸的副檔名。Vim 也會根據檔案的內容檢測檔案的類型。雖然我們無法證實這一點，但似乎 Vim 使用了與 file 類似的命令或相同的機制。（如果有興趣，請參考 *file*(1) 手冊內容。）

%V

目前的虛擬欄位編號。

%=

圍繞整個資訊的中間位置之基準點（之前的所有內容都是左對齊的；之後的所有內容都是右對齊的）。

%<

如果狀態列資訊過長，在此處截斷。

總結

我們希望本章介紹的內容能激發讀者的興趣，進一步探索 Vim 功能。讀者會發現關於 Vim 總是有更多的東西要學。學習這樣做，會讓我們的工作更輕鬆、更有成效。

大環境中的 Vim

第三部分，回歸著眼於更大的視野，專注 Vim 在更大的軟體開發和電腦領域中的使用，然後以簡短的結語結束這本書。這個部分包含以下章節：

- 第十五章，Vim 作為 IDE 所需要的組裝需求
- 第十六章，vi 無所不在
- 第十七章，結語

Vim 作為 IDE 所需要的組裝需求

雖然 vi 是一個通用型的文字編輯器,但從第一天開始它也是一個程式設計人員的文字編輯器。它具有多種功能使得程式編輯更加容易,尤其是以 C 語言所進行的程式編譯。(像是 showmatch 選項、自動縮排功能,尤其是 ctags 工具,以及在 troff 文件中進行操作的工具)。

並不意外,Vim 延續了這項傳統,但與 vi 不同的是,Vim 本身是可程式化的,特別還支援外掛程式(plug-ins),能夠載入新程式碼,並將功能直接增加到編輯器中。

與許多流行的指令稿語言一樣,這種可擴充性,已經導致與 Vim 一起使用的新特性和工具,呈現爆炸式增長;比任何一個人單獨工作所能創造的都要多得多。

同樣不足為奇的是,這些外掛程式中有很大一部分,目的在讓使用 Vim 進行程式編譯和軟體開發上變得更加容易。

在本章中,將簡單扼要的介紹外掛程式管理工具,以及一些用於軟體開發上更有趣和受歡迎的外掛程式。

但請注意,Vim 外掛程式所涉及的範圍非常廣大。要全面涵蓋所有可能的外掛程式,可能需要單獨的一本書,而且比你目前手上這本書還要大得多!因此,與其他章節相比,在這裡牽涉動手處理的範圍要少得多;請在閱讀時牢記這一點。

外掛程式管理工具

外掛程式管理工具，除了自身也是一個外掛工具要處理之外，還可肩負起管理其他外掛程式。他們的工作是載入和初始化外掛程式，並且讓我們可以輕鬆安裝和使用外掛程式，而無須手動下載它們，或將大量外掛程式，以特定的程式碼加入到 *.vimrc* 檔案中。

Vim 有自己的外掛程式管理工具，可以透過 :packadd（意味著「package add」）命令來執行。我們可以將此命令，伴隨著 Vim 的標準外掛程式一起使用，或者任何其他符合 :help packadd（我們不會在這裡討論）標準的外掛程式。稍後會展示其中一個標準外掛程式，我們鼓勵使用者，查閱 Vim 所附帶的其他外掛程式。

最流行的外掛程式管理工具之一，稱為 Vundle（「Vim bundle」的縮寫）（*https://github.com/VundleVim/Vundle.vim*）。該網站有「快速入門」說明，在這裡嘗試對說明進行彙整，並假設是在 GNU/Linux 或其他 POSIX 風格的系統：

1. 確保系統上安裝了 Git 和 curl。

2. 將 *.vimrc* 檔案和 *.vim* 目錄，做好備份儲存在安全的地方，以防萬一。

3. 將 Vundle 直接複製到它所屬的位置：

   ```
   git clone https://github.com/VundleVim/Vundle.vim.git ~/.vim/bundle/Vundle.vim
   ```

4. 設定配置外掛程式。這就是我們 *.vimrc* 的樣子（或者可以從 Vundle 網頁中複製 / 貼上）；其中省略了一些說明以保持簡短：

   ```
   set nocompatible              " be iMproved, required
   filetype off                  " required

   " set the runtime path to include Vundle and initialize
   set rtp+=~/.vim/bundle/Vundle.vim
   call vundle#begin()
   " alternatively, pass a path where Vundle should install plugins
   "call vundle#begin('~/some/path/here')

   " let Vundle manage Vundle, required
   Plugin 'VundleVim/Vundle.vim'

   " The following are examples of different formats supported.
   " Keep Plugin commands between vundle#begin/end.
   " plugin on GitHub repo
   Plugin 'tpope/vim-fugitive'
   ...
   ```

```
" All of your Plugins must be added before the following line
call vundle#end()            " required
filetype plugin indent on    " required
" To ignore plugin indent changes, instead use:
"filetype plugin on
"
...
"
" see :h vundle for more details or wiki for FAQ
" Put your non-Plugin stuff after this line
```

5. 挑選出需要的外掛程式，並將它們放在 vundle#begin() 和 vundle#end() 兩者之間來啟動。

6. 安裝在 *.vimrc* 檔案中列出的外掛程式。我們可以使用 Vim 命令 :PluginInstall 或從命令列執行操作：

       vim +PluginInstall +qall

   這會啟動 Vim，安裝外掛程式，然後離開。每次在 *.vimrc* 檔案增加新的外掛程式時，執行 :PluginInstall；然後 Vundle 會為我們處理外掛程式的下載和安裝。

找到合適的外掛程式

有成千上萬的 Vim 外掛程式。其中許多（甚至大多數）都託管在 GitHub 上，但並非全部都在 GitHub 上。為需要完成的工作找到合適的外掛程式，可能會成為一項艱鉅的任務。（參考圖 15-1）。

幸運的是，還有一個專門收集 Vim 外掛程式的網站，Vim Awesome（*https://vimawesome.com/*）；他們在外掛方面的相關資訊，做得非常出色。請參考圖 15-2。

我們不僅可以在 Vim Awesome 上搜尋外掛程式資訊，還可以設定私人資料庫副本。網站原始碼和說明在 *https://github.com/vim-awesome/vim-awesome*。

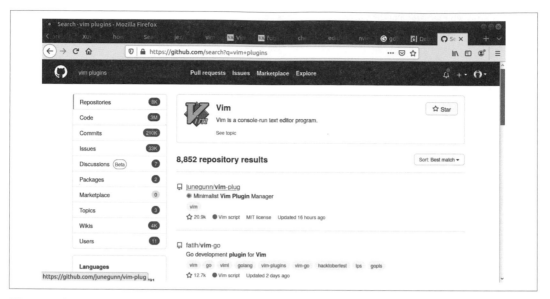

圖 15-1　在 GitHub 上搜尋 Vim 外掛程式；有 8,852 個結果

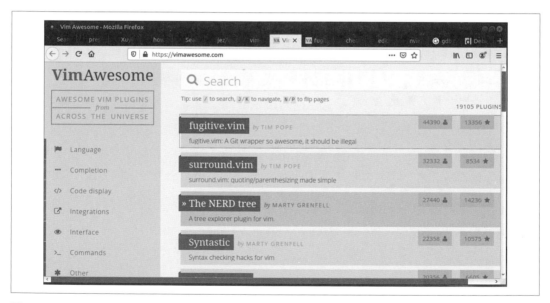

圖 15-2　Vim Awesome

我們為什麼需要 IDE？

整合式開發環境（IDE）是一個提供我們進行軟體開發所需一切的單一環境。市面上有很多類似的環境，包括商業和開放原始碼的環境。如果你是一位軟體開發人員，可能至少需要熟悉其中一種。

IDE 通常至少提供以下功能：

- 文字編輯（這是當然的）。
- 檢視和導覽軟體專案的樹狀檔案目錄。
- 在程式碼中來源與目標之間的導覽（例如，從函式呼叫到函式定義）。
- 可以與一個或多個原始碼控制系統做整合。並不意外，應該就是與 Git 整合。
- 在輸入期間，自動完成文字的補齊。例如，當我們輸入函式的名稱時，IDE 會顯示出預期的參數。
- 語意錯誤特別標示。如果在程式中，存在語意錯誤（像是未宣告的變數），IDE 會特別標示出錯誤，通常會在位置下方描繪一條彩色的波浪線。整合式除錯。當除錯工具在原始碼中移動時，IDE 也會顯示對應的原始碼。
- 有鑑於許多程式人員花費大量時間在 Vim 上工作，自然希望 Vim 提供類似 IDE 的功能，藉此可以提高生產力。我們將很快看到 Vim 外掛程式，如何提供這些功能，以及如何將 Vim 自訂為適合個人需求的 IDE。

自己動手

值得注意的是早期的 Unix 系統，所關注的是機制，而不是策略。也就是說，系統為使用者提供可以做很多事情的能力，但卻不會強制只有一種執行工作的方式。

Vim 以類似的方式承襲 Unix 傳統：有能力建造幾乎任何你想要的東西。當然，這表示必須投入時間和精神來學習，如何構建！而這項投資的回報，是一個完全適合自己需求的環境。

慶幸的是，正如之前看到的，很可能已經存在一個 Vim 外掛程式來完成我們需要的任何事情。只需我們要去尋找它！

在後續的章節中，將介紹一些最受歡迎的軟體開發外掛程式。之後，將大概描述幾個專注於將 Vim 轉變為 IDE 多合一的解決方案。

請記住，當回顧本節時，這些都只是觸及表面的概觀，還有更多內容在其中！

EditorConfig：一致性的文字編輯設定

在研究過程中，我們遇到 EditorConfig（*https://editorconfig.org/*）外掛項目。這個外掛的目標，是為不同文字編輯器與 IDE 之間，定義一個針對不同檔案類型的格式規範。例如，對於某種檔案類型，我們可能希望所有編輯器縮排四個空格，而對於其他檔案，我們可能希望它們使用真正的 TAB 字元縮排。只需要一個 *.editorconfig* 檔案可以做到這一點。無論檔案類型是什麼，我們的編輯器都會讀取這個檔案，然後適當地格式化。

多數 IDE 軟體，支援 *.editorconfig* 檔案解析，可立即使用。Vim 需要一個外掛程式，可以在 *https://github.com/editorconfig/editorconfig-vim* 找到，並包含安裝說明。另外，參考 *https://www.vim.org/scripts/script.php?script_id=3934* 瞭解更多資訊和描述。

NERDTree：Vim 中的樹狀目錄管理工具

NERDTree（*https://github.com/preservim/nerdtree*）外掛程式是讓 Vim 像標準 IDE 一樣運作的關鍵。安裝後，可以使用 `:NERDTreeToggle` 命令打開和關閉所屬視窗。外掛文件建議，將工具映射到連續按鍵，例如 CTRL-N，如下所示：

```
map <C-n> :NERDTreeToggle<CR>
```

這個命令在螢幕左側打開一個新視窗，顯示標準檔案樹狀目錄。按下 **?**，在 NERDTree 視窗中，可用於展開或收合檢視目錄的檔案列表，以及在目前或新視窗中打開檔案。不同動作行為，取決於 NERDTree 視窗中，目前選擇的目標是檔案或是目錄。還有一些命令是：

?

切換 NERDTree 顯示協助的內容。

i

使用 `:split` 命令，在新視窗中打開檔案。

o

展開 / 收合目錄；如果是檔案，在前一個視窗中打開該檔案。

s

使用 `:vsplit` 命令在垂直的新視窗中打開檔案。

t

在新分頁中打開檔案或目錄。分頁的詳細說明,在第 238 頁的「分頁式編輯」小節中。

T

在新分頁中安靜地打開檔案或目錄。

還有很多其他功能。檔案 *doc/NERDTree.txt* 中,提供綜合的說明。

nerdtree-git-plugin:讓 NERDTree 附加 Git 狀態指示標記

NERDTree 本身非常有用。然而,現在到處可見的原始碼控制系統,通常是 Git。許多 IDE 可以在自身的檔案資源管理工具中,顯示檔案的原始碼控制狀態(顯示已修改、不受原始碼控制、子目錄包含未追蹤的檔案等)。外掛程式 nerdtree-git-plugin 在 *https://github.com/Xuyuanp/nerdtree-git-plugin* 可取得,增強 NERDTree 的功能。

圖 15-3 中,顯示兩個編輯視窗,左邊帶有 nerdtree-git-plugin 外掛程式的 NERDTree 視窗。在該視窗裡,我們看到 *atomtable* 目錄未追蹤(未加入到 Git),並且 *support* 和 *helpers* 目錄中,都包含修改後的檔案。其他圖示(此處未顯示)用來表示檔案的修改或未追蹤狀態。加上 Git 狀態,使得目錄下的檔案,將很容易辨識。

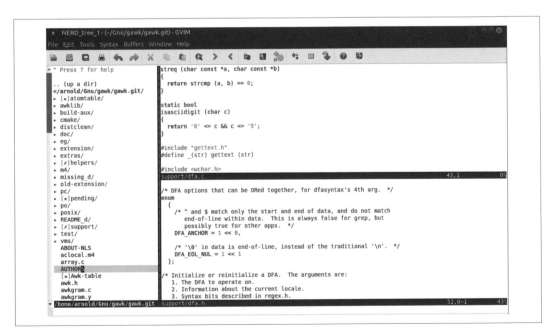

圖 15-3 NERDTree 與 Git 指示標記

Fugitive：在 Vim 中執行 Git

透過 Git 管理檔案的 Vim 使用者，一定會在 Vim 視窗和終端視窗之間，切換移動執行 Git 命令。Fugitive（*https://github.com/tpope/vim-fugitive*）外掛程式允許我們在使用 Git 的同時留在 Vim 中。

外掛工具讓修改的進行變得非常簡單。不用在終端機中執行 `git` 命令，而是使用 `:Git`（甚至只是 `:G` 更簡潔的命令），並且也可像往常一樣繼續使用（`:Git add`、`:Git status`、`:Git commit` 等）。若需要，Fugitive 外掛工具會將 Git 的任何輸出，放到新臨時緩衝區。在檔案提交版本時，可在目前 Vim 現有的環境中編輯提交訊息。

從外掛工具網頁上的指引提到，Fugitive 不僅僅是為我們執行 `git` 命令：

- 預設行為是顯示直接回復命令的輸出。安靜的命令，如 `:Git add` 避免不斷干擾的「Press ENTER or type command to continue」提示訊息。

- `:Git commit`、`:Git rebase -i` 和其他啟動編輯器的命令，在目前 Vim 現有的環境中進行編輯。

- `:Git diff`、`:Git log` 和其他詳細的分頁命令，將輸出載入到臨時緩衝區中。使用 `:Git -- paginate` 或 `:Git -p` 對任何命令強制執行分頁動作。

- `:Git blame` 使用帶有地圖追蹤的方式，在臨時緩衝區進行額外的分類。在某一行上按 enter 來查閱那一行所進行的修改提交，或是執行 `g?` 看看其他可用地圖追蹤命令。省略檔名參數，會將目前編輯的檔案做為追蹤目標，將記錄輸出到一個垂直捲動的分割視窗中。

- `:Git mergetool` 和 `:Git difftool` 將它們的變更集中載入到 quickfix 清單中。

- 不帶入參數啟動，以 `:Git` 會打開一個摘要視窗，其中包含不需要的、未推送或和未推送提交的檔案。按 `g?` 提供眾多操作指引清單，包括差異化、暫態、提交、重定基底和暫存。（這是用來取代舊的 `:Gstatus` 命令）

- 這個命令（以及其他所有命令），總是依照目前緩衝區的儲存庫，所以我們無須擔心目前的工作目錄。

圖 15-4 顯示本章示範 `:Git blame` 的輸出。

將游標移動到第四行（commit ID `afc75e3d`）並按 ENTER，將顯示圖 15-5 中所呈現的樣子。

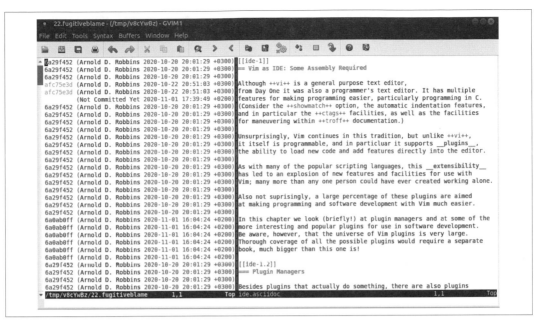

圖 15-4　在視窗上執行 `:Git blame`

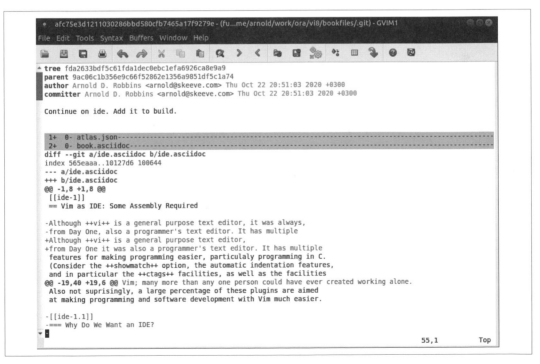

圖 15-5　查看單一提交

以下有幾個「螢幕錄製」展示 Fugitive 的能力，都值得看一下：

- 「命令列 git 的補充」（*http://vimcasts.org/e/31*）

- 「使用 git 索引」（*http://vimcasts.org/e/32*）

- 「用 vimdiff 解決合併衝突」（*http://vimcasts.org/e/33*）

- 「瀏覽 git 資料庫物件」（*http://vimcasts.org/e/34*）

- 「探索 git 儲存庫的歷史」（*http://vimcasts.org/e/35*）

我們建議觀看它們，並花一些時間來理解這個外掛程式所帶來的速度。就連作者的我們，也在幾分鐘的觀看之中被迷住了！

補齊完成文字

IDE 提供最強大的功能之一是補齊完成文字。取決於 IDE、正在使用的程式設計語言和可能的各種設定，當我們輸入文字時，IDE 會提供協助我們完成正在輸入的內容。例如，它可能會為我們填入一個長名稱的函式，或者在輸入函式呼叫的左括號時，可能會顯示預期的參數類型，進一步讓我們填入適當的數值。在本節中，我們將詳細介紹 Vim 的一個補齊的外掛程式，並提供其他幾個外掛程式的指引。

YouCompleteMe：動態補齊文字和語意檢查

YouCompleteMe（*https://github.com/ycm-core/YouCompleteMe*）外掛程式非常強大。它提供多種程式語言，即時完成和語意錯誤檢查。在撰寫本文時，它可以支援 C、C++、C#、Go、JavaScript、Python、Rust 和 TypeScript。前提是，我們可能必須安裝其他軟體才能使語言正常工作。

可以直接從原始碼安裝 YouCompleteMe，相關指令說明包含在 GitHub 網站中。但是，也可以使用有系統化的套件管理工具安裝，會發現這是更簡單的方式。

我們在一個 Ubuntu GNU/Linux 的系統上，步驟如下：

```
sudo apt install vim-addon-manager
sudo apt install vim-youcompleteme
vim-addon-manager install youcompleteme
```

第一個命令安裝 `vim-addon-manager`，它是 Vim 的另一個外掛程式管理工具。使用它與 Vundle，兩者沒有衝突。

第二個命令安裝 YouCompleteMe。第三個安裝到 Vim 中,但僅限於目前使用者(在沒有 sudo 的情況下執行)。

安裝後,Vim 便開始在我們輸入時,在彈出視窗中提供補齊完成的選項。按 TAB 在選項之間循環切換。當我們接著繼續輸入時,YouCompleteMe 會在彈出視窗中減少補齊選項的數量。請參考圖 15-6。

就這個功能而言,已經很酷了。但是 YouCompleteMe 透過提供程式碼更進一步處理語意分析。對於 C 和 C++,它使用 clangd(LLVM 編譯器套件的一部分)來不斷地重新編譯我們的程式。它為其他語言使用不同的解析引擎,因此可能需要額外安裝這些引擎。

對於 C 和 C++,要開啟語意分析,必須先讓 YouCompleteMe 知道我們如何編譯程式。根據項目的構建方式(Make、CMake、Gradle 等)各個作法有所不同。

對於以 Makefile 為基礎的專案,會比較容易[1]。我們必須安裝一個名為 compiledb 的簡單 Python 程式,命令如下(這裡也是針對 Ubuntu;其他 GNU/Linux 系統中,也應該有一個等效的機制):

```
sudo apt install python3-pip
sudo pip3 install compiledb
compiledb make
```

圖 15-6　YouCompleteMe 的彈出視窗

---

1 實際上程式人員多半只使用 Make。

我們只需要執行 compiledb make 一次（除非改變編譯的選項）。這會在專案的最上層目錄中，建立一個 *compile_commands.json* 檔案，給 YouCompleteMe 使用的。一旦完成，Vim 就會標記出編譯錯誤和編譯警告的行位置。請參考圖 15-7。

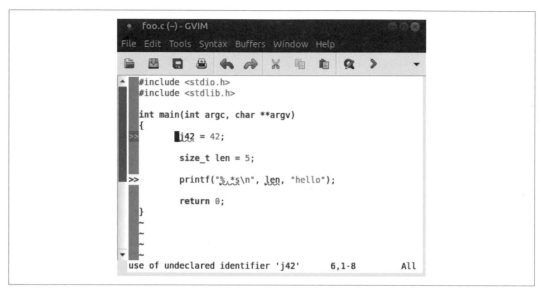

圖 15-7　YouCompleteMe 錯誤指示標記

在圖 15-7 中，第一個問題，指示標記以紅色特別標示出來，表示編譯錯誤。將游標移動到錯誤的那一行，會使得 Vim 在狀態列中，顯示錯誤資訊。在這例子中，它是一個變數未宣告的錯誤。

第二個問題，指示標記以黃色特別標示出來，表示警告。在這例子中，printf() 參數使用到無號 size_t，不符合預期 int 型態。

注意這兩個問題的區域，是如何使用波浪的下底線，來呈現錯誤所在的位置（紅色標示錯誤，藍色標示警告）。修復錯誤後，問題指示標記就會消失。這是非常吸引人的功能，我們真希望如果早幾年就知道這個外掛程式！

設定配置 YouCompleteMe 非常具有挑戰性。在使用 C 而不是 C++ 的時候，將以下內容加入到 ~/.ycm_extra_conf.py 可能會有所幫助。或者在 compile_commands.json 檔案中包含 '-std=c99' 參數可能就足夠了。老實說，我們發現 YouCompleteMe 的這一部分令人感到挫折。但可獲得語意警告的支援是值得的！

```python
import os
import ycm_core

flags = [
  '-fexceptions',
  '-ferror-limit=10000',
  '-DNDEBUG',
  '-std=c99',
  '-xc',
  '-isystem/usr/include/',
  ]

SOURCE_EXTENSIONS = [ '.cpp', '.cxx', '.cc', '.c', ]

def FlagsForFile( filename, **kwargs ):
  return {
  'flags': flags,
  'do_cache': False # True
  }
```

有趣的是，YouCompleteMe 並不局限於程式原始碼。它幾乎可以應用在編輯任何東西，例如 *ChangeLog* 檔案，甚至是本書的 AsciiDoc 文字上！

其他補齊和檢查引擎

Vim 還有許多其他的補齊引擎。這裡列出其中一些：

- Asynchronous Lint Engine (ALE)（*https://github.com/dense-analysis/ale*）。這著重於以非同步方式對程式的動態 linting（語意檢查），並支援多種語言補齊。

- Syntastic（*https://github.com/vim-syntastic/syntastic*）。一個強大的語法檢查引擎，支援多種語言，通常與其他外掛程式一起使用。

- Conquer of Completion（*https://github.com/neoclide/coc.nvim*）。這是一個支援多種語言和檔案格式的通用型外掛程式。

- Jedi-vim（*https://github.com/davidhalter/jedi-vim*）。提供了 Python 自動補齊功能。這是 YouCompleteMe 在面對 Python 程式碼，底層使用的東西。

- Kite（*https://www.kite.com/*）。該外掛程式替 Vim 和許多其他編輯器和 IDE 提供，以 AI 為基礎的自動補齊功能。它支援 Python、C、C++、C#、Go、Java、Bash 和許多其他語言。它是商業軟體，也有免費版和付費專業版。

將這些引擎與 YouCompleteMe 一起使用，可能會遇到一些狀況。需要對它們進行測試，並找出最適合自己的設定。

Termdebug：直接在 Vim 中使用 GDB

從 Vim 8.1 開始，可以在 Vim 視窗中，擁有終端機執行功能。這讓我們可以執行程式，與使用者互動的對話視窗有著相同功能。其中 Vim 附帶了一個名為 Termdebug 的外掛程式，利用這個外掛，讓我們從 Vim 內部執行 GDB（GNU 除錯工具）。

為此，先編輯一個檔案。然後使用 Vim 內建的套件管理系統（:packadd），載入 Termdebug 外掛程式並啟動它，如下所示：

```
:packadd termdebug
:Termdebug
```

將螢幕分成三個視窗部分。頂部視窗執行 GDB。中間視窗是正在被除錯程式的命令輸出，底部視窗則是程式原始碼。你可能希望將程式原始碼檔案，向右邊移動，如圖 15-8 所示。在第 227 頁的「移動視窗」一節中，有描述如何重新排列 Vim 視窗的排列。

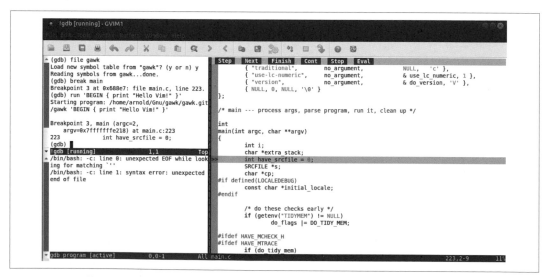

圖 15-8　Termdebug 外掛程式上正在執行檔案

在圖中，可以在左上角看到 GDB 交談視窗。左下角是上一個執行命令的輸出，其中我們輸入錯誤的命令。

右側視窗顯示原始碼，並特別標示出標記中斷點所在的行號位置。頂部的按鈕可讓我們繼續除錯。

GDB 與 Vim 是一個很好的整合，甚至比 Clewn 提供的還更好（參考第 396 頁的「Clewn GDB 驅動程式」一節）。

如果經常使用 GDB，那應該將 :packadd termdebug 命令放入 *.vimrc* 檔案中。

All-in-One 一體成形的開發環境

到目前為止，如果一直在增加我們介紹過的外掛程式，那麼 Vim 已經應該具有 IDE 人部分的功能。一點也不奇怪，在我們之前有許多人早已完成這一趟旅程，並將他們自己對 Vim 轉變為 IDE 的技巧分享出來。

以下是一些我們發現的內容，不妨查看一下。至少，它們提供了尚未介紹的有用外掛程式之指引。

而這些，我們還沒有全部都嘗試過，其中一些嘗試過的部分，也只做了很短時間的試用，後續請自行研究。列出一些值得探索的出發點：

將 Vim 當作 IDE

> 這是針對軟體開發所需要的 Vim 外掛程式教學，而不是給準備學習使用的教學。因為有許多連結的資源，可以獲得更多資訊，所以它很有價值。請參考 *https://github.com/jez/vim-as-an-ide*。

vimspector

> 這是「Vim 的多語言圖形化除錯工具」。這個外掛重點著眼程式碼的除錯，而不是成為一個功能齊全的 IDE。請參考 *https://github.com/puremourning/vimspector*。

C/C++ IDE

> 這種外掛程式可以組合在一起，為 C 和 C++ 提供一個 IDE。引用網頁 *https://github.com/kingofctrl/vim.cpp*，如下：
>
> • 自動下載最新版本的 libclang 和編譯 YCM 需要的 ycm_core 函式庫

- 一鍵安裝

- 支援所有 GNU/Linux

- 依照需求載入，以加速啟動時間

- 語意自動補齊

- 語法檢查

- C++11/14 的語法特別標示

- 儲存歷史記錄

- 即時預覽 markdown 檔案

以下是針對 Python 的部分：

Python 模式

引用網頁 *https://github.com/python-mode/python-mode*：

在 Vim 中，開發 python 應用程式時，使用的外掛程式，所需包含的特性。

- 支援 Python 和 3.6+

- 語法特別標示

- 支援虛擬環境

- 執行 python 程式碼（`<leader>r`）

- 增加／刪除中斷點（`<leader>b`）

- 改良 Python 縮排

- Python 移動和運算符號（`]]`、`3[[`、`]]M`、`vaC`、`viM`、`daC`、`ciM`、...）

- 改良的 Python 摺疊

- 同時執行多個程式碼檢查工具（`:PymodeLint`）

- 自動修復 PEP8 錯誤（`:PymodeLintAuto`）

- 在 python 文件中搜尋（`<leader>K`）

- 程式碼重構

- IntelliSense 程式碼補齊

- 轉跳到定義（`<C-c>g`）

Vim 與 Python 的天作之合

這 個 網 頁 *https://realpython.com/vim-and-python-a-match-made-in-heaven*， 由 Real Python 所提供，說明將 Vim 設定配置成為 Python IDE 的步驟。

Vim 2017 年的升級

部落格文章 *https://haridas.in/vim-upgrade-2017.html*，提供配置 Vim 的說明，並為日常編譯程式的工作，推薦不同的外掛程式。

Vim 作為 Python IDE

引用自 *https://rapphil.github.io/vim-python-ide*：

> 這個專案的目的在將 Vim 視為功能強大且完整的 Python IDE。為了做到這一點，從社群中整理出可用、很棒的外掛程式列表，並且提供一個自動安裝程式。

這個項目很有趣，因為它沒有其他工具可選擇的機會。它會檢查、設定和建立特定版本的 Vim，來確保一切可正常運作。如果想使用 Vim 進行 Python 開發，並且接受這個工具所做出的選擇，這或許是最簡單的方法。

chenfjm 的 VimPlugins

這是一個 Vim 設定配置檔案，集合 24 個不同的外掛程式來構建一個 IDE。有英文、中文的簡潔安裝說明與教學。儘管如此，由於使用如此多的外掛程式，因此它是指引我們調查其他可能的外掛程式，很好來源。請參考 *https://github.com/chenfjm/VimPlugins*。

提供給寫作者的外掛工具

有很多外掛程式，其宗旨在幫助人們使用 Vim 進行寫作，而不僅只有軟體開發。

以 下 出 自， 在 Tomas Fernández 的 部 落 格「Top 10 Vim Plugins for Writers」（*https://tomfern.com/posts/10-vim-plugins-for-writers/*）文章中。

vim-pencil

作者們最喜歡的寫作外掛程式。Vim-pencil 有很多優點，例如：輔助導覽、依照標點符號的智慧復原以及相關的軟體的安裝。（參考 *https://github.com/reedes/vim-pencil*）

vim-ditto

這個外掛會特別標示段落中的重複單字，正是寫作人員需要一直避免的問題。（參考 *https://github.com/dbmrq/vim-ditto*）

vim-goyo

類似 Vim 的寫作外掛工具，它移除所有會造成注意力分散的元素，如：換行模式行和顯示行號。（參考 *https://github.com/junegunn/goyo.vim*）

vim-colors-pencil

適合優雅的寫作、低對比度的配色方式。（參考 *https://github.com/reedes/vim-colors-pencil*）

vim-litecorrect

Litecorrect 會自動糾正更常見的輸入錯誤，例如「teh」而不是「the」。（參考 *https://github.com/reedes/vim-litecorrect*）

vim-lexical

結合拼字檢查工具和同義詞庫的工具。Vim-lexical 讓我們可以使用]s、[s 與 <leader>t，在錯誤的拼字之間快速找到並導覽。（參考 *https://github.com/reedes/vim-lexical*）

vim-textobj-sentence

一個用於更好導覽句子的外掛程式。我們可以用 (和)，在句子之間移動，還可以用 dis 截斷句子。這依賴另一個外掛工具 vim-textobj-user（*https://github.com/kana/vim-textobj-user*）。（參考 *https://github.com/reedes/vim-textobj-sentence*）

vim-textobj-quote

這個外掛程式可以聰明地建立「引號」。（參考 *https://github.com/reedes/vim-textobj-quote*）

ALE

非同步語意檢查引擎，是一種多語言分析工具，不限於程式碼。它支援需多樣式檢查工具，例如：proselint（*http://proselint.com/*）和 LanguageTool（*https://languagetool.org/*）。（參考 *https://github.com/dense-analysis/ale*）

這一節中，有許多文章連結，其中還有更多內容；值得好好回顧。

結論

整理 Vim Awesome 的人真的做對了：Vim 真的很棒！本章只觸及到 Vim 外掛程式世界的冰山一角。我們希望使用者建立自己的 IDE，並充分利用 Vim 的強大功能，這些功能遠遠超出了一般的文字編輯器。

記住，在探索所有可用的選項時，偶爾要換個不同角度來找找看。祝你好運！

vi 無所不在

簡介

我們已經描述許多使用 vi 和 Vim，成為強大的編輯器的特性。但 vi 不僅僅是一個編輯器，而是一種哲學。這是一種以不同思考方式的作法。它讓我們將文字視為**物件**。這些文字物件一旦學會，就形成一種「位置點擊」和「所見即所得」（WYSIWYG）的截然不同編輯方法。文字物件化（Text-as-objects）是一種有趣的抽象，非常受歡迎，以至於延續到其他工具中，其中一些可能會讓人感到驚訝。本章將介紹，在 vi 思維下的一些常見和不常見（但非常有用）的例子。

改善命令列體驗

就像 vi 使用者是進階使用者一樣，希望他們的「能力」可以擴展到文字編輯之外。多年來，命令列工具（終端模擬器、DOS 視窗等）提供了基本的命令列編輯和歷史記錄。越來越多開放原始碼的貢獻，為命令列環境帶來了巨大的改進。vi 是許多命令列環境中，實現命令列歷史管理而受到歡迎的其中之一。

在 Unix 中，命令列稱為 *shell*。而且還很多種的 shell。一些最受歡迎的是 sh（原始 Bourne shell）、Bash（GNU Bourne-again shell）、csh（C shell）[1]、ksh（Korn shell）和 zsh（Z shell）。

正如即將看到的，大多數但不是所有現代的 shell 都提供 vi 模式命令列編輯。

---

1 我們不討論 csh，只提一下原來的 csh 和 vi 的作者是同一個人：Bill Joy，當時他還是加州大學伯克利分校的研究生。我們還注意到幾乎所有的 shell 都實現了 Bourne shell 語言，而 csh 則不同。

共用多個 shell

 在測試將要介紹的內容之前，強烈建議依照我們的說明進行操作。如果沒有這樣做，可能如同我們一樣，遺失一個包含近 8,000 則儲存歷史命令的檔案！

在以下範例中，簡要介紹開啟命令歷史記錄時，編輯所需的選項，然後說明如何使用 vi 藉由按鍵瀏覽命令歷史記錄。由於必須啟動不同的 shell 來測試不同的選項，因此將每個 shell 實體都建立自己所屬的「環境」概念，也就是每個 shell 的特定變數和行為。但是，有一些 shell 具有歷史檔案的預設值，當我們啟動呼叫它們時，它們不會額外覆寫歷史檔案的現有定義。

例如，如果經常使用 zsh 並啟動不同的 shell（如 ksh），那麼這樣做不會修改歷史檔案變數（HISTFILE）的值，而是在 zsh 歷史檔案中負責記錄 ksh 命令。當我們身處在 ksh 時，現有的 zsh 會感到茫然和困惑，並且會啟動一個損壞的歷史檔案！雖然這不是災難性問題，但如果想要歷史紀錄的支援，請不要讓這種事情發生！所以接下來就是我們要做的：

1. 在家目錄中，為每個 shell 建立或編輯啟動檔案：ksh（*.kshrc*）、Bash（*.bashrc*）和 zsh（*.zshrc*）。確保沒有覆寫任何這一類已經存在的檔案。

2. 在每個啟動檔案中，透過增加或驗證這些命令或參數是否存在，確保不會有任何價值的歷史資料消失：

```
# make BACKSPACE key do what it should do
stty sane

# set command-line editing to vi mode.
set -o vi

# keep history files in a hidden folder please.
myhistorydir=${HOME}/.history
# make the directory, fail silently if it's already there
mkdir -p ${myhistorydir}

# save lots of commands.  computer memory is cheap and reliable.
HISTSIZE=5000
HISTFILESIZE=5000
# save command history in this file.  Note that we incorporate the shell's name
# into the file name.  this prevents collisions and corrupt history
# files inadvertently assigned by different shells (it happens!)
HISTFILE=${myhistorydir}/.$(basename $0).history
```

這樣做的最後結果是每個 shell 的歷史紀錄，都依照 shell 的名稱，儲存在單獨的一個檔案中。

readline 函式庫

許多 GNU 和 GNU/Linux 工具使用 readline 函式庫，進行交談式輸入。readline 函式庫允許 C（或 C++）程式讀取使用者輸入，同時在輸入的命令列中提供編輯。

Bash Shell

使用 Emacs 或 vi 命令，對 shell 命令列進行交談式編輯，最早是在 1980 年代在 Korn shell 中帶入的。GNU Bourne-again shell（Bash）選擇提供相同的功能，但建立在一個可重複使用、名為 readline 的獨立函式庫之上。

開啟 readline 後，我們會在終端介面中得到單一命令的「視窗」，可以在該視窗中使用自己喜歡的文字編輯器（無論是 Emacs 還是 vi）的熟悉命令，執行任何編輯。要開啟命令列編輯模式，我們可以將 set -o emacs 用於 Emacs 模式或使用 set -o vi 用於 vi 模式。當然比較喜歡後者。通常，會將這些命令放到家目錄中的 .bashrc 檔案，如此在啟動時都會設定所需的選項。

此外，readline 會儲存已執行的命令的歷史記錄，因此我們可以在命令列中上下移動，方便編輯並啟動以前的命令。例如，在歷史清單中，k 向上、j 向下切換命令。而 h 和 l 則提供目前命令列的一般的左右移動。

除了一般的 vi 命令，readline 在命令模式下提供了一些額外的命令，這些命令執行對命令列有用的擴充。這些在表 16-1 中進行說明。

表 16-1　在 shell 中使用附加的 vi 命令

命令	動作
#	在命令列的這一行前面插入一個 #，註解這一行
=	列出具符合有指定前綴文字的檔案
*	插入並展開具有符合有指定前綴文字的所有檔案
TAB	取前面的前綴文字，並在保持唯一性的情況下，盡可能地展開可能的文字，例如：有許多 chapterXX 檔案，並且前綴文字為 ch，TAB 會將 ch 展開為 chapter。

在 Bash 命令列中的編輯

舉一個現實生活中的例子,我們可利用命令探索各種 Unix 目錄(如:*/bin*、*/usr/bin*、*/usr /local/bin* 等)。在 shell 提示符號下,編輯較為複雜命令的能力,我們撰寫一個動態指令稿,能夠輕鬆依照各種命令,顯示 man 說明。在最前面的 $,是主要的提示符號,而 > 是當 Bash 知道命令尚未完成時,所回應的次要提示符號:

```
$ cd /usr/bin
$ for man in a*
> do
>     printf "\n\n\n$man, look at man page? "
>     read yesno
>     if [ ${yesno:-yes} = "yes" ]
>     then
>         man $man
>     fi
>     printf "\n\nhit enter to continue "
>     read dummy
> done
```

在目錄 */usr/bin* 中,以字母 *a* 為開頭的每個檔案,循環執行一次的詢問,是這個 shell 的主要意義。若要查詢其他字母開頭的命令,透過輸入 ESC K,可使用 Bash 的 vi 編輯模式,編輯剛剛執行的命令列紀錄,變更新的字母再來執行。在 Bash 中編輯單一行命令列很容易。但是,多行命令畫面會有點混亂。前面的命令,在回顧時,螢幕上會顯示一個非常長文字、環繞堆積在命令列上:

```
$ for man in b*; do          printf "n\n\n$man, look at man page? ";
read yesno;          if [ ${yesno:-yes} = "yes" ];          then
man $man;          fi;          printf "\n\nhit enter to continue ";
read dummy; done
```

注意 shell 是以分隔符號;分隔所有行,並註意 Bash 保留所有空格間距。要移動到每個新行,請從 f 開始;移動到第一個分號。大概在第一個;和第一個,之前的位置,很容易找到每一行進行編輯,儘管方式有點笨拙。

在我們的範例中,希望將 *a* 修改為 *b* 或其他字元。也可以使用 vi 命令移動到 *a** 並進行修改。命令列編輯與大量儲存的歷史記錄相互結合,能透過在 Bash 中,重新找出歷史記錄並再次編輯執行的「指令稿」。

Bash 中的多行命令

Bash 確實有一個選項可以讓編輯多行命令更加愉快：`shopt -s lithist`。這會導致 Bash 將多行命令，會以多行的方式，儲存在歷史檔案中，而不是用分號做為分隔符號，壓縮內容在一行之內。若採用這樣的方式，重新呼叫命令，如下所示：

```
$ for man in a*
do
  printf "\n\n\n$man, look at man page? "
  read yesno
  if [ ${yesno:-yes} = "yes" ]
  then
    man $man
  fi
  printf "\n\nhit enter to continue "
  read dummy
done
```

我們仍然在取回的命令文字中使用水平移動；使用 j 和 k 在歷史命令清單中上下切換命令，而不是在多行的命令中。但是，我們可以增加其他按鍵結合，便能在物理螢幕上的行與行之間移動。執行此操作的 readline 命令是 `next-screen-line` 和 `previous-screen-line`[2]。我們在 *.inputrc* 檔案中有做這樣的處理；請參考第 392 頁的「.inputrc 檔案」章節和 *readline*(3) 手冊頁。

使用 Vim 編輯 Bash 命令

如果內建編輯器不合適，我們可以在想要修改的命令上，透過輸入 v 來啟動喜歡的編輯器編輯命令。這會將命令列的內容放入，由 `EDITOR` 環境變數所定義的任何編輯器中。當然，希望這會是 vi 或 Vim；但是，你可以選擇任何喜歡的編輯器。

這是問題所在。當編輯器離開時，Bash 會立即執行編輯器緩衝區中的任何內容。假設輸入內容如下：

```
$ rm -fr /
```

然後輸入 ESC 和 v 進入編輯器。如果隨後決定不想執行任何操作，並離開編輯器（:q 或 :q!），則執行原始文字，然後大爆炸 kaboom！離開 Vim 並避免這種副作用的安全方法是使用 :cq 命令離開。這告訴 Vim 以非零錯誤代碼返回離開。因此，這會告訴 Bash 發生了錯誤並且不應執行任何命令。這個特性被摧毀後，Elbert 認為這是考慮 Z shell 的充分理由（請參閱下文）。

2　感謝 Bash 的維護者 Chet Ramey 提供的這個提示。

其他程式

Bash 不是唯一使用 readline 的程式。如果在構建程式時，GDB（GNU 除錯工具）會使用它，GNU Awk（gawk）的內建 AWK 除錯工具也會使用它。在大多數 GNU/Linux 系統上，用於交談式 Internet 檔案傳輸的 ftp 程式也使用它。

將 readline 與 GDB 整合特別有用，因為除錯過程通常涉及輸入重複的命令，並且能夠輕鬆搜尋和編輯之前的命令，使得除錯變得不那麼繁瑣。例如，在鏈結串列（linked list）中，追蹤「下一個」指標鏈結點。

.inputrc 檔案

> 但是等等！還有更多！
>
> ─幾乎所有深夜電視廣告都這麼說

我們可以透過，將命令放入它的初始化檔案，來自訂 readline 的行為。INPUTRC 環境變數紀錄這個檔案。如果未設定 INPUTRC，則 readline 會在家目錄中搜尋名為 *.inputrc* 的檔案。如果該檔案不可使用，則 readline 退回到 */etc/inputrc*。

在 *readline*(3) 手冊頁中，描述了該檔案的格式和可能的內容。隨著時間的推移，這個函式庫也逐漸發展壯大，因此不會在此處說明所有的內容。相反地，我們提供作者個人的 *.inputrc* 檔案：

```
set editing-mode vi
set horizontal-scroll-mode On
control-h: backward-delete-char
set comment-begin #
set expand-tilde On
"\C-r": redraw-current-line
```

以下是對這些內容其作用的簡要說明：

set editing-mode vi
:   這將打開 vi 編輯模式。預設是 Emacs 模式。因此，即使在 GDB、ftp 或任何其他使用 readline 的程式中，也使用 vi 命令集合。

set horizontal-scroll-mode On
:   這會導致 readline 在螢幕上僅顯示一行。一行過長的內容，用 > 字元標記在最右邊。向右移動超過 >，捲動那一行的內容。向左側靠近 < 字元標記，捲動回那一行的內容。

control-h: backward-delete-char

這會讓 ^H（與 BACKSPACE 鍵動作相同）刪除字元。

set comment-begin #

這會讓 readline 在執行 # 命令（插入註解）時插入 # 字元。而對於 shell，這會註釋掉目前行，但會將其插入歷史記錄以供之後啟動和編輯。無論如何，這是 Bash 的預設設定，但作者的檔案自 2002 年以來就沒有修改過！

set expand-tilde On

這會讓 readline 在進行擴展單字時，展開波浪符號。如果 readline 與不進行波浪符號展開的 shell 一起使用，也是可能的，例如 rc 的 shell。

"\C-r": redraw-current-line

這會讓 CTRL-R 重新顯示輸出目前這一行。如果需要將系統的輸出與我們的輸入混合在一起，這將會很有用[3]。

還有更多選項，請查看 readline 手冊頁；包括一些對支援顏色的終端模擬器上，進行輸出著色的選項。

其他 Unix Shell

一開始具有命令列編輯功能的 shell 是 Korn shell（ksh），最初由 David Korn 在貝爾實驗室開發。使用 set -o vi 開啟 vi 模式（這是自 Bash 加入的）。ksh 的命令列編輯不是以 readline 函式庫為基礎所建立的[4]。

同樣，Z shell（zsh）也有自己的 vi 命令列模式；與 ksh 和 Bash 有所不同，如果習慣其中一種 shell，可能需要額外增加組合鍵的設定。將在下一節更詳細地討論 Z shell 的細節。從好的方面來說，zsh 可以輕鬆地編輯多行命令。

最後，tcsh（Tenex csh）也提供 vi 模式，透過 bindkey -v 開啟。但本書並沒有要討論 tcsh。

3　對於 Emacs 使用者，這通常是反向歷史搜尋的組合按鍵。vi 的反向搜尋很簡，單使用 /（在之前先按 ESC，啟動歷史搜尋樣式）。

4　Korn shell 仍然持續在更新（*https://github.com/ksh93/ksh*）。

Z Shell（zsh）

如前所述，Z shell（*https://www.zsh.org/*）有自己的命令列模式和強大的多行歷史編輯器。沿用前面的例子。下面說明 zsh 中的差異，透過專門的提示，讓畫面內容在視覺上更佳清晰：

```
{elhannah,/usr/bin} for man in a*
for> do
for>     printf "\n\n\n$man, look at man page? "
for>     if [ ${yesno:-yes} = "yes" ]
for if> then
for then>       man $man
for then> fi
for>     printf "\n\nhit enter to continue "
for>     read dummy
for> done
```

現在來瞭解命令列編輯的真正區別！這裡展示 zsh 在輸入 ESC K 後，如何在編輯模式下呈現多行命令：

```
{elhannah,/usr/bin} for man in a*
do
        printf "\n\n\n$man, look at man page? "
        if [ ${yesno:-yes} = "yes" ]
then
        man $man
fi
        printf "\n\nhit enter to continue "
        read dummy
done
```

我們現在有了一個微型 vi 階段，可以進行更準確的編輯。

 雖然這個小型 vi 階段，允許使用 o 和 O 插入（開啟）程式碼新的一行，但請注意必須使用 ESC 完成插入的行內容。如果按下 ENTER，zsh 會立即執行整個文字區塊。

盡可能保留越多歷史記錄

到目前為止，應該對命令列歷史和編輯的價值有所理解。在第 388 頁的「共用多個 Shell」一節中，我們已經呈現如何「儲存使用者的工作」，定義 *history* 變數（關於要儲存命令的數量）：

```
HISTSIZE=5000
HISTFILESIZE=5000
HISTFILE=${myhistorydir}/.$(basename $0).history
```

把 shell 中執行的命令及終端介面交談過程歷史視為一個大檔案。現在，命令列歷史記錄是一個活的文件，加上具有命令列編輯的額外好處，可以快速而強大地檢索很久以前執行的命令。HISTSIZE 的值越大，shell 的記憶體使用量就越多。

現代電腦具有大量的記憶體和磁碟儲存空間。無須像過去一樣，對使用空間上的錙銖必較。我們選擇了 5,000 作為速度與空間上的快樂平衡。我們發現這個數字的命令歷史記錄，大概可以提供以年為單位的搜尋。

以下範例，說明強大的命令列歷史記錄和編輯如何利用「之前做過的事情」。作者自己偶爾也會處理圖形和影片。然而，作者經常在其他工作項目上，並且不是經常使用任何影片、圖形應用程式及命令的情況下，可能連續數天、數週甚至數月。但是只要回想起命令的部分片段印象，或是主要／常用的應用程式名稱，就能很容易找到舊範例，來更新自己的記憶，並且提供可編輯的命令立即提高工作效率。例如，作者大量使用 ffmpeg 命令，這個工具命令具有許多選項和參數的組合。只需透過搜尋（ ESC /ffmpeg ENTER ），並使用 n 或 N 進行重複搜尋，所有儲存的 ffmpeg 命令都可以輕鬆找到並且編輯。

命令列編輯：一些最後的想法

當我們開始使用 vi 模式編輯命令列時，請記住命令歷史記錄就像一個可編輯檔案的概念。之前的命令紀錄，就在使用者的指尖上（也包含 HOME 鍵）。利用這一點，我們透過檢索以前的命令，來提高對應用程式的掌握程度「這個工具命令的語法是什麼？」。設定儲存命令的紀錄，盡可能的大！讓機器完成工作。我們已經為你提供許多操作的方法。現在應該著手開始瀏覽手冊頁並設定搜尋歷史。

 請記住，在 shell 中，所有的輸入內容都會被解釋為，正在輸入的指令稿。知道這一點，就可以運用 shell 的一些行為。例如，利用 # 符號之外的任何內容，都是註釋並且不會執行。提供了另一種搜尋舊命令的方法，輕鬆而且增加效率。雖然這是一種不安全的方式，但作者在修改電腦密碼時，經常使用 #system name passwd 附加到 echo 命令。之後，作者就可以輕鬆地在自己的歷史記錄中，搜尋最新的密碼。

Windows PowerShell

PowerShell 是 Microsoft 物件導向的命令列環境。這是 Microsoft 提供快速而強大的自動化方式，放棄通用且乏味的 GUI 導覽介面。外觀和感覺都讓人想起 Unix shell，其物件導向的特性，將 Unix 的「一切都是文字」哲學延伸到「一切都是物件」。 MS-DOS command.com / cmd.exe 控制台是任何使用者都熟悉命令列解析環境，並內建一些智慧感知功能。然而，對我們來說，這還不夠！幸運的是，可以在 PowerShell 控制台中，使用 vi 命令導覽。在 PowerShell 提示符號下輸入，只需輸入命令：

```
Set-PSReadlineOption -EditMode vi
```

要讓此設定永久有效，必須將命令增加到 PowerShell 版本的 .profile。由於 PowerShell 至少有六個不同的配置檔案，我們將檔案的選擇留給讀者，作為練習。

開發者工具

開發人員使用許多開發工具，並且必須經常學習新工具，因為他們掌握最新的技術。開發工具中具有 vi 功能，更容易讓熟悉 vi 和 Vim 的開發人員，立即使用和更快速適應。

在本節中，我們將瞭解具有 vi 功能的除錯工具和兩種版本用於 Microsoft Visual Studio© IDE 的 Vim 外掛程式。

Clewn GDB 驅動程式

> 在 vim 編輯器中，Clewn 完整實作對 gdb 的支援：斷點、監看變數、gdb 命令補齊、組合語言視窗等等。
>
> [...]
>
> Clewn 是一個透過 netBeans socket 連接介面，控制 vim 的程式，它與 vim 同時執行並且與 vim 對話。Clean 只能與 gvim（圖形介面的 vim）一起使用，因為終端機介面的 vim 不支援 netBeans。
>
> — Clewn 專案頁面（http://clewn.sourceforge.net/）

Clewn 是一個有趣的程式。它允許你在 GDB 中除錯時使用 Vim 查看原始碼。Clewn 透過 NetBeans 介面控制 Vim[5]。

---

5 NetBeans（https://netbeans.org/）是開放原始碼的 IDE，支援 Java、JavaScript、HTML5、PHP、C/C++ 等等的程式語言。Vim 的 NetBeans 介面，允許 Vim 在 NetBeans 中當作編輯器。

要使用 Clewn，請在終端視窗中啟動。Clewn 用（gdb）提示符號提示我們，並讓 gvim 打開另一個視窗來顯示原始碼。如圖 16-1 所示。

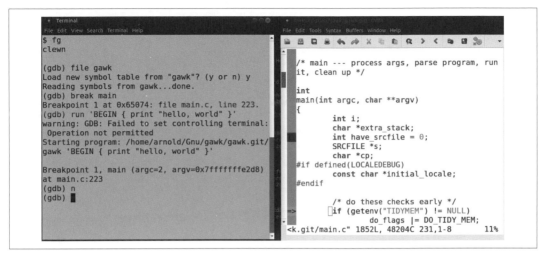

圖 16-1　Clewn 提示畫面

不幸的是，Clewn 無人維護。然而，作者還經常使用它，繼續「獨特性」的編譯，並在目前的 GNU/Linux 系統上運作得很好。

Clewn 專案項目網頁位於 *http://clewn.sourceforge.net*。Clewn 的原始碼，也包含在本書的 GitHub（*https://www.github.com/learning-vi/vi-files*）中。有關詳細資訊，請參考第 480 頁的「存取檔案」部分。

CGDB：魔法的 GDB

> *CGDB 是一個非常輕量、前端控制介面的 GNU 除錯工具。它提供一個分割畫面，下面顯示的 GDB 執行階段，上面顯示程式的原始碼。使用介面是仿造 vim 而來，所以 vim 使用者操作上應該感到賓至如歸。*
>
> — CGDB GitHub 頁面（*https://github.com/cgdb/cgdb*）

除錯似乎是這裡的一個主題。這並不奇怪，因為 vi 和 Vim 是程式人員最重要的編輯器，因此只要提供類似 Vim 的介面時，軟體開發工具就更容易的被接受。

我們在終端模擬器視窗中使用 CGDB。CGDB 會分割螢幕，在下方視窗中顯示（gdb）命令提示符號，在上方視窗中顯示我們的原始碼。而且原始碼是採以不同顏色特別標示的語法。請參考圖 16-2。

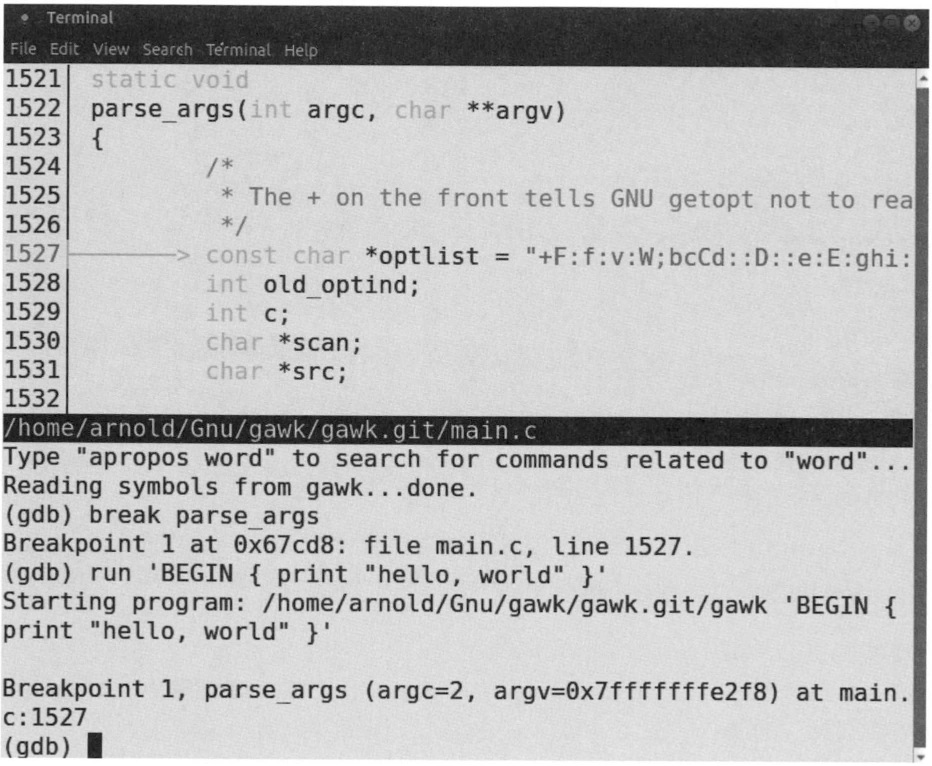

圖 16-2　在 CGDB 的畫面

我們使用 i 從命令視窗移動到原始碼視窗，並使用 ESC 移回到命令視窗。一旦進入原始碼視窗，就可以使用 Vim 搜尋命令四處移動，其中也包括正規表示式的使用。

CGDB 附帶一個完整的 Texinfo 手冊，說明使用方式。它成為 Clewn 的替代方案，並且比 GDB 自己的內建文字使用者介面（gdb -tui）要好得多。

CGDB 專案項目位於 *https://github.com/cgdb/cgdb*。趕緊一探究竟！

Visual Studio 中的 Vim

Microsoft 的 Visual Studio 可能是世界上使用最廣泛的 IDE。它可以透過外掛程式進行延伸，也稱為擴充套件（*extensions*）。

VsVim（*https://github.com/VsVim/VsVim*）是一個開放原始碼擴充套件，它提供了一個在 Visual Studio 中使用 Vim 的模擬器。在撰寫本書時，它支援 Visual Studio 2017 和 2019，而且正在積極開發和維護中。如果必須使用 Visual Studio，也喜歡 Vim 風格的編輯，那應該看看這個。

Visual Studio Code 中的 Vim

 我們分開討論 Visual Studio 和 Microsoft Visual Studio Code 的 Vim 外掛程式。因為它們是不同的。儘管它們經常被混為一談，誤認為同一個應用程式，但它們是不同的外掛程式。

Visual Studio Code：簡單介紹

Visual Studio Code 是 Microsoft Visual Studio 旗艦級 IDE 的輕量化版本。通常被稱為 **VS Code**。VS Code 不同於非自由商業的 Visual Studio，它是一個具有強大開發、專案管理的整合式生態系統。雖然它提供許多相同的功能，但在 Vim 外掛程式選項上，仍有許多不同之處。而且增加任何一個應用工具或 Vim 外掛程式都很容易。

首先要做的是下載並直接安裝 VS Code（*https://code.visualstudio.com/*），過程非常簡單。

VS Code 擴充套件

VS Code 的附加元件，可通稱為擴充套件或外掛程式。取得 VS Code 功能的最快方法是理解和使用普遍的執行操作命令。在 Microsoft Windows 和 GNU/Linux，只需輸入命令 CTRL SHIFT-P，而在 MacOS，只需輸入命令 SHIFT-P。（有趣的是，F1 在三個作業系統上，都做一樣的事情。）開始輸入「install extensions」（安裝延伸模組），VS Code 將顯示一個下拉選單列表。請參考圖 16-3。

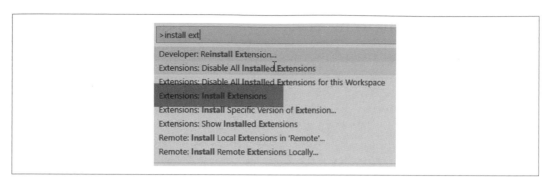

圖 16-3　VS Code 執行操作視窗

VS Code 在左側顯示一個垂直的視窗，彙整已安裝的擴充套件，並提供在外掛程式生態系統中，（眾多）可用擴充套件的搜尋。在搜尋方框中輸入「vim」，應該會看到類似於圖 16-4 的內容。

圖 16-4　在 VS Code 中搜尋擴充套件

選取特別標示的項目 vscodevim 外掛程式。點選「Install」按鈕。這將打開如圖 16-5 所顯示的對話框。

圖 16-5　安裝 vscodevim 的對話框

當想關閉或移除擴充套件時，請按照之前相同的方式搜尋擴充套件。這將打開如圖 16-6 的對話框。再點選「Disable」或「Uninstall」。

圖 16-6　關閉或移除擴充套件 vscodevim 的對話框

vscodevim 設定

要查尋 vscodevim 外掛程式可用的設定，請使用 VS Code 通用命令 $\boxed{\text{CTRL}}$ $\boxed{\text{SHIFT-P}}$ 並搜尋 *settings*。可能會有很多，但選擇「Preferences: Open Settings (UI)」，請參考圖 16-7。

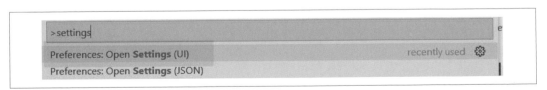

圖 16-7　在 VS Code 中搜尋設定

現在在 *settings* 對話框中搜尋，我們會看到有近 100 個與 vim 相關的設定，如圖 16-8 所示。

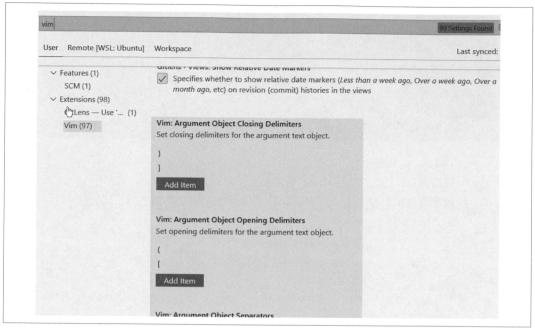

圖 16-8　Vim 的 VS Code 設定對話框

我們將偏好設定留給使用者自行調整。這邊注意，許多偏好設定只提供一個連結，來打開 VS Code 的 JSON 設定檔案。遺憾的是，一些常見的 Vim 設定，需要我們熟悉編輯這個檔案的規則。

例如，在第 349 頁的「更簡單的離開 Vim」一節中所述，我們希望透過將 vi 命令模式下的 q 和 Q，分別映射到 :q^M 和 :q!^M，來簡化離開 Vim 的步驟[6]。

然而我們不能在 VS Code 中執行這樣的操作，擴充偏好選項。這是用於建立映射的 JSON 程式碼區塊：

```
"vim.normalModeKeyBindingsNonRecursive": [
    {
            "before": ["q"],
            "commands": [":q"]
    },
    {
            "before": ["Q"],
            "commands": [":q!"]
```

6　記住 ^M 是 Vim 顯示換行的方式，我們輸入 CTRL-V CTRL-M ，請參考第 126 頁的「使用 map 命令」部分。

```
        },
        {
                "before": ["ctrl+v"],
                "commands": ["Ctrl+Shift+G"]
        }
    ],
```

 由於這的動作是發生在 VS Code 中，因此 IntelliSense 對於補齊 *vim.XX* 非常有用，其中 *XX* 是正在執行的 vscodevim 設定。在前面的範例中，我們對 normalModeKeyBindings 使用 NonRecursive 版本，來阻止 q 被重新解釋成為再次映射。這是 Vim 中常見而且眾所周知的映射技術，透過 map 命令前增加前綴文字的 noremap，來定義內容中的非遞回映射。（有關 vi 映射命令的完整討論，請參考「使用 map 命令」）

Vim 不侷限於 VS Code

我們選擇 VS Code 來討論 IDE 的 Vim 外掛程式。隨著 Microsoft 積極關注開發和演進，VS Code 變得非常流行。

但是，VS Code 只是眾多 IDE 中的一種，幾乎所有 IDE 都提供自己的 Vim 模擬器來進行編輯，或者具有現成的類似 Vim 的外掛程式。我們在 NetBeans、Eclipse、PyCharm 和 JetBrains 中，有使用並且測試這些 Vim 外掛程式或模擬器。還有很多其他的。很有可能讀者手邊的 IDE，也有一個 Vim 外掛程式。

Unix 工具程式

其實在 vi 中，隱藏許多 Unix/Linux 應用程式抽象的使用方式，是我們可能不知道的。以下是一些應用程式範例，以及 vi 命令，討論在不編輯的時候，如何提高工作的效率。

更多還是更少？

更多的起源是從螢幕 *pager* 程式而來：其功能在於一次顯示一個螢幕資料的程式。它是作為 BSD Unix 開發的一部分，與原始 vi 的歷史時程大致相同。工具 more 除了顯示檔案內容，如果沒有指定任何檔案，則讀取標準輸入，使得資料在管道（pipe）輸出更容易使用。

經過一段時間後，more 成為標準，而 less 是 more 的雙關語，為的是增加被搜尋呼叫的機會。如今兩種工具都在現代作業系統上普遍可以看到。

而我們認為（具有諷刺意味的是）更多實際上指的是更少，而更少就是更多。more 是具有基本分頁和交談操作，遺留 Unix 工具的影子，而 less 幾乎是資料串流形式的編輯器。less 缺少真正的編輯功能，但提供類似於 Vim 的強大導覽。

在作者的個人電腦（GNU/Linux）上，總是將 more 重新命名為 more_or_less，並將 */usr/bin/less* 連接到 */usr/bin/more*（使所有事物從更多變得更少）。

如果缺乏管理權限、與其他人可能反對的情況下共用一個系統，可以使用別名設定的方式，增加到個人 *.bashrc* 檔案中，達到相同效果：

```
alias 'more=less'
```

 出版社的一位技術校閱者警告說，重新命名 more 和 less 連接到 more 可能會導致意外動作和資料混亂，也可能會影響指令稿的執行，以及安裝程式所期望的更多原始。我們同意警告，建議值得注意。應該謹慎地進行這些修改。

自從 less 命令出現有記錄以來，我們已經對每一種 GNU/Linux 安裝，進行剛才描述的修改，並且從未注意到系統中的任何不良影響。儘管如此，使用者的實際狀況可能會有所不同。

另一個導致使用 less 而不是 more 的選項（至少在大多數情況下）是在 *.bashrc* 檔案中，設定 PAGER 環境變數：

```
export PAGER=less
```

這樣似乎意味著「說得越少越好」。以下是 less 的類似 Vim 的功能：

b、d

分別向上或向下一頁（在 more 中無法使用）。

gg、G

分別跳到輸入檔案或輸入資料串流的開頭或底部（在 more 中無法使用）。

/pattern, ?pattern, n, N

正向或反向搜尋 *pattern*，並在相同方向或相反方向找到下一個符合比對項目。

v

由 EDITOR 環境變數所定義的編輯器，打開目前檔案。這僅適用於檔案，不適用於標準輸入。

設定 less 的顯示

能夠設定如何顯示文字，是 less 的一個不清楚的特性。對於大部分用途來說，這並不有趣，但現在我們已經用 less 換成 more，真正的區別和較好的加強特點，需透過執行以下命令來改變查閱手冊頁的方式。嘗試前後查閱一些手冊頁內容，體驗一下視覺效果（例如，man man）：

```
# variables and dynamic settings to improve less
export LESS="-ces -r -i -a -PM"
# Green:
export LESS_TERMCAP_mb=$(tput bold; tput setaf 2)
# Cyan:
export LESS_TERMCAP_md=$(tput bold; tput setaf 6)
export LESS_TERMCAP_me=$(tput sgr0)
# Yellow on blue:
export LESS_TERMCAP_so=$(tput bold; tput setaf 3; tput setab 4)
export LESS_TERMCAP_se=$(tput rmso; tput sgr0)
# White:
export LESS_TERMCAP_us=$(tput smul; tput bold; tput setaf 7)
export LESS_TERMCAP_ue=$(tput rmul; tput sgr0)
export LESS_TERMCAP_mr=$(tput rev)
export LESS_TERMCAP_mh=$(tput dim)
export LESS_TERMCAP_ZN=$(tput ssubm)
export LESS_TERMCAP_ZV=$(tput rsubm)
export LESS_TERMCAP_ZO=$(tput ssupm)
export LESS_TERMCAP_ZW=$(tput rsupm)
```

這個檔案可在本書的 GitHub（*https://www.github.com/learning-vi/vi-files*）中找到。請參考第 480 頁的「存取檔案」部分。

還有更多功能，將剩下的留給使用者探索。小提示：在 less 的提示符號中，輸入 h 來獲得協助。

screen

screen 是一個終端機執行對話的多工器，在一個終端視窗內提供多個同時工作階段。如今，終端模擬器具有多個對話過程，通常是跨分頁來實現的，哪麼是什麼讓 screen 更具價值的？我們將在介紹如何使用 screen 之後回答這個問題，特別在展示一個有用的設定範例檔案之後。

screen 的交談過程過程，忠實回應終端行為，因此我們需要使用特殊的前綴字元，來觸發命令和功能。預設值為 CTRL-A 。例如，要顯示大多數可使用的螢幕命令說明，命令是 ? 。所以我們必須輸入 CTRL-A ? 顯示摘要。嘗試使用 screen 時請記住這一點。

以下範例,假設使用 GNU/Linux 或 Unix 作業系統,並且 screen 應用程式可使用的狀況下。在 shell 提示符號下的 **type** 命令,驗證我們的系統是否有 screen:

```
$ type screen
```

若 screen 的回應是 /usr/bin/screen 那就沒問題。如果沒有得到這樣的回應,請使用套件管理系統安裝 screen。如果使用者想(或需要)構建 screen,請由 *https://www.gnu.org/software/screen* 從頭開始。

開始使用 screen

screen 像許多 Unix 應用程式一樣,讀取一個使用者可選擇的配置檔案來設定選項和定義對話。screen 配置檔案位在家目錄中的 *.screenrc*。為了協助後續討論,可以從本書的 GitHub(*https://www.github.com/learning-vi/vi-files*)中複製 *.screenrc* 檔案,或建立自己建立檔案並將以下內容放入其中:

```
startup_message off
defscrollback 20000

# Help screen, key bindings:
bindkey -k k9 exec sed -n '/^# Help/s/^/^M/p;/^# F[1-9]/p' $HOME/.screenrc
# F2 : list windows:
bindkey -k k2 windowlist
# F3 : detach screen (retains active sessions -- can reconnect later):
bindkey -k k3 detach
# F10: previous window (e.g., window 4 -> window 3):
bindkey -k k; prev
# F11: next window (e.g., window 2 -> window 3):
bindkey -k F1 next
# F12: kill all windows and quit screen (you will be prompted):
bindkey -k F2 quit

screen -t "edits for chapter 1"
screen -t "manage screen captures"
screen -t "manage todos"
screen -t "email and messages"
screen -t "git status and commits"
screen -t "system status"
screen -t "remote login to NAS" ssh 10.0.0.999
screen -t "solitaire"

select 1
```

現在執行 screen：

```
$ screen
```

應該會看到一個看起來很平常的對話視窗，並帶有命令提示符號。前面設定中的最後一行 select 1，是告訴 screen 在第一個視窗或對話中開始。（如同定義要編輯第一章）。screen 的優點之處，在於我們正處於一個對話之中，它是配置檔案所定義八個對話的其中之一，每個對話完全各自獨立。

並且 screen 有很多方法可以切換對話過程，並在其中導覽。還有類似 vi 的導覽功能。

 screen 的大多數操作，都使用單一字元命令。在這些操作中，每個都必須以 screen 的前導命令字元做為開頭，預設情況下是 CTRL-A。

螢幕選單

screen 顯示對話清單的命令是雙引號（"）。因此，記住前面的提示，我們可以使用兩個按鍵 CTRL-A "，來顯示對話選單。當這樣做時，應該會看到類似圖 16-9 中的畫面。

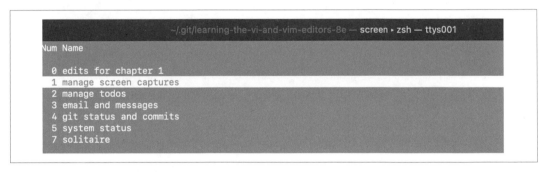

圖 16-9　screen 顯示對話清單

此外，我們可以使用標準的上下方向鍵或 vi 命令 k、j 選擇任一個對話階段。雖然這與 vi 沒有太大關係，但顯然在這種情況下，其他任何東西都不是必需的。關鍵是這是一種動作的哲學，screen 開發者選擇了 vi 的移動方式。

瀏覽對話的輸出

在 screen 對話本身有更多類似 vi 的互動在其中。我們可以透過輸入 CTRL-A ESC，使用 vi 命令瀏覽、儲存的在 screen 執行階段緩衝的文字。預設情況下，screen 只儲存大約 100 行文字。正如上面的設定配置中看到的，我們將預設值修改為 20,000。這在現代作業系統上更為合理。真的，確認設定這個參數，一百行暫存的文字根本不算多。

每個緩衝區單獨對應維護個別的對話。此外，除了可以搜尋、編輯和重新執行的命令列歷史記錄之外，我們還可以像 vi 一樣存取命令和命令的輸出！

搜尋螢幕緩衝區的基礎知識從基本 vi 開始。在輸入 CTRL-A ESC 後。我們可以在搜尋緩衝區中，使用移動命令（向上是 k，向下是 j，向上捲動是 ^B，向下捲滾動是 ^F 等）。正如我們所料，順向搜尋是使用 /，而反向搜尋是使用 ?。因為我們已經在底部，所以使用 ?，從緩衝區底部進行第一次搜尋時，順向搜尋將一無所獲。要獲得更完整的 screen 類似 vi 操作的說明，請到 screen 的手冊頁，並尋找「vi-like」。請參考圖 16-10。

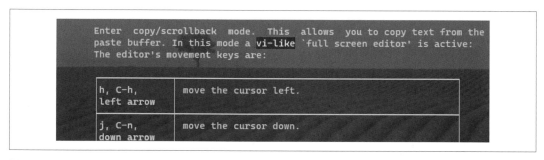

圖 16-10　vi 螢幕說明

使用 screen 及其類似 vi 操作的緩衝區導覽，可以讓我們回頭查詢可能認為遺失的資訊。而且我們還經常使用。

screen 按鍵繫結的優點

在前面顯示的範例 *.screenrc* 程式碼中，有幾行與定義終端對話設定無關的內容。這些是我們推薦的按鍵繫結。例如：

```
# F2 : list windows
bindkey -k k2 windowlist
```

將功能鍵 2（k2 表示 F2 ）繫結到 windowlist 命令，通常在螢幕對話中是由 CTRL-A "啟動。用來查看 screen 正在執行的對話選單。對於可能一直重複使用的操作，這是一個更直接的快速方式。

在我們的設定範例中，還包括其他的映射：

F3

完全脫離 screen 對話。

F10

移動到 screen 對話，從目前對話編號的數字減一（例如，如果在四號對話，會切換到三號）。

F11

這是 F10 的反向：轉到下一個可用對話。

F12

強迫中止所有對話並離開 screen。雖然可能不會經常使用它，但是當我們需要時，最好有一個可以使用的功能鍵。

所以現在知道如何將按鍵，映射到常見或有趣的 screen 命令，但是如何追蹤或記憶我們的映射方式？對此，請參考 F9 的鍵盤繫結：

```
# Help screen, key bindings:
bindkey -k k9 exec sed -n '/^# Help/s/^/^M/p;/^# F[1-9]/p' $HOME/.screenrc
```

我們已經繫結 F9 來執行 sed 文字串流輯器。它擷取所有配置設定檔案映射鍵的註解部分，並在提示符號下顯示輸出。就像在 shell 中一樣，包括和在 # 符號之後的所有內容都是註解。輸入 F9 最終看起來像這樣：

```
$                              F9 pressed
# Help screen, key bindings
# F2 : list windows
# F3 : detach screen (retains active sessions -- can reconnect later)
# F10: previous window (e.g., window 4 -> window 3)
# F11: next window (e.g., window 2 -> window 3)
# F12: kill all windows and quit screen (you will be prompted)
```

我們選擇 F9 是因為某些終端模擬器保留 F1 提供它本身協助。

是什麼讓 screen 變得強大？

在章節一的開始，我們提出一個問題，「如今終端模擬器具有多個對話過程，通常是跨分頁來實現的，哪麼是什麼讓 screen 更具價值的？」

答案是，可以離開對話並且返回對話階段。對話階段能被保留和維持活動。正如剛才所解釋的，我們定義 F3 以從 screen 分離。按下它，馬上試試看。我們將回到，在進入 screen 之前的命令提示符號以及 shell。再次嘗試按下 F2，會發無任何回應，這是因為我們已經不是 screen 對話的一部分。

接下來，可以使用 screen 的 list 命令，列出哪些可以附接的 screen 對話：

```
$ screen -list
There is a screen on:
        8491.pts-0.office-win10 (04/06/21 18:58:39)      (Detached)
1 Socket in /run/screen/S-elhannah.
```

使用附接選項，重新接上並恢復 screen 對話中的所有工作。藉由指定的 ID 編號進行恢復：

```
$ screen -Ar 8491
```

現在又回到了 screen 之中的一群對話中。不用擔心正在執行的視窗被關閉；這符合「分離」的條件，然後我們按照剛才的描述重新連線！我們曾經使用此功能，並且在 screen 中維持多個對話（通常在 5 到 8 個之間），從不同的遠端登入後，分離和重新連線，並且使這些對話保持活動狀態超過三個月！

等一下，還有瀏覽器！

從許多方面來說，自網際網路出現至今，瀏覽器一直在追趕技術。在瀏覽器第一次出現時，它們很粗糙（依照今天的標準），顯示帶有可點選的連結和其他的資訊。原始的圖形，不存在印刷字體，大雜燴的標準，形成令人不愉快和不一致的使用者體驗。

值得慶幸的是，如今標準已經成熟與融合，圖形和樣式表達變得強大、相容和（大部分）可移植性，現在的瀏覽器是一致的，可供一般使用者操作。最近，第三方（人或團體組織）提供擴充程式，將 Vim 操作的抽象性質，帶入瀏覽器的體驗之中。

我們將提到兩個最喜歡的 Chrome 擴充程式：Wasavi，一種用於在瀏覽器的編輯文字區塊中，實現 Vim 功能（例如，填寫客戶回饋表的文字區域）；以及 Vimium，一種使用類似於 Vim 來導覽頁面、書籤、URL 和搜尋的抽象功能。這兩個擴充程式都可以顯著提高我們的瀏覽效率。

 這些範例適用於 Chrome，這代表著它們也適用於任何以 Chromium 為基礎的瀏覽器。這對 Microsoft Edge 的使用者來說是個好訊息，因為 Microsoft 提供的 Edge 擴充程式與 Chrome 相容。

Wasavi

原始碼可在 GitHub（*https://github.com/akahuku/wasavi*）上找到。

讓我們來看看，圖 16-11 顯示了一個組件，指出需要移動的行文字。

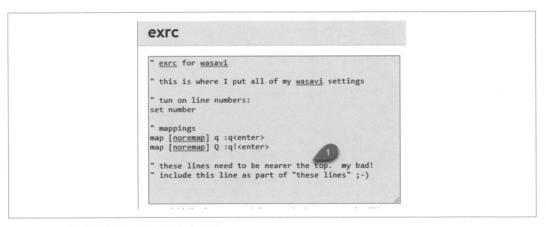

圖 16-11　瀏覽器中需要編輯的文字部分

1. 要移動組件內的文字，到不同的行位置。使用 Wasavi 來進行 vi 方式的操作。

圖 16-12 使用 Wasavi 操作組件內容，顯示相同的文字。

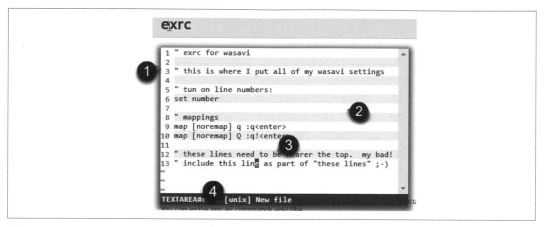

圖 16-12　使用 Wasavi 編輯的瀏覽器文字組件

1. 行的編號給我們一個視覺提示，表示在 vi 狀態中。

2. 帶有陰影的背景，給我們另一個視覺提示。

3. 我們可以使用 vi 命令來移動這些行內容。

4. Wasavi 的 vi 狀態列！

最後圖 16-13 顯示，在相同文字組件中，重新排列的後內容。

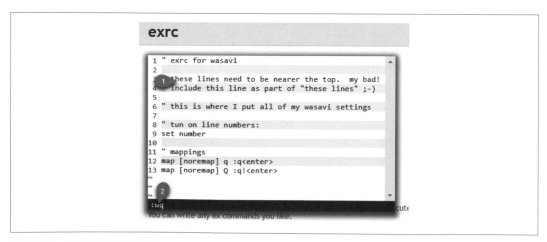

圖 16-13　編輯後的文字組件

1. 簡單的 vi 操作步驟 11G、3dd、gg、p 就可以了。（11G 到第 11 行；3dd 刪除要移動的三行內容；gg 到檔案頂端；p 將刪除的三行內容，放到的新位置）

2. 儲存檔案。

Vim + Chromium = Vimium

Vimium 是一個 Chrome 擴充程式，提供類似 Vim 的體驗。我們可以在網頁（*https://chrome.google.com/webstore/detail/vimium/dbepggeogbaibhgnhhndojpepiihcmeb?hl=en*）上取得相關資訊。它以某種形式運作，也可用於其他瀏覽器，例如 Firefox 和 Safari。

Vimium 讓我們以類似 vi 的方式瀏覽網際網路。由於瀏覽器不是編輯器，所以 Vim 命令與 Vimium 動作之間沒有一對一的對應理由。但是，如果善用並熟悉 Vim，學習曲線將變得非常容易，而且 Vim 主義（大部分）是有意義的。Vimium 具有非常 Vim 的風格，將瀏覽器體驗從滑鼠點選，轉變為「在鍵盤上做所有事情」是我們所熟悉的。我們發現 Vimium 是瀏覽的必備工具。

掌握並控制 Vimium

我們建議將 Vimium 擴充程式固定到 Chrome 擴充功能列表之中；也就是說，讓它保持著可見狀態。擴充功能列表提供一個圖示，表示著 Vimium 是啟動或關閉的狀態。如果需要也可以切換開關，暫時關閉 Vimium 來面對無法操作的行為（偶爾會發生這種情況）。我們很少會打開 Vimium，對於大多數的網站會關閉 Vimium。關閉的原因在於，例如在 Google Mail 上，已經提供了一整套功能按鍵來導覽郵件。

然而，Vimium 做了很多事情。我們將重點介紹一些有用的功能以助你一臂之力。

搜尋連結、不需要點選連結的轉跳方式

Vimium 抽出 Vim f 命令，使用浮貼文字徽章標示，告訴我們瀏覽器中所有可見的連結。通常，這些文字徽章採用唯一且一到二個字元的 ID 形式。這個強大的功能，讓我們可以快速切換到某個連結，而無須移動滑鼠並精準的點選連結。對於連結較少的頁面，通常只需要按兩次按鍵。第一次按鍵始終是 f，第二次是連結的 ID 文字。對於少量的連結，Vimium 會嘗試將 ID 以單一字元最小化。

對於有多連結的網頁，Vimium 提供一種統一的 ID 表示方式，除了可以快速輕鬆切換連結外，還可以方便觀察頁面上存在著哪些連結。在圖 16-14 中，示範 Facebook 頁面，在頁面各部分都有標示編號。文字徽章的 ID 可能會因為書籍印刷的解析度而不清晰，但在實際操作中是清楚的。

1. SC 切換到作者的 Facebook 個人資料。

2. AD 進入作者的好友清單。

3. FD 進入作者的群組清單。

4. DE 切換到 Facebook「The Vim text editor」社團的快速連結。

5. XX，其中 XX 是聯絡人的 ID，向聯絡人送出訊息。

圖 16-14　帶有 Vimium 文字徽章的 Facebook 頁面

Vimium 還抽離 Vim 的 F 命令，類似於 f 所做的操作，會在新的分頁中打開與 ID 相關的連結。

文字搜尋

正如 / 在 Vim 中執行搜尋一樣，Vimium 也以同樣的方式啟動搜尋。藉由瀏覽器視窗底部的輸入方框是否出現，來驗證搜尋是否已啟動非常重要。請參考圖 16-15。

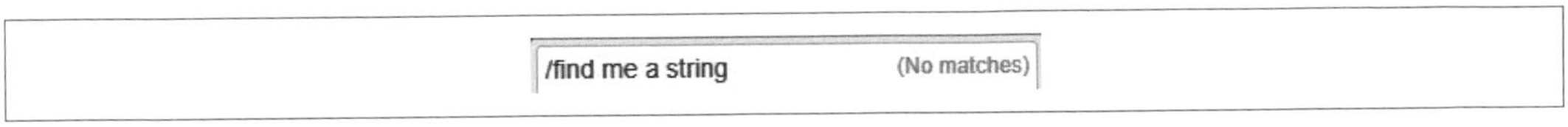

/find me a string	(No matches)

圖 16-15　使用 Vimium 搜尋文字

大多數精明的瀏覽器使用者，已經知道 CTRL-F 或 CMD-F （在 Mac 上），啟動瀏覽器搜尋，但本著 Vim 體驗精神的說法，/ 是一種更自然、方便，並且「雙手留在鍵盤上」的方式。當我們輸入搜尋字串時，瀏覽器會捲動到第一個符合比對的項目特別標示出來。按下 ENTER 終止搜尋字串。

就像在 Vim 中，n 和 N 切換到下一個和上一個符合搜尋樣式的步驟一樣，Vimium 以相同的方式，將瀏覽器定位的動作。

Vimium 預設為純文字搜尋，即所見即所得。它確實支援正規表示式，留給使用者探索這個功能。

瀏覽器導覽

Vimium 對於瀏覽瀏覽器歷史記錄和瀏覽器分頁，抽象化 Vim 的動作。以下是我們應該熟悉的簡短內容摘要：

j, k
　　一次一行上下捲動瀏覽器。

H, L
　　分別切換到「上一頁」和「下一頁」的頁面。注意有區分大小寫！

K, J
　　分別向右側和左側切換分頁。注意有區分大小寫！

使用這兩個熟悉的 Vim 命令，可以方便移動到網頁的頂部或底部：

gg

> 轉到網頁頂部。

G

> 轉到網頁底部。

其他命令可幫助我們在頁面和分頁之間移動：

]]、[[

> 對於將多個頁面連結，轉變成為向前和向後有關的網站功能，如下一頁或上一頁。通常，這一類在頁面底部會出現左右箭頭按鈕，或提供連結的「下一頁」和「上一頁」按鈕。

> 一個很好的例子是，購物網站頁面上有很多產品評論列表。此外，這種機制非常適合瀏覽網站中類似幻燈片功能的呈現方式，而無須針對點選問題作爭辯。

^（向上箭頭或插入符號）

> 回到上次瀏覽的分頁。例如，如果我們有許多分頁並專注於，瀏覽器上相距較遠的兩個前後分頁，則 ^ 字元可以快速地在兩個最近使用的分頁之間來回切換。

重新映射有用的按鍵

我們發現 K（切換到緊鄰右邊分頁）和 J（切換到緊鄰左邊分頁）命令與進入網站瀏覽的自然順序和直觀意義相反，令人困惑。也就是說，由於 k 是「向上捲動」，因此我們覺得 K 移動到緊鄰左側的分頁而不是右側分頁，似乎更自然。幸運的是，這可以在 Vimium 選項中重新映射，這就是我們想做的。

類似在第 64 頁的「標記一處位置」一節中，曾經提到 vi 命令 ''（一對單引號）是如何返回前一個標記或一行內容之首。發現將 '' 映射到 Vimium 的 visitPreviousTab 命令比較適合（與剛才描述的 ^ 相同）。這讓我們可以透過連續輸入單引號在分頁之間來回切換。

因此，請打開 Vimium 選項並輸入自訂映射鍵，如圖 16-16 所示。其中包括重新映射三個按鍵，以及 q 的按鍵功能。

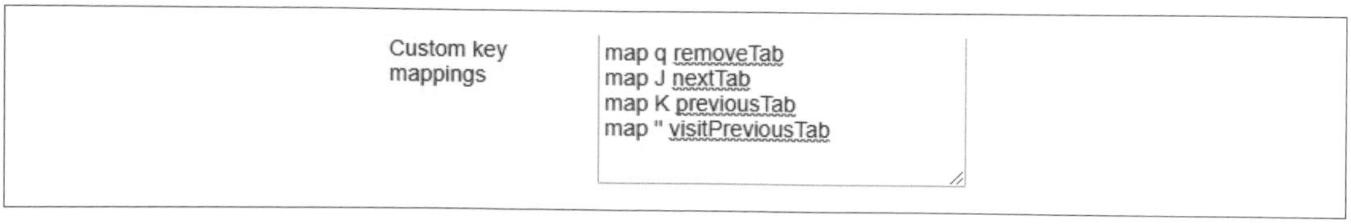

Custom key mappings	map q removeTab map J nextTab map K previousTab map " visitPreviousTab

圖 16-16　有用的 Vimium 按鍵重新映射

當迷路與困惑時

在任何網頁中，Vimium 都處於可使用的狀態，可以透過輸入？快速獲得協助。Vimium 會顯示命令及其操作的摘要，覆蓋在頁面。值得注意的是，Vimium 操作可以執行在 Vimium 自己的協助頁面上。對於搜尋特定功能非常方便。 ESC 按鍵將返回到原來的網頁。圖 16-17 顯示 Vimium 提供的協助功能畫面。

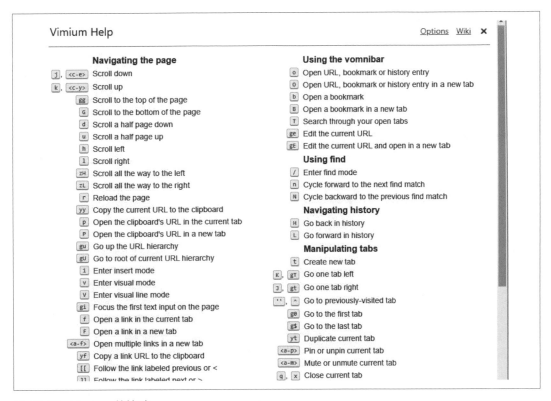

圖 16-17　Vimium 的協助

一個實際例子

考慮一個常見的動作：在線上購買筆記型電腦，例如在大型電商平台網站上。

買新筆記型電腦，具有出色的電池壽命是一項重要需求。一旦確認候選產品，就可以輕鬆查看所有評論，而評論是依照頁面排序的「下一個」和「上一個」。從第一頁開始，我們使用 /battery ENTER 搜尋任何對 *battery* 相關的引用文字。現在可以在評論頁面中，上下導覽到所有消費案例，以及評論者對於電池壽命的評價。

接下來，由於 Vimium 知道下一個和上一個頁面順序的連結位置，因此使用 [[和]]，便可在評論頁面中前進和後退。Vimium 會記住搜尋樣式，因此很容易使用 n 和 N，在與 *battery* 的相關評論中，找到更多意見。這是我們用來快速研究產品的常見練習。諸如瞭解產品的功率、可靠性和許多其他理想特性。

用於 MS Word 和 Outlook 的 vi

許多在 Unix 或 GNU/Linux 環境中工作的軟體開發人員，發現自己不得不在辦公環境中使用 Microsoft Word 來編輯文件，並使用 Microsoft Outlook 來撰寫電子郵件。

作為軟體開發人員，我們的共同經驗是，在使用 Vim 進行長時間練習編輯程式碼後，被迫切換到一個速度放緩的狀態之中。若能夠使用 vi 命令在 Word 中進行編輯，將使得開發人員能夠更快地建立更好的文件。事實上，最終會盡快進入和離開 Word。

同樣，我們發現 Outlook 也是必須對抗的東西，而不是舒適地使用它。簡單而常見的例子是一個對話過程，其中引用過程中的論述很重要。我們希望找到相關的文字，並透過複製和貼上到敘述的文字中引用它。如果可以使用 / 搜尋文字，使用 y 複製拉取文字，然後使用 ''（返回上一個位置）和 p，這樣可以節省大量時間。不燃燒卡路里的前提下，快速導覽、特別標示、複製和貼上，所獲得的效率將改善思維的過程。我們可以依靠對 vi 的肌肉記憶，更自然地快速操作文字，而不是轉向滑鼠、捲動、逐一尋找和複製貼上，同時還要耗費專注重要表達的精神能量。這與 vi「以思考的速度進行編輯」精神一致。

幸運的是，有一個用於 Word 和 Outlook 的商業外掛程式，可以解決這些問題：ViEmu（*http://www.viemu.com/*）。

作者 Arnold 不再使用 Word 或 Outlook。而另一位作者 Elbert 仍舊還是需要。雖然一開始持懷疑態度，但 Elbert 嘗試一下，最終購買這個外掛程式。由於 Outlook 的編輯方式與 MS Word 基本相同，並且由於外掛程式皆可適用於兩者之中，因此我們將簡單討論「Word」。

ViEmu 的行為非常類似於 vi，並且外掛程式可以輕鬆啟動和停用來滿足我們的需求。由於已經多次描述 vi，我們將不再詳述如何使用 ViEmu。只要對 vi 的特性有足夠的瞭解，便能讓 Vim 使用者立即知道和操作這樣的工具，就足夠了。

從 ViEmu（*http://www.viemu.com/*）下載免費試用版並且安裝。安裝後，我們可以透過應用程式底部的黃色狀態列，驗證外掛程式是否處於啟動狀態。請參考圖 16-18。

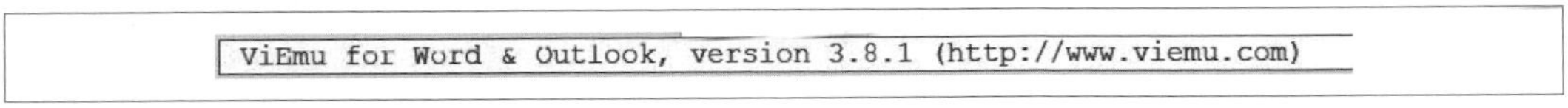

```
ViEmu for Word & Outlook, version 3.8.1 (http://www.viemu.com)
```

圖 16-18　ViEmu 在 Word 或 Outlook 中的狀態列

透過輸入 CTRL ALT SHIFT-V 來關閉 ViEmu。圖 16-19，顯示 ViEmu 處於非活動狀態時的狀態列。

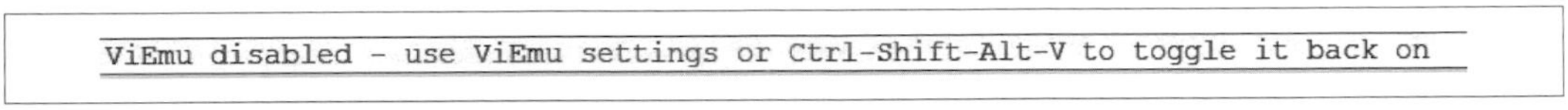

```
ViEmu disabled - use ViEmu settings or Ctrl-Shift-Alt-V to toggle it back on
```

圖 16-19　ViEmu 處於非活動狀態時的 ViEmu 狀態列

圖 16-20，顯示外掛程式可用的建議選項。

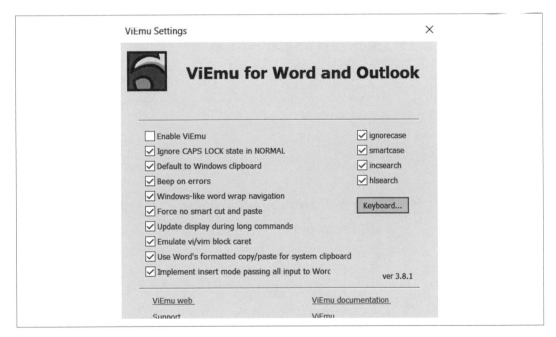

圖 16-20　ViEmu 設定選項

ViEmu 在模擬 vi 功能和效忠 Word 之間取得了平衡。關於外掛程式的行為，有一些事情需要注意，其中一些是每個 vi 操作或命令，最終由都是外掛處理後的結果，以及結果是如何傳遞到 Word 之中。有以下幾點需要考慮：

- 字體保留在文件的內容之中。

- 編號清單在使用 vi 命令，在弄亂時會自動重新編號（例如，刪除項目，並將其放在清單中的其他位置）。很快就會展示一個例子。

- 由於 Word 對文件中，一行組成有自己的想法，因此外掛程式以一種雙重特性的方式處理文字區塊。對於平常的上下導覽，只需要在螢幕中直覺地將游標向上下移動，就像使用方向鍵一樣。但是，由於 Word 將段落視為區塊，因此當我們使用刪除行命令 dd 時，外掛程式會刪除整個段落。這種工作方式馬上可感覺到區別。

這是一個編號清單的魔法例子，使用了 Stephen R. Covey 的《與成功有約：高效能人士的七個習慣》（*The 7 Habits of Highly Effective People*, Simon & Schuster）前三個習慣。讀到編號清單時（見圖 16-21），我們發現習慣的順序出現錯誤。請注意，游標位在習慣 2 的編號上。

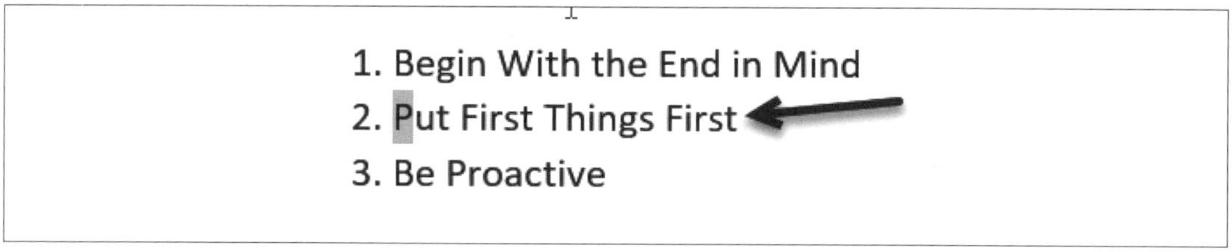

1. Begin With the End in Mind
2. Put First Things First
3. Be Proactive

圖 16-21　「7 個習慣」中的前三個，順序錯誤

我們輸入 vi 命令來做行的交換，只需要 ddp！順序馬上就正確變更。請參考圖 16-22。

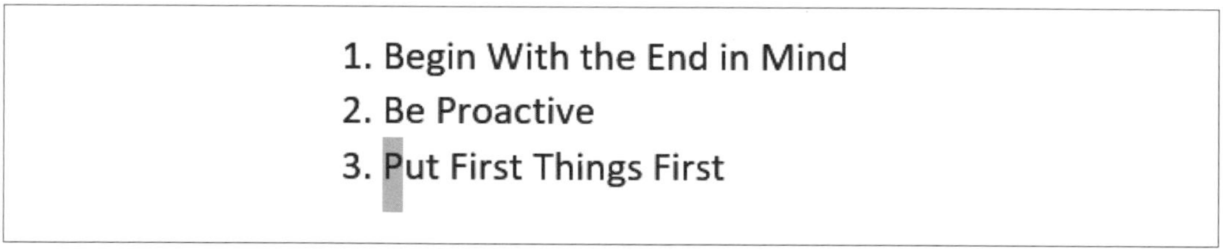

1. Begin With the End in Mind
2. Be Proactive
3. Put First Things First

圖 16-22　前三個習慣，按正確順序排列

同樣，所有這些動作，後續的事情都變得舒適和熟悉。完成 ViEmu 的小測試和穩定性的保證，以下是我們觀察和驗證功能的部分列表：

- 修改 / 刪除對象：
  ─ 在小括號中：ci(、di(
  ─ 在中括號中：ci[、di[
  ─ 在大括號中：ci{、di{

- 刪除連同對象（刪除包括字元）：
  — 在小括號之間：da(
  — 在中括號之間：da[
  — 在大括號之間：da{
- 完整並且可選擇是否支援正規表示式。可以設定外掛程式來換取我們喜歡的正規表示式風格。
- 網路上的完整文件 *http://www.viemu.com/wo/viemu_doc.html*，這是一個很大加分！

剩下的如何使用 ViEmu 留給使用者去探索。如果經常使用 Word 並且也喜歡 Vim 處理動作，那麼值得一看。

外掛程式網站說明可用的選項和定價。

榮譽獎：具有一些 vi 功能的工具

很難定義什麼是 vi 什麼又不是 vi。以正規表示式為例，它在 vi 和 Vim 之前已經存在很多年了。但是，某些工具具有一些值得一提的便利功能，因為它們具有 vi 的內涵在：強大且快速的編輯，搜尋和替換等等。以下所列，我們想強調的是，已經存在具有此類功能的工具，並且值得一試。

Google Mail

Google Mail 自己有一組映射鍵盤的快速按鍵。我們發現一些導覽按鍵非常熟悉。對於大多數用於操作，j 和 k 用來瀏覽電子郵件列表。s「選擇」標記郵件進行任何操作。x 刪除 s 選擇的所有電子郵件。mU 將選取的電子郵件標記為未讀。ENTER 打開目前電子郵件。

在打開的電子郵件中，x 刪除電子郵件，u 將我們向上移動回到電子郵件列表。

有關鍵盤快速鍵的完整列表，在頁面中（不在輸入模式下）請輸入 ?。

Microsoft PowerToys

Microsoft 有一個附加元件 PowerToys（*https://docs.microsoft.com/en-us/windows/powertoys*），其中包含無數很酷的附加功能來改進 Windows。大部分不在本書的範圍內。然而，值得一提的工具是 PowerToys 的 PowerRename 實用程式。它提供了一種強大的方法來一次重新命名多個檔案,使用標準操作,來完成冗長乏味的一次一個練習。PowerRename 與類似工具的不同之處在於,能夠使用正規表示式來識別要重新命名的檔案,並確保如何套用重新命名。

PowerToys 還有一個強大的鍵盤映射工具,鍵盤管理器,它可根據自己的喜好映射鍵盤。雖然在 Windows 桌面上導覽不太可能像 vi 那樣般操作,但至少現在有一種方法可以輕鬆將操作映射到鍵盤,功能與 vi 類似。以前其他的鍵盤管理器,要嘛不是免費的,要嘛不容易管理,或是以上兩者兼有。

總結

從命令列歷史編輯等功能範例,到 IDE 等軟體生態系統,再到網際網路瀏覽器,vi 顯然是一種流行的編輯器典範。有趣的是,Microsoft Word ViEmu 外掛程式的作者 Jon 收到來自 Microsoft 工程師的外掛程式請求!我們發現,幾乎所有評價最高、最流行的文字編輯器,不是包含用於模擬的 Vim 設定,就是要具有模擬 Vim 動作的外掛程式。甚至 Emacs 也有 Viper,一個用於模擬 vi 的可安裝外掛程式!(請參考第 489 頁的「延伸的題外話」一節)因此,如果進入一個新環境,請先環顧四周或詢問其他人 vi/Vim 設定或外掛程式在哪裡。它可能存在。

## 第十七章

結語

如果你已經來到這裡，我們感謝你的耐心和興趣。

自本書開始以來，我們已經走了很長一段路。我們從基礎開始「什麼是文字編輯器和文字編輯？」，然後透過理解 vi 命令模式和底層的 ex 編輯器，包括正規表示式和 vi 和 Vim 基礎的強大命令語言，不斷進步。

在深入研究 Vim 的許多特性，這些特性使 Vim 至少比原來的 vi 強大一個量級。Vim 擅長編輯正常文字（我們也用於撰寫這本書），但作為程式員的編輯器，它確實很出色。

最後，研究 Vim 的可擴充性，如何構建到一個成熟的 IDE，以及如何在其他工具中找到 vi，以命令驅動的編輯模型。

如果需要長時間透過鍵盤管理文字資訊，我們認為值得花時間學習 Vim。就像觸摸打字比尋找打字更有效一樣，Vim 在文字和程式編輯方面，比任何滑鼠驅動的 GUI 編輯器都要好。

希望你會喜歡！

第四部分

附錄

第四部分提供了 vi 或 Vim 使用者應該感興趣的參考資料。這個部分包含附錄：

- 附錄 A，vi、ex 和 Vim 編輯器
- 附錄 B，設定選項
- 附錄 C，vi 輕鬆的一面
- 附錄 D，vi 和 Vim：原始碼和建置

vi、ex 和 Vim 編輯器

附錄以快速參考的形式，總結 vi 的標準特性。包括在冒號提示符下輸入的命令（稱為 ex 命令，因為它們可以追溯到編輯器的原始特性），以及最流行的 Vim 功能。

本章附錄介紹以下主題：

- 命令列語法
- vi 操作回顧
- vi 命令
- vi 配置設定
- ex 基礎
- 按字母順序排列的命令摘要

命令列語法

以下是最常見的三種 Vm 作階段開啟方式：

```
vim [options] file
vim [options] -c num file
vim [options] -c /pattern file
```

我們可以單純開啟編輯用的檔案、開啟時選擇游標位置（第 *num* 行），或開啟後跳到第一次出現樣式（*pattern*）的行。如果沒有指定檔案（*file*），編輯器會開啟一個空緩衝區。

命令列選項

因為 vi 與 ex 是相同的程式,它們共用相同選項。然而,有些選項只在其中一個程式裡才有意義。括號表示可選用項目。Vim 專用的選項另有標示:

+[*num*]

從第 *num* 行開始編輯,如果省略 *num*,則從檔案的最後一行開始編輯。

+/*pattern*

從比對 *pattern* 的第一行開始編輯 [1]。

+?*pattern*

從比對 *pattern* 的最後一行開始編輯 [1]。

-b

以二進制模式編輯檔案。{Vim}

-c *command*

在啟動後立即執行指定的 ex 命令。vi 只允許使用一個 -c 選項;Vim 則可接受 10 個。此選項的舊形式 +command 仍受到支援。

--cmd *command*

與 -c 類似,但在讀取任何配置檔案之前執行命令。{Vim}

-C

與 Solaris 10 vi 的 -x 相同,但假設檔案已被加密。但 Solaris 11 vi 則沒有。

Vim:以 vi 相容模式啟動編輯器。

-d

執行 diff 模式。運作方式類似 vimdiff。{Vim}

-D

使用指令稿時的除錯模式。{Vim}

-e

如 ex 般執行(單行編輯而非全螢幕模式)。

---

1 如果我們使用 Vim 並設定 *.viminfo*,則在恢復檔案最後一次游標的位置,使得搜尋會從此位置的方向開始。此外,根據 *.vimrc* 配置檔案中 wrapscan(ws)選項的設定,將停止搜尋(:set nowrapscan)或繼續超過檔案(:set wrapscan)。

-h

列出線上說明，然後離開。{Vim}

-i *file*

儲存或復原 Vim 狀態時，使用指定檔案（*file*），而非預設值（~/.viminfo）。{Vim}

-l

進入 Lisp 模式以執行 Lisp 程式（並非所有版本都支援）。

-L

列出因為中止編輯階段或系統當機而儲存的檔案（並非所有版本都支援）。在 Vim 中，這個選項與 -r 相同。

-m

開啟編輯器時關閉 write 選項，使用者將無法寫入檔案。Vim 仍然允許修改緩衝區，但不允許寫入檔案，即使使用 :w! 強制覆寫。{Vim}

-M

不允許修改檔案中的文字。這與 -m 類似，但還會阻止對緩衝區的任何修改。{Vim}

-n

不使用 swap 檔案；只在記憶體中記錄改變。{Vim}

--noplugin

不載入任何外掛程式。{Vim}

-N

以不相容 vi 模式執行 Vim。{Vim}

-o[*num*]

開啟 Vim 時，打開 *num* 個視窗。預設為每個檔案開啟一個視窗。{Vim}

-O[*num*]

開啟 Vim 時，打開 *num* 個水平排列（垂直分割）的視窗。{Vim}

-r [*file*]

復原模式（recovery mode）；遇到中止編輯階段或系統當機後，復原並繼續檔案（*file*）的編輯。如果未指定 *file* 時，則列出可供復原的檔案。

-R

於唯讀模式下編輯檔案。如果進行修改，Vim 會警告並允許修改的發生。如果嘗試儲存有修改過的檔案，Vim 會提示覆寫唯讀的內容。

-s

安靜模式；不顯示提示訊息。在執行指令稿時很有用。這項行為也能透過較舊的 -
選項進行設定。對於 Vim，僅適合與 -e 一起使用。

-s *scriptfile*

讀取並執行指定的 *scriptfile* 中的命令，把它們當成鍵盤的輸入。{Vim}

-S *commandfile*

在載入命令列指定的任何檔案進行編輯後，讀取並執行 *commandfile* 中的命令。vim
-c 'source *commandfile*' 的縮寫。{Vim}

-t *tag*

編輯包含 *tag* 的檔案，並將游標定位在其定義處。

-T *type*

選擇設定終端機類型。這個值將覆寫環境變數 $TERM。{Vim}

-u *file*

從指定的配置檔案，而不是預設的 *.vimrc* 檔案中，讀取設定資訊。如果 *file* 參數為
NONE，Vim 將不讀取配置檔案，不載入外掛程式，並以相容模式執行。如果參數是
NORC，將不會讀取配置檔案，但會加載入掛程式。{Vim}

-v

執行全螢幕模式。（vi 的預設值）。

--version

列出版本資訊，然後離開。{Vim}

-V[*num*]

詳細模式；列出被設定的選項，以及被讀寫的檔案資訊。可以設定詳細層級，以增
加或減少收到的訊息數量。預設值為 10，最詳細的程度。{Vim}

-w *rows*

設定視窗大小，一次呈現 *rows* 行；若透過慢速撥接網路（或透過遠距網際網路連
線）編輯時很有用。舊版本的 vi 不允許在選項和引數間加上空格。Vim 不支援此選
項。

-W *scriptfile*

從目前的工作階段中，把所有輸入的命令寫入指定的 *scriptfile*。這樣建立的檔案可
以與 -s 選項一起使用。{Vim}

-x

提示輸入將用於嘗試使用 crypt 加密或解密檔案的密碼（並非所有版本都支援）[2]

-y

無模式的 vi；僅執行 Vim 的插入模式，沒有命令模式。這將啟動 Vim 做為 evim 相同。{Vim}

-Z

以限制模式（restricted mode）下開啟 Vim。不允許 shell 命令或暫停編輯器。{Vim}

儘管大多數人只能透過在 vi 中的使用才能理解 ex 命令，但 ex 編輯器也是個獨立的程式，並且可以從 shell 啟動（例如，將檔案作為指令稿的一部分進行編輯）。在 ex 中，可以輸入 vi 或 visual 命令，來啟動 vi。同樣，在 vi 中，可以輸入 Q 離開 vi 編輯器，並進入 ex。

我們可以藉由多種方式離開 ex：

```
:x     離開（儲存改變並離開）。
:q!    離開而不儲存改變。
:vi    進入 vi 編輯器。
```

vi 操作回顧

本節回顧了以下內容：

- vi 的模式

- vi 命令的語法

- 狀態列命令

命令模式

開啟檔案後，隨即進入命令模式（command mode）。在命令模式下，可以：

- 呼叫插入模式（insert mode）

- 下達編輯命令

- 將游標移動到檔案中的不同位置

- 呼叫 ex 命令

2　此選項已過時；crypt 命令的加密很脆弱，不應該使用它。

- 呼叫 shell
- 儲存檔案目前的版本
- 離開編輯器

插入模式

在插入模式中，可對檔案輸入新的內容。一般以 i 命令進入插入模式。按下 ESC 鍵可離開插入模式，回到命令模式。進入插入模式的命令的完整列表，稍後會在第 436 頁的「插入命令」部分提供。

vi 命令的語法

在 vi 中，編輯命令具有以下一般形式：

[*n*] *operator* [*m*] *motion*

基本的編輯操作符號包括：

c　開始修改。
d　開始刪除。
y　開始拉動（或複製）。

如果目前操作的對象是行，則 *motion* 與操作符號相同：cc、dd、yy。否則，編輯操作符號將作用於由游標移動命令或樣式比對命令，所指定的對象上。例如說，cf.; 改變至下一個點號的位置。*n* 和 *m* 是執行操作的次數，或執行操作的對象數量。如果同時指定了 *n* 和 *m*，則效果為 *n*×*m*。

編輯操作的對象可為下列任何文字區塊：

單字詞彙（*word*）
　　範圍包括到空格（空白或 tab）或標點符號的字元。大寫對像是一種只識別空格的變體形式。

句子（*sentence*）
　　範圍到 .、!、? 為止，後接兩個空格。Vim 只搜尋一個後面的空格。

段落（*paragraph*）
　　範圍到下一個空行或由 para= 選項中，nroff/troff 所定義的段落巨集為止。

小節（*section*）
　　範圍到由 sect= 選項定義的下一個 nroff/troff 小節標題為止。

移動（*motion*）

範圍到移動命令指定的字元或其他文字件對象為止，包括樣式搜尋指定的目標。

範例

2cw	改變接下來的兩個單字詞彙。
d}	刪除範圍到下個段落出現為止。
d^	向後刪除到該行的開頭。
5yy	複製接下來的五行。
y]]	複製範圍到下個小節。
cG	改變範圍到編輯緩衝區的結尾處。

更多命令和範例可以在本附錄後面第 437 頁的「修改和刪除文字」部分中找到。

標示模式（僅限 Vim）

Vim 提供了一個額外的工具，（視覺）標示模式（visual mode）。這種模式能特別標示文字區塊，該區塊變成為編輯命令（如刪除、儲存或複製）的操作目標。Vim 的圖形化本版可讓我們使用滑鼠，以相近的方式標示文字。有關詳細資訊，請參考前面第 177 頁的「標示模式中的移動」一節。

v	在標示模式下，一次選取一個字元。
V	在標示模式下，一次選取一行。
CTRL-V	在標示模式下，選取區塊。

狀態列命令

大多數命令在我們輸入時，不會顯示在螢幕畫面上。然而，螢幕底部的狀態列可用於編輯這些命令：

/	順向搜尋樣式。
?	反向搜尋樣式。
:	呼叫 ex 命令。
!	啟動一個 Unix 命令，該命令將緩衝區中的一個對像作為其輸入，並用命令的輸出替換它。在 ! 之後輸入移動命令，描述應該傳遞給 Unix 命令的內容。命令本身顯示在狀態列上。

在狀態列輸入的命令後，還必須按下 ENTER 鍵來完成[3]。另外，錯誤訊息與 CTRL-G 命令的輸出內容，也會呈現在狀態列上。

3　如果使用的是原版 vi 或設定 Vim 相容模式選項，按下 ESC 鍵將執行命令，這是意料之外的動作。Vim（在非相容模式下）會簡單的取消命令，並且不採取任何動作。

vi 命令

vi 在命令模式下提供許多單鍵命令。Vim 提供額外的複合鍵命令。

移動命令

某些版本的 vi 無法識別擴充的鍵盤鍵（例如，方向箭頭、page up、page down、home、insert、delete）；有些版本認識別出來。不過，本節提到的按鍵，所有版本都能識別。多數 vi 使用者傾向使用這些按鍵，因為有助於讓手指停留在鍵盤上。在命令前加上數值，可重複動作。移動命令也用於操作命令之後。操作命令將處理移動的文字。

字元

h、j、k、l	左、下、上、右（←、↓、↑、→）
空白鍵	右
BACKSPACE	左
CTRL-H	左
CTRL-N	下
CTRL-P	上

文字

w、b	向前或向後一個「單字」（字母、數字與底線構成單字）。
W、B	向前或向後一個「詞組」（只以空格分隔的內容）。
e	單字的結尾處。
E	詞組的結尾處。
ge	前一個單字的結尾處。{Vim}
gE	前一個詞組的結尾處。{Vim}
)、(	下一個或目前句子的起始處。
}、{	下一個或目前段落的起始處。
]]、[[	下一個或目前小節的起始處。
][、[]	下一個或目前小節的結尾處。{Vim}

行

檔案中較長的行，可能會在螢幕上顯示為多行。它們會從一個螢幕上的一行環繞到下一行。雖然大多數命令依照檔案裡定義的行而運作，但有些命令卻依照螢幕上的行而行動。Vim 的 wrap 選項能控制一行呈現的長度。

0、$	目前這行的第一個或最後一個位置。
^、_	目前這行的第一個非空格字元。
+、-	下一行或前一行的第一個非空格字元。
ENTER	下一行的第一個非空格字元。
num |	目前這行的第 num 欄。
g0、g$	螢幕所見一行的第一個或最後一個位置。{Vim}

g^	螢幕所見一行的第一個非空格字元。{Vim}
gm	螢幕所見一行的中點。{Vim}
gk、gj	向上或向下移動到螢幕所見的一行（這些是多餘的，因為不用 g 也會導致相同的操作）。{Vim}
H	螢幕上最頂端的一行（Home 的位置）。
M	螢幕上的中間行。
L	螢幕上的最後一行。
num H	螢幕上最頂端的一行往下數的第 *num* 行。
num L	螢幕上的最後一行往上數的第 *num* 行。

螢幕

CTRL-F、CTRL-B	向前或向後捲動一個螢幕。
CTRL-D、CTRL-U	向下或向下捲動半個螢幕。
CTRL-E、CTRL-Y	向螢幕頂端或底端多捲動一行。Vim 會將游標位置盡可能保持在同一行。例如，如果游標在第 50 行，並且使用這個方式移動，則向上或向下移動時，游標盡可能保持在第 50 行。
z ENTER	把游標所在的行，重新定位到螢幕頂端。
z.	把游標所在的行，重新定位到螢幕中間。
z-	把游標所在的行，重新定位到螢幕底端。
CTRL-L	重畫螢幕（不做捲動）。
CTRL-R	vi：重畫螢幕（不做捲動）。
	Vim：重做最後一次復原的改變。

在螢幕內

H	螢幕上最頂端的一行的第一個字元。
M	螢幕上的中間行的第一個字元。
L	螢幕上的最後一行的第一個字元。
n H	螢幕上最頂端的一行往下數的第 *num* 行的第一個字元。
n L	螢幕上的最後一行往上數的第 *num* 行的第一個字元。

搜尋

/*pattern*	順向搜尋 *pattern*。以 ENTER 結束。
/*pattern*/+ *num*	前往 *pattern* 後的第 *num* 行。順向搜尋 *pattern*。
/*pattern*/- *num*	前往 *pattern* 前的第 *num* 行。順向搜尋 *pattern*。
?*pattern*	反向搜尋 *pattern*。以 ENTER 結束。
?*pattern*?+ *num*	前往 *pattern* 後的第 *num* 行。反向搜尋 *pattern*。
?*pattern*?- *num*	前往 *pattern* 前的第 *num* 行。反向搜尋 *pattern*。
:noh	暫停搜尋的特別標示，直到下一次搜尋。{Vim}
n	重複前一次搜尋
N	朝反方向重複搜尋。
/	順向重複前一次搜尋。以 ENTER 結束。
?	反向重複前一次搜尋。以 ENTER 結束。
*	順向搜尋游標所在的單字。需比對出完全相符的單字。{Vim}
#	反向搜尋游標所在的單字。需比對出完全相符的單字。{Vim}
g*	順向搜尋游標所在的單字。可比對出嵌在較長字詞裡的狀況。{Vim}

g#	反向搜尋游標所在的單字。可比對出嵌在較長字詞裡的狀況。{Vim}
%	尋找與目前的小括號、大括號、中括號成對的符號。
f *x*	向前移動游標至目前行中 *x* 字元的位置。
F *x*	向後移動游標至目前行中 *x* 字元的位置。
t *x*	向前移動游標至目前行中 *x* 的前一個字元。
T *x*	向後移動游標至目前行中 *x* 的後一個字元。
,	搜尋與前一次 f、F、t 或 T 的相反方向。
;	重複前一次 f、F、t 或 T。

行編號

CTRL-G	呈現目前的行編號
gg	移動至檔案的第一行。{Vim}
num G	移動至指定的行編號 *num*。
G	移動至檔案的最後一行。
:*num*	移動至指定的行編號 *num*。

標記

m *x*	於目前的位置加上標記 *x*。
` *x*	（反引號）移動游標至標記 *x*。
' *x*	（單引號）移動至包含標記 *x* 的行的起始處。
``	（反引號）回到最近一次移動前的位置。
''	（單引號）與上一項相似，但回到行的起始處。
'"	（單引號雙引號）移動到最後一次編輯該檔案的位置。{Vim}
`[、`]	（反引號、中括號）移動到前一次文字操作的起始處／結尾處。
'[、']	（單引號、中括號）與上一項相似，但回到被操作的文字行的起始處。{Vim}
`.	（反引號、點號）移動到檔案最後修改的位置。{Vim}
'.	（單引號、點號）與上一項相似，但回到改變行的起始處。{Vim}
'0	（單引號、零）移動到上次離開 Vim 的地方。{Vim}
:marks	列出活動中的標記。{Vim}

插入命令

a	附加到游標後。
A	附加到一行的結尾處。
c	開始改變內容的操作。
C	於一行結尾處開始改變內容。
gi	在最後一次編輯檔案的位置插入。{Vim}
gI	於一行起始處插入。{Vim}
i	於游標前的位置插入。
I	於一行起始處插入。
o	在游標下一行開啟一行。
O	在游標上一行開啟一行。
R	開始覆寫文字。
s	取代一個字元。
S	取代整行。
ESC	終止插入模式。

下列命令可於插入模式中運作：

BACKSPACE	刪除前一個字元。
DELETE	刪除目前的字元。
TAB	插入一個 tab 字元。
CTRL-A	重複上一次插入。{Vim}
CTRL-D	整行向左移動一個 shiftwidth 的距離。{Vim}
^ CTRL-D	將游標移到行首，但只針對一行。
0 CTRL-D	將游標移動到行首，並將自動縮階層別設定為零。
CTRL-E	插入游標位置下方的相同字元。{Vim}
CTRL-H	刪入前一個字元。（與倒退鍵相同）
CTRL-I	插入一個 tab 字元。
CTRL-K	開始插入組合鍵的字元符號。
CTRL-N	在游標左側插入下一個樣式的補齊文字。{Vim}
CTRL-P	在游標左側插入前一個樣式的補齊文字。{Vim}
CTRL-T	整行向右移動一個 shiftwidth 的距離。{Vim}
CTRL-U	刪除目前的行。
CTRL-V	逐字輸入下一個字元符號。
CTRL-W	刪除前一個單字。
CTRL-Y	插入游標位置上方的相同字元。{Vim}
CTRL-[	終止插入模式（與 ESC 相同）。

上表列出的控制字元，有些由 stty 設定。你的終端模擬器的設定可能會有所不同。

編輯命令

請回想一下，基礎編輯操作符號就是 c、d 與 y。

修改和刪除文字

以下列表雖然不詳盡，但說明最常見的操作：

cw	改變單字。
cc	改變一行。
c$	改變從目前的位置到行末的文字。
C	與 c$ 相同。
dd	刪除目前的行。
num dd	刪除 *num* 行。
d$	刪除從目前的位置到行末的文字。
D	與 d$ 相同。
dw	刪除一個單字。
d}	刪除範圍至下一個段落。
d^	刪除範圍向後至該行的起始處。
d/*pattern*	刪除至第一次出現樣式 *pattern* 的位置。
dn	刪除至樣式 *pattern* 下一次出現處。
df *x*	刪除至目前行中、包括 *x* 的位置。
dt *x*	刪除至目前行中（但不包括）*x* 所在位置。

dL	刪除至螢幕上的最後一行。
dG	刪除至檔案的結尾處。
gqap	根據 textwidth 重新格式化目前的段落。{Vim}
g~w	轉換單字的大小寫。{Vim}
guw	改變單字為全部小寫。{Vim}
gUw	改變單字為全部大寫。{Vim}
p	插入上一個刪除或複製的文字到游標之後。
P	插入上一個刪除或複製的文字到游標之前。
gp	與 p 相同，但把游標放在被插入的文字後。{Vim}
gP	與 P 相同，但把游標放在被插入的文字後。{Vim}
]p	與 p 相同，但符合目前的縮排。{Vim}
[p	與 P 相同，但符合目前的縮排。{Vim}
r *x*	以 *x* 取代字元。
R *text*	以新的 *text* 取代（覆寫），從游標位置開始。 ESC 結束取代模式。
s	替換一個字元。
4s	替換四個字元。
S	替換整行。
u	復原最後一次修改。
CTRL-R	重做最後一次改變。{Vim}
U	復原目前的行。
x	刪除目前游標位置的字元。
X	倒退刪除一個字元。
5X	刪除游標前的五個字元。
.	重複前一次改變。
~	反轉字元大小寫，並把游標右移。{vi 和 Vim 開啟選項 notildeop}
~w	反轉單字大小寫。{Vim 開啟選項 tildeop}
~~	整行反轉大小寫。{Vim 開啟選項 tildeop}
CTRL-A	遞增游標下的數字。{Vim}
CTRL-X	遞減游標下的數字。{Vim}

複製和移動

暫存器名稱是字母 a-z。大寫名稱把文字內容附加到對應的暫存器裡：

Y	複製目前的行。
yy	複製目前的行。
"*x*yy	複製目前的行到暫存器 *x*。
ye	複製文字到單字末端。
yw	與 ye 一樣，但在單字後包括空格。
y$	複製該行的剩餘部分。
"*x* dd	刪除目前的行，放入暫存器 *x*。
"*x* d *motion*	刪除放入暫存器 *x*。
"*x* p	貼上暫存器 *x* 的內容。
y]]	複製範圍到下個小節的標頭。
J	合併目前的行與下一行。
gJ	與 J 相同，但不會插入空白。{Vim}
:j	與 J 相同。
:j!	與 gJ 相同。

儲存與離開

寫入檔案表示以目前的文字覆寫指定的檔案。

ZZ	離開 vi，只在有做改變時寫入檔案。
:x	與 ZZ 相同。
:wq	寫入檔案並離開。
:w	寫入檔案。
:w *file*	儲存複本至檔案 *file*。
:*n,m* w *file*	將第 *n* 行到第 *m* 行寫入新檔案 *file*。
:*n,m* w >> *file*	將第 *n* 行到第 *m* 行附加至現存的檔案 *file*。
:w!	寫入檔案（覆寫保護）。
:w! *file*	以目前的文字覆寫檔案 *file*。
:w %.*new*	把目前名為 *file* 的緩衝區寫入為 *file.new*。
:q	離開編輯器（若已改變檔案則操作失效）。
:q!	離開編輯器（放棄編輯內容）。
Q	離開 vi 並呼叫 ex。
:vi	在 Q 命令後回到 vi。
%	在編輯命令中，將被替換為目前的檔名。
#	在編輯命令中，將被替換為其他檔名。

讀取多個檔案

:e *file*	編輯另一個檔案 *file*；目前檔案成為候補，以 # 命名。
:e!	回到目前檔案前次寫入的版本。
:e + *file*	於檔案 *file* 結尾處開始編輯。
:e +*num file*	打開檔案 *file* 後直接到第 *num* 行。
:e #	開啟候補檔案，直接到先前編輯的位置。
:ta *tag*	於標籤 *tag* 的位置編輯檔案。
:n	編輯檔案列表中的下一個檔案。
:n!	強制編輯下一個檔案。
:n *files*	指定新的 *files* 檔案列表。
:rewind	編輯參數列表中的第一個檔案。
CTRL-G	顯示目前的檔案與行編號。
:args	顯示正在編輯的檔案列表。
:prev	編輯檔案列表中的前一個檔案。{Vim}
:last	編輯檔案列表中的最後一個檔案。{Vim}

視窗命令（Vim）

下表列出在 Vim 中控制視窗的常用命令。另請參考第 444 頁的「ex 命令總整理」部分中的 split、vsplit 和 resize 命令。為簡潔起見，控制字元在以下列表中以 ^ 標記。

 所有單一字元按鍵都是小寫的。大寫鍵用「SHIFT-」前綴表示。

命令	說明
:new	開啟新視窗。
:new *files*	在於新視窗中開啟檔案。
:sp[lit][*file*]	分割目前的視窗。加入 *file* 時,於新視窗開啟指定檔案。
:sv[split][*file*]	與 :sp 相同,但新視窗限定為唯讀。
:sn[ext][*file*]	於新視窗中,編輯檔案列表的下一個檔案。
:vsp[lit][*file*]	與 :sp 類似,但垂直分割視窗,而非水平分割。
:clo[se]	關閉目前的視窗。
:hid[e]	隱藏目前的視窗,除非它是唯一可見的視窗。
:on[ly]	使目前視窗成為唯一可見的視窗。
:res[ize] *num*	調整視窗尺寸為 *num* 行。
:wa[ll]	把所有修改過的緩衝區寫入它們的檔案。
:qa[ll]	關閉所有緩衝區並離開。
CTRL-W S	與 :sp 相同。
CTRL-W N	與 :new 相同。
CTRL-W ^	於新視窗開啟(先前編輯的)備用檔案。
CTRL-W C	對 :clo 相同。
CTRL-W O	與 :only 相同。
CTRL-W J	將游標移動到下一個視窗。
CTRL-W K	將游標移動到上一個視窗。
CTRL-W P	將游標移動到上一個視窗。
CTRL-W H、CTRL-W L	移動游標至螢幕左側 / 右側的視窗。
CTRL-W T、CTRL-W B	移動游標至螢幕頂端 / 底端的視窗。
CTRL-W SHIFT-K、CTRL-W SHIFT-B	移動目前視窗至螢幕頂端 / 底端。
CTRL-W SHIFT-H、CTRL-W SHIFT-L	移動目前視窗至螢幕左側 / 右側。
CTRL-W R、CTRL-W SHIFT-R	向下 / 上輪替視窗。
CTRL-W +、CTRL-W -	增加 / 減少目前視窗的大小。
CTRL-W =	平均分配所有視窗的高度。

與系統互動

命令	說明
:r *files*	在游標後,讀入檔案(*file*)的內容。
:r !*command*	在目前的行後,讀入命令(*command*)的輸出結果。
: *num* r !*command*	和前面一樣,但輸出結果放在第 *num* 行後。(0 表示放在檔案起始處)
:!*command*	執行命令,然後返回。
!*motion command*	把移動 *motion* 範圍涵蓋的文字傳給 *command*;以命令的輸出結果取代文字。
:n,m!*command*	傳送第 *n* 到 *m* 行給命令 *command*;以命令的輸出結果取代文字。
num!!*command*	傳送 *num* 行給命令 *command*;以命令的輸出結果取代文字。
:!!	重複上一個系統命令。
:sh	建立子 shell;以 *EOF* 回傳給編輯器。
CTRL-Z	暫停編輯器,以 fg 恢復。gvim 是最小化視窗。
:so *files*	讀取 *file* 檔案並執行 ex 命令。

巨集

命令	說明
:ab *in out*	在插入模式中,使用 *in* 做為 *out* 的縮寫。
:unab *in*	移除縮寫 *in*。
:ab	列出縮寫。

:map *string sequence*	映射 *string* 至一組命令序列 *sequence*。例如使用 **#1**、**#2** 表示功能鍵等等。
:unmap *string*	移除對 *string* 的映射。
:map	列出映射的字串。
:map! *string sequence*	映射 *string* 至插入模式中的一組命令序列 *sequence*。
:unmap! *string*	移除插入模式中的映射（或許需以 CTRL-V 圍起字元）。
:map!	列出用於插入模式映射的字串。
qx	將輸入的字元記錄到由字母 x 指定的暫存器中。如果字母為大寫，則附加到暫存器中。{Vim}
q	停止記錄。{Vim}
@x	執行以字母 x 指定的暫存器。
@@	重複前一個暫存器命令。

在 vi 中，下列字元不會用在命令模式中，能映射成使用者定義的命令：

字母（*Letters*）

g、K、q、V、v

控制鍵（*Control keys*）

CTRL-A 、 CTRL-K 、 CTRL-O 、 CTRL-W 、 CTRL-X 、 CTRL-_ 、 CTRL-\

符號（*Symbols*）

_ 、 * 、 \ 、 = 、 #

如果設定了 Lisp 模式，則 = 會被 vi 使用。不同版本的 vi 可能會使用一些上述字元，最好在使用前先進行測試。

Vim 不會使用 CTRL-K 、 CTRL-_ 、 CTRL-\ 。請參考 Vim 中的 :help noremap 瞭解額外映射功能。

其他命令

<	把接下來的移動命令涵蓋到的文字，向左移動一個 **shiftwidth**。{Vim}
>	把接下來的移動命令涵蓋到的文字，向右移動一個 **shiftwidth**。{Vim}
<<	整行向左移動一個 **shiftwidth**（預設 8 個空格）。
>>	整行向右移動一個 **shiftwidth**（預設 8 個空格）。
>}	向右移動到段落結尾。
<%	向右移動到對應小括號、大括號、中括號為止。（游標必須放在對應所需的符號上）
[*count*]==	以 C 語言的風格縮排 *count* 行文字，或使用 **equalprg** 選項指定的程式。{Vim}
g	於 Vim 中開始許多複數字元的命令。
K	在手冊頁（或定義於 **keywordprg** 的程式）中尋找游標下的單字。{Vim}
CTRL-O	回到前一次跳躍的位置。{Vim}
CTRL-Q	與 CTRL-V 相同。{Vim}（在某些終端機則會恢復資料流動）

CTRL-T	回到標籤堆疊中的前一個位置。（Solaris vi、Vim）
CTRL-]	對游標下的文字執行標籤搜尋。
CTRL-\	進入 ex 行編輯模式。
CTRL-^	回到之前編輯的檔案。

vi 組態配置

本節內容包括：

- :set 命令

- .exrc 檔案範例

:set 命令

:set 命令允許我們具體指定能改變編輯環境特性的選項。選項可以放在 ~/.exrc 或 ~/.vimrc 檔案中或在編輯執行階段中設定。

如果命令放在 .exrc 裡，可以不用輸入冒號：

:set *x*	開啟布林類型的選項 *x*；顯示其他類型選項的值。
:set no *x*	關閉選項 *x*。在 no 和 *x* 之間是不需要空格的。
:set *x = value*	將值 *value* 指派給選項 *x*。
:set	列出被修改過的選項。
:set all	列出所有選項。
:set *x*?	顯示選項 *x* 的值。

在附錄 B「設定選項」中，為「Heirloom」和 Solaris 版本的 vi 以及 Vim 提供 :set 選項列表。請參考其中章節獲得更多資訊。

.exrc 檔案範例

在 ex 指令稿檔案中，註解以雙引號字元起始。下列是一個自訂 .exrc 檔案的原始碼範例：

```
set nowrapscan                      " 搜尋達檔案結尾時，不繞回檔案的開頭
set wrapmargin=7                    " 距離右邊界 7 欄時，繞排文字
set sections=SeAhBhChDh nomesg      " 設定 troff 巨集，不允許訊息顯示
map q :w^M:n^M                      " 移動至下一個檔案的別名
map v dwElp                         " 移動一個單字
ab ORA O'Reilly Media, Inc.         " 輸入縮寫
```

Vim 不需要 q 做為別名，它有 :wn 命令。別名 v 將隱藏 Vim 的 v 命令，該
命令用於進入一次輸入一個字元的標示模式操作。

ex 基礎

ex 行編輯器是 vi 螢幕編輯器的基礎。ex 命令運作在目前的行，或運作在一段範圍上。
大多數情況下，我們在 vi 中使用 ex。在 vi 中，需在 ex 命令前加上冒號，然後輸入命令
按下 ENTER 。

我們也可以像啟動 vi 一樣，從命令列單獨啟動 ex。（也可以透過這種方式執行 ex 指令
稿）或者使用 vi 命令 Q 進入 ex。

ex 命令的語法

要從 vi 輸入 ex 命令，請輸入：

    :[*address*] *command* [*options*]

起始處的 : 表示 ex 命令。在輸入命令時，它會顯示在狀態列上。按下 ENTER 鍵執行命
令。*address* 是命令 *command* 執行對象的行編號或範圍。稍後還有 *option* 與 *address* 的說
明。ex 命令在第 444 頁的「ex 命令總整理」一節中進行討論。

離開 ex 的方式包括：

    :x   離開（儲存改變並離開）。
    :q!   不儲存改變就離開。
    :vi   切換到 vi 編輯器，編輯目前的檔案。

位址

如果沒有指定位址（address），目前的行就是命令執行的對象。如果位址指定為一段範
圍，其格式為：

    x,y

其中 *x* 與 *y* 分別是位址裡的第一行與最後一行（*x* 在緩衝區裡的位置必須比 *y* 前面）。*x*
與 *y* 各可能是行編號或位置符號。使用 ; 代替 , ，可把目前的行設定為 *x*，再解譯 *y*。符
號 1,$ 表示檔案中的每一行，與 % 相同。

位址符號

`1,$`	檔案中的所有行。
x,y	從 *x* 行到 *y* 行。
x;y	從 *x* 行到 *y* 行，目前行重設為 *x*。
`0`	檔案起始處。
`.`	目前的行。
num	絕對行編號 *num*。
`$`	最後一行。
`%`	每一行；與 `1,$` 相同。
x-n	*x* 前的第 *n* 行。
x+n	*x* 後的第 *n* 行。
`-[`*num*`]`	前一行或前 *num* 行。
`+[`*num*`]`	後一行或後 *num* 行。
`'`*x*	（單引號）標示為 *x* 的行。
`''`	（兩個單引號）前一個標示處。
`/`*pattern*`/`	前進到符合 *pattern* 的行。
`?`*pattern*`?`	後退到符合 *pattern* 的行。

有關使用樣式的更多細節，請參考第六章「全域代換」。

選項

!

代表命令的變體，覆寫正常行為。！必須緊跟在命令之後。

次數

命令重複的次數。不像 vi 命令的使用方式，數量不能放在命令之前，因為 ex 命令之前的數值，會被當成行的位址。例如，d3 刪除三行，從目前的行開始；3d 則刪除第 3 行。

檔案

受命令影響的檔案名稱。% 表示目前的檔案；# 表示前一個檔案。

ex 命令總整理（依照字母順序）

ex 命令可藉由指定特殊的縮寫來輸入。在接下來的參考項目中，全名採用粗黑字體的小標題表示，並且可用的最短縮寫，其下方則顯示語法範例。範例均假設透過 vi 輸入，所以會加上：提示字元。

abbreviate

```
ab [string text]
```

定義 *string*，當輸入時會被轉換成 *text*。如果並未指定 *string* 與 *text*，則列出目前的所有縮寫。

範例

注意：輸入 ^V 後按下 ENTER，即出現 ^M。

```
:ab ora O'Reilly Media, Inc.
:ab id Name:^MRank:^MPhone:
```

append

```
[address] a[!]
text
.
```

附加新文字內容到指定 *address*；若未指定，則附加在目前位址後。加上 ! 可切換在輸入期間使用的 autoindent 設定。也就是說，如果打開了 autoindent，! 將關閉它。輸入命令後，再輸入新文字。結束這個命令的方式是輸入只包含一個點號的行。

範例

```
:a                      開始附加至目前的行
Append this line
and this line too.
.                       終止附加輸入的文字
```

args

```
ar
args file ...
```

列出引數的成員（出現在命令列上的檔案名稱），目前的引數（正在編輯的檔案）加上中括號（[ ]）。

第二組語法適用於 Vim，能重新設定編輯檔案的列表。

bdelete

> [*num*] bd[!] [*num*]

卸載緩衝區 *num* 並將其從緩衝區列表中刪除。加上！強制移除未儲存的緩衝區。緩衝區也能由檔案名稱指定。如果沒有指定緩衝區，則移除目前的緩衝區。{Vim}

buffer

> [*num*] b[!] [*num*]

開始編輯緩衝區列表中的第 *num* 緩衝區。加入！，強制切換離開未儲存的緩衝區。緩衝區也能以檔名指定。如果沒有指定緩衝區，則繼續目前的編輯。{Vim}

buffers

> buffers[!]

列出緩衝區列表裡的成員。有些緩衝區（例如，已刪除的緩衝區）不會列出。加上！可呈現非列表緩衝區。ls 是這個命令的另一個縮寫。{Vim}

cd

> cd *dir*
> chdir *dir*

在編輯器裡改變目前的目錄為 *dir*。

center

> [*address*] ce [*width*]

把行放在指定 *width* 中間。如果未指定 *width*，則使用 *textwidth*。{Vim}

change

```
[address] c[!]
text
.
```

以 *text* 取代（修改）指定的行。加上 ! 可於文字輸入期間切換 autoindent 的設定。結束這個命令的方式是輸入只包含一個點號的行。

close

```
clo[!]
```

關閉目前的視窗，除非它是最後一個視窗。如果視窗中的緩衝區沒有在另一個視窗中打開，則將其從記憶體中卸載。這個命令不會關閉尚有未儲存改變的緩衝區，但可加入 !，改為隱藏該緩衝區。{Vim}

copy

```
[address] co destination
```

複製包括在 *address* 裡的行，到指定的 *destination* 位址。

命令 t（to 的縮寫）是 copy 的同義字。

範例

```
:1,10 co 50
```
　　　　　　　　　把最前面的十行，複製到第 50 行下

cquit

```
cq[!]
```

離開 Vim 並顯示錯誤代碼。這用於對 Bash 的「為命令列啟動外部編輯器」功能，因為我們可能不希望 Bash 執行編輯緩衝區中的文字。{Vim}

delete

```
[address] d [register] [count]
```

刪除包括在 *address* 裡的行。如果指定了暫存器 *register*，則將文字保存或附加到指定的暫存器。暫存器名稱為小寫字母 a 到 z。大寫的名稱則附加文字到相對應的暫存器。如果指定了 *count*，則刪除指定數量的行。

範例

```
:/Part I/,/Part II/-1d      刪除到「Part II」之前的行
:/main/+d                   刪除「main」下的行
:.,$d x                     從這一行刪除到最後一行，放入暫存器 x。
```

---

edit

```
e[!] [+ num] [filename]
```

開始編輯 *filename* 的檔案。如果未指定檔名，則編輯目前檔案的複本。加上！編輯新檔案，即使目前檔案在前次修改後尚未儲存。使用引數 *+num* 時，則於第 *num* 行開始編輯。或是將 *num* 替換為 */pattern* 的樣式。

範例

```
:e file                     編輯位於目前緩衝區中的檔案
:e +/^Index #               編輯符合樣式的輪換檔案
:e!                         重新編輯目前的檔案
```

---

file

```
f [filename]
```

將目前緩衝區的檔案名修改為 *filename*。下次寫入緩衝區時，將寫入檔案 *filename*。修改名稱時，會設定緩衝區的「未編輯」標誌，表示正在編輯一個不存在的檔案。如果新檔名與磁碟上的既有檔案相同，則需使用 :w! 覆寫既有檔案。指定檔名時，% 能用於表示目前的檔案。# 能用於代表輪換檔案。如果沒有指定檔名 *filename*，則列出目前緩衝區的名稱與狀態。

範例

```
:f %.new
```

---

fold

```
address fo
```

摺疊 *address* 指定的行。摺疊把螢幕上的數行壓縮成一行,稍後可再展開摺疊。它不會影響到檔案裡的文字。{Vim}

---

foldclose

    [*address*] foldc[!]

關閉指定 *address* 位置的摺疊;若未指定則關閉目前位置的摺疊。加上!以關閉多層摺疊。{Vim}

---

foldopen

    [*address*] foldo[!]

打開指定 *address* 位置的摺疊;若未指定則打開目前位置的摺疊。加上!以打開多層摺疊。{Vim}

---

global

    [*address*] g[!]/ *pattern*/[*commands*]

對包含樣式 *pattern* 的所有行執行指定命令 *commands*,或在 *address* 指定時,於指定的範圍內套用命令。如果未指定命令,則列出指定的行。加上!,對所有不包含樣式的文字行執行命令。請參考本節稍後列出的 v。

範例

:g/Unix/p	列出所有包含「Unix」的行
:g/Name:/s/tom/Tom/	把包含「Name:」的每一行的 Tom 換成 tom

---

hide

    hid

關閉目前的視窗,除非它是最後一個視窗,但不會從記憶體中移除緩衝區。對未儲存的緩衝區,使用本命令是安全的。{Vim}

---

insert

    [*address*] i[!]
    text
    .

在指定的位址 *address* 前插入文字 *text*；如果未指定，則於目前的位置插入文字。加上！在文字輸入期間切換 autoindent 的設定。結束這個命令的方式是輸入只包含一個點號的行。

---

join

    [*address*] j[!] [*count*]

把指定範圍的文字合併成一行，具有空格調整功能，會在點號（．）後提供兩個空格、）前不可有空格，其他狀況用一個空格。加上！以避免空格的調整。

範例

    :1,5j!   合併最前面的五行，保存空格

---

jumps

    ju

列出使用 CTRL-I 與 CTRL-O 的跳躍列表（jumplist）。這份列表記錄大多數跳躍多行的移動命令。它在跳躍前記錄游標的位置。{Vim}

---

k

    [*address*] k *char*

與 mark 相同；請參考此列表後面的 mark。

---

last

    la[!]

編輯命令列參數列表中的最後一個檔案。{Vim}

---

left

> [*address*] le [*count*]

向左對齊 *address* 指定的行;若未指定,則向左對齊目前的行。縮排空間由 *count* 決定。
{Vim}

---

list

> [*address*] l [*count*]

列出指定行,使 tab 字元呈現為 ^I,行末字元則呈現為 $。l 就像臨時版本的 :set list。

---

map

> map[!] [*string commands*]

定義鍵盤巨集,命名為 *string*,對應到命令序列 *commands*。*string* 通常是一個字元,或 #*num* 序列;後者代表鍵盤上的功能鍵。使用 ! 建立輸入模式下的巨集。沒有引數的話,則列出目前定義的巨集。

範例

```
:map K dwwP          對調兩個詞彙
:map q :w^M:n^M      寫入目前檔案;前往下一個
:map! + ^[bi(^[ea)   把目前的詞彙以括號圍起
```

 Vim 有 K 與 q 命令,所以範例定義的別名將隱藏這兩個命令。

---

mark

> [*address*] ma *char*

以一個小寫字母 *char* 標記特定行。與 k 相同。以 '*x* 即可回到該行(單引號加上 *x*,*x* 與 *char* 相同)。Vim 也使用大寫字母與數字字元做標記。小寫字母與 vi 的運作方式相同。大寫字母與檔名相關聯,可以在多個檔案之間使用。不過,編號的標記是在特殊的 *.viminfo* 檔案裡維護,且無法使用這個命令設定。

---

marks

> marks [*chars*]

列出 *chars* 指定的標記；若沒有 *chars* 則列出目前的所有標記。{Vim}

範例

> :marks abc   *列出標示 a、b、c*

---

mkexrc

> mk[!] *file*

建立一個 *.exrc* 檔案，包含改變 ex 選項與按鍵映射的 set 命令。本命令將儲存目前的選項設定，以便我們可於稍後恢復設定。如果未指定，*file* 預設為當下目錄中的 *.exrc*。{Vim}

---

move

> [*address*] m *destination*

移動 *address* 指定的行到 *destination* 的位址。

範例

> :.,/Note/m /END/   *移動文字區塊到包含「END」的行後*

---

new

> [*count*] new

建立新視窗，高度為 *count* 行，緩衝區為空白。{Vim}

---

next

> n[!] [[+ *num*] *filelist*]

從命令列參數列表中編輯下一個檔案。使用 args 列出這些檔案。如果提供了 *filelist*，則把目前的引數換成 *filelist*，並開始編輯其中的第一個檔案。加上 +*num* 引數時，在第 *num* 行開始編輯。或是將 *num* 替換為樣式（形式為 /*pattern*）

> :n chap*　　　開始編輯所有「chapter」檔案

---

nohlsearch

> noh

使用 hlsearch 選項時，暫停特別標示所有符合搜尋的內容。下次搜尋時仍會繼續出現特別標示。{Vim}

---

number

> [*address*] nu [*count*]
> 　　或
> [*address*] # [*count*]

列出 *address* 指定的每一行，前面附上它的緩衝區行編號。使用 # 做為 number 的替代縮寫。*count* 指定顯示的行數，從 *address* 的指定行開始。

---

only

> on [!]

讓目前的視窗是螢幕上的唯一視窗。開啟在調整緩衝區上的視窗，不會從螢幕上移除（改為隱藏），除非使用了 ! 字元。{Vim}

---

open

> [*address*] o [/ *pattern*/]

在 *address* 指定的行位置，或比對符合樣式 *pattern* 的行，進入開啟模式（vi）。使用 Q 離開。開啟模式（open mode）讓我們使用一般的 vi 命令，但一次只套用一行。它對於慢速撥接網路可能很有用（或適用於距離非常遙遠的網際網路 ssh 連線）。

---

packadd

    `pa[!]` *packagename...*

在外掛程式目錄中，搜尋比對 *packagename* 的外掛程式，並且載入。有關詳細資訊，請參考 Vim 協助說明。{Vim}

---

preserve

    `pre`

儲存目前的編輯器緩衝區，宛如系統即將當機一樣。

---

previous

    `prev[!]`

編輯命令列引數列表裡的前一個檔案。{Vim}

---

print

    `[`*address*`] p [`*count*`]`

列出 *address* 指定的行。以 *count* 指定列出的行數，從 *address* 的位置開始。P 是另一個縮寫。

範例

    `:100;+5p`   列出第 100 行及其下五行

---

put

    `[`*address*`] pu [`*char*`]`

從 *char* 指定的暫存器裡，取出稍早被刪除或複製的行內容，置放到 *address* 指定的行位置。如果 *char* 未被指定，則復原最後刪除或複製的文字。

---

qall

> qa[!]

關閉所有視窗，並終止目前的編輯階段。使用 ! 放棄前次儲存後的任何修改。{Vim}

---

quit

> q[!]

終止目前的編輯階段。使用 ! 放棄前次儲存後的任何修改。如果編輯階段中，包括引數列表上的其他檔案，未被存取過，則以輸入 q! 或輸入兩次 q 離開。Vim 只在螢幕上還有其他視窗開啟時，關閉編輯視窗。

---

read

> [*address*] r *filename*

在 *address* 指定的行位置後複製 *filename* 檔案的文字。如果未指定檔案，則使用目前的檔案。

範例

> :0r $HOME/data   於目前檔案的起始處讀入檔案

---

read

> [*address*] r ! *command*

將 *command* 的輸出讀入 *address* 指定的行之後的文字中。

範例

> :$r !spell %   把拼字檢查的結果放在檔案結尾處

---

recover

> rec [*file*]

從系統的儲存區復原檔案 *file*。

---

redo

```
red
```

恢復還原上次的修改。與 CTRL-R 相同。{Vim}

---

resize

```
res [[±] num]
```

調整目前視窗的尺寸為 num 行高。如果指定 + 或 -，則目前的視窗增（或）減 num 行數。{Vim}

---

rewind

```
rew[!]
```

倒回引數列表，並開始編輯列表中的第一個檔案。加上 !，即使目前檔案於前次改變後尚未儲存，亦可倒回列表。

---

right

```
[address] ri [width]
```

把 address 指定的行位置向右對齊至第 width 欄；若未指定，則把目前的行向右對齊。若未指定 width 則採用 textwidth 選項。{Vim}

---

sbnext

```
[count] sbn [count]
```

分割目前的視窗，並開始編輯緩衝區列表中，後面的第 count 個緩衝區。如果未指定 count，則編輯緩衝區列表裡的下一個緩衝區。{Vim}

---

sbuffer

```
[num] sb [num]
```

分割目前的視窗，並於新視窗編輯緩衝區列表中，第 *num* 號緩衝區。要編輯的緩衝區也可以指定檔案名稱。如果未指定緩衝區，則在新視窗中打開目前緩衝區。{Vim}

---

set

    se *parameter1 parameter2...*

為每個參數 *parameter* 設定選項的值，或者如果沒有提供參數時，列出所有從預設選項改變過的值。對布林型別的選項，每個參數可被解譯為 *option* 或 no*option*；其他選項則可透過語法 *option=value* 指定。使用 all 來列出目前的設定。set *option*? 的形式顯示選項的值。請參考附錄 B 中列出 set 選項的表格。

範例

    :set nows wm=0
    :set all

---

shell

    sh

建立新的 shell。於 shell 結束後恢復編輯。

---

snext

    [*count*] sn [[+*num*] *filelist*]

分割目前的視窗，並開啟編輯命令列引數列表裡的下一個檔案。如果提供了 *count*，則編輯往後數的第 *count* 個檔案。如果提供了 *filelist*，則把目前的引數列表替換為 *filelist*，並開始編輯第一個檔案。具有 +*num* 引數時，則編輯開始於第 *num* 行。或者將 *num* 替換為樣式（形式為 /*pattern*）。{Vim}

---

source

    so *file*

讀取（來源）並從 *file* 中執行 ex 命令。

範例

```
:so $HOME/.exrc
```

---

split

```
[count] sp [+num] [filename]
```

分割目前的視窗，並於新視窗載入 *filename* 代表的檔案；若未指定檔案，則兩個視窗都載入相同緩衝區。讓新視窗的高度為 *count* 行；若未指定 *count*，則平均分割兩個視窗。使用 +*num* 引數時，於第 *num* 行開始編輯。*num* 可替換為樣式（形式為 /*pattern*）。{Vim}

---

sprevious

```
[count] spr [+num]
```

分割目前的視窗，並於新視窗編輯命令列引數列表的前一個檔案。如果指定了 *count*，則編輯往前數的第 *count* 個檔案。使用 +*num* 引數時，於第 *num* 行開始編輯。*num* 可替換為樣式（形式為 /*pattern*）。{Vim}

---

stop

```
st
```

暫停編輯階段。與 CTRL-Z 相同。使用 shell 的 fg 命令以繼續工作階段。

---

substitute

```
[address] s [/ pattern/ replacement/] [options] [count]
```

在每個指定的行裡，以 *replacement* 替換 *pattern* 的第一個目標。如果省略了 *pattern* 與 *replacement*，則重複最後一次替換。*count* 指定替換執行的行數，從 *address* 的位置開始。

選項

c　　　在每次修改前，出現確認修改的提示。
g　　　取代每一行（全域）的每個樣式 *pattern* 目標。
p　　　列出替換執行的最後一行。

範例

`:1,10s/yes/no/g`	替換最初十行
`:%s/[Hh]ello/Hi/gc`	確認全域替換
`:s/Fortran/\U&/ 3`	把接下來三行的「Fortran」改為大寫
`:g/^[0-9][0-9]*/s//Line &/`	起始處具有一或多個數字的每一行，都加上「Line」與冒號

suspend

> `su`

暫停編輯階段。與 CTRL-Z 相同。使用 shell 的 `fg` 命令繼續工作階段。

sview

> `[count] sv [+ num] [filename]`

與 `split` 命令相同，但為新緩衝區設定 readonly 選項。{Vim}

t

> `[address] t destination`

複製 *address* 指定的範圍到 *destination* 所在位置。`t` 等同於 `copy`，是「to」的縮寫。

範例

> `:%t$`　　複製檔案並附加到末端

tag

> `[address] ta tag`

在 `tags` 檔案中，尋找符合 *tag* 的檔案與行，並由此開始編輯。

範例

執行 `ctags`，然後切換到包含 `main` 的檔案：

> `:!ctags *.c`
> `:tag main`

tags

> tags

列出標籤堆疊中的標籤。{Vim}

---

unabbreviate

> una *word*

從縮寫列表中移除 *word*。

---

undo

> u

還原上一次編輯命令所做的修改。在 vi 中，還原命令會還原自身，重做還原的操作。Vim 支援多次還原命令。在 Vim 中可使用 redo 重做剛被還原的修改。

---

unhide

> [*count*] unh

分割螢幕，使緩衝區列表裡每個活動緩衝區，都有自己的顯示視窗。如果指定了數量，則限制視窗為 *count* 個。{Vim}

---

unmap

> unm[!] *string*

從鍵盤巨集列表移除 *string*。使用 ! 移除插入模式的巨集。

---

v

> [*address*] v/*pattern*/[*command*]

在所有不包含樣式 *pattern* 的行上執行命令 *command*。如果未指定命令，則列出所有不包含樣式的行。v 等於 g!。請參考稍早出現於此列表的 global。

範例

    `:v/#include/d`   刪除所有行，除了包含「#include」的行

---

version

    `ve`

列出編輯器的版本資訊。

---

view

    `vie [+`*num*`] [`*filename*`]`

與 edit 相同，但設定檔案為 readonly。於 ex 模式中執行時，回到正常或標示模式。
{Vim}

---

visual

    `[`*address*`] vi [`*type*`] [`*count*`]`

在 *address* 指定的行進入標示模式（vi）。以 Q 回到 ex 模式。*type* 可為 -、^、. 其中之一
（請參考本節後面的 z 命令）。*count* 指定初始的視窗尺寸。

---

visual

    `vi [+`*num*`] `*file*

開始於標示模式（vi）編輯檔案 *file*，可選擇於第 *num* 行開始。或是將 *num* 替換為樣式
（採 /*pattern* 形式）。{Vim}

---

vsplit

    `[`*count*`] vs [+`*num*`] [`*filename*`]`

與 split 命令相同，但垂直分割螢幕。*count* 引數可用於指定新視窗的寬度。{Vim}

---

wall

> wa[!]

使用檔案名稱寫入所有已修改的緩衝區。加上！強迫寫入任何標示為 readonly 的緩衝區。{Vim}

---

wnext

> [*count*] wn[!] [[+*num*] *filename*]

寫入目前的緩衝區，並開啟引數列表的下一個檔案；若指定 *count*，則開啟後面第 *count* 個檔案。如果指定了 *filename*，則編輯該檔案。使用 +*num* 引數時，從第 *num* 開始編輯。*num* 可替換為樣式（形式為 /*pattern*）。加上！，強迫寫入任何標示為 readonly 的緩衝區。{Vim}

---

wq

> wq[!]

寫入和離開檔案一個動作完成。檔案都會被寫入。！旗標強迫編輯器寫入檔案目前的任何內容。

---

wqall

> wqa[!]

寫入所有已修改的緩衝區，並結束編輯器。加上！，強迫寫入任何標示為 readonly 的緩衝區。xall 是本命令的另一個名稱。{Vim}

---

write

> [*address*] w[!] [[>>] *file*]

將 *address* 指定的行寫入至檔案；若未指定 *address*，則緩衝區的全部內容都寫入。如果 *file* 都省略，則把緩衝區內容以目前的檔名儲存。如果使用 >>*file*，則把行內容附加到指定檔案 *file* 的末端。加上！強迫編輯器覆寫檔案目前的任何內容。

    :1,10w name_list   複製前 10 行到 name_list 檔案
    :50w >> name_list   現在附加第 50 行

---

write

    [address] w ! command

將 *address* 指定的行寫入到命令 *command* 中。

    :1,66w !pr -h myfile | lpr   列出檔案的第一頁

X

    X

提示輸入加密金鑰。這比 :set key 更好，在輸入金鑰時不會顯示在控制台上。需移除加密金鑰時，只需把 key 選項重設為空白值。{Vim}

---

xit

    x

如果檔案在上次寫入後發生修改，即寫入檔案，然後離開。

---

yank

    [address] y [char] [count]

將 *address* 指定的行放在命名暫存器 *char* 中。暫存器名稱為小寫字母 a 到 z。大寫字母表示把文字附加到相對應的暫存器裡。如果沒有指定 *char*，則把內容放入公用暫存器。*count* 指定複製的行數，從 *address* 指定的位置開始。

    :101,200 ya a   複製第 100-200 行至 a 暫存器

---

z

    [*address*] z [*type*] [*count*]

列印一個視窗文字，從檔案頂端到 *address* 指定的行。*count* 指定顯示的行數。

類型

\+

    將指定行放置於視窗頂端（預設值）

\-

    將指定行放置於視窗底端。

.

    將指定行放置於視窗中間。

^

    列印指定行的上一個視窗。

=

    指定行放置於視窗中間，並留置目前的行於這一行。

&

    [*address*] & [*options*] [*count*]

重複前面的替換（s）命令。*count* 指定欲替換的行數，從 *address* 的位置開始。*option* 與 substitute 命令的選項相同。

範例

```
:s/Overdue/Paid/        在目前的行做一次替換
:g/Status/&             在所有「Status」行重做替換
:g/Status/&g            在全域範圍所有「Status」行重做替換
```

@

    [*address*] @ [*char*]

執行 *char* 指定的暫存器內容。如果提供 *address*，則先把游標移至指定的 *address* 位置。如果 *char* 是 @，即重複前一次的 @ 命令。

=

    [*address*] =

列出 *address* 所指文字行的編號。預設為最後一行的編號。

!

    [*address*] ! *command*

在 shell 中執行 *command*。如果指定了 *address*，則使用 *address* 指定的行作為 *command* 的標準輸入，並以輸出和錯誤輸出取代這些行。這樣的方式稱為透過命令 *command* 而過濾 *filtering* 文字。

範例

```
:!ls                    列出目前目錄中的檔案
:11,20!sort -f          目前檔案中第 11 到 20 行的順序排列
```

<>

    [*address*] < [*count*]
        或
    [*address*] > [*count*]

將 *address* 指定的行左移（<）或右移（>）。在行的移動時，只會在行的起始處，增加或移除，空格或 tab 字元。*count* 可指定要移動的行數，由 *address* 開始計算。shiftwidth 選項控制移動的距離。重複 < 或 >，可增加移動的距離。例如，:>>> 移動的距離即為 :> 的三倍。

~

    [*address*] ~ [*count*]

將上次使用的正規表示式（即使來自搜尋而非來自 s 命令），沿用成為來自最近的 s（substitute）命令的替換樣式。這個命令有些模糊；有關詳細討論，請參考第六章。

---

address

address

列印 *address* 指定的行。

ENTER

列印檔案中的下一行。（只適用於 ex，不是提供給 vi 的 : 提示符號中使用）。

設定選項

本附錄描述「Heirloom」vi、Solaris /usr/xpg7/bin/vi 和 Vim 8.2 的重要設定命令選項。

Heirloom 和 Solaris vi 選項

表 B-1 包含重要 set 命令選項的簡要說明。在第一欄中，選項是以字母順序來排列的；如果選項可以縮寫，則列在括號中。第二欄顯示 vi 的預設值，除非明確使用 set 命令改變設定（不然可能就是手動設定，或在 *.exrc* 檔案中加入）。最後一欄描述開啟選項時的行為。

表 B-1 「Heirloom」和 Solaris vi 設定選項

選項	預設值	說明
autoindent (ai)	noai	在插入模式中，會對每一行作與上一行或下一行相同的縮排。與 shiftwidth 選項一起使用。
autoprint (ap)	ap	在每一個編輯器命令執行之後，顯示修改的部分。若是全域代換，則顯示最後一個替換。
autowrite (aw)	noaw	如果在使用 :n 開啟另一個檔案前，或是用 :! 執行 Unix 命令前，目前的檔案已經改變了，則會自動寫入（儲存）檔案。
beautify (bf)	nobf	在輸入時忽略所有的控制字元（除了 tab、換行符號與換頁符號）。
directory (dir)	/var/tmp	ex/vi 儲存緩衝區檔案的目錄名稱。此目錄必須允許寫入。

選項	預設值	說明
edcompatible	noedcompatible	記住最近一次替換命令所用的旗標（全域、確認），並將其用在下一個替換命令上。儘管名稱如此，但是並沒有實際版本的 ed 是這樣做的。
errorbells (eb)	noerrorbells	發生錯誤時，發出嗶聲。
exrc (ex)	noexrc	允許執行位於使用者家目錄之外的 *.exrc* 檔案。
flash (fp)	fp	以閃爍螢幕取代發出嗶聲。
hardtabs (ht)	8	定義終端機硬體定位的邊界。
ignorecase (ic)	noic	在搜尋過程中忽略大小寫。
lisp	nolisp	插入縮排時，使用適當的 Lisp 格式。( )、{ }、[[、]] 會被修改，才能在 Lisp 中具有意義。
list	nolist	將 tab 字元顯示為 ^I；行末則顯示為 $。
magic	magic	萬用字元 .（點）、*（星號）與 []（中括號）在樣式中有特別意義。
mesg	mesg	在 vi 中編輯時，允許系統訊息顯示在終端機上。
novice	nonovice	要求使用長的 ex 命令名稱，像是 copy 或 read。僅限 Solaris vi。
number (nu)	nonu	在編輯階段中，於螢幕左方顯示行編號。
open	open	允許從 ex 中進入開啟模式（open mode）或視覺化模式（visual mode）。雖然 Solaris vi 中沒有這些模式，但這個選項傳統上會留在 vi 中，也可能在你的 Unix 版本的 vi 中。
optimize (opt)	noopt	在印出多行文字時，取消行結尾的游標歸位（carriage return）字元；當列印前導空白（空格與 tab 字元）的行時，在簡易終端機（dumb terminal）上，可增加速度。
paragraphs (para)	IPLPPPQP LIpplpipbp	透過 { 和 } 來定義用於移動時的段落分隔符號。此值中的一對字元是 troff 中開啟段落的巨集名稱。
prompt	prompt	使用 vi 的 Q 命令時，顯示 ex 的提示符號（:）。
readonly (ro)	noro	任何寫入（儲存）檔案的動作會失敗，除非寫入時加上！（可與 w、ZZ、autowrite 一起使用）。

選項	預設值	說明
redraw (re)		每當任何編輯動作發生時重新繪製螢幕（換句話說，插入模式會擠入現有字元，而刪除的行會立刻消失）。預設值會依速度與終端機型式而不同。noredraw 在速度較慢的簡易終端機上比較有用：刪除的行會顯示成 @，而插入的行看起來會蓋過現有的字元，除非按下 ESC。這個選項基本上已經過時了；讓 vi 選擇如何設定它。
remap	remap	允許巢狀的映射序列。
report	5	每當進行至少影響一定數量的行編輯時，都會在狀態列上顯示一則訊息。例如，6dd 的回報訊息是「6 lines deleted」。
scroll	[½ window]	使用 ^D 與 ^U 命令時捲動的行數。
sections (sect)	SHNHH HU	定義 [[與]] 移動時的章節分隔字元。此值中的一對字元是 troff 中章節起始處的巨集名稱。
shell (sh)	/bin/sh	用作 shell 轉義（:!）與 shell 命令（:sh）的 shell 路徑名稱。預設值來自於 shell 環境，在不同的系統上有所不同，但通常是 /bin/sh。
shiftwidth (sw)	8	使用 autoindent 選項時，定義向後（^D）的 tab 字元所使用的空白數目，也用於 << 與 >> 命令。
showmatch (sm)	nosm	在 vi 中，當輸入）或 } 時，游標會短暫移動到對應的（或 {。（如果找不到，則會發出錯誤訊息的嗶聲。）在程式設計時很有用。
showmode	noshowmode	在插入模式中，於提示行顯示一個訊息，表示目前的插入型式。例如 "OPEN MODE" 或 "APPEND MODE"。在插入時暫緩顯示。
slowopen (slow)		預設值會依連線速度與終端機型號而不同。
sourceany	nosourceany	允許讀取不在預設使用者目錄下的 .exrc 檔案。僅限「Heirloom」vi。
tabstop (ts)	8	定義在編輯階段中，tab 字元縮排的空格數目。（印表機仍然會使用系統的 tab 字元，其值為 8。）
taglength (tl)	0	定義標籤中有效字元的數目。預設值（0）表示所有的字元都是有效的。
tags	tags/usr/lib/tags	定義包含標籤的檔案路徑名稱列表。（請參考 Unix 的 ctags 命令）vi 預設會搜尋現行目錄與 /usr/lib/tags 中的 tags 檔案。

選項	預設值	說明
tagstack	tagstack	在堆疊上開啟標籤位置的堆疊。僅限 Solaris vi。
term		設定終端機型式。
terse	noterse	顯示較短的錯誤訊息。此選項沒有縮寫。
timeout (to)	timeout	鍵盤映射會在一秒鐘後失效 [a]。
ttytype		設定終端機型式。這只是 term 的另一個名稱。
warn	warn	顯示警告訊息「No write since last change」。
window (w)		在螢幕上顯示檔案的特定行數。預設值取決於線路速度和終端機型式。
wrapmargin (wm)	0	定義右邊界。如果大於 0，則會自動插入游標歸位符號換行。
wrapscan (ws)	ws	進行搜尋至檔案兩端時自動繞回。
writeany (wa)	nowa	允許儲存到任何檔案。

a 當我們有多個鍵作為映射時（例如，:map zzz 3dw），可能想要使用 notimeout。否則，我們需要在一秒鐘內輸入 zzz。當有映射插入模式時的游標按鍵（例如，:map! ^[OB ^[ja），應該使用 timeout。否則，在輸入另一個鍵之前，vi 無法對 ESC 做出反應。

Vim 8.2 選項

在上一節中，我們列出所有 46 個「Heirloom」和 Solaris set 命令選項。Vim 8.2 有 400 多個 set 命令選項。表 B-2 列出我們認為常用的選項。

大多數選項在表 B-1 中，已經描述過就不再重複。

此表中的說明應該非常簡短。關於每個選項的更多資訊，可以在 Vim 的在線上協助檔案 *options.txt* 中找到。

表 B-2　Vim 8.2 設定選項

選項	預設值	說明
autoread (ar)	noautoread	檢查 Vim 裡的檔案是否被外部修改過，而不是被 Vim 修改，並將修改過的檔案版本，自動重新整理 Vim 的緩衝區。
background (bg)	dark 或 light	Vim 會嘗試使用適合特定終端機的背景與前景顏色。預設值根據目前的終端機或視窗系統而不同。

選項	預設值	說明
backspace (bs)	0	控制是否可使用後退鍵通過換行的地方與插入動作的開始處。其值包括：0 代表與 vi 相容；1 表示可經過換行；2 表示可經過插入開始之處。
backup (bk)	nobackup	在覆蓋檔案之前先作備份，接著在檔案成功寫入之後，仍然維持原狀。如果只要在檔案寫入時才產生備份檔案，則使用 writebackup 選項。詳細請見 writebackup。
backupdir (bdir)	., ~/tmp/, ~/	儲存備份檔案的目錄列表，以逗號隔開。備份檔案建立在列表中第一個可用目錄。如果此值為空，則不能建立備份檔案。名稱 . 表示與編輯檔案所在位置的目錄相同。
backupext (bex)	~	附加在檔名中，產生備份檔案名稱的字串。
binary (bin)	nobinary	便於修改二進制檔案的一些其他編輯選項。當 bin 重新關閉時，這些選項先前的值會被記住並恢復。每個緩衝區都有自己的一組儲存的選項值。這個選項應該在編輯二進制檔案前設定。我們也可以使用命令列選項 -b。
breakat (brk)	" ^I!@*-+;:,./?"	如果開啟換行符號設定選項，則在 breakat 字串中任何字元的出現處換行。另外請參考用於自訂功能的選項 breakindent、linebreak 和 showbreak。
breakindent (bri)	nobreakindent	由 breakat 選項繞接的縮排行。
cdpath (cd)	與環境變數 CDPATH 相同	Vim 將使用 ex 命令 cd、lcd 搜尋目錄列表，其方式與 $CDPATH 在 shell 中的運作方式相同。
cindent (cin)	nocindent	開啟自動的智慧 C 程式縮排。
cinkeys (cink)	0{,0},:,0#, !^F, o,O,e	一些按鍵的列表，於插入模式中輸入時，造成目前這行的重新縮排。只發生在 cindent 開啟時。
cinoptions (cino)		影響 cindent 重新縮排 C 程式的方式。詳情請參閱線上說明。

選項	預設值	說明
cinwords (cinw)	if,else,while,do, for,switch	如果 smartindent 或 cindent 設定時,這些關鍵字會在下一行開啟一個新的縮排。對於 cindent,這僅在適當的位置(在 {...} 內)完成。
cmdwinheight (cwh)	數字(預設值 7)	命令列視窗中的行數。
colorcolumn (cc)	空字串	特別標示以逗號分隔的列表,表示欄位縮排。這是用於垂直文字對齊的視覺效果。
columns (co)	80 或終端機寬度	通常由 Vim 設定。如果個人有偏好,在啟動時為 GUI 定義可能很有幫助。請見 lines。
comments (com)	s1:/*,mb:*,ex:*/,://,b: #,:%,:XCOMM,n:>,fb:-	一個以逗號分隔的字串列表,可以開啟一行註解。詳細資訊,請參考線上協助說明。
compatible (cp)	cp 或 nocp(當 .vimrc 或 Vim 執行時期的 defaults.vim 檔案被找到時)	讓 Vim 在許多方面與 vi 更相像,多到在此無法描述。預設是開啟,避免令人意外的結果。如果有 .vimrc 檔案,會關閉與 vi 的相容性;這通常是比較合乎想法的副作用 [a]。
completeopt (cot)	menu,preview	插入模式中補齊的選項,以逗號分隔列出。
cpoptions (cpo)	aABceFs	一個單一字元旗標序列,各個旗標分別表示一種 Vim 是否會正確模仿 vi 的方式。當此值為空時,使用 Vim 的預設值。詳細資訊,請參考線上協助說明。
cursorcolumn (cuc)	nocursorcolumn	以 CursorColumn 特別標示螢幕上游標所在的欄。這對於垂直排列文字很有用。可能減慢螢幕的顯示速度。
cursorline (cul)	nocursorline	以 CursorLine 特別標示螢幕上游標所在的行。比較容易在編輯階段中找到目前的行。與 cursorcolumn 合併使用,可得到十字準線的效果。可能減慢螢幕的顯示速度。

選項	預設值	說明
cursorlineopt (culopt)	string, ""	定義 cursorline 的行為（必須設定 cursorline 才能生效）。最有用的效果是將其設定為 number。這僅特別標示行號的部分。雖然特別標示整行看似很有用，但當與語法標示一起使用時，這樣做會顯得很混亂，因為會改變線條的顏色和背景。
define (def)	^#\s*define	一個描述巨集定義的搜尋樣式。預設值是針對 C 程式。對 C++ 來說，可以使用 ^\(#\s*define \ |[a-z]*\s*const\s*[a-z]*\)。當使用 :set 命令時，需用到兩個反斜線。
dictionary (dict)	empty string	用於關鍵字補齊的檔案名稱以逗號分隔的列表。
digraph (dg)	nodigraph	用於輸入帶有 *character1*, BACKSPACE ,*character2* 的 digraphs。詳細說明，請參考「複合字元：非 ASCII 字元」。
directory (dir)	., ~/tmp, /tmp	置換檔案（swap file）所在的目錄列表，以逗號隔開。置換檔案會建立在第一個可用目錄。如果此值為空，則不會使用置換檔案，而且不能使用回復功能！.（點號）表示將置換檔放在與編輯檔案相同的目錄。建議將 . 放在列表中的第一位，如果編輯同一個檔案兩次時，將因此產生警告。
equalprg (ep)		用於 = 命令的外部程式。當此選項為空時，會使用內部的格式化函式。
errorfile (ef)	errors.err	快速修復模式（quickfix mode）所用的錯誤檔名。在命令列中使用 -q 參數時，errorfile 即設定為後續參數
errorformat (efm)	（過長在此不印出）	與 scanf 類似的格式描述，用於錯誤檔案中的行。
expandtab (et)	noexpandtab	在插入 tab 符號時，將其展開為適當數量的空白。
fileformat (ff)	unix	描述在讀取或寫入目前的緩衝區時，表示一行結束的方式。可能的值為 dos（CR/LF），unix（LF），與 mac（CR）。通常 Vim 會自動設定此值。

選項	預設值	說明
fileformats (ffs)	dos,unix	列出 Vim 在讀取檔案時會嘗試終止行的結束方式。如果有多個名稱，則在讀取檔案時自動偵測行尾。
fixendofline(fixeol)	boolean, on	這可確保在寫出檔案時，將正確的換行符號附加到檔案的最後一行。如果不想開啟，請務必將其關閉。例如，如果正在編輯二進制檔案，就不希望這樣做。
formatoptions (fo)	Vim 預設值：tcq，vi 預設值：vt	描述如何自動格式化的字元。詳情請參考線上說明。
gdefault (gd)	nogdefault	讓替換命令更改所有實例目標。
guifont (gfn)		啟動 GUI 版本的 Vim 時，會嘗試使用的字型列表，以逗號分隔。
hidden (hid)	nohidden	如果目前的緩衝區從視窗中卸載，則隱藏此緩衝區，而不是將其捨棄。
history (hi)	Vim 預設值：20；vi 預設值：0	控制命令歷史記錄的數量，用於儲存 ex 命令、搜尋字串與表示式。現今電腦記憶體容量較為寬裕，盡量將此設定為較高的數字。有關命令列歷史記錄的應用範例，請參考第 353 頁的「進入加速區」一節。
hlsearch (hls)	nohlsearch	特別標示最近一次搜尋樣式，符合比對的所有位置。
icon	noicon	Vim 嘗試改變所在的視窗所關聯的圖示名稱。會被 iconstring 選項所覆蓋。
iconstring		用於視窗的圖示名稱的字串值。
ignorecase (ic)	noignorecase	在搜尋時忽略大小寫。請參考 smartcase。
include (inc)	^#\s*include	定義尋找 include 命令的搜尋樣式。預設值是 C 程式。
incsearch (is)	noincsearch	啟動漸進式搜尋。
isfname (isf)	@,48-57,/,..,-,_,+,,,$,:,~	可以包含在檔案與路徑名稱中的字元列表。非 Unix 系統會有不同的預設值。@ 字元表示任何字母字元。它也會用在以下的其他 is *XXX* 的選項，請見後續項目的示範。
isident (isi)	@,48-57,_,192-255	可以包含在識別字中的字元列表。非 Unix 系統會有不同的預設值。

選項	預設值	說明
iskeyword (isk)	@,48-57,_,192-255	可以包含在關鍵字中的字元列表。非 Unix 系統會有不同的預設值。關鍵字用於搜尋和識別許多命令，如 w、[i 等等。
isprint (isp)	@,161-255	列出可以直接顯示在螢幕上的字元列表。
laststatus (ls)	2	控制最後一個視窗何時有狀態列。0 永遠不會，1 只有至少有兩個視窗時才會有，2 總是開啟。
linebreak (lbr)	nolinebreak	在 breakat 中定義的字元處換行。Vim 繞接換行以保持整行可見。
lines	24 或終端機高度	通常由 Vim 設定。如果個人有偏好，在啟動時為 GUI 定義可能很有幫助。請見 columns。
listchars (lcs)	eol:$	自訂設定列表選項時 Vim 顯示的內容。用於將空格定義為點。（更精細的是使用 lead:. 和 trail:. 定義定義前導和尾隨空格：:set listchars+=lead:.,trail:.）
makeef (mef)	/tmp/vim##.err	:make 命令使用的錯誤檔名。非 Unix 系統會有不同的預設值。## 將被數值替代，形成唯一的名稱。
makeprg (mp)	make	:make 命令所使用的程式。其中的 % 與 # 會被展開。
matchpairs (mps)	(:),{:},[:]	用於比對配對字元，冒號分隔再以逗號分隔定義。這些必須是兩個不同的字元。為 HTML 比對增加 <:> 很有用。:set matchpairs+="<:>"
modifiable (ma)	modifiable	關閉此選項時，不允許對緩衝區的任何寫入。
mouse	在 GUI 介面、MS-DOS 或 Win32 下，值為 a	在非 GUI 版本的 Vim 中啟動滑鼠。可用在 MS-DOS、Win32、QNX pterm、xterm 中使用。詳情請參考線上說明。
mousehide (mh)	nomousehide	在輸入時隱藏滑鼠指標。移動滑鼠時恢復指標。
numberwidth (nuw)	vi 預設值：8；Vim 預設值：4	定義行號數字欄寬（用 number 或 relativenumber 設定）。Vim 總是使用最後一個位置作為分隔行號和文字的空間。建議將其設定為至少 6 個。

選項	預設值	說明
paste	nopaste	修改大量選項，使得在 Vim 視窗中用滑鼠作貼上動作時，不會破壞貼上的文字。如果將其關閉，會將這些選項恢復成先前的值。詳情請參考線上說明。
relativenumber (rnu)	norelativenumber	視窗左側顯示相對於游標所在的目前這一行行數。例如，顯示目前這一行的正確行號，而上下行則顯示與目前這一行的偏移量。這對於區塊命令很有用，因為不需加以計算行數。
ruler (ru)	noruler	顯示游標位置所在的行與欄位。
scrollbind (scb)	noscrollbind	繫結當前視窗與其他設定 scrollbind 的視窗一起捲動。用於 diff 差異比較。
scrolloff (so)	0 （在 *defaults.vim* 是 5）	用於強制內容行指引線，圍繞目前游標位置上方或下方的最小行數。我們喜歡將 scrolloff 設定為 3。
scrollopt (sbo)	ver,jump	定義 scrollbind 行為。將 scrollbind 設定為 ver 表示繫結視窗之間的垂直捲動。有關詳細討論，請參考 Vim 協助說明。
secure	nosecure	在啟動檔案中禁用某些種類的命令。如果不是 .vimrc 與 .exrc 檔案的所有者，則會自動開啟。
shellpipe (sp)		將 :make 的輸出擷取到檔案所用的 shell 字串。預設值取決於 shell 而有不同。
shellredir (srr)		將過濾器輸出擷取到暫存檔案所用的 shell 字串。預設值取決於 shell 而有不同。
showbreak (sbr)	空字串	將此字串插入換行的前方。
showcmd (sc)	Vim：showcmd； Unix：noshowcmd； 也在 *defaults.vim* 中定義	在命令模式中輸入時，顯示 vi 命令。Vim 在 ex 命令列的右側顯示命令。例如，改變五個單字的 vi 命令 5cw 在輸入時逐步顯示。這對於在構建命令時，追蹤按下的命令很有用。
showmode (smd)	Vim 預設值：smd， vi 預設值：nosmd	在插入、取代與標示模式，在狀態列中放置的訊息。
sidescroll (ss)	0	往水平方向捲動的字元數量。值為 0 時表示將游標放在螢幕的正中央。

選項	預設值	說明
smartcase (scs)	nosmartcase	如果搜尋樣式中包含大寫字母,則會覆蓋 ignorecase 選項。
spell	nospell	開啟拼字檢查。
spelllang (spl)	en	拼字檢查的語言檔案,以逗號分隔列表。
suffixes	*.bak,~,.o,.h, .info,.swp	當進行檔名自動補齊時,如果有多個檔案符合樣式,此值將設定其先後順序,以便選擇 Vim 真正會使用的檔案。
taglength (tl)	0	定義標籤中有效的字元數。預設值(0)表示所有的字元都有效。
tagrelative (tr)	Vim 預設值:tr, vi 預設值:notr	tags 檔案中來自其他目錄的檔名,會以相對於 tags 檔案所處目錄而計算位置。
tags (tag)	./tags,tags	:tag 命令所用的檔名,以冒號或逗號分隔。開頭的 ./ 會被目前檔案的完整路徑所替換。
tildeop (top)	notildeop	讓 ~ 命令的行為與操作符號一樣。
undolevels (ul)	1000	可以還原修改的最大數量。值 0 表示與 vi 相容性:一次還原,按下 u 還原自己的動作。非 Unix 系統可能會有不同的預設值。
viminfo (vi)		在啟動時讀取 *viminfo* 檔案,並在離開時寫入。其值很複雜;它控制了 Vim 會儲存到檔案中的不同類型資訊。有關詳細資訊,請參考線上協助説明。
writebackup (wb)	writebackup	在覆蓋檔案之前建立備份檔案。在成功寫入之後,備份會被移除,除非 backup 選項也被啟動。

a 從 Vim 8.0 開始,如果 Vim 執行時檔案 *defaults.vim* 或系統範圍的 *defaults.vim* 存在,Vim 的相容性將關閉。這是一個很好的預設行為,解決了當新手嘗試 Vim 但卻看不到特定行為時的長期存在抱怨與困惑。

vi 輕鬆的一面

當然，vi 對使用者是友好的。它只是特別關注是跟誰交朋友。

—佚名

本附錄涉及的 vi 相關主題範圍較為廣泛。涵蓋：

- 讀取這裡和本書前面討論的檔案。
- 在第一部分中，在 vi 線上的參考教學。
- 在網站上 *vi Powered* 的標誌（和其他標誌）。
- vi 相關的福袋。
- Vim 離合器。
- 多年以來，人們用 vi 完成一些不尋常且令人驚奇的事情。
- *Vi* Lovers 網頁（*https://tomer.com/vi/vi.html*）。
- 不同的 vi 複製品。
- 簡單介紹 vi 與 Emacs。
- 一些與 vi 相關的有趣語錄。

存取檔案

我們在這裡介紹的許多點點滴滴都曾經免費提供在網際網路上。雖然某些已不再是真的。為了決解這個問題,我們建立一個包含各種檔案的 GitHub 儲存庫。只需複製 *https://www.github.com/learning-vi/vi-files* 來製作屬於自己的儲存庫副本:

```
git clone https://www.github.com/learning-vi/vi-files
```

範例檔案

在第一部分「vi 和 Vim 基礎」中,使用的一些範例檔案位於 *book_examples* 目錄中。

clewn 原始碼

在 *clewn-1.15* 目錄中,提供了第 396 頁的「Clewn GDB 驅動程式」一節中提到的 clewn 程式。還需要構建並安裝,請使用以下的方法:

```
cd clewn-1.15
./configure
make
sudo make install
```

vi 線上教學

首先是來自 *UnixWorld* 雜誌中,Walter Zintz 的線上教學,在第一部分中多次提及。

這個教學的原始網站早已不存在,但我們設法在網際網路上找到的複製版本 *https://www.ele.uri.edu/faculty/vetter/Other-stuff/vi/009-index.html*。為了讓不必依賴此網站,並且在本書出版後仍然能看到,我們將副本放入的 GitHub(*https://www.github.com/learning-vi/vi-files*)儲存庫中[1]。

教學位於儲存庫的 *unix-world-tutorial* 目錄中,如果使用 Firefox 作為瀏覽器,應該足夠了:

```
$ cd unix-world-tutorial
$ firefox ./009-index.html &          使用使用者選擇的瀏覽器
```

---

[1]　這個副本中的網頁註腳標記著它們原來的位置。當瀏覽副本時,原來的網站可能在、也可能不在線上。

這份教學涵蓋以下主題：

- 編輯器的基礎

- 行模式下的定位

- g（全域）命令

- 替換命令

- 編輯環境（set 命令、tags 標籤和 EXINIT 和 .exrc）

- 位置和欄

- 代換命令 r 和 R

- 自動縮排

- 巨集指令

教學文件中包括幾個章節尾端的測驗問題，使用者可以藉由這些問題來瞭解對整份教學內容的吸收程度。或者直接嘗試這些問題，看看我們在這本書上做得如何！

vi Powered!

接下來是 *vi Powered* 標誌，圖 C-1。這是一個小小的 GIF 檔案，你可以將其增加到個人網頁中，表明使用 vi 來建立網站。

圖 C-1　vi Powered!

Logo 標誌位於 GitHub 儲存庫中的目錄 *vi-powered* 中（*https://www.github.com/learning-vi/vi-files*）。

vi Powered 標誌（由 Antonio Valle 創作）的原始網頁在 *http://www.abast.es/~avelle/vi.html*。網頁是用西班牙語編輯的，早已不存在。現在有一個英文網頁（*https://darryl.com/vi.shtml*），提供增加標誌的說明，以下幾個簡單的步驟：

1. 下載標誌。從我們的 GitHub 儲存庫下載，或在瀏覽器中輸入 *https://darryl.com/vipower.gif*，然後儲存到檔案中，或使用命令列工具取得，例如 wget。

2. 將以下程式碼增加到網頁的適當位置：

```
<A HREF="https://darryl.com/vi.shtml">
<IMG SRC="vipower.gif">
</A>
```

   這會將標誌放入網頁中，並成為一個超連結，當點選時連線到 *vi Powered* 網頁。對於非圖形瀏覽器的使用者，可能希望將 ALT="This Web Page is vi Powered" 屬性增加到 <IMG> 標記中。

3. 將以下程式碼增加到網頁的 <HEAD> 部分：

```
<META name="editor" content="/usr/bin/vi">
```

就像**真正的程式設計師**會避開「所見即所得」的文字處理器，而使用 troff，同樣地，**真正的網站大師**也會避開花俏的 HTML 編輯程式，而使用 vi。你可以使用 *vi Powered* 標誌自豪地呈現這個事實。☺

你可以在 *https://www.vim.org/logos.php* 上找到設計不同的圖示。在 *http://www.vim.org/buttons.php* 上則有許多 *Vim Powered* 圖示。

vi 的 Java

雖然標題如此，但是這裡指的是用來喝的爪哇咖啡，而不是用來寫程式的 Java。

假設真正的程式設計師，使用 vi 編寫 C++ 程式碼、troff 文件與網頁，無疑會時不時想喝杯咖啡。他現在可以捧著印有 vi 命令參考的杯子，來喝咖啡了！

這是我們找到的其他商家：*https://www .cafepress.com/geekcheat/366808*。可以買到印有 vi 參考資訊的馬克杯、T 恤、運動衫、燒烤圍裙，甚至滑鼠墊。

Vim 離合器

如果用手在 vi 或 Vim 中切換模式覺得很麻煩，就可能想要建立自己的「Vim 離合器」。這個 USB 連線的腳踏板在按下時發送 ⅰ，在鬆開時發送 ESC。

在 *https://github.com/alevchuk/vim-clutch* 中實作上述項目，包括結構部分、連線、說明和照片。

在 *https://l-o-o-s-e-d.net/vim-clutch* 展示了另一個 Vim 離合器。在過程中，作者也介紹除了他自己之外的其他幾個 Vim 離合器專案項目。

讓你的朋友驚嘆不已！

長期以來收集 vi 相關資訊，也許曾經最有用的是 *alf.uib.no* 這個 FTP 站。原始位置是在 *ftp://afl.uib.no/pub/vi*。還有一些相關蒐集的鏡像站 *ftp://ftp.uu.net/pub/text-processing/vi*。然而這兩個網站都已消失不存在。

令人高興的是，Clement Cole 將他的備份存檔提供給我們，包含在我們的 GitHub 儲存庫中，為此我們感謝他 [2]。

不幸的是，這些檔案最後一次更新是在 1995 年五月。而幸運的是，vi 的基本功能沒有什麼改變，其中的資訊與巨集仍然可以使用。其中包含了四個子目錄：

docs
  vi 的文件，以及一些 `comp.editors` 中的文章。

macros
  vi 巨集。

comp.editors
  各種發表在 `comp.editors` 上的文章。

programs
  各種平台上的 vi 複製品的原始程式碼（以及其他程式）。

我們沒有加入 *programs* 目錄，因為如今基本上是無關緊要的。

docs 與 *macros* 是最有趣的部分。docs 目錄有大量文章與參考資料，從初學者的導覽、程式錯誤的解釋、快速參考的資料，以及許多簡短的「如何作 ..」文章（例如，如何在 vi 中把句子的第一個字母改成大寫）。甚至還有一首關於 vi 的歌！

2　也感謝 Bakul Shah 告訴我們也可以在 *https://web.archive.org/web/19970209203017/http://archive.uwp.edu/pub/vi/* 找到。

macros 目錄中有超過 50 多個檔案，分別執行不同的工作。我們在這裡只介紹其中三個。原始存檔名稱以 .tar.Z 結尾，檔案已在我們的 GitHub 儲存庫中，請解開到單獨的目錄中。

evi.tar

一個 Emacs「模擬器」。這個背後的想法是將 vi 變成一個無模式編輯器（一個始終處於輸入模式的編輯器，使用控制鍵完成命令）。它實際上是透過替換 EXINIT 環境變數的 shell 指令稿完成的。

hanoi.Z

這可能是最有名的 vi 特殊應用；一組可以解決「河內塔」問題的巨集。這個程式只會顯示其移動，並不會實際畫出圓盤來。為了好玩，我們在「vi 版本的河內塔」中列印出它的內容。

turing.tar.Z

這個程式使用 vi 來實現一個真正的圖靈機（Turing machine）！看著它執行程式真是太神奇了。

除了這些，還有很多有趣的巨集值得一看！

---

vi 版本的河內塔

```
" From: gregm@otc.otca.oz.au (Greg McFarlane)
" Newsgroups: comp.sources.d,alt.sources,comp.editors
" Subject: VI SOLVES HANOI
" Date: 19 Feb 91 01:32:14 GMT
"
" Submitted-by: gregm@otc.otca.oz.au
" Archive-name: hanoi.vi.macros/part01
"
" Everyone seems to be writing stupid Tower of Hanoi programs.
" Well, here is the stupidest of them all: the hanoi solving
" vi macros.
"
" Save this article, unshar it, and run uudecode on
" hanoi.vi.macros.uu. This will give you the macro file
" hanoi.vi.macros.
" Then run vi (with no file: just type "vi") and type:
"   :so hanoi.vi.macros
"   g
" and watch it go.
"
```

```
" The default height of the tower is 7 but can be easily changed
" by editing the macro file.
"
" The disks aren't actually shown in this version, only numbers
" representing each disk, but I believe it is possible to write
" some macros to show the disks moving about as well. Any takers?
"
" (For maze solving macros, see alt.sources or comp.editors)
"
" Greg
"
" ----------- REAL FILE STARTS HERE ---------------
set remap
set noterse
set wrapscan
" to set the height of the tower, change the digit in the following
" two lines to the height you want (select from 1 to 9)
map t 7
map! t 7
map L 1G/t^MX/^0^M$P1GJ$An$BGC0e$X0E0F$X/T^M@f^M@h^M$A1GJ@f0l$Xn$PU
map g IL
map I KMYNOQNOSkRTV
map J /^0[^t]*$^M
map X x
map P p
map U L
map A "fyl
map B "hyl
map C "fp
map e "fy2l
map E "hp
map F "hy2l
map K 1Go^[
map M dG
map N yy
map O p
map q tllD
map Y o0123456789Z^[0q
map Q 0iT^[
map R $rn
map S $r$
map T ko0^M0^M^M^[
map V Go/^[
```

Vi Lovers 網頁

Vi Lovers 網頁（*http://www.tomer.com/vi/vi.html*）包含以下幾個項目：

- 所有已知 vi 同類品的表格，附帶連結到原始碼或二進制的發行版本。

- 連結到其他 vi 網站

- 不同等級的 vi 文件、手冊、協助說明和教學的大量連結

- 使用 vi 來編輯 HTML 文件、解決河內塔等等的其他巨集，以及 FTP 站點

- 其他 vi 連結：歌詞、關於 vi 的「真實歷史」的故事、vi 與 Emacs 的討論，以及 vi 咖啡杯子（請參閱第 482 頁的「vi 的 Java」部分）

請注意，這個網站似乎很久沒有更新了。雖然有許多連結，但有一部分有效，但也有一些已經無效。

不同的 vi 複製品

在圖 C-2 到 C-9 中描繪的是 vigor 的故事，它是另一個 vi 複製品。

圖 C-2　vigor 的故事 Part I

圖 C-3　vigor 的故事 Part II

圖 C-4　vigor 的故事 Part III

圖 C-5　vigor 的故事 Part IV

圖 C-6　vigor 的故事 Part V

圖 C-7　vigor 的故事 Part VI

圖 C-8　vigor 的故事 Part VII

圖 C-9　vigor 的故事 Part VIII

vigor 的原始碼可在 *http://vigor.sourceforge.net* 取得。

延伸的題外話

```
vi is [[13~^[[15~^[[15~^[[19~^[[18~^ a
muk[^[[29~^[[34~^[[26~^[[32~^ch better editor than this emacs. I know
I^[[14~'ll get flamed for this but the truth has to be
said. ^[[D^[[D^[[D^[[D ^[[D^[^[[D^[[D^[[B^
exit ^X^C quit :x :wq dang it :w:w:w :x ^C^C^Z^D
```

— Jesper Lauridsen from alt.religion.emacs

要討論 vi 在 Unix 文化中的地位，就不能不承認在 Unix 社群中可能延續最久的爭論，vi 與 Emacs[3]。

討論哪個編輯器比較好，多年來一直出現在 comp.editors（和其他新聞組）上。（這在圖 C-10 中有很好的說明）

3　這確實是一場宗教戰爭，但我們努力表現得很友善。而另一場宗教戰爭，BSD 與 System V，因為 POSIX 而解決。System V 獲勝，儘管 BSD 也接受重大的讓步。☺

圖 C-10　這不是一場宗教戰爭。真的！

一些支持 vi 的更好的論點是：

- vi 在每個 Unix 系統上都可用。如果你在安裝系統，或是轉移到別的系統時，很可能必須使用 vi。

- 你通常可以將手指放在鍵盤最中間的那一行上。對熟練的打字員來說是一大優勢。

- 命令是一個（有時是兩個）一般字元，比起 Emacs 所需的控制字元與中介字元，更容易輸入。

- vi 一般比 Emacs 小，資源佔用更少。啟動時間明顯更快，有時可能相差數十倍。

- 現在 Vim（和其他 vi 複製品）已經加入了一些特性，例如漸進式搜尋、多視窗、緩衝區的編輯、GUI 圖形使用者介面，語法特別標示與智慧縮排，還有經由擴充語言達到的程式化功能等等，使得這兩種編輯器功能的差距，即使沒有消失，也大幅度縮小了。

為了完整起見，還要提到一件事。儘管 GNU Emacs 一直都有 vi 模擬套件，但它們通常不是很好。然而，viper-mode 被認為是一種出色的 vi 模擬。它可以作為有興趣的人學習 Emacs 的橋樑。

總而言之，各位使用者才是最後決定程式效用的人。你應該使用能得到最高生產力的工具，而在許多任務中，vi 和 Vim 都是非常優秀的工具。

vi 語錄

最後，這裡還有一些 vi 語錄，由 Vim 的作者 Bram Moolenaar 提供：

定理：vi 是完美的。

證明：VI 是羅馬數字中的 6。可以被 6 整除又小於 6 的自然數是 1、2、3。1 + 2 + 3 = 6。因此 6 是一個完美數。因此，vi 是完美的。

— Arthur Tateishi

Nathan T. Oelger 的回應：

因此，將上面的結果用在 Vim 會如何呢？VIM 在羅馬數字中是代表 (1000 - (5 + 1)) = 994，等於 2*496+2。496 可以被 1、2、4、8、16、31、62、124 與 248 整除，而 1+2+4+8+16+31+62+124+248 = 496。所以，496 是一個完美數。因此，Vim 比 vi 完美兩倍，再加上許多額外的好東西。☺

也就是說，Vim 比完美更美好。

這一則語錄似乎是為真正的 vi 愛好者所做的總結：

對我來說，vi 就是禪。使用 vi，就是參禪。每一個命令都是心印。來自內心深處，非有經驗不能明白。每一次使用，都會發現真理。

— Satish Reddy

vi 和 Vim：原始碼和建置

如果作業系統中尚未安裝 vi 或 Vim，本附錄描述了從何處取得這兩個編輯器的原始碼，以及大多數流行的作業系統中，預先建置可安裝的二進制執行檔。

與原始版本不同的部分

多年來，如果沒有 Unix 原始碼授權，原本 vi 的原始碼就無法使用。儘管教育機構能夠以相對較低的成本獲得授權，但商業授權總是很昂貴。這個事實促使創建 Vim 和許多其他 vi 複製品。

2002 年 1 月，V7 和 32V UNIX 在開放原始碼風格的授權下，使用原始碼。這幾乎開啟存取所有為 BSD Unix 開發的程式碼，包括 ex 和 vi[1]。

導致許多原始碼不能在現代作業系統（例如 GNU/Linux）上「開箱即用」編譯，並且很難移植。幸運的是，這些工作已經完成[2]。如果你想使用原始「真正」的 vi，可以下載原始碼並自行建置。詳細資訊，請見 *https://github.com/n-t-roff/heirloom-ex-vi*。

只需依照 *README* 檔案中的說明，就能夠在 Ubuntu GNU/Linux 系統上構置「Heirloom」版本的 vi。

1　有關更多的資訊，請參考 Unix Heritage Society（*https://www.tuhs.org/*）網站。
2　我們知道，所以嘗試過了。

從哪裡取得 Vim ?

大多數現代 Unix 風格的作業系統，都使用 Vim 作為 vi 的標準版本[3]。也就是說，當我們執行 vi 時，會得到 Vm。

許多這樣的作業系統，會稍微落後最新的 Vim 版本。例如，截至本書出版時，版本是 Vim 8.2，而大多數系統都是 Vim 8.0。

在本節中，我們將簡單說明，如何在 GNU/Linux（在本例中為 Ubuntu）上，安裝最新版本的 Vim（或任何喜歡的版本）。對於其他 GNU/Linux 發行版，過程大至相同。

如果命令 vi 或 Vim 沒有啟動編輯器，要不是沒有安裝，就是路徑中沒有包含 Vim 可執行檔的目錄。確保環境變數 PATH，包含以下目錄。（如果依舊錯誤，可能就是沒有安裝 Vim。請繼續閱讀 Vim 安裝的說明）。

```
/usr/bin           這應該在你的 $PATH 中
/bin               執行檔應該在這裡
/opt/local/bin
/usr/local/bin
```

使用 ex 的 version 命令，驗證 Vim 版本。Vim 顯示內容如下：

```
VIM - Vi IMproved 8.2 (2019 Dec 12, compiled May  8 2021 05:44:12)
macOS version
Included patches: 1-2029
Compiled by root@apple.com
Normal version without GUI.  Features included (+) or not (-):
+acl               -farsi             -mouse_sgr         +tag_binary
-arabic            +file_in_path      -mouse_sysmouse    -tag_old_static
+autocmd           +find_in_path      -mouse_urxvt       -tag_any_white
+autochdir         +float             +mouse_xterm       -tcl
-autoservername    +folding           +multi_byte        -termguicolors
-balloon_eval      -footer            +multi_lang        +terminal
-balloon_eval_term +fork()            -mzscheme          +terminfo
-browse            -gettext           +netbeans_intg     +termresponse
+builtin_terms     -hangul_input      +num64             +textobjects
+byte_offset       +iconv             +packages          +textprop
+channel           +insert_expand     +path_extra        +timers
+cindent           -ipv6              -perl              +title
-clientserver      +job               +persistent_undo   -toolbar
+clipboard         +jumplist          +popupwin          +user_commands
+cmdline_compl     -keymap            +postscript        -vartabs
+cmdline_hist      +lambda            +printer           +vertsplit
```

3　仍有一些例狀況，往往是基於 Unix 的舊有系統，例如 HP/UX 和 AIX，其中標準 vi 是原始版本之一。

```
+cmdline_info      -langmap          -profile          +virtualedit
+comments          +libcall          +python/dyn       +visual
-conceal           +linebreak        -python3          +visualextra
+cryptv            +lispindent       +quickfix         +viminfo
+cscope            +listcmds         +reltime          +vreplace
+cursorbind        +localmap         -rightleft        +wildignore
+cursorshape       -lua              +ruby/dyn         +wildmenu
+dialog_con        +menu             +scrollbind       +windows
+diff              +mksession        +signs            +writebackup
+digraphs          +modify_fname     +smartindent      -X11
-dnd               +mouse            -sound            -xfontset
-ebcdic            -mouseshape       +spell            -xim
-emacs_tags        -mouse_dec        +startuptime      -xpm
+eval              -mouse_gpm        +statusline       -xsmp
+ex_extra          -mouse_jsbterm    -sun_workshop     -xterm_clipboard
+extra_search      -mouse_netterm    +syntax           -xterm_save
    system vimrc file: "$VIM/vimrc"
      user vimrc file: "$HOME/.vimrc"
 2nd user vimrc file: "~/.vim/vimrc"
      user exrc file: "$HOME/.exrc"
       defaults file: "$VIMRUNTIME/defaults.vim"
  fall-back for $VIM: "/usr/share/vim"
Compilation: gcc -c -I. -Iproto -DHAVE_CONFIG_H   -DMACOS_X_UNIX  -g -O2
-U_FORTIFY_SOURCE -D_FORTIFY_SOURCE=1
Linking: gcc   -L/usr/local/lib -o vim  -lm -lncurses  -liconv -framework Cocoa
```

如果看到最新發佈的版本編號，如所預期的，那麼就完成了。如果需要不同的版本，請繼續閱讀。

 有趣的是，在作者在 Mac mini 上，安裝了 OS X 版本 10.4.10，不僅 vi 命令啟動 Vim，而且手冊頁文件（man page）也參考 Vim！

如果上述方式都沒有作用，那麼你可能沒有 Vim。Vim 可以在許多平台上以多種形式使用，並且（通常）相對容易檢索和安裝。接下來的部分，將依照以下系統平台順序，導引如何取得 Vim：

- Unix 和其他變體，包括 GNU/Linux 和 Cygwin

- Windows XP 及以上

- Macintosh macOS

這裡描述的安裝過程，需要能夠編譯原始碼的開發環境。儘管大多數 Unix 類似系統都提供編譯器和相關工具，但有些需要自行下載並安裝其他軟體套件（尤其是目前版本的 Ubuntu GNU/Linux 發行版），然後才能體驗編譯原始碼的樂趣。

還有預先編譯打包的 Vim 安裝包，為 GNU/Linux（Red Hat RPM、Debian pkg）、Solaris（成套軟體）和 HP-UX，提供簡單的標準安裝程序。Vim 網頁提供所有這些作業系統的連結。對於不常見的系統，搜尋網際網路應該會有所幫助。

快速檢查 gcc 來表示是否準備好編譯 Vim：

```
$ type gcc
gcc is /usr/bin/gcc
```

取得用於 Unix 和 GNU/Linux 的 Vim

許多現代 Unix 環境已經帶有一些版本的 Vim。對於大多數 GNU/Linux 發行版本，只是將預設的 vi 位置 */usr/bin/vi*，連結到 Vim 的可執行檔案。大多數使用者永遠不需要安裝它。正如本書前面提到 Solaris 11 的 vi，實際上就是 Vim ！

在 Ubuntu GNU/Linux 系統上，最小版本的 Vim 安裝為 vi。對於包括 GUI 在內的完整版本，請執行以下操作：

```
sudo apt install vim-gtk3
```

在其他系統上，需要對作業系統的套件管理工具，執行類似的操作。

因為 Unix 的變體太多，某些變體的分支也很多（例如，Solaris、HP-UX、*BSD、GNU/Linux 的所有發行版），如果不能使用套件管理工具安裝 Vim，另一個取得 Vim 最直接的方法是下載原始碼，編譯並安裝它。

Vim 以壓縮 tar 檔案的形式散佈（分別使用 gzip 或 bzip2 檔案，分別對應 .gz、.bz2）。與 tar 檔案隨之而來，每個主要版本都有許多修補，來修復先前主要版本，在發佈後所發現的問題。

可以下載 tar 檔案和修補檔案，然後單獨套用修補，才便順利以最新的版本原始碼構置。然而，這個過程很乏味，因為任何指定的版本通常都有數百個修補檔案。

相反地，從 Vim 的 GitHub 儲存庫（*https://github.com/vim/vim*）中，簡單複製原始碼要容易得多。這樣做會產生與以下類似的輸出：

```
$ git clone git://github.com/vim/vim
Cloning into 'vim'...
remote: Enumerating objects: 34, done.
remote: Counting objects: 100% (34/34), done.
remote: Compressing objects: 100% (27/27), done.
Receiving objects: 100% (113446/113446), 90.87 MiB | 1.07 MiB/s, done.
Resolving deltas: 100% (95729/95729), done.
Updating files: 100% (3347/3347), done.
```

如果要開始構置，請切換到 *src* 目錄，並執行 configure。也許會希望在執行它之前，對配置選項上網搜尋進行一些研究。這個配置設定會產生很多資訊：

```
$ cd vim/src
$ ./configure
configure: creating cache auto/config.cache
checking whether make sets $(MAKE)... yes
checking for gcc... gcc
checking whether the C compiler works... yes
checking for C compiler default output file name... a.out
checking for suffix of executables...
    ...
```

下一步是執行 make。在這個步驟裡，也產生很多的編譯資訊：

```
$ make
/bin/sh install-sh -c -d objects
touch objects/.dirstamp
CC="gcc -Iproto -DHAVE_CONFIG_H        " srcdir=. sh ./osdef.sh
gcc -c -I. -Iproto -DHAVE_CONFIG_H     -g -O2 -U_FORTIFY_SOURCE
-D_FORTIFY_SOURCE=1        -o objects/arabic.o arabic.c
gcc -c -I. -Iproto -DHAVE_CONFIG_H     -g -O2 -U_FORTIFY_SOURCE
-D_FORTIFY_SOURCE=1        -o objects/arglist.o arglist.c
gcc -c -I. -Iproto -DHAVE_CONFIG_H     -g -O2 -U_FORTIFY_SOURCE
-D_FORTIFY_SOURCE=1        -o objects/autocmd.o autocmd.c
    ...
```

完成後，我們將擁有一個可執行的檔案名稱 vim。如果要整個系統安裝它，請成為 root 使用者並執行 make install。

取得用於 Windows 環境的 Vim

MS Windows gvim

Microsoft Windows 有三個主要安裝選擇。第一個是自安裝可執行檔案 *gvim82.exe*，可從 Vim 網頁下載。下載後執行安裝，剩下的就交給它了。我們已經在不同的 Windows 機器上，使用這個可執行檔安裝 Vim，而且它總是可以正常運作。安裝檔應該可以正確安裝在 Windows XP 及更高版本的所有 MS-Windows 系統上。

 在安裝過程中的某一瞬間，會彈出一個 DOS 視窗，並執行有關一些無法驗證的警告訊息。但請不用擔心，我們並不認為這會是個問題。

Windows 上的 Cygwin

Windows 使用者的第二個選擇是安裝 Cygwin（*http://www.cygwin.com/*），這是一套移植到 Windows 平台上的通用 GNU 工具。它幾乎完整實現所有 Unix 平台上，主流軟體的使用。Vim 是標準 Cygwin 安裝的一部分，在 Cygwin shell 控制台中執行。

在 CYGWIN 中使用 Vim

在 Cygwin 中，基於文字命令列下的 Vim 可以運作的相當良好，但 Cygwin 的 `gvim` 需要執行 X Window System 服務程式。如果在沒有服務程式的情況下啟動，它會優雅的降級，退回到執行純文字介面的 Vim。

要使 Cygwin 的 `gvim` 得以執行（假設希望在本地端畫面上執行），請從 Cygwin 的 shell 中命令列啟動 Cygwin X 服務程式，如下所示：

```
$ X -multiwindow &
```

選項 `-multiwindow` 告訴 X 服務程式，讓 Windows 管理 Cygwin 應用程式。還有許多使用 Cygwin X 服務程式的其他功能，但這些討論超出本書的範圍。安裝 Cygwin 的 X 服務程式，也超出本書範圍；如果還未安裝，請參考 Cygwin 首頁取得更多資訊。Windows 系統工作列中，應該出現圖形「X」圖示。這可以確認 X 服務程式正在執行。

如果同時安裝 Cygwin 的 Vim 與 *vim.org* 的 Vim，這會讓人困惑。其中，為 Vim 設定參考的一些配置檔案，可能位於不同的位置，因而導致看似相同的 Vim 版本，卻以完全不同的選項啟動。例如，Cygwin 和 Windows 可能對使用者的家目錄，有不同的概念想法。

用於 Windows Linux 子系統的 Vim

適用於 Linux 的 Windows 子系統（WSL）是一個與 Linux 核心完全相容的虛擬環境。它是 Microsoft 的平台，用於安裝和執行 GNU/Linux 發行版本。發行版本清單不斷增加，大多數受歡迎的 GNU/Linux 發行版本都可以安裝使用。

有關 WSL 的更多討論，請參考第 208 頁的「在 Microsoft Windows WSL 中執行 gvim」部分。

WSL 是一個 Microsoft Windows 相對較新的擴充。雖然沒有詳細描述 WSL，但我們認為它會是更好的選擇，並推薦 WSL 和 GNU/Linux 中的 Vim，而不是前面提到的 Cygwin。

用於 Macintosh 環境的 Vim

在 macOS 下使用 Vim 有兩種選擇。你可以使用原生版本，也可以使用 Homebrew 安裝圖形版本。本節介紹這兩個選項。

原生 macOS Vim

macOS 將 Vim 納入作為標準工具。使用 Apple 的預設配置是最簡單的，因為作業系統更新時，也會使 Vim 保持最新狀態。值得注意的是，macOS 的 Vim 不是 GUI 介面，但我們推薦一個流行的第三方 GUI 的 Vim 版本，稱為 MacVim。

MacVim 獲得積極維護，並且具有熟悉類似 Macintosh 的外觀和經驗，因為它的維護者堅持常見的 Macintosh 樣式和人體工學。

在 MacVim 的 GitHub（*https://github.com/macvim-dev/macvim*）頁面底部，會發現其中顯示的 *README.md* 資訊，如圖 D-1。

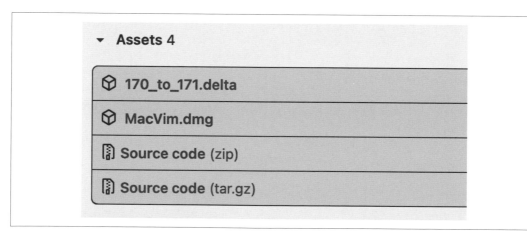

圖 D-1　MacVim 網頁的 README.md

點選「Download the latest version from Releases」下載最新的版本。在這個頁面下方附近的 Assets。（參見圖 D-2）建議下載 *MacVim.dmg*，並執行標準 macOS 安裝。

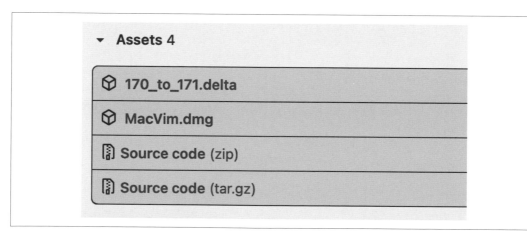

圖 D-2　MacVim assets（下載項目）

 在我們的 MacBook Pro 上，使用 zsh 和別名，將這一行增加到 *.zshrc* 設定檔中：

```
alias vi='/Applications/MacVim.app/Contents/bin/mvim'
```

用 Homebrew 安裝 Vim

喜歡類似 GNU 系統操作的 Macintosh 使用者，可能更熟悉 Homebrew（*https://brew.sh/*），它是為 Macintosh 提供 GNU 軟體套件的應用程式管理工具。

Homebrew 的 GNU 套件安裝命令，就是 brew install *gnu-package*，其中 *gnu-package* 是任何 Homebrew 可用的套件名稱。使用 Homebrew 安裝 Vim，請執行以下命令：

```
brew install vim
```

可以連到「Homebrew Formulae」（*https://formulae.brew.sh/formula/vim*）獲得更多有關 Homebrew Vim 選項的詳細資訊。

其他作業系統

在 Vim 的 *vi_diff.txt* 協助檔案中，條列出更多 Vim 支援的環境。請參考其中，取得更多相關資訊。支援的環境包括：

- IBM OS/390
- OpenVMS
- QNX

支援許多現今早已過時的舊系統，但它們可能不再受到維護。

索引

※ 提醒您：由於翻譯書排版的關係，部分索引名詞的對應頁碼會和實際頁碼有一頁之差。

符號

!（exclamation point）（驚嘆號）
    filtering text through a command（經由命令過濾文字），122-124
    mapping keys for insert mode（在插入模式映射按鍵），132
    overriding write warnings（覆寫警告訊息），77
    :q! quitting without saving（不儲存就離開），10, 12, 77
    toggling :set options（切換選項），116
        line number display（行號顯示），71
    Universal tags file tags（Universal tags 檔案），152
    Unix command execution（Unix 命令執行），13, 119
"（double quote）（雙引號）
    comments in ex scripts（ex 指令稿中的註釋），144, 174
    recovering deletions（回復刪除），62
    yanking/copying to named registers（拉動 / 複製到命名暫存器），62
#（hash）（井字符號）
    alternate filename（備用檔案名稱），81
    temporary display of line numbers（暫時顯示行號），71
#include files and insertion completion（#include 檔案和插入補齊），272
$（dollar sign）（錢字符號）
    $@ variable（變數），140
    $file variable（變數），140
    command output to variable（命令輸出到變數），141
    cursor to end of line（游標移動到行尾端），21
    last line of file（ex）（檔案結尾（ex）），72
    metacharacter in search patterns（搜尋樣式中的中介字元），91
    shell prompt（命令提示符號），8
        terminating a shell（終止 shell），13
$@ variable（變數），140
$file variable（變數），140
%（percent）（百分比符號）
    bracket searches（括號搜尋），148
    current filename（目前檔案名稱），81
    every line in file（檔案中的每一行），72
    global replacement（全域代換），88
    replacement text of last substitute（最後替換的替換文字），96
&（ampersand）metacharacter（和符號，中介字元），96

substitution command（替換命令）, 97

'（apostrophe）for marking place（單引號，標記一處位置）, 63

"（apostrophes）cursor move（單引號兩個，游標移動）, 54, 63

(（left parenthesis）cursor move（小括號，游標移動）, 47

)（right parenthesis）cursor move（小括號，游標移動）, 47

*（asterisk）metacharacter（星號，中介字元）, 91

+（plus）（加號）

    +-- fold placeholder（摺疊佔位符號）, 249

    moving cursor down（游標向下移動）, 17, 46

    opening file at last line（在最後一行開啟檔案）, 59

    relative line addresses（ex）（相對行位址（ex））, 72

,（comma）command（逗號，命令）, 53

-（hyphen）（連字符號）

    escaping in brackets（在括號中轉義）, 92

    moving cursor up（游標向上移動）, 17, 46

    relative line addresses（ex）（相對行位址（ex））, 72

    Vim command-line options（Vim 命令列選項）, 169-171

        filename as hyphen（檔名作為連字符號）, 169

--cmd command-line option（命令列選項）, 170

--help command-line option（命令列選項）, 222

--remote command-line options（命令列選項）, 171

-server command-line options（命令列選項）, 171

-A command-line option（命令列選項）, 170

-b command-line option（命令列選項）, 170, 329

-C command-line option（命令列選項）, 170

-c command-line option（命令列選項）, 59-60, 170

-d command-line option（命令列選項）, 170, 337-339

-E command-line option（命令列選項）, 170

-E command-line option（命令列選項（grep））, 178

-e command-line option（命令列選項）, 173

-g command-line option（命令列選項）, 170

-M command-line option（命令列選項）, 170

-O command-line option（命令列選項）, 171

-o command-line option（命令列選項）, 171

-o option for multiple windows（多視窗選項）, 218

-R command-line option（命令列選項）, 10, 60

-r command-line option（命令列選項）, 61

-s parameter for script or silent mode（指令稿模式或安靜模式的參數）, 139

-y command-line option（命令列選項）, 171

    evim and eview commands（evim 和 eview 命令）, 172

-Z command-line option（命令列選項）, 171

.（dot）（點號）

    current line（ex）（目前這一行（ex））, 72

    metacharacter in search patterns（搜尋樣式中的中介字元）, 91

    repeat last command（重複上一次命令）, 36, 89

.exrc files（.exrc 檔案）, 116, 173

alternate file via :so（透過 :so 使用備用環境的檔案），118

changes displayed via :set command（透過 :set 命令顯示的修改），116

home directory .exrc file（家目錄 .exrc 檔案），117

read on startup（啟動時讀取），116, 117

right margin（右邊間距），21

scripts（指令稿），138

.gvimrc file（.gvimrc 檔案），187

colorscheme option（選項），297

.vimrc file（.vimrc 檔案），173

colorscheme option（選項），297

gvim, 187

incsearch（incremental searching）（漸進式搜尋），183

/（斜線）

search commands via（搜尋命令），48

bottom-line command overview（底部命令概述），6

ex global searches（ex 全域搜尋），74

ex next line matching pattern（ex 比對樣式下一行），73

repeating search forward（重複順向搜尋），49

substitute command（替換命令），87

Unix pathnames（Unix 路徑名稱），8

directory navigation（目錄導覽），333-335

/usr/share/vim/vimXX/defaults.vim file（檔案），44

0（zero）beginning of line comman（0（零）行首命令），21

0（zero）line in ex（0（零）ex 行位址），72

:（colon）（冒號）

colon prompt of ex（ex 的提示符號）

nvoking vi gives colon（啟動執行 vi），10

Q command in vi（vi 的 Q 命令），69

quitting back to vi（離開回到 vi），69

ex commands（ex 命令），7, 690

in configuration files（配置設定檔案），174

MS-Windows disallowing in filenames（MS-Windows 不允許使用檔案名稱），8

Unix shell commands（Unix shell 命令），13

:! for Unix command（執行 Unix 命令），13, 119

:&（repeat substitution）command（:&（重複替換）命令），97

:.=（current line number）command（:.=（目前行號）命令），71

:=（number of lines）command（:=（所有總行數）命令），71

:ab（abbreviation）command（:ab（縮寫）命令），124

:args（arguments）command（:args（參數）命令），80

:bufdo command（:bufdo 命令），235

:buffers command to list buffers（:buffers 緩衝區列表命令），232

:cwindow command（:cwindow 命令），234

:e（edit）command（:e（編輯）命令），9, 81

:e!（revert）（:e!（恢復）），12

:files command to list buffers（:files 緩衝區列表命令），232

:g（global searches）command（:g（全域搜尋）命令），74, 89-90

repeat last command via（重複上一次命令），111

:help command（:help 命令）, 167-169
    change-tree navigation（change-tree 樹狀變更導覽）, 183
    c_CTRL-F for command-line（c_CTRL-F 用於命令列）, 351
    digraph-table（複合字元表）, 330
    F1 for help screen（F1 協助畫面）, 346
    help buffer（特殊緩衝區）, 234
    navigation（導覽）, 167
    new user support（新使用者的支援）, 165
    regexp for regular expressions（正規表示式）, 182
    scripting（指令稿）, 323
    startup options for Vim（Vim 啟動選項）, 169
    s_flags for substitution（替換旗標 s_flags）, 89
    TAB for command completion（TAB 命令自動補齊）, 168
    text-objects and visual mode（文字物件和標示模式）, 178
    usr_32.txt（協助文件 usr_32.txt）, 183
:hide（buffer）command（隱藏緩衝區命令）, 240
:j（join two or more lines）command（（合併兩行或多行）命令）, 143
:loadview preserving folds（載入保留摺疊）, 245
:ls command to list buffers（顯示緩衝區列表命令）, 232
:lwindow command（位置列表命令）, 234
:m（move）command（移動命令）, 70, 90
:map command（映射命令）, 126, 132
    command history window（命令歷史視窗）, 351
    CTRL-V to escape keys（CTRL-V 轉義鍵）, 127
    doubling commands（加倍命令）, 350
    examples of mapping（映射範例）, 130-132
        complex mapping example（複雜的映射範例）, 128
    function keys（功能鍵）, 133
    insertion completion method（插入模式中的補齊命令）, 268, 275
    keys not used in command mode（不在命令模式下使用的按鍵）, 126
    mapleader variable（mapleader 變數）, 127
    multiple input keys（多個輸入鍵）, 136
    quitting Vim simplified（更簡單的離開 Vim）, 349
    resizing windows（調整視窗大小）, 350
    search-pattern history window（搜尋樣式歷史視窗）, 352
    searching for command（搜尋命令）, 353
    special keys（特殊鍵）, 134-136
:mksession command（:mksession 命令）, 341
:mkview command（:mkview 命令）, 245
:n（next file）command（:n（下一個檔案）命令）, 80
:nmap（map）command（:nmap（map）命令）, 349
:noremap command（:noremap 命令）, 351
:p（print to screen）command（:p（列印到螢幕）命令）, 68
:pre（preserve）command（:pre（preserve）命令）, 13
:q（quit）command（:q（quit）命令）, 11, 77
    No write since last change message（上一次改變之後沒有寫入訊息）, 10
    problem opening file（開啟檔案發生的問題）, 9

:q! quitting without saving（:q! 不儲存就離開）, 10, 12, 77

    simplified via mapping（簡單的映射）, 349

    :wq write and quit（:wq 寫入並離開）, 11, 77

:r（read）command（:r（read）命令）, 79, 120

    spellchecking（拼字檢查）, 122

:redo command（:redo 命令）, 182

:rew（rewind）command（:rew（rewind）命令）, 80

:s（substitute）command（:s（替換）命令）, 68

    confirming substitutions（確認替換）, 88

    edcompatible option（edcompatible 選項）, 98

    global replacement（全域代換）, 87, 89

    tricks to know（要知道的技巧）, 97

（:set 命令）, 116

    about（相關說明）, 116

        useful options（一些有用的選項）, 118

    all to display all options（顯示所有選項）, 116

        individual option display（顯示個別選項）, 116

    autoindent, 145

        Vim, 257-258, 266

    backup, 335

    backupdir, 335

    binary, 329

    cindent, 257, 259-265

    cmdwinheight, 352

    compatible, 165, 258

    complete, 274

    digraph, 330

    expandtab, 147

    .exrc file（.exrc 檔案）, 116, 117

    exrc option in home directory .exrc file（exrc 家目錄檔案 .exrc 選項）, 117

    foldcolumn, 252

    foldenable, 256

    foldlevel, 255

    foldmethod, 254, 256

    guioptions, 194

    Heirloom vi options（Heirloom vi 選項）, 467-469

    ic to ignore case（ic 忽略大小寫）, 97, 119

    indentexpr, 257, 265

    laststatus for status line（laststatus 狀態列）, 220

    list, 147

    listchars, 344

    mouse, 190, 225

    nonu for no line numbers（nonu 不顯示行號）, 71

    nowrap, 183

    nu for line number（nu 顯示行號）, 21, 53, 70

        toggling display（切換顯示）, 71

    paragraph and section separators（段落和小節分隔符號）, 48

    scripts checking options（指令稿檢查選項）, 310

    scrolloff, 44

    shiftwidth, 146, 254

    showmatch, 148

    sidescroll, 183, 343

    smartindent, 257, 258

    Solaris vi options（Solaris vi 選項）, 467-469

    statusline, 304

    syntax, 280

    tabstop, 146

    tildeop, 253

    undolevels, 182

    Vim 8.2 options（Vim 8.2 選項）, 470-477

    viminfo, 340

    winheight option（選項）, 220, 230

    winwidth option（選項）, 220, 230

    wm（wrapmargin）, 21, 118

    wrap, 343, 344

    wrapscan, 119

    writebackup, 335

:sh for new shell（:sh 開啟新的 shell）, 13, 119

:so（source）command（:so（source）命令）, 118

    read saved session file（讀取已儲存的執行階段紀錄檔）, 341

    script execution（執行指令稿）, 139

:split command for multiple windows（:split 命令分割視窗）, 221-224

    conditional split commands（條件分割命令）, 224

    options（選項）, 222

:stag command（:stag 命令）, 237

:syntax command（:syntax 命令）, 278

:t（copy lines to）command（:t（行複製）命令）, 70, 112

:tab commands（:tab 命令）, 238

:tag command（:tag 命令）, 149

    tag stacks（標籤堆疊）, 153-156

        Vim editor, 276

:tjump command（:tjump 命令）, 237

:tmenu command（:tmenu 命令）, 206

:tselect command（:tselect 命令）, 237, 277

:v command（:v 命令）, 74, 106, 353

:vi command（:vi 命令）, 68, 431

:vimgrep command（:vimgrep 命令）, 293

:vsplit command for multiple windows（:vsplit 多視窗分割命令）, 221

:w（write）command（:w（write）命令）, 11, 77

    appending to a saved file（附加到儲存的檔案）, 78

    editing multiple files（編輯多個檔案）, 80

    saving part of a file（儲存部分的檔案）, 78

    turning off write on startup（關閉啟動時寫入）, 170

    :w filename for new file（:w 寫入新檔案名稱）, 12, 78

:w! overriding read-only mode（:w! 覆寫唯讀模式檔案）, 60, 77
　:w! overriding write warnings（:w! 覆寫檔案警告訊息）, 77
　:w! overwriting existing file（:w! 覆寫已存在的檔案）, 12
　:wq write and quit（:wq 寫入檔案並離開）, 11, 77
:windo command（:windo 命令）, 235
:~（repeat search pattern）command（:~（重複搜尋樣式）命令）, 97
;（semicolon）command（;（分號）命令）, 51
<< input command（<< 輸入命令）, 141
<< outdent（<< 突出縮排）, 146
>>（redirect and append）operator（重新導向和附加運算子）, 78
>> indent（>> 內縮縮排）, 146
?（question mark）（問號）
　individual :set option display（個別顯示 :set 選項）, 116
　search commands via（search 命令）, 6
　　ex searching backwards（ex 反向搜尋）, 73
　　repeat search backward（重複反向搜尋）, 49
@-functions（at-functions）（@- 巨集）, 137
[ ]（brackets）（中括號）
　character classes in POSIX（POSIX 字元類別）, 94
　collating symbols in POSI（POSIX 校對符號）, 94
　cursor movement（游標移動）, 47
　equivalence classes in POSIX（POSIX 等價類別）, 94
　metacharacters in search patterns（搜尋樣式的中介字元）, 91
　optional parameters（可選用的參數）, 8
[..] for collating symbols（[..] 校對符號）, 94
[::] for character classes（[::] 字元類別）, 94
[= =] for equivalence classes（[= =] 等價類別）, 94
[[（left brackets）moving cursor（[[（左中括號）移動游標）, 47
\（backslash）（反斜線）
　mapleader character（映射導引字元）, 127
　metacharacter in replacement strings（替換字串的中介字元）, 95
　metacharacter in search patterns（搜尋樣式的中介字元）, 91, 178, 182
　　escaping in brackets（轉義中括號）, 92
　　\< matching start of word（\< 符合單字開始）, 92, 93
　　\> matching end of word（\> 符合單字結束）, 92, 93
　regular expression characters and character classes（正規表示式的字元和字元類型）, 180
　spaces within filenames（檔案名稱中的空格）, 8
　　MS-Windows disallowing（MS-Windows 不允許使用）, 8
\& metacharacter（中介字元）, 179
\(\) subpattern（子樣式）, 180
\+ metacharacter（中介字元）, 179
\< matching start of word（符合單字開始）, 92, 93
\= metacharacter（中介字元）, 179
\> matching end of word（符合單字結束）, 92, 93
\? metacharacter（中介字元）, 179
\E metacharacter（中介字元）, 97
\e metacharacter（中介字元）, 97

\L metacharacter（中介字元），97

\l metacharacter（中介字元），96

\number subexpression match（子表示式比對數量），180

\U metacharacter（中介字元），97

\u metacharacter（中介字元），96

\{ } metacharacters（中介字元），179

\| metacharacter（中介字元），178

]（right bracket）in brackets（（右中括號）在中括號中），92

]]（right brackets）moving cursor（（右中括號）移動游標），47

^（caret）（插入符號）

   metacharacter in search patterns（搜尋樣式的中介字元），91

      inside brackets（在中括號內），92

   move to first nonblank character（移動到第一個非空白字元），46

   representing CTRL key（代表 CTRL 鍵），43

   scrolling the screen（捲動螢幕），43

_（underscore）as cursor position（（底線符號）游標位置），16

`（backquote）cursor move（（反引號）移動游標），63

``（backquotes）cursor move（（雙反引號）移動游標），54, 63

{（left brace）cursor move（（左大括號）移動游標），47

|（vertical bar）move to character（（垂直線符號）移動到某個字元），46

}（right brace）cursor move（（右大括號）移動游標），47

~（tilde）（波浪符號）

   case change（大小寫轉換），28, 253

   metacharacter in replacement strings（替換字串的中介字元），96

   metacharacter in search patterns（搜尋樣式的中介字元），93, 180

   no text in file（檔案中沒有文字），9

~~（case change）command（（大小寫轉換）命令），253

A

A（append to end of current line）command（（附加到這一行）命令），37

a（append）command（（附加）命令），23, 25

   ea（append to end of word）command（（附加到單字之後）命令），38

abbreviations for commands and text（命令和文字的縮寫），124, 345

accent marks（重音標記），329-331

ampersand（&）metacharacter（和符號（&）中介字元），96

   substitution command（替換命令），97

analyzing a speech（發言記錄分析），355-358

   other text analysis（其他文字分析），358-360

apostrophe（'）for marking place（單引號（'）用於標記位置），63

apostrophes（"）cursor move（雙單引號（"）游標移動），54, 63

append（a）command（附加（a）命令），23, 25

   ea（append to end of word）command（（附加到單字之後）命令），38

Arabic mode（阿拉伯語模式），170

arguments（:args）command（參數（:args）命令），80

arguments via $@ variable（$@ 變數的參數），140

arrays（陣列），307

arrow keys（方向鍵）

    command line for recent commands（最近命令列的命令），347

    moving cursor（移動游標），17

        escape sequences（轉義序列），18

ASCII NUL, 8

AsciiDoc markup language（AsciiDoc 標記式語），5

asterisk（*）metacharacter（星號（*）中介字元），91

at-functions（@-functions）（@- 巨集），137

autocmd（Vim），308, 320

    about（相關說明），118

    deleting（刪除），315-317

    groups（群組），315

autocompletion of words（單字的自動補齊），267-275

    completion by complete option（補齊的選項），274

    completion by filename（由檔案來補齊），273

    completion by tag（由標籤來補齊），273

    dictionary（字典），270

    keywords in file（檔案中的關鍵字），270

    macro names and definitions（巨集名稱和定義），273

    plug-ins for IDE（IDE 的外掛），375, 379

    spellchecking（拼字檢查），274

    thesaurus（同義字庫），270-272, 327

    user functions（使用者函數），273

    Vim commands（Vim 命令），273

    whole lines（一整行），268

autoindent option（autoindent 選項），145

    Vim, 257-258, 266

autowrite option（autowrite 選項），119

aw（select word in visual mode）command（aw（標示模式選取一個單字）命令），178

awk data manipulation language（awk 資料操作語言），144

    analysis of a speech（發言記錄分析），355-358

    other text analysis uses（其他文字分析），358-360

B

b（move backward one word）command（b（反向移動一個單字）命令），22

    numeric arguments（數字參數），22

B（move backward one word）command（B（反向移動一個單字）命令），21

    numeric arguments（數字參數），22

backquote（`）cursor move（反引號（`）移動游標），63

backquotes（``）cursor move（雙反引號（``）移動游標），54, 63

backslash（\）（反斜線）

    mapleader character（映射導引字元），127

    metacharacter in replacement strings（替換字串的中介字元），95

    metacharacter in search patterns（搜尋樣式的中介字元），91, 178, 182

        escaping in brackets（轉義中括號），92

        \< matching start of word（\< 符合單字開始），92, 93

\> matching end of word（\> 符合單字結束）, 92, 93
regular expression characters and character
classes（正規表示式的字元和字元類型）, 180
spaces within filenames（檔案名稱中的空格）, 8
MS-Windows disallowing in filenames（MS-Windows 不允許使用檔案名稱）, 8
backspace, 16, 17
backup option（選項）, 335
backupdir option（選項）, 335
backups, 335
Bash shell
about（相關說明）, 388
command-line editing（命令列中的編輯）, 390
multiline commands（多行命令）, 390
Vim to edit Bash commands（Vim 編輯 Bash 命令）, 391
beep sound（嗶嗶聲）
cursor movements（移動游標）, 17
ESC and beep mode（ESC 和 嗶聲模式）, 11, 16
（see also command mode）（請見命令模式）
beginning of line cursor movement（移動游標至行首）, 21, 46
binary mode editing（二進制模式編輯）, 170, 327-329
binary option（二進制選項）, 329
black hole register（黑洞暫存器）, 165
book material presentation（書籍內容介紹）
online supplemental material（線上補充內容）
Unix knowledge assumption（Unix 背景知識）
systems that are Unix（統稱 Unix 系統）, 3
versions of vi（vi 的版本）
bookmarks（書籤標記）, 63
bottom-line commands（底部命令列）
about（相關說明）, 6
colon (:) to invoke（冒號 (:) 執行）, 69
slash (/) for searches（斜線 (/) 搜尋）, 6, 48
braces ({}) moving cursor（大括號 ({}) 移動游標）, 47
bracket expressions in POSIX（POSIX 表示式的括號）, 93
brackets ([ ])（中括號）
character classes in POSIX（POSIX 字元類別）, 94
collating symbols in POSIX（POSIX 校對符號）, 94
cursor movement（游標移動）, 47
equivalence classes in POSIX（POSIX 等價類別）, 94
metacharacters in search patterns（搜尋樣式的中介字元）, 91
optional parameters（可選用的參數）, 8
branching undos（Vim）（分支還原（Vim）), 182
browser extensions（瀏覽器擴充套件）
about（相關說明）, 410
Vimium, 412-417
Wasavi, 411
:bufdo command（命令）, 235

buffer variables（緩衝區變數）, 312
buffers, 8
    buffer commands（buffer 命令）, 235
        summary（總結）, 236
    directory buffer（directory 緩衝區）, 234
    help buffer（help 緩衝區）, 234
    hidden buffers（hidden 緩衝區）, 234
    :hide（buffer）command（隱藏緩衝區命令）, 240
    hold buffer for searches（為搜尋保留緩衝區）, 92
    listing（列表）, 232
    :pre（preserve）command（命令）, 13
    QuickFix buffer（QuickFix 緩衝區）, 234
    recovering on startup（啟動時回復）, 61
    renaming on save（儲存時重新命名）, 78
    scratch buffers（scratch 緩衝區）, 234
    windows and（與視窗）, 232
:buffers command to list buffers（列出緩衝區命令）, 232

C

C（change to end of line）command（（變更至行尾）命令）, 27
c（change）command（（變更）命令）, 23, 25
    combined with other commands（與其他命令組合）, 57
    lines（整行）, 27
    words（單字）, 26
c option for confirming substitutions（確認替換的選項）, 88
capitalizing commands（大寫命令）, 23
CAPS LOCK key and commands（CAPS LOCK 鍵與命令）, 39
caret（^）（插入符號）
    metacharacter in search patterns（搜尋樣式的中介字元）, 91
        inside brackets（在中括號內）, 92
    move to first nonblank character（移動到第一個非空白字元）, 46
    representing CTRL key（代表 CTRL 鍵）, 43
    scrolling the screen（捲動螢幕）, 43
carriage return（換行符號）
    ENTER key for（ENTER 鍵）, 16, 118
    right margin（右邊間距）, 16, 118
case change（大小寫轉換）, 28, 96
    ~~ command（命令）, 253
case sensitivity（區分大小寫）
    cinwords string（cinwords 字串）, 263
    commands（命令）, 6
    filenames（檔案名稱）, 8
    search patterns（搜尋樣式）, 97, 118
        ignoring case（忽略大小寫）, 97
cathode-ray tube（CRT）terminals（陰極射線管終端機）, 3, 6
cedillas, 329, 331

CGDB（Curses GDB）（除錯工具）, 397

change（c）command（變更命令）, 23, 25

    combined with other commands（與其他命令組合）, 57

    lines（整行）, 27

    words（單字）, 26

change to end of line（C）command（變更至行尾命令）, 27

change-trees（樹狀變更）, 183

changing directories（變更目錄）, 333-335

changing text（變更文字（見編輯文字））

character classes（字元類型）

    POSIX, 94

    regular expressions（正規表示式）, 180

character replacement（字元替換）, 27

    case change（大小寫轉換）, 28

    deleting characters（字元刪除）, 23, 31

    s（substitute）command（（替換）命令）, 28

    swapping characters（交換字元）, 346

Christiansen, Tom, 144

Chrome browser extensions（Chrome 瀏覽器擴充）

    about（相關說明）, 410

    Vimium, 412-417

    Wasavi, 411

cindent option（選項）, 257, 259-265

cinkeys option（選項）, 260-262

cinoptions option（選項）, 263-265

cinwords option（選項）, 262

Clewn GDB driver（驅動程式）, 396

clipboard in MS-Windows and gvim（MS-Windows 中的剪貼簿與 gvim）, 207

cmdheight option（選項）, 231

cmdwinheight option（選項）, 352

（see source code editing）（程式碼編輯（見原始碼編輯））

collating symbols in POSIX（POSIX 校對符號）, 94

collecting lines :g example（行的收集 :g 範例）, 112

colon（:）（冒號）

    colon prompt of ex（ex 的提示符號）

        nvoking vi gives colon（啟動執行 vi）, 10

    Q command in vi（vi 的 Q 命令）, 69

    quitting back to vi（離開回到 vi）, 69

    ex commands（ex 命令）, 6, 69

        in configuration files（配置設定檔案）, 174

    MS-Windows disallowing in filenames（MS-Windows 不允許使用檔案名稱）, 8

    Unix shell commands（Unix shell 命令）, 13

colorscheme option（colorscheme 選項）, 297

    scripting example（指令稿範例）, 297-308

comma（,）command（逗號命令）, 53

command execution via :!（命令執行）, 119

command history（歷史命令）, 347, 351

about（相關說明）, 395

history variables（歷史變數）, 387, 394

multiples shells and（多個 shell）, 387

simplified via mapping（簡單映射）, 351

    directly searching for command（直接搜尋命令）, 353

command line（命令列）

about vi and Vim（關於 vi 與 Vim）

arrow keys for recent commands（最近使用命令的方向鍵）, 347

Bash shell, 390

command history（歷史命令）, 347, 351

simplified via mapping（簡單映射）, 351, 353

multiple window editing（多視窗編輯）, 218-220

opening files（開啟檔案）, 8

opening window（開啟視窗）, 351

    simplified via mapping（簡單映射）, 351

tools for（工具）, 387

vi and Vim command-line options（vi 與 Vim 命令列選項）, 57-62

    Vim command-line options（Vim 命令列選項）, 169-171

window height（視窗高度）, 352

command mode（命令模式）, 4

about（相關說明）, 10

about bottom-line commands（關於底部命令列）, 6

arrow keys for recent commands（最近使用命令的方向鍵）, 347

beep on ESC（ESC 的嗶嗶聲）, 11, 16

capitalizing commands（大寫命令）, 23

command history（命令的歷史紀錄）, 347, 351

commands in review（檢視命令）, 40, 54, 57, 65

cursor movements（游標移動）

about（相關說明）, 16

arrow keys moving cursor（方向鍵移動游標）, 17

beep sound（嗶嗶聲）, 17

beginning of line（移動至行首）, 21

c（change）combined with（變更命令的其他組合）, 57

CAPS LOCK key problems（CAPS LOCK 鍵問題）, 39

end of a sentence（句子的結尾）, 47

end of line（整行的結尾）, 21

movement by line（行移動）, 46

movement by text blocks（區塊移動）, 22, 47

numeric arguments（數字參數）, 20

returning to original position（回到原始位置）, 54

screens（螢幕畫面）, 43-46

scrolling the screen（捲動螢幕）, 43

single movements（單一移動）, 17, 46

underscore as cursor position（底線作為游標位置）, 16

why h, j, k, l（為何使用 h、j、k、l）, 17

words（單字）, 22, 47

doubling for entire line（整行雙倍命令）, 23

simplified via mapping（簡單映射）, 350

ENTER to issue（ENTER 議題）, 8

ESC to enter（ESC 進入）, 11, 16

general form of commands（命令的一般形式）, 26, 48, 57

initial default mode（初始預設模式）, 5, 10, 16

key mapping（see :map command）（映射鍵（參考 :map 命令））

keys not used by vi（不被 vi 使用的按鍵）, 126

learning from gvim menus（學習 gvim 選單）, 196

    locales for commands（命令的語言環境）, 94

    mode indicators（模式指示器）, 39

    mouse use in gvim（gvim 中使用滑鼠）, 189

    quick reference guide（快速參考指南）, 432-442

    repeat last command（重複上一次命令）, 36, 89

        via :g（利用 :g）, 111

    stored in temporary register（存放在臨時暫存器中）, 36

    TAB for command-line completion（以 TAB 自動補齊）, 168

    tag commands（tag 命令）, 277

command-line options of vi and Vim（vi 與 Vim 的命令列選項）, 57-62, 427-431

    Vim command-line options（Vim 命令列選項）, 169

commands saved（see saving commands）（請見儲存命令）

comments in ex scripts（指令稿的註解）, 144, 174

compatible option（相容選項）, 165, 258

    command-line option（命令列選項）, 170

compiling（編譯）

    Fibonacci numbers example（費氏數列範例）, 289

    recompiling Vim and toolbar features（重新編譯 Vim 和工具列特性）, 204

    source code sources（原始的原始碼）

        vi, 493

        Vim, 494-500

        Vim for, 289, 292

complete option（補齊選項）, 274

COMSPEC environment variable（環境變數）, 176

concat via \& metacharacter（藉由 \& 中介字元串接）, 179

conditional execution in scripts（指令稿中的條件式）, 298

configuration files（Vim）（設定檔（Vim）） 173

copying a file into another file（複製到另一個檔案）, 79

copying text（複製文字）, 23, 33

    about text editing（關於文字編輯）, 5

    autoindent and pasting（縮排和貼上）, 266

    combined with other commands（與其他命令組合）, 57

    marking your place（標記一處位置）, 63

    registers（暫存器）, 62

        yanking to named registers（複製到命名的暫存器）, 62

CRT（cathode-ray tube）terminals（陰極射線管終端機）, 3, 6

csh shell（C shell）, 387

ctags Unix command（ctags Unix 命令）, 149

    enhanced tags（增強型標籤）, 149, 156

keywords supported（關鍵字支援）, 151
　tags file format（tags 檔案格式）, 151
　　Universal ctags format（Universal ctags 檔案格式）, 151-152
CTRL-commands（CTRL- 命令）, 145
　CTRL-B to scroll screen backward（向後捲動螢幕）, 43
　CTRL-D to scroll half screen foreward（捲動一半螢幕）, 43
　CTRL-D to terminate a shell（終止 shell）, 13
　CTRL-E to scroll screen up one line（向上捲動一個螢幕）, 43
　CTRL-F for command history（命令歷史記錄）, 347, 351
　CTRL-F to scroll screen forward（向前捲動螢幕）, 43
　CTRL-G for line number display（顯示行號）, 53, 71
　CTRL-K for digraphs（複合字元）, 329, 331
　CTRL-L to redraw screen（重繪螢幕）, 44
　CTRL-N to move cursor down（游標向下移動）, 17
　CTRL-P to move cursor up（游標向上移動）, 17
　CTRL-PAGEDOWN for next tab（下一個分頁）, 238
　CTRL-PAGEUP for previous tab（前一個分頁）, 238
　CTRL-R to redo（重做）, 182
　CTRL-T to indent（縮排）, 145
　CTRL-U for line erase（整行移除）, 146
　CTRL-U to scroll half screen backward（向後捲動半個螢幕）, 43
　CTRL-V CTRL-J for newline（新的一行）, 143
　CTRL-V ENTER for newline（新的一行）, 143
　CTRL-V to escape keys for maps（轉義映射鍵）, 127
　CTRL-W for window commands（視窗命令）, 221, 228-230
　　closing and quitting（關閉和離開）, 239
　　moving windows（視窗移動）, 225-228
　　tags, 236
　CTRL-X for insertion completion（插入補齊文字）, 268
　CTRL-Y to scroll screen down one line（向下捲動一行）, 43
　CTRL-] for tag lookup（標籤搜尋）, 149
　　tag stacks（tag 堆疊）, 153
　CTRL-^ to switch files（切換檔案）, 82
　newline characters in scripts（在指令稿中新的一行）, 143
current line number（目前這一行）
　:.= command displaying（顯示行號命令）, 71
　CTRL-G displaying（顯示按鍵）, 53, 71
　dot (.) for（表示目前這一行）, 72
　redefining in ex（在 ex 中重新定義）, 74
cursor arrow keys（游標方向鍵）
　command line for recent commands（最近命令列的命令）, 347
　moving cursor（移動游標）, 17
　　escape sequences（轉義序列）, 18
cursor movements（游標移動）
　arrow keys moving cursor（方向鍵游標移動）, 17
　basic commands in review（檢視基本命令）, 40, 54
　beep sound（嗶嗶聲）, 17

beginning of line（移動至行首），21, 46
c（change）combined with（變更命令的其他組合），57
CAPS LOCK key problems（CAPS LOCK 鍵問題），39
command mode（命令模式），16-22
    editing commands with（編輯命令的其他組合），48
    end of a sentence（句子的結尾），47
    end of line（整行的結尾），21, 46
    movement by line（整行移動），46
        line numbers, 21, 53
    movement by text blocks（區塊移動），22, 47
    multiple window editing（多視窗編輯），225-226
    returning to original position（回到原始位置），54
    screens（螢幕畫面）
        about（相關說明），43
        movement within a screen（在螢幕內移動），45
        redrawing the screen（螢幕重繪），44
        repositioning the screen（重新定位螢幕），44
        scrolling（捲動），43
    searches moving cursor（搜尋移動游標），48
    single movements（單一移動），17, 46
        numeric arguments（數字參數），20
        why h, j, k, l（為何使用 h、j、k、l），17
    startup options（啟動選項），59-60
    underscore as cursor position（底線作為游標位置），16
    Vim new commands（Vim 新的命令），176
        visual mode（（視覺）標示模式），177
    words（單字），22, 47
customizing the editing environment（自定編輯環境），116, 117
    （see also :set command）（參考 :set 命令）
cw（change word）command（變更單字命令），6
:cwindow command（命令），234
Cygwin for Windows（Window 下的 Cygwin），498

D

d（delete）command（刪除命令），23, 28-31
    characters（刪除字元），31
    combined with other commands（與其他命令組合），57
    lines（一整行），30
    moving text with（與其他命令移動文字），23, 31
    problems with（刪除的問題），31
    recovering deleted text（回復刪除的文字），31, 33, 62
    words（單字），29
deleting autocommands（刪除自動命令），315-317
deleting text（刪除文字），28-32
    about text editing（關於文字編輯），5
    characters（刪除字元），31

combined with other commands（與其他命令組合），57

d（delete）command（刪除命令），23, 28-32

lines（一整行），30

marking your place（單引號，標記一處位置），63

moving text via（移動文字），23, 32

problems with（刪除的問題），31

recovering deleted text（回復刪除的文字），31, 33, 62

registers（暫存器），62

   recovering deleted text（回復刪除的文字）（t），62

unknown block via patterns（透過樣式的未知區塊），107

words（單字），29

x for single character（刪除單一字元），23

   transposing two characters（對調兩個字母），33

deletion register（刪除暫存器），32, 62-63

developer tools（開發工具）

CGDB（Curses GDB）（除錯工具），397

Clewn GDB driver（驅動程式），396

PowerToys（Microsoft），421

Unix utilities（工具），403

df command（命令），13

diacritics（複合字元），329

dictionary（字典），319

insertion completion（插入補齊文字），270

diff mode（差異比較模式），170, 337-339

digraph option（複合字元選項），330

digraphs（複合字元），329-331

directories as folders（目錄作為文件夾），8

directory buffer（特殊緩衝區），234

directory navigation（目錄導覽），333-335

disk space（硬碟空間）

df for amount free（剩餘空間），13

du for blocks used（使用區塊），13

space is full（空間已滿），12

DocBook markup（DocBook 標記式語），136

documentation（see :help commands）（請見 :help 命令）

dollar sign（$）（錢字符號）

$@ variable（變數），140

$file variable（變數），140

command output to variable（命令輸出到變數），141

cursor to end of line（整行的結尾），21

last line of file（ex）（檔案結尾（ex）），72

metacharacter in search patterns（搜尋樣式中的中介字元），91

shell prompt（命令提示符號），8

   terminating a shell（終止 shell），13

dot（.）（點號）

current line（ex）（目前這一行（ex）），72

metacharacter in search patterns（搜尋樣式中的中介字元），91

repeat last command（重複上一次命令）, 36, 89

double quote (")（雙引號）

    comments in ex scripts（指令稿的註解）, 144, 174

    recovering deletions（回復刪除）, 62

    yanking/copying to named registers（拉動／複製到命名暫存器）, 62

doubling commands for entire line（整行雙倍命令）, 23

    simplified via mapping（簡單映射）, 350

Dougherty, Dale, 144

du command（命令）, 13

    Unix shell command example（Unix shell 命令範例）, 13

E

:e (edit) command（:e（編輯）命令）, 9, 81

e (move to end of word) command（移動到單字字尾）, 47

E (move to end of word) command（移動到單字字尾）, 47

:e! (revert)（:e!（恢復））, 12

ea (append to end of word) command（附加到單字字尾命令）, 38

eadirection option（選項）, 230

easy mode（簡易模式）

    -y command-line option（選項）, 171

    easy gvim on MS-Windows（在 MS-Windows 中 gvim 的簡易模式）, 187

    evim command（命令）, 167

    Vim new user support（新使用者的支援）, 165

ed line editor（行編輯器）, 3

edcompatible option（選項）, 98

edit-compile-edit cycles（編輯 - 編譯 - 編輯的循環）, 289

editing text（文字編輯）

    about text editing（關於文字編輯）, 5, 23

        helpful techniques（有用的技巧）, 346

    autocompletion of words（單字的自動補齊）, 267-275

    backspace to erase（後退鍵清除）, 16

    basic commands（基礎命令）, 6, 23

    binary mode editing（二進制編輯）, 170, 327-329

    filtering text through a command（過濾文字的命令）, 122-124

    HTML text（HTML 文字）, 336

    marking your place（標記一處位置）, 63

    movement commands with（移動命令的其他組合）, 48

    multiple files（多個檔案）

    about（相關說明）, 79

        arguments list（參數列表）, 80

        edits between files（多個檔案之間編輯）, 82

        filename shortcuts（檔案名稱指定的快速方式）, 81

        invoking Vim（呼叫 Vim）, 80

        multiple tabs（多個分頁）, 238-239

        multiple windows（多個視窗）, 218

        opening files in separate windows（視窗開啟個別檔案）, 171

（see also multiple window editing）（請見多視窗編輯）

    opening new files（開啟新檔案），81

    switching files in command mode（命令模式切換檔案），82

multiple tabs（多個分頁），238-239

multiwindow editing（see multiple window editing）（請見多視窗編輯）

non-ASCII characters（非 ASCII 字元），329-331

outlining（大綱），254

remote files（遠端檔案），331

right to left text entry（由右到左輸入），170

searching commands with（搜尋命令的其他組合），51

source code editing）（原始碼編輯）

    about（相關說明），145, 243

    autocompletion of words（單字的自動補齊），267-275

    bracket searches（括號搜尋），148

    folds（摺疊），244-254

    indentation control（縮排控制），145-147, 257-266

    lists of locations within files（檔案的位置列表），293

    outlining（大綱），254

    plug-in managers（外掛管理工具），367-369

    plug-ins（see plug-ins）（外掛）

    tags（標籤），149

    tags enhanced（增強型標籤），150, 156

  visual mode（Vim）（（視覺）標示模式），177

  writer-oriented plug-ins（作家的寫作外掛），383

EditorConfig plug-in（EditorConfig 外掛），371

Effective awk Programming（Robbins），144

egrep，178

Emacs（see GNU Emacs editor）（請見 GNU Emacs 編輯器）

end of line cursor movement（移動游標至行尾），21, 46

ENTER key

  carriage return（換行符號），16, 118

  command execution（執行命令），8, 68

  incremental searching in Vim（Vim 中漸進式搜尋），183

  move to next line（移動到下一行），46

  moving cursor down（游標向下移動），17

  newline character（新一行的字元），20

environment variables（環境變數）

  COMSPEC（環境變數），176

  EXINIT（環境變數），116, 175

  locale for commands（語言的環境），95

    how to set（如何設定），174

  MYVIMRC（環境變數），175

  SHELL（環境變數），176

  TERM（環境變數），176

  VIM（環境變數），176

  Vim editor（Vim 編輯器），174-176

  VIMINIT（環境變數），173, 176

　　　VIMRUNTIME（環境變數）, 176

equalalways option（選項）, 230

equivalence classes in POSIX（POSIX 等價類別）, 94

erase line（CTRL-U）（整行移除）, 146

ESC key（ESC 按鍵）

　　enter command mode（進入命令模式）, 11

　　escape sequences（轉義序列）, 18

　　exit insert and enter command mode（離開插入模式進入命令模式）, 16, 37

escape sequences（轉義序列）, 18

　　mapping special keys（映射特殊鍵）, 134-136

escaping metacharacters（轉義中介字元）

　　backslash in replacement strings（在替換字串的反斜線）, 96

　　brackets in searches（搜尋中的中括號）, 92

/etc/vimrc file（檔案）, 44

eview command（命令）, 172

evim command（命令）, 165, 172

ex command（命令）, 173

　　mouse use in gvim（gvim 中使用滑鼠）, 189

ex commands（ex 命令）

　　about（相關說明）, 6, 67-69, 442

　　colon（:）preceding（冒號前）, 6, 69

　　editing commands（see ex editor）（編輯命令，請見 ex 編輯器）

　　invoking（呼叫）, 69

　　quick reference guide（快速參考指南）, 442-466

　　spaces in filenames（檔案名稱中的空格）, 67

　　summary of（總整）, 83, 442-466

ex editor（ex 編輯器）

　　about（相關說明）, 67, 67, 442

　　basics about（基本說明）, 67-69

　　editing with（與編輯）

　　　　about（相關說明）, 69

　　　　combining ex commands（ex 組合命令）, 75

　　　　command summary（命令總整）, 83

　　　　confirming substitutions（確認替換）, 88

　　　　copying file to another file（複製到另外的檔案）, 79

　　　　current line redefined（重新定義目前這一行）, 74

　　　　filename shortcuts（檔案名稱指定的快速方式）, 81

　　　　global replacement（see global replacement）（請見全域代換）

　　　　global searches（全域搜尋）, 74

　　　　line address 0（zero）（0（零）ex 行位址）, 73

　　　　line addresses（行的位址）, 70-73

　　　　line-addressing symbols（行位址定位符號）, 72

　　　　multiple files（多個檔案）, 79

　　　　opening file to edit（開啟檔案編輯）, 81

　　　　relative line addresses（相對行位址）, 72

　　　　saving and exiting files（儲存已存在的檔案）, 77-78

　　　search patterns（搜尋樣式），73

　ex commands（ex 命令）

　　　about（相關說明），6, 67-69, 442

　　　colon (:) preceding（冒號前），6, 69

　　　combining（組合），75

　　　invoking（呼叫），69

　　　mouse use in gvim（gvim 中使用滑鼠），189

　　　quick reference guide（快速參考指南），442, 466

　　　spaces in filenames（檔案名稱中的空格），67

　　　summary of（總整），83, 442-466

　history（歷史），3, 67

　improved ex mode（強化 ex 模式），170

　invoking（呼叫），67

　invoking accidentally（偶爾呼叫）

　　　invoking vi gives colon（在 vi 冒號呼叫），10

　　　Q in vi（Q 在 vi 中），69

　quitting to vi editor（離開 vi 編輯器），69

　scripts（指令稿）

　　　about（相關說明），138

　　　colorscheme example（colorscheme 範例），297-308

　　　here documents（內嵌文件），141

　　　looping in shell script（指令稿中的迴圈），139-141

　　　newline characters（新一行字元），143

　　　sorting text blocks example（排序文字區塊範例），142

exclamation point (!)（驚嘆號）

　filtering text through a command（過濾文字的命令），122-124

　mapping keys for insert mode（在插入模式映射按鍵），132

　overriding write warnings（覆寫檔案警告訊息），77

　:q! quitting without saving（不儲存就離開），10, 12, 77

　toggling :set options（切換選項），116

　　　line number display（行號顯示），71

　Universal tags file tags（Universal tags 的標籤檔案），152

　Unix command execution（執行 Unix 命令），13, 119

execute command for scripts（指令稿執行命令），301

EXINIT environment variable（環境變數），175

　executed on startup（啟動時執行），116

exists( ) function（函式），313-315

exit to terminate shell（離開終止 shell），13

expandtab option（選項），147

expressions in scripts（指令稿中的表示式），320

.exrc files（檔案），116, 173

　alternate file via :so（透過 :so 使用備用環境的檔案），118

　changes displayed via :set command（透過 :set 命令顯示的修改），116

　home directory .exrc file（家目錄 .exrc 檔案），117

　read on startup（啟動時讀取），116, 117

　right margin（右邊間距），21

　scripts（指令稿），138

extensions to scripting（指令稿的擴充）, 320
Exuberant ctags program（Exuberant ctags 程式）, 150

F

f（cursor move）command（游標移動命令）, 51
F（cursor move）command（游標移動命令）, 51
F1 for help screen（螢幕協助）, 346
Farsi mode（波斯語模式）, 170
fg（foreground）command（前景執行命令）, 13
Fibonacci numbers example compile（費氏數列範例）, 289
file system full（空間已滿）, 12
file type scripting example（檔案型態指令稿範例）
  about（相關說明）, 308
  autocommands（自動命令）, 308
    deleting（刪除）, 315-317
    groups and（群組）, 315
  buffer variables（緩衝區變數）, 312
  checking options（檢查選項）, 310
  exists（）function（函式）, 313-315
files（檔案）
  .exrc files（see .exrc files）（請見 .exec 檔案）
  .gvimrc file（檔案）, 187
    colorscheme option（選項）, 297
  .vimrc File（檔案）, 173
    colorscheme option（選項）, 297
    gvim, 187
    incsearch（incremental searching）（漸進式搜尋）, 183
  binary files（二進制檔案）, 170, 327-329
  copying a file into another file（複製到另外的檔案）, 79
  directory navigation（目錄導覽）, 333-335
  editing multiple files（（編輯多個檔案）
    about（相關說明）, 79
    arguments list（參數列表）, 80
    edits between files（檔案之間編輯）, 82
    filename shortcuts（檔案名稱指定的快速方式）, 81
    invoking Vim（呼叫 Vim）, 80
    multiple tabs（多個分頁）, 238-239
    opening new files（開啟新檔案）, 81
    separate windows（視窗開啟個別檔案）, 171
    （see also multiple window editing）（請見多視窗編輯）
    switching files in command mode（命令模式切換檔案）, 82
  file system full（空間已滿）, 12
  filenames（檔案名稱）, 8
    case sensitive（區分大小寫）, 8
    editing multiple files（編輯多個檔案）, 80
    insertion completion（插入補齊文字）, 273

  shortcuts to（快速方式），81
  spaces within（其中的空格），8, 67
  spaces within and scripts（在指令稿中的空格），140
  URLs for filenames（檔案名稱的 URLs），331
  Vim command-line options（命令列選項），169
  Vim, hyphen as filename for stdin（連字符號作為標準輸入的檔案名稱），169
  :w filename for new file（新檔案的檔名），12, 78
filetype set dynamically by script（指令稿動態設定檔案類型），308-317
insertion completion（插入補齊文字）
  current and included files（目前和匯入檔案），272
  dictionary（字典），270
  keyword in file（檔案中的關鍵字），270
  thesaurus（同義字庫），270-272, 327
lists of locations within files（檔案的位置列表），293
opening（開啟），8
  ex editor command（編輯器命令），81
  GUI environment（GUI 環境），9
  problems（問題），9
  remote file editing（遠端檔案編輯），331
  separate windows（視窗開啟個別檔案），171
   （see also multiple window editing）（請見多視窗編輯）
  Vim with multiple files（開啟多個檔案），80
read-only files（唯讀檔案）
  overriding to save（覆寫存檔），60, 77
  problem opening file（開啟檔案的問題），10
  startup option（啟動選項），60
saving（see saving files）（請見儲存檔案）
security and local configuration files（安全本地配置檔案），188
swap file（置換檔案），61
tags file（標籤檔案），149
  new tags format（新標籤格式），151-152
UTF-8 for Unicode-based locales（UTF-8 編碼的 Unicode 環境），95
vi_diff.txt for list of Vim supported environments, Other Operating（vi_diff.txt 支援說明），500
:files command to list buffers（緩衝檔案清單命令），232
filtering text through a command（過濾文字的命令），122-124
foldcolumn option（選項），252
foldenable option（選項），256
folders as directories（資料夾作為目錄），8
foldlevel option（選項），255
foldmethod option（選項）
  outline mode（大綱模式），254
  syntax folding（摺疊語法），256
  terms for value of（項目價值），245
folds in source code editing
  +-- fold placeholder（摺疊佔位符號），249
  about（相關說明），245-245

creating folds（建立摺疊）, 245

fold commands（摺疊命令）, 245

manual folding（手動摺疊）, 248-254

outlining（大綱）, 254

for loop in scripts（指令稿中的迴圈）, 139-141

foregrounding vi via fg（藉由 fg 前景執行 vi）, 13

formatting codes（程式碼格式化）, 4

foy, brian d, 144

Fugitive plug-in（外掛）, 373-375

funcref variables（變數）, 319

function key mapping（功能鍵映射）, 133

function key codes generated（功能鍵產生的程式碼）, 134

functions in scripts（指令稿中的功能鍵）

defining（定義）, 303

Vim internal functions（Vim 內部函式）, 320-322

G

:g（global searches）command（全域搜尋）, 74, 89-90

repeat last command via（重複搜尋上一次命令）, 111

G（go to line number）command（移動到指定行編號）, 22, 54

returning to original position（回到原始位置）, 54

g option for global substitutions（確認替換的選項）, 88

GDB（GNU debugger）in Vim（在 Vim 中 GDB 除錯程式）, 379

gedit graphical text editor（圖形化文字編輯器 gedit）, 3

gex command（命令）, 173

Git

book resources gathered（書籍資源彙整）, 479-484

Fugitive plug-in（外掛）, 373-375

NERDTree plug-in（外掛）, 372

global replacement）（全域代換）

about（相關說明）, 87

applying edits globally（全域編輯的應用）, 89-90

context-sensitive replacement（內容相關的代換）, 89

pattern-matching rules（樣式比對規則）

about（相關說明）, 90, 92

examples of pattern matching（樣式比對的範例）, 98-113

metacharacters in replacement strings（中介字元在代換字串中）, 95-97

metacharacters in search patterns（中介字元在搜尋樣式中）, 91, 93

POSIX bracket expressions（POSIX 表示式的括號）, 92, 93

:s substitute command（替換命令）

confirming substitutions（確認替換）, 88

substitute command（替換命令）, 87, 97

global searches in ex（ex 中的全域搜尋）, 74, 89-90

pattern-matching rules（樣式比對規則）, 90-97

substitution tricks（替換技巧）, 97

global variables（全域變數）, 305

glossary mapped to XML example（建構 XML 名詞解釋的映射範例）, 128
  sorting text blocks script（指令稿排序文字區塊）, 142
Gnome Terminal（Gnome 終端介面）
  gedit（編輯器）, 3
  TERM setting（設定）, 7
GNU debugger GDB（除錯工具）
  CGDB（Curses GDB）（除錯工具）, 397
  Clewn GDB driver（驅動程式）, 396
  readline（函式庫）, 391
  Vim, 379
GNU Emacs editor（GNU Emacs 編輯器）
  about（相關說明）, 3
  multiple X windows（多個 X 視窗）, 3
  vi versus（與 vi 對立）, 488
GNU readline library（函式庫）
  about（相關說明）, 388
  Bash shell, 388-391
  .inputrc File（檔案）, 392
  programs that use（程式使用）, 392
GNU/Linux distributions and scrolloff（GNU/Linux 發行版與 scrolloff 設定）, 44
Google Mail, 421
graphical text editors（圖形化編輯器）, 3
  （see also GUI）（請見 GUI）
grep（工具）
  -E command-line option（選項）, 178
  -l option（選項）, 141
  regular expressions（see regular expressions）（請見正規表示式）
groff formatting package（格式化套件）, 5
GUI（graphical user interface）（圖形使用介面，GUI）
  -g Vim command-line option（命令選項）, 170
  graphical text editors（圖形化編輯器）, 3
  gvim for, 7, 187
    （see also gvim editor）（請見 gvim 編輯器）
    option and command summary（選項和命令總整）, 215
  opening files（開啟檔案）, 9
  rgview command（命令）, 172
guioptions option（選項）, 194
gview command（命令）, 172
gvim command（命令）, 172, 187
  multiple windows option（多視窗選項）, 218
  rgview command（命令）, 172
  rgvim command（命令）, 172
  visual mode（（視覺）標示模式）, 178
gvim editor（gvim 編輯器）
-g Vim command-line option（命令選項）, 170
  about（相關說明）, 167, 187
  easy gvim on MS-Windows（在 MS-Windows 更簡單使用 gvim）, 187

command summary（命令總整）, 215
customizing（自行定義）
about（相關說明）, 194
menus（選單）, 195, 203
scrollbars（捲軸）, 194
toolbars（工具列）, 203-205
tooltips（工具提示）, 206
GUI environment（GUI 環境）, 7
invoking via gvim（藉由 gvim 呼叫）, 187
menus（選單）, 191
customizing（自行定義）, 195-203
mouse use（滑鼠使用）, 189-190, 225
MS-Windows, 206
clipboard（剪貼簿）, 206
easy gvim（簡易的 gvim）, 187
help in gui-w32.txt（協助文件 gui-w32.txt）, 207
source for（原始碼來源）, 497
Windows Subsystem for Linux（適用於 Linux 的 Windows 子系統）, 207-209
"edit with Vim" in context menu（編輯在 Vim 中的選單內容）, 187
multiple tabs（多個分頁）, 238-239
multiple X windows（多個 X 視窗）, 3
options summary（選項總整）, 214
rgvim command（命令）, 172
starting gvim（開始 gvim）
configuration files and options（設定檔和選項）, 187
invoking via gvim（藉由 gvim 呼叫）, 171
invoking via vim -g（藉由 vim -g 呼叫）, 187
multiple windows option（多視窗選項）, 218
options summary（選項總整）, 215
terminating a shell（終止 shell）, 13
X Window System（X Window 系統）, 207
gvimdiff command（命令）, 173
.gvimrc file（檔案）, 187
colorscheme option（選項）, 297

H

H（move to home）command（移動命令）, 45, 57
h moving cursor left（游標向左移動）, 17, 46
numeric arguments（數字參數）, 20
why h, j, k, l（為何使用 h、j、k、l）, 17
hash（#）
alternate filename（備用檔案名稱）, 81
temporary display of line numbers（暫時顯示行號）, 71
Heirloom vi options（選項）, 467-469
help buffer（特殊緩衝區）, 234
:help command（命令）, 167-169

change-tree navigation（樹狀變更記錄導覽）, 183
c_CTRL-F for command-line（c_CTRL-F 用於命令列）, 351
digraph-table（複合字元表）, 330
F1 for help screen（螢幕協助）, 346
help buffer（特殊緩衝區）, 234
navigation（導覽）, 167
new user support（新使用者的支援）, 165
regexp for regular expressions（正規表示式）, 182
scripting（指令稿）, 323
startup options for Vim（Vim 啟動選項）, 169
s_flags for substitution（替換旗標 s_flags）, 89
TAB for command completion（以 TAB 自動補齊）, 168
text-objects and visual mode（文字物件和標示模式）, 178
usr_32.txt（協助文件 usr_32.txt）, 183
here documents（內嵌文件）, 141
hidden buffers（隱藏緩衝區）, 234
:hide（buffer）command（隱藏緩衝區命令）, 240
Hiebert, Darren, 149
history of commands（see command history）（請見命令的歷史紀錄）
history of vi（vi 的歷史）, 3, 6, 67
Vim history（Vim 的歷史）, 6, 161
hold buffer for searches（搜尋使用的保留緩衝區）, 92, 95
HTML text（HTML 文字）, 336
as markup language（標記式語言）, 5
hyphen（-）（連字符號）
escaping in brackets（在中括號內）, 92
moving cursor up（游標向上移動）, 17, 46
relative line addresses（ex）（相對行位址（ex））, 72
Vim command-line options（Vim 命令列選項）, 169, 171
filename as hyphen（檔名作為連字符號）, 169

I

I（insert at beginning）command（插入到一開始）, 37
numeric arguments（數字參數）, 38
i（insert）command（插入命令）, 6, 16, 23
numeric arguments（數字參數）, 38
ic（ignorecase）option（忽略大小寫選項）, 97, 118
IDEs（integrated development environments）（整合式開發環境）
about（相關說明）, 243, 370
compiling with Vim（使用 Vim 編譯）, 289-292
.editorconfig file support（設定檔支援）, 371
plug-ins to create（建立的外掛）, 371-380
all-in-one IDEs（一體成形的開發環境）, 380
completion（自動補齊）, 375-379
Visual Studio（Microsoft）（開發工具）, 398
Visual Studio Code（Microsoft）（開發工具）, 399-402

if…then…else block（邏輯判斷區塊）, 298

ignorecase（ic）option（忽略大小寫選項）, 97, 119

improved ex mode（強化 ex 模式）, 170

#include files and insertion completion（#include 檔案和插入補齊）, 272

incremental searching（Vim）（漸進式搜尋）, 183

incsearch（incremental searching）option（漸進式搜尋）, 183

indentation control（縮排控制）, 145-147, 257-266

    autoindent option（autoindent 選項）, 145

        Vim, 257-258, 266

    cindent option（選項）, 257, 259-265

        cinkeys option（選項）, 260-262

        cinoptions option（選項）, 263-265

        cinwords option（選項）, 262

    indentexpr option（選項）, 257, 265

indentexpr option（選項）, 257, 265

input via <<（透過 << 輸入）, 141

insert at beginning（I）command（插入到一開始）, 37

    numeric arguments（數字參數）, 38

insert mode（在插入模式映射按鍵）, 4

    about text editing（關於文字編輯）, 5

    ESC to exit to command mode（ESC 離開到命令模式）, 16, 37

    i（insert）command（插入命令）, 6, 16, 23

    inserting new text（插入新文字）, 24, 37

        numeric arguments（數字參數）, 38

    insertion completion capabilities（插入補齊能力）, 267-275

    key mapping（功能鍵映射）, 132

    mode indicators（模式指示器）, 39

    mouse use in gvim（gvim 中使用滑鼠）, 189

insertion completion capabilities（插入補齊能力）, 267-275

    completion by complete option（補齊的選項）, 274

    completion by filename（由檔案來補齊）, 273

    completion by tag（由標籤來補齊）, 273

    dictionary（字典）, 270

    key mapping of（按鍵映射）, 268, 275

    keywords in file（檔案中的關鍵字）, 270

        current and included（目前和已匯入）, 272

    macro names and definitions（巨集名稱和定義）, 273

    omni function（omni 函式）, 274

    plug-ins for IDE（IDE 的外掛）, 375-379

    spellchecking（拼字檢查）, 274

    thesaurus（同義字庫）, 270-272, 327

    user functions（使用者函數）, 273

        omni function（omni 函式）, 274

    Vim commands（Vim 命令）, 273

    whole lines（一整行）, 268

integrated development environments（see IDEs）（請見 IDE）

isident, iskeyword, isfname, isprint options（選項）, 180

J

J（join two or more lines）command（（合併兩行或多行）命令），38

:j（join two or more lines）command（（合併兩行或多行）命令），143

j moving cursor down（游標向下移動），17

    numeric arguments（數字參數），20

    typing J by mistake（錯誤輸入 J），39

    why h, j, k, l（為何使用 h、j、k、l），17

join two or more lines（:j）command（合併兩行或多行命令），143

join two or more lines（J）command（合併兩行或多行命令），38

Joy, Bill，18

K

k moving cursor up（游標向上移動），17, 20

    why h, j, k, l（為何使用 h、j、k、l），17

key mapping（see :map command）（請見 :map 命令）

keys not used in command mode（不在命令模式下使用的按鍵），126

keywords for completion in file（由檔案中的關鍵字來補齊），270

    current and included（目前和已匯入），272

ksh shell，393

L

L（last line of screen）command（螢幕會後一行命令），44, 57

l moving cursor right（游標向右移動），17, 46

    numeric arguments（數字參數），20

    why h, j, k, l（為何使用 h、j、k、l），17

last line of file as dollar sign（$）（以 $ 表示檔案中的最後一行），72

laststatus option for status line（laststatus 狀態列選項），220

LaTeX formatting package（LaTeX 格式化套件），5

LC_ environment variables for locale（LC_ 語言環境的環境變數），95

Learning Perl（Schwarz, foy, and Phoenix），144

left brace（{）cursor move（游標移動），47

left brackets（[[）moving cursor（游標移動），47

left parenthesis（（）cursor move（游標移動），47

left-right scrolling（Vim）（左右捲動），183

less utility（工具），403-404

line editors（行編輯器），3

    （see also ex editor）（請見 ex 編輯器）

line erase（CTRL-U）（整行移除），146

line numbers（行號）

    current line number（目前行號）

        :.= command displaying（顯示行號命令），71

        CTRL-G displaying（顯示按鍵），53, 71

        dot（.）for（表示目前這一行），72

    displaying（顯示按鍵），21, 53, 70

　　　　display off（關閉顯示）, 71

　　　　display toggled（顯示切換）, 71

　　　　next that matches pattern（下一個符合樣式比對）, 71, 73

　　　　temporarily displaying（暫時顯示）, 71

　　ex editor（ex 編輯器）, 70-73

　　　　move to line（移到某一行）, 69

　　　　print to screen（列印到螢幕）, 68

　　movement by line numbers（藉由行號移動）, 22, 53, 54

　　　　ex command（命令）, 69

　　　　startup option（啟動選項）, 59-60

lines（行）

　　about（相關說明）, 21

　　cursor movements（游標移動）, 46

　　deleting（刪除）, 30

　　　　recovering recent deletion（回復最近的刪除）, 31

　　doubling commands（雙倍命令）, 23

　　　　simplified via mapping（簡單映射）, 350

　　fold line counts（摺疊行數）, 251

　　insert commands（插入命令）, 37

　　left-right scrolling in Vim（在 Vim 左右捲動）, 183

　　line erase（CTRL-U）（整行移除）, 146

　　line numbers（see line numbers）（行號）

　　options for（選項）, 343-345

　　replacing entire line（代換整行）, 27

　　searching current line（搜尋目前這一行）, 51

　　swapping lines（交換行）, 346

　　U（undo line）command（回復一整行）, 31, 36

Linux and gvim（Linux 與 gvim）, 207

　　installing gvim in WSL 2（WSL 2 中安裝 gvim）, 1, 207

　　X Server for Windows（Windows 的 X Server）

　　　　configuration（組態設定）, 209-214

　　　　installation（安裝）, 209

Linux readline library（函式庫）

　　about（相關說明）, 388

　　Bash shell, 388-391

　　.inputrc file（檔案）, 392

　　programs that use（程式使用）, 392

Linux Vim source code source（Linux 的 Vim 原始程式碼）, 496

list option（選項）, 147

　　listchars option（選項）, 344

list variables（變數）, 319

listchars option（選項）, 344

:loadview preserving folds（載入保留摺疊）, 245

locales（UTF-8 編碼的 Unicode 環境）, 92, 94

　　choosing locale for commands（選擇語言的環境）, 95

　　locale command（語言環境命令）, 95

looping in shell script（指令稿中的迴圈）, 139-141

lowercase to uppercase（小寫轉大寫）, 28

:ls command to list buffers（顯示緩衝區列表命令）, 232

:lwindow command（位置列表命令）, 234

M

m（marking place）command（標記位置命令）, 63

M（middle line of screen）command（移動到畫面中央命令）, 45

:m（move）command（移動命令）, 70, 90

Macintosh Vim, 499

macros（巨集）, 137

    insertion completion（插入補齊）, 273

magic option for wildcards（萬用字元選項）, 119

make command（命令）, 289

man terminfo command（命令）, 116

:map command（命令）, 126, 132

    command history window（命令歷史視窗）, 351

    CTRL-V to escape keys（轉義按鍵）, 127

    doubling commands（雙倍命令）, 350

    examples of mapping（映射範例）, 130-132

        complex mapping example（複雜的映射範例）, 128

    function keys（功能鍵）, 133

    insertion completion method（插入模式中的補齊命令）, 268, 275

    keys not used in command mode（不在命令模式下使用的按鍵）, 126

    mapleader variable（mapleader 變數）, 127

    multiple input keys（多個輸入鍵）, 136

    quitting Vim simplified（更簡單的離開 Vim）, 349

    resizing windows（調整視窗大小）, 350

    search-pattern history window（搜尋樣式歷史視窗）, 352

    searching for command（直接搜尋命令）, 353

    special keys（映射特殊鍵）, 134-136

mapleader variable（mapleader 變數）, 127

margins（間距）

    carriage return（在右邊的換行符號）, 16

    setting right margin（設定右邊間距）, 21

Markdown markup language（標記式語言）, 5

marking your place（標記一處位置）, 63

markup languages（標記式語言）, 5

    AsciiDoc as（如 AsciiDoc）, 5

    DocBook as（如 DocBook）, 136

    formatting codes（程式碼格式化）, 4

    HTML as（如 HTML）, 5

    LaTeX formatting package（LaTeX 格式化套件）, 5

    TeX formatting package（LaTeX 格式化套件）, 13

    troff formatting package（troff 格式化套件）, 5

menus in gvim editor（編輯在 gvim 的選單）, 190

    customizing（自行定義）, 194-203

learning commands from（學習命令）, 196
meta-information for puts（放置中間訊息）, 164
metacharacters（中介字元）
    replacement strings（中介字元在代換字串中）, 95-97
    search patterns（中介字元在搜尋樣式中）, 91-93
        characters and character classes（正規表示式的字元和字元類型）, 180
        escaping inside brackets（在中括號中的轉義）, 92
    Vim extended regular expressions（擴充正規表示式）, 178-182
Microsoft Windows（see MS-Windows）（請見 MS-Windows）
minus-sign key（see hyphen (-)）（請見連字符號）
MKS Tookit（MKS, Inc.）（MKS 工具包）, 145
:mksession command（:mksession 命令）, 341
:mkview command（:mkview 命令）, 245
mode indicators（模式指示器）, 39
Moolenaar, Bram, 160, 161
more utility（工具）, 402
mouse option（mouse 選項）, 190, 225
mouse use（滑鼠使用）
    gvim editor（gvim 編輯器）, 188-190, 225
    Vim editor（Vim 編輯器）, 225
move（:m）command（移動命令）, 70, 90
moving text（移動文字）, 31
    about text editing（關於文字編輯）, 5
    blocks of text via patterns（藉由樣式標示文字區塊）, 100
    delete then put（刪除後再放置）, 23, 31
moving the cursor（移動游標）
    arrow keys moving cursor（方向鍵游標移動）, 17
    basic commands in review（檢視基本命令）, 40, 54
    beep sound（嗶嗶聲）, 17
    beginning of line（移動至行首）, 21, 46
    c（change）combined with（變更命令的其他組合）, 57
    CAPS LOCK key problems（CAPS LOCK 鍵問題）, 39
    command mode（不在命令模式下使用的按鍵）, 16-22
    editing commands with（編輯命令的其他組合）, 47
    end of a sentence（句子的結尾）, 47
    end of line（行尾端）, 21, 46
    movement by line（逐行移動）, 46
        line numbers（行號）, 22, 53
    movement by text blocks（區塊移動）, 22, 47
    multiple window editing（多視窗編輯）, 225-226
    returning to original position（回到原始位置）, 54
    screens
        about（相關說明）, 43
        movement within a screen（在螢幕內移動）, 44
        redrawing the screen（螢幕重繪）, 44
        repositioning the screen（重新定位螢幕）, 43
        scrolling（捲動）, 43

searches moving cursor（搜尋移動游標），48

single movements（單一移動），16, 46

    numeric arguments（數字參數），20

    why h, j, k, l（為何使用 h、j、k、l），17

startup options（啟動選項），59-60

underscore as cursor position（底線作為游標位置），16

Vim new commands（Vim 新的命令），176

    visual mode（（視覺）標示模式），177

words（單字），21, 47

moving windows in multiple window editing（在多個編輯視窗中移動），226-228

MS（Microsoft）IDEs（MS 整合式開發環境），243

MS Word and vi（MS Word 與 vi），417-421

MS-Windows

    Cygwin, 497

    gvim, 206

        clipboard（剪貼簿），206

        easy gvim（簡易的 gvim），187

        help in gui-w32.txt（協助文件 gui-w32.txt），206

        source for（原始碼來源），497

        "edit with Vim" in context menu（編輯在 Vim 中的選單內容），187

    PowerShell, 395

    PowerToys, 421

    Visual Studio, 398

    Visual Studio Code, 398-402

    Windows Subsystem for Linux（WSL）（適用於 Linux 的 Windows 子系統），207

        about WSL（WSL 相關說明），498

        installing gvim in WSL 2（WSL 2 中安裝 gvim），1, 207

        X Server for Windows configuration（X Server 在 Windows 的配置設定），209-214

        X Server for Windows installation（X Server 在 Windows 的安裝），209

multiple files edited

    about（相關說明），80

    arguments list（參數列表），80

    edits between files（檔案之間編輯），82

    filename shortcuts（檔案名稱指定的快速方式），81

    invoking Vim（呼叫 Vim），80

    multiple tabs（多個分頁），238-239

    multiple windows（多個視窗），218

    opening files in separate windows（視窗開啟個別檔案），171

    （see also multiple window editing）（請見多個視窗）

    opening new files（開啟新檔案），81

    switching files in command mode（命令模式切換檔案），82

multiple tabs（多個分頁），238-239

multiple window editing（多個編輯視窗）

    about（相關說明），217

    buffers and windows（緩衝區與視窗），232

    closing and quitting windows（關閉和離開視窗），239

    command summary（命令總整），224

cursor movements（游標移動），225-226

help system as（系統協助），167

initiating

    command line（命令列），218-220

    inside Vim（Vim 內部），221-224

moving windows（視窗移動），226-228

multiple tabs（多個分頁），238-239

opening windows（開啟視窗），222-224

resizing windows（調整視窗大小），228-232

    simplified via mapping（簡單映射），350

    window sizing options（視窗大小選項），230-232

tags（標籤檔案），236

multiwindow（see multiple window editing）（請見多個編輯視窗）

MYVIMRC environment variable（環境變數），175

N

:n（next file）command（下一個檔案命令），80

n（repeat search）command（重複搜尋命令），49, 89

N（repeat search）command（重複搜尋命令），49

ncurses library（函式庫），7

NERDTree plug-in（外掛），372

new user support（新使用者支援）

easy mode（簡單模式），165, 171

    easy gvim on MS-Windows（在 MS-Windows 更簡單使用 gvim），187

gvim menus（gvim 選單），196

Vim, 165

newline character（新的一行字元）

line definition（行定義），20

scripts（指令稿），143

:nmap（map）command（命令），349

No tail recursion message（不能在結尾遞迴訊息），125

No write since last change message（上一次改變之後沒有寫入訊息），10, 77

nonu option for no line numbers（不顯示行號的選項），71

:noremap command（:noremap 命令），351

Notepad++, 3

nowrap option（選項），183

nroff formatting package（nroff 格式化套件），5

examples of pattern matching（樣式比對的範例），101

nu option for line numbers（不顯示行號的選項），21, 53, 70

toggling display（切換顯示），71

number variables（變數），319

numeric arguments（數字參數），38

cursor movements（游標移動），20, 22, 48

z（reposition screen）command（重新定位螢幕命令），44

O

o（open empty line）command（開啟空行命令）, 37

O（open empty line）command（開啟空行命令）, 37

octal dump（od）command（八進制傾印命令）, 134

omni function for insertion completion（插入自動補齊的 omni 函式）, 274

open empty line（o）command（開啟空行）, 37

open empty line（O）command（開啟空行）, 37

opening files（開啟檔案）, 8

    command-line command（命令列命令）, 8

    ex editor command（ex 編輯器命令）, 81

    GUI environment（GUI 環境）, 9

    problems（相關問題）, 9

    remote file editing（遠端檔案編輯）, 331

    separate windows（視窗開啟個別檔案）, 171

        （see also multiple window editing）（請見多個編輯視窗）

    Vim with multiple files（開啟多個檔案）, 80

options（see :set command）（請見 :see 命令）

OR via \| metacharacter（或中介字元）, 178

Orwant, Jon, 144

outline mode（大綱模式）, 254

    folds（摺疊）

        +-- fold placeholder（摺疊佔位符號）, 249

        about（相關說明）, 244-245

        fold commands（摺疊命令）, 245

        manual folding（手動摺疊）, 248-254

Outlook and vi（Outlook 和 vi）, 418-421

overstrike mode（R）command（覆蓋模式命令）, 28, 37

overwriting existing file（:w! 覆寫已存在的檔案）, 12

    saving without overwriting（儲存而不覆寫）, 12

P

:p（print to screen）command（列印到螢幕命令）, 68

p（put）command（貼上命令）, 23

    copying text（複製文字）, 33

    moving text（移動文字）, 32

    recovering recent deletion（回復最近的刪除）, 31, 33

P（put）command（貼上命令）

    copying text（複製文字）, 34

    moving text（移動文字）, 32

    operation above current line（操作目前這一行）, 23

paragraph macros（段落巨集）, 48

    paragraph definition（段落定義）, 48

pasting text and autoindent（貼上文字與縮排）, 266

pathnames（路徑名稱）

    opening an existing file（開啟已存在的檔案）, 9

slash（/）（斜線）, 8
Unix pathnames（Unix 路徑名稱）, 8
    directory navigation（目錄導覽）, 333-335
pattern matching
  case sensitivity（區分大小寫）, 97, 119
    ignoring case（忽略大小寫）, 97
  examples（範例）, 98-113
  global searches in ex（ex 中的全域搜尋）, 74, 89-90
    pattern-matching rules（樣式比對規則）, 90-97
  line number of next match（下一個符合的行號）, 71, 73
  metacharacters（中介字元）
    characters and character classes（字元和字元類型）, 180
    replacement strings（代換字串）, 95-97
    search patterns（搜尋樣式）, 91-93
    Vim extended regular expressions（擴充正規表示式）, 178-182
  POSIX bracket expressions（POSIX 表示式的括號）, 93
    locales and（語言）, 92
  search-pattern history window（搜尋樣式歷史視窗）, 352
    simplified via mapping（簡單映射）, 352
  searches to move cursor（搜尋移動游標）, 48
  substitute command（see substitute（s）command）（請見替換命令）
  wildcards and magic option（萬用字元選項）, 119
Peek, Jerry, 136
percent（%）（百分比符號）
  bracket searches（括號搜尋）, 148
  current filename（目前檔案名稱）, 81
  every line in file（檔案中的每一行）, 72
  global replacement（全域代換）, 88
  replacement text of last substitute（最後替換的替換文字）, 96
period（請見點號）
perl programming language（perl 程式語言）, 144
Permission denied message（權限錯誤訊息）, 10, 12
Phoenix, Tom, 144
plug-ins（外掛）
  about（相關說明）, 367
  EditorConfig, 371
  finding（搜尋）, 369
  Fugitive, 373-375
  Git-capable（Git 能力）, 372-375
  IDE creation via（透過 IDE 建立）, 371-380
    all-in-one IDEs（一體成形的開發環境）, 380
    completion（補齊）, 375-379
  NERDTree（外掛）, 372
  plug-in managers（外掛管理工具）, 367-369
  Termdebug（外掛）, 379
  ViEmu（外掛）, 418-421
  Visual Studio extensions（Visual Studio 擴充）, 398

　　writer-oriented plug-ins（作家的寫作外掛），383

　　YouCompleteMe（外掛），376-378

plus（+）

　　+-- fold placeholder（摺疊佔位符號），249

　　moving cursor down（游標向下移動），17, 46

　　opening file at last line（在最後一行開啟檔案），59

　　relative line addresses（ex）（相對行位址（ex）），72

POSIX bracket expressions（POSIX 表示式的括號），93

　　locales and（語言），92, 94

　　　　choosing locale for commands（選擇語言的環境），95

PowerShell（Microsoft），395

PowerToys（Microsoft），421

:pre（preserve）command（命令），13

print to screen（:p）command（列印到螢幕命令），68

program source code editing（see source code editing）（請見原始碼編輯）

Programming Perl（Christiansen, foy, Wall, and Orwant），144

prompt line（命令提示列），9

protocols supported for remote editing（支援遠端編輯的通信協定），333

put（p）command（貼上命令），23

　　copying text（複製文字），33

　　moving text（移動文字），32

　　recovering recent deletion（回復最近的刪除），31, 33

put（P）command（貼上命令）

　　copying text（複製文字），34

　　moving text（移動文字），32

　　operation above current line（操作目前這一行），23

Q

Q（invoke ex）command（呼叫 ex 命令），69

:q（quit）command（離開命令），11, 77

　　No write since last change message（上一次改變之後沒有寫入訊息），10

　　problem opening file（開啟檔案的問題），9

　　:q! quitting without saving（不儲存就離開），10, 12, 77

　　simplified via mapping（簡單映射），349

　　:wq write and quit（:wq 寫入檔案並離開），11, 77

q register name to record（q 錄製的暫存器），137

q: for command-line window（命令視窗），351

question mark（?）（問號）

　　individual :set option display（個別顯示 :set 選項），116

　　search commands via（search 命令），6

　　　　ex searching backwards（ex 反向搜尋），73

　　　　repeat search backward（重複反向搜尋），49

quick reference guide to vi and Vim（vi 與 Vim 快速參考指南），427-466

QuickFix buffer（QuickFix 緩衝區），234

QuickFix List window（QuickFix 列表視窗）

　　compilation errors（編譯錯誤），289

locations within files（檔案的位置列表），293

quit (:q) command（離開命令），11, 77

    No write since last change message（上一次改變之後沒有寫入訊息），10

    problem opening file（開啟檔案的問題），9

    :q! quitting without saving（不儲存就離開），10, 12, 77

    simplified via mapping（簡單映射），349

    :wq write and quit（:wq 寫入檔案並離開），11, 77

quotes about vi and Vim（vi 與 Vim 的語錄），491

R

R (overstrike mode) command（覆寫模式命令），28, 37

r (replace single character) command（代換單一字元命令），23, 27

    numeric arguments（數字參數），38

read (:r) command（讀取命令），79, 120

    spellchecking（拼字檢查），122

read-only files（唯讀檔案）

    overriding to save（覆寫存檔），60, 77

    problem opening file（開啟檔案的問題），10

    startup option（啟動選項），60

readline library for interactive input（交談式輸入程式庫 readline）

    about（相關說明），388

    Bash shell, 388-391

    .inputrc file（檔案），392

    programs that use（程式使用），392

recompiling Vim（重新編譯 Vim）

    source code sources（原始的原始碼）

    vi, 493

    Vim, 493-500

    toolbar features（工具列特性），204

recovering buffer on startup（啟動時回復緩衝區），61

recursive fold commands（遞迴摺疊命令），247

redirect and append operator (>>)（重新導向和附加運算子），78

:redo command（:redo 命令），182

redrawing the screen（螢幕重繪），44

registers（暫存器）

    about（相關說明），62

    black hole register（黑洞暫存器），165

    editing multiple files（編輯多個檔案），82

    executing from ex（從 ex 執行），138

    macros via（透過巨集），137

    marking your place（標記一處位置），63

    meta-information for puts（放置中間訊息），165

    recovering deletions（回復刪除），62

    yanking to named registers（複製到命名的暫存器），62

regular expressions（正規表示法）

    about（相關說明），90, 91

character and character class shorthands（字元和字元類型速記）, 180

examples of pattern matching（樣式比對的範例）, 98-113

:help regexp（regexp 協助命令）, 182

metacharacters（中介字元）

    replacement strings（代換字串）, 95, 97

    search patterns（搜尋樣式）, 91-93

    Vim extended set（Vim 擴充設定）, 178-182

POSIX bracket expressions（POSIX 表示式的括號）, 93

    locales and（語言）, 92

remote file editing（遠端檔案編輯）, 331

renaming buffer on save（儲存時重命名緩衝區）, 78

renaming files with PowerRename（PowerRename 重新命名檔案）, 421

repeat counts（重複計數）, 20

repeating last command（重複上一次命令）, 36, 89

  via :g（利用 :g）, 111

replace single character (r) command（代換單一字元命令）, 23, 27

  numeric arguments（數字參數）, 37

replacement string metacharacters（代換字串中介字元）, 95-97

replication factors（複製參數）, 20

resizing windows（調整視窗大小）, 228-232

  simplified via mapping（簡單映射）, 350

  window sizing options（視窗大小選項）, 230-232

resources online

  book resources gathered（書籍資源彙整）, 479-484

  book supplemental material（書籍補充材料）

  plug-ins（外掛）, 369

  scripting in Vim（在 Vim 中的指令稿）, 322

  source code sources（原始的原始碼）

    vi, 493

    Vim, 493-500

  Stack Overflow for help（Stack Overflow 網站的協助）, 9

  Universal ctags program（Universal ctags 程式）, 150

  Vi Lovers Home Page（Vi Lovers 網頁）, 485

  Vim editor, 160, 347

    tutorials（教學）, 167

restricted mode（限制模式）, 171, 172

  rview command（命令）, 172

:rew (rewind) command（命令）, 80

rgview command（命令）, 172

rgvim command（命令）, 172

right brace (}) cursor move（右大括號游標移動）, 47

right bracket (]) in brackets（右中括號在中括號中）, 92

right brackets (]]) moving cursor（右中括號游標移動）, 47

right margin（右邊間距）

  carriage return at（換行符號）, 16

  setting（設定）, 21

right parenthesis ( )) cursor move（右小括號游標移動）, 47

right to left text entry（由右到左輸入）, 170

right-clicking in GUI（GUI 中滑鼠右鍵點選）, 9

Robbins, Arnold, 144

ruler option（選項）, 39

rview command（命令）, 172

rvim command（命令）, 172

S

S（substitute entire line）command（替換一整行命令）, 28, 37
    numeric arguments（數字參數）, 38

:s（substitute）command（替換命令）, 68
    confirming substitutions（確認替換）, 88
    edcompatible option（選項）, 98
    global replacement（全域代換）, 87, 89
    tricks to know（要知道的技巧）, 97

s（substitute）command（替換命令）, 28, 37
    numeric arguments（數字參數）, 38

saving commands（儲存命令）
    abbreviations（縮寫）, 124
    about（相關說明）, 124
    @-functions（@- 巨集）, 137
    executing registers from ex（從 ex 執行暫存器）, 138
    key mapping（see :map command）（請見 :map 命令）
    macros（巨集）, 137
    mapleader variable（mapleader 變數）, 127

saving files（儲存檔案）, 11
    about（相關說明）, 8
    appending to a saved file（附加到儲存的檔案）, 78
    ex editor（ex 編輯器）, 77-78
    overriding read-only mode（:w! 覆寫唯讀模式檔案）, 60, 77
    overriding write warnings（覆寫檔案警告訊息）, 77
    overwriting existing file（覆寫已存在的檔案）, 12
    problems（相關問題）, 12
    renaming the buffer（重新命名緩衝區）, 78
    saving part of a file（儲存部分的檔案）, 78
    saving without overwriting（儲存而不覆寫）, 12
    turning off write on startup（關閉啟動時寫入）, 170

Schwarz, Randal L., 144

scope of variables（變數範圍）, 305

scratch buffers（scratch 緩衝區）, 234

screen editors（螢幕編輯器）, 3

screen utility（工具）, 405-410

screens（螢幕）
    movement within（在之間移動）, 45-47
    redrawing the screen（螢幕重繪）, 44

　　repositioning the screen（重新定位螢幕），43

　　scrolling the screen（捲動螢幕），43

scripts（指令稿）

　　<< input command（<< 輸入命令），141

　　about（相關說明），138

　　comments（註解），144

　　dynamic file type example（動態檔案類型範例）

　　　　about（相關說明），308

　　　　autocommands（自動命令），308

　　　　buffer variables（緩衝區變數），312

　　　　checking options（檢查選項），310

　　example（範例）

　　　　about（相關說明），297

　　　　arrays（陣列），307

　　　　autocommands and groups（自動命令與群組），315

　　　　conditional execution（條件執行），298

　　　　deleting autocommands（刪除自動命令），315-317

　　　　executing（執行），301

　　　　exists（）function（函式），313-315

　　　　functions defined（函定義），303

　　　　global variables（全域變數），305

　　　　statusline option（選項），304

　　　　strftime（）function（函數），299

　　　　variables（變數），300

　　expressions（表示式），320

　　extensions（擴充），320

　　here documents（內嵌文件），141

　　looping in shell script（指令稿中的迴圈），139-141

　　newline character（新的一行字元），143

　　resources（資源），322

　　sorting text blocks example（排序文字區塊範例），142

　　spaces within filenames（檔案名稱中的空格），140

　　timestamp example（時間戳記範例），318

　　variables（變數），319

　　　　arrays（陣列），307

　　　　example script（指令稿範例），300

　　　　global variables（全域變數），305

　　　　scope（範圍），305

　　Vim scripts（Vim 指令稿）

　　　　about（相關說明），297

　　　　color scheme example（顏色方案範例），297-308

scrollbar customization in gvim（gvim 中自訂捲軸），194

scrolling the screen（捲動螢幕），43

　　left-right scrolling in Vim（在 Vim 左右捲動），183

scrolloff option（選項），44

search-pattern history window（搜尋樣式歷史視窗），352, 360

    simplified via mapping（簡單映射）, 352
searches
    case sensitivity（區分大小寫）, 97, 118
        ignoring case（忽略大小寫）, 97
    current line（操作目前這一行）, 51
    cursor movement via（透過游標移動）, 48
    editing commands with（編輯命令的其他組合）, 51
    examples of pattern matching（樣式比對的範例）, 98-113
    global searches in ex（ex 中的全域搜尋）, 74, 89-90
        pattern-matching rules（樣式比對規則）, 90-97
        substitution tricks（替換技巧）, 97
    history window（歷史視窗）, 352
        simplified via mapping（簡單映射）, 352
    incremental searching in Vim（Vim 中漸進式搜尋）, 183
    line number of next match（下一個符合的行號）, 71, 73
    metacharacters（中介字元）
        characters and character classes（字元和字元類型）, 180
        replacement strings（代換字串）, 95-97
        search patterns（搜尋樣式）, 91-93
        Vim extended regular expressions（擴充正規表示式）, 178-182
    question mark (?)（問號）
        beginning a search（開始一個搜尋）, 6
        ex searching backwards（ex 反向搜尋）, 73
        repeat search backward（重複反向搜尋）, 49
    repeating searches（重複搜尋）, 49
        current line（操作目前這一行）, 51
    slash (/) command（斜線命令）, 6, 48
        repeating search forward（重複順向搜尋）, 49
    wildcards and magic option（萬用字元選項）, 119
section macros（小節巨集）, 48
security（安全）
    local configuration files and（本地端組態設定檔）, 188
    X Windows server configuration（X Window server 組態設定）, 212
sed & awk (Dougherty and Robbins), 144
sed stream editor（sed 串流文字編輯器）, 144
selecting text in visual mode（（視覺）標示模式選取文字）, 177
    gvim editor（gvim 編輯器）, 190
semicolon (;) command（分號命令）, 51
sentence end（句子結束）, 47
server Vim
    --remote options（選項）, 171
    --server options（選項）, 171
session defined（執行階段定義）, 217
:set command (:set 命令）, 116
    about（相關說明）, 116
        useful options（一些有用的選項）, 118

all to display all options（顯示所有選項），116

    individual option display（顯示個別選項），116

autoindent（自動縮排），145

    Vim, 257-258, 266

autoindent（自動縮排），145

backup, 335

backupdir, 335

binary, 329

cindent, 257, 259-265

cmdwinheight, 352

compatible, 165, 258

complete, 274

digraph, 330

expandtab, 147

.exrc file（檔案），116, 117

exrc option in home directory .exrc file（exrc 家目錄檔案 .exrc 選項），117

foldcolumn, 252

foldenable, 256

foldlevel, 255

foldmethod, 254, 256

guioptions, 194

Heirloom vi options（Heirloom vi 選項），467-469

ic to ignore case（ic 忽略大小寫），97

indentexpr, 257, 265

laststatus for status line（laststatus 狀態列行數），220

list, 147

listchars, 344

mouse, 190, 225

nonu for no line numbers（nonu 不顯示行號），71

nowrap, 183

nu for line numbers（nu 顯示行號），21, 53, 70

toggling display（切換顯示），71

paragraph and section separators（段落和小節分隔符號），48

scripts checking options（指令稿檢查選項），310

scrolloff, 44

shiftwidth, 146, 254

showmatch, 148

sidescroll, 183, 343

smartindent, 257, 258

Solaris vi options（Solaris vi 選項），467-469

statusline, 304

syntax, 280

tabstop, 146

tildeop, 253

undolevels, 182

Vim 8.2 options（Vim 8.2 選項），470-477

viminfo, 339

winheight option（選項）, 220, 230

winwidth option（選項）, 220, 230

wm（wrapmargin）, 21, 118

wrap, 343, 344

wrapscan, 119

writebackup, 335

:sh for new shell（:sh 開啟新的 shell）, 13, 119

SHELL environment variable（環境變數）, 176

shell prompt（$）（shell 命令提示符號）, 8

　　:sh for new shell（:sh 開啟新的 shell）, 13, 119

　　ctags command（命令）, 149

　　environment variables（環境變數）, 174-176

　　scripts（see scripts in ex）（ex 中的指令稿）

　　terminating a shell（終止 shell）, 13

　　Unix command execution（執行 Unix 命令）, 13, 119

shells

　　Bash, 388-391

　　csh, 387

　　ksh, 393

　　multiple shells and command history（多個 shell 和歷史命令）, 387

　　PowerShell（Microsoft）, 396

　　Z shell, 393

shiftwidth option（選項）, 146, 254

showmatch option（選項）, 148

showmode option（選項）, 39

sidescroll option（選項）, 183, 343

slash（/）（斜線）

　　search commands via（search 命令）, 48

　　　　bottom-line command overview（底部命令概述）, 6

　　　　ex global searches（ex 全域搜尋）, 74

　　　　ex next line matching pattern（ex 比對樣式下一行）, 73

　　　　repeating search forward（重複順向搜尋）, 49

　　substitute command（命令）, 87

　　Unix pathnames（Unix 路徑名稱）, 8

　　　　directory navigation（目錄導覽）, 333-335

smartindent option（選項）, 257, 258

:so（source）command（命令）, 118

　　read saved session file（讀取已儲存的執行階段紀錄檔）, 341

　　script execution（執行指令稿）, 139

Solaris vi

　　options（選項）, 467-469

　　tag stacking（標籤堆疊）, 153

sort command（命令）, 120

sorting text blocks script（指令稿排序文字區塊）, 142

sound（see beep sound）（請見嗶嗶聲）

source code editing（原始碼編輯）

　　about（相關說明）, 144, 243

autocompletion of words（單字的自動補齊）, 267-275

bracket searches（括號搜尋）, 148

folds（摺疊）

   +-- fold placeholder（摺疊佔位符號）, 249

   about（相關說明）, 245-245

   creating folds（建立摺疊）, 245

   fold commands（命令）, 245

   manual folding（手動摺疊）, 248-254

indentation control（縮排控制）, 145-147, 257-266

lists of locations within files（檔案的位置列表）, 293

outlining（大綱）, 254

plug-in managers（外掛管理工具）, 367-369

plug-ins（see plug-ins）（請見外掛）

source code sources（原始的原始碼）

   vi, 493

   Vim, 494-500

tags（標籤）, 149

   enhanced tags（增強型標籤）, 150-156

source code sources（原始的原始碼）

  vi, 493

  Vim, 494-500

spaces within filenames（檔案名稱中的空格）, 8, 67

  scripts and（指令稿）, 140

special characters（特殊字元）, 329-331

speech analysis（發言記錄分析）, 355-358

  other text analysis（其他文字分析）, 358-360

spellchecking（拼字檢查）, 325-327

  insertion completion（插入自動補齊）, 274

  read command with（讀取命令）, 122

:split command for multiple windows（:split 命令分割視窗）, 221-224

  conditional split commands（條件分割命令）, 224

  options（選項）, 222

Stack Overflow for help（Stack Overflow 網站的協助）, 9

:stag command（:stag 命令）, 237

startup options（啟動選項）

  cursor movements（游標移動）, 59-60

  EXINIT executed on startup（啟動執行）, 116

  .exrc files（檔案）, 116, 117

  gvim editor（gvim 編輯器）, 187

  .gvimrc file（檔案）, 187

   colorscheme option（選項）, 297

  read-only mode（唯讀模式檔案）, 60

  recovering a buffer（回復緩衝區）, 61

  vi editor command-line options（vi 編輯器命令列選項）, 57-62

  Vim editor（Vim 編輯器）

   -p option for separate tabs（分頁選項）, 239

   about（相關說明）, 169

　　　command-line options（命令列選項），57-62, 169-171

　　　configuration files（組態設定檔），173

　　.vimrc file（檔案），173

　　　colorscheme option（選項），297

　　　gvim, 187

　　　incsearch, 183

status line（狀態列），8

　　enhancing（增強的），362

　　scripting in Vim（在 Vim 中的指令稿），304

stdin（standard input）via hyphen（藉由連字符號表示標準輸入），169

strftime（）function（函數），299

string variables（字串變數），319

stty command（命令），7

substitute（s）command（命令），28, 37

　　numeric arguments（數字參數），37

substitute entire line（S）command（替換一整行），28, 37

　　numeric arguments（數字參數），38

swap file（置換檔案），61

swapping characters and lines（置換字元和行），346

Swartz, Ray, xxii

:syntax command（:syntax 命令），278

syntax highlighting（語法特別標示）

　　about（相關說明），278

　　customization（自行定義），280-285

　　　overriding syntax files（覆寫語法檔案），285

　　:syntax command（:syntax 命令），278

　　writing own syntax files（撰寫專屬的語法檔案），286-288

syntax option（選項），280

system configuration files（Vim）（系統組態設定檔案），173

system messages and screen redraw（系統訊息和螢幕重繪），44

T

:t（copy lines to）command（複製行命令），70, 112

t（cursor move）command（游標移動），51

T（cursor move）command（游標移動），51

:tab commands（:tab 命令），238

TAB key（TAB 按鍵）

　　context-sensitive command completion（內容相關命令補齊），168

　　help system command completion（協助系統命令補齊），168

　　mapping for insertion completion（插入補齊的映射），268

tabstop option（選項），146

:tag command（:tag 命令），149

　　tag stacks（tag 堆疊），153-156

　　　Vim editor, 276

tags（標籤）

enhanced tags（增強型標籤）, 150-156
    new tags file format（新的標籤檔案格式）, 151-152
    insertion completion via（透過插入補齊）, 273
    multiple windows（多個視窗）, 236
    :tag command（:tag 命令）, 149
    tag stacks（tag 堆疊）, 153-156
        Solaris vi tag stacking（Solaris vi 的標籤堆疊）, 153
        Universal ctags and Vim（Universal ctags 與 Vim）, 154
        Vim editor, 276
TERM environment variable（環境變數）, 7, 176
    problem opening file（開啟檔案的問題）, 9
termcap library（函式庫）, 7
Termdebug plug-in（外掛）, 379
terminal emulators（終端機模擬器）, 7
    Termdebug plug-in（外掛）, 379
terminating a shell（終止 shell）, 13
terminfo library（函式庫）, 7, 116
    man terminfo for information（man terminfo 取得資訊）, 116
    problem opening file（開啟檔案的問題）, 9
TeX formatting package（LaTeX 格式化套件）, 5
text analysis of a speech（發言的文字分析）, 355-358
    other text analysis examples（其他文字分析範例）, 358-360
text editors（文字編輯器）
    about（相關說明）, 3
    beyond ex（除了 ex 之外）, 144
    components of text editing（文字編輯元件）, 5
        backspace to erase（後退鍵清除）, 16
    history of（歷史）, 3, 6, 161
    markup languages（標記式語言）, 4
    text editing（see editing text）（請見文字編輯）
thesaurus for insertion completion（使用同義字自插入補齊）, 270-272, 327
tilde（~）
    case change（大小寫轉換）, 28, 253
    metacharacter in replacement strings（替換字串的中介字元）, 96
    metacharacter in search patterns（搜尋樣式中的中介字元）, 93, 180
    no text in file（檔案中沒有文字）, 9
tildeop option（選項）, 253
timestamp example script（時間戳記指令稿範例）, 318
:tjump command（:tjump 命令）, 237
:tmenu command（:tmenu 命令）, 206
toggle options（選項）, 116
toolbar customization in gvim（在 gvim 自訂工具列）, 203-205
    Vim compile without（Vim 沒有編譯）, 204
tooltip customization in gvim（在 gvim 自訂工具提示）, 206
Towers of Hanoi, vi version, 483
transpose two characters（xp）command（交換兩個字元命令）, 33

troff formatting package（troff 格式化套件）, 5
    examples of pattern matching（樣式比對的範例）, 101
    paragraph macros（段落巨集）, 47
    section macros（小節巨集）, 47
:tselect command（:tselect 命令）, 237, 277
tutor command（vimtutor）（命令）, 167

U

U（undo line）command（回復一整行）, 31, 36
u（undo）command（回復命令）, 31, 36, 182
    last operation undone（上次已取消的操作）, 32
    undo extension in Vim（在 Vim 中的回復擴充）, 182
        :help usr_32.txt（協助文件 usr_32.txt）, 183
underscore（_）as cursor position（以底線表示游標位置）, 16
undo（u）command（回復命令）, 31, 36
last operation undone（上次已取消的操作）, 32
undo extension in Vim（在 Vim 中的回復擴充）, 182
:help usr_32.txt（協助文件 usr_32.txt）, 183
undo line（U）command（回復一整行）, 31, 36
undolevels option（選項）, 182
Unicode and UTF-8 files（Unicode 和 UTF-8 檔案）, 95
Universal ctags program（Universal ctags 程式）, 150-152
    new tags format（新標籤格式）, 151-152
    tag stacking（Solaris vi 的標籤堆疊）, 154
Unix
    about Unix systems（關於 Unix 系統）, 3
    case sensitivity（區分大小寫）, 8
    command execution（執行 Unix 命令）, 13, 119
    ctags command（命令）, 149
    filenames（檔案）, 8
        spaces within（空格之間）, 8, 67, 140
    history of vi（vi 的歷史）, 6
    pathnames（Unix 路徑名稱）, 8
        directory navigation（目錄導覽）, 333-335
        opening files（開啟檔案）, 9
        slash（/）（斜線）, 8
    redirect and append operator（>>）（重新導向和附加運算子）, 78
    saving commands（see saving commands）（請見儲存檔案）
    security and local configuration files（安全本地配置檔案）, 188
    utilities（工具）, 403
    Vim source code source（Vim 原始的原始碼）, 496
uppercase to lowercase（大寫轉小寫）, 28
URLs for filenames（檔案名稱的 URLs）, 331
user configuration files（Vim）（使用者組態設定檔案）, 173
user-defined functions（使用者定義函式）
    insertion completion method（插入模式中的補齊命令）, 273

    omni function（omni 函式）, 274
    scripts（指令稿）, 303
UTF-8 for Unicode-based locales（UTF-8 編碼的 Unicode 環境）, 95

V

v（visual mode）command（（視覺）標示模式）, 177
    gvim editor（gvim 編輯器）, 190
        MS-Windows clipboard（MS-Windows 剪貼簿）, 207
:v command（:v 命令）, 74, 106, 353
variables in scripts（指令搞變數）, 300, 319
    arrays（陣列）, 307
    buffer variables（緩衝區變數）, 312
    command history variables（命令列歷史變數）, 387, 394
    exists（）function（函式）, 313-315
    global variables（全域變數）, 305
    scope（範圍）, 305
vertical bar（|）move to character（| 移動到某個字元）, 46
:vi command（:vi 命令）, 68, 431
vi editor（vi 編輯器）
    about（相關說明）, 3-5
        command versus insert mode（命令與插入模式）, 4, 10, 16
        incarnations of（實體）, 3
        pronunciation（發音）, 4
        versions in book（書中的版本）, xxiii
        vi as standard of Unix（vi 作為 Unix 的標準）, 3
    about vi meaning vi and Vim（關於 vi 意思是 vi 和 Vim）, 3, 115
        Vim installed as vi（Vim 安裝為 vi）, 161
    clone vigor（複製 vigor）, 485-488
    command mode（命令模式）, 4, 431
        basic commands in review（檢視基本命令）, 40, 54
        bottom-line commands（關於底部命令列）, 6
        ENTER to issue（ENTER 議題）, 8
        ESC to enter（ESC 進入）, 11, 16
        general form of commands（命令的一般形式）, 26
        initial default mode（初始預設模式）, 5, 10, 16
        learning from gvim menus（學習 gvim 選單）, 196
        Q invoking ex（Q 呼叫 ex）, 69
    customizing（自行定義）, 116
        （see also :set command）（請見 :set 命令）
    ex commands（命令）, 6
        （see also ex commands）（請見 ex 命令）
    fg to put in foreground（透過 fg 放置前景）, 13
    file recovery（檔案回復）, 7
    GNU Emacs versus（GNU Emacs 的對立）, 488
    GUI version（GUI 版本）, 7
        Vim GUI features（Vim GUI 特性）, 162

history of（歷史）, 3, 6

insert mode（命令與插入模式）, 4, 432

    ESC to exit to command mode（ESC 離開到命令模式）, 16, 37

    i（insert）command（插入命令）, 6, 16

keys not used in command mode（不在命令模式下使用的按鍵）, 126

mode indicators（模式指示器）, 39

newline character（新的一行字元）, 144

quick-reference guide（快速參考指南）, 427-466

quitting（退出）, 11, 77

    simplified（簡化）, 349

quitting ex editor（離開 ex 編輯器）, 69

quotes about（相關語錄）, 491

startup options（啟動選項）, 57-62

view mode（檢視模式）, 10

Vi Lovers Home Page（Vi Lovers 網頁）, 485

ViEmu plug-in（外掛）, 418-421

view mode of vi（vi 的檢視模式）

about（相關說明）, 60

problem opening file（開啟檔案的問題）, 10

read-only mode（唯讀模式檔案）, 60

rview command（命令）, 172

view and gview commands（view 和 gview 命令）, 172

vigor vi clone（vigor 的 vi 複製版本）, 485-488

Vim 8.2 options（Vim 8.2 選項）, 470-477

Vim Awesome（網站）

change-trees and undo plug-ins（外掛）, 183

plug-in resource（外掛資源）, 369

vim command（命令）, 8

-g option for gvim（選項）, 187

-o option for multiple windows（多視窗選項）, 218

-p option for separate tabs（分頁選項）, 239

Vim editor

about（相關說明）, 160-165

    command versus insert mode（命令與插入模式）, 4, 10, 16

    current version（目前版本）, 160

    feature categories（特性分類）, 162-165

    new user support（新使用者支援）, 165

    overview（概述）, 161

philosophy（理念）, 165

versions（版本）, 3, 160

versions in book（書中的版本）

Vim 8.2 options（Vim 8.2 選項）, 470-477

Vim building on vi（在 vi 上構建 Vim）, 3, 161, 162

Vim contrasted with vi（Vim 與 vi 對比）, 162

about vi meaning vi and Vim（關於 vi 意思是 vi 和 Vim）, 3, 115

Vim installed as vi（Vim 安裝為 vi）, 161

author Bram Moolenaar（工具作者）, 160, 161

backups（備份），335

command mode（命令模式），4, 431

    basic commands in review（檢視基本命令），40, 54

    bottom-line commands（關於底部命令列），6

    ENTER to issue（ENTER 議題），8

    ESC to enter（ESC 進入），11, 16

    general form of commands（命令的一般形式），27

    initial default mode（初始預設模式），5, 10, 16

    learning from gvim menus（學習 gvim 選單），196

    Q invoking ex（Q 呼叫 ex），69

compiling with（編譯），289-292

    recompiling for toolbar features（重新編譯工具列特性），204

configuration files（組態設定檔），173

cursor commands（游標命令），176

    (see also cursor movements)（請見游標移動）

    visual mode（(視覺)標示模式），177

customizing（自行定義），116

    (see also :set command)（請見 :set 命令）

environment variables（環境變數），174-176

ex commands（命令），6

    (see also ex commands)（請見 ex 命令）

fg to put in foreground（透過 fg 放置前景），13

file recovery（檔案回復），7

Git from within（Git 從內部），373-375

GUI version（Git 版本），7, 167

    -g command-line option（選項），170

help system（協助系統），167-169

history of（歷史），6, 161

incremental searching（漸進式搜尋），183

insert mode（插入模式），4, 432

    ESC to exit to command mode（ESC 離開到命令模式），16, 37

    i (insert) command（插入命令），6, 16

internal functions（內部函式），320-322

invoking with vim command（使用 vim 命令呼叫），8

    -o option for multiple windows（多視窗選項），218

    -p option for separate tabs（分頁選項），239

    behaviors associated with（相關行為），172

    command-line options（命令列選項），169-171, 187

    gvim via vim -g（透過 -g 參數執行 gvim），187

    multiple files opened（開啟多個檔案），80

    keys not used in command mode（不在命令模式下使用的按鍵），126

    mode indicators（模式指示器），39

    mouse use（使用滑鼠），225

    multiple tabs（多個分頁），238-239

    multiple window editing（多個視窗編輯），221-224

    newline character（新的一行字元），143

    quick-reference guide（快速參考指南），427-466

quitting（退出），11, 77

　　simplified（簡化），349

quitting ex editor（離開 ex 編輯器），69

quotes about（相關語錄），491

recompiling for toolbar features（重新編譯工具列特性），204

regular expression metacharacters extended（正規表示式擴充的中介字元），178-182

resources online（線上資源），160, 347

　　tutorials（教學），167

scrolloff option（選項），44

source code sources（原始的原始碼），494-500

spellchecker（拼字檢查），325-327

　　insertion completion（插入補齊），274

　　read command with（讀取命令），122

startup options（啟動選項），57-62, 169

　　-p option for separate tabs（分頁選項），239

　　command-line options（命令列選項），169-171

　　configuration files（組態設定檔），173

syntax highlighting（語法特別標示），278

　　（see also syntax highlighting）（請見語法特別標示）

tag stacking（標籤堆疊），154, 276-278

undo extension（回復擴充），182

　　:help usr_32.txt（協助文件 usr_32.txt），183

view mode（檢視模式），10

Vim 8.2 options（Vim 8.2 選項），470-477

VIM environment variable（環境變數），175

vimdiff command（命令），173, 256, 337-339

:vimgrep command（:vimgrep 命令），293

viminfo option（選項），340

VIMINIT environment variable（環境變數），173, 176

Vimium Chrome browser extension（Chrome 瀏覽器擴充），412-417

.vimrc file（檔案），173

　　colorscheme option（選項），297

　　gvim，187

　　incsearch（incremental searching）（漸進式搜尋），183

VIMRUNTIME environment variable（環境變數），176

vimtutor command（命令），167

visual mode（v）command（（視覺）標示模式），177

　　gvim editor（gvim 編輯器），190

　　　　MS-Windows clipboard（MS-Windows 剪貼簿），207

Visual Studio（Microsoft）（開發工具），398

Visual Studio Code（Microsoft）（開發工具），398-402

vi_diff.txt for list of Vim supported environments（vi_diff.txt 取得 Vim 支援的環境列表），500

:vsplit command for multiple windows（:vsplit 多視窗分割命令），221

W

w（move forward one word）command（順向移動一個單字），22

numeric arguments（數字參數）, 22
visual mode in Vim（Vim 中的視覺標示模式）, 177
W（move forward one word）command（順向移動一個單字）, 33
numeric arguments（數字參數）, 22
:w（write）command（:w（write）命令）, 11, 77
appending to a saved file（附加到儲存的檔案）, 78
editing multiple files（編輯多個檔案）, 80
saving part of a file（儲存部分的檔案）, 78
turning off write on startup（關閉啟動時寫入）, 170
:w filename for new file（新檔案的檔名）, 12, 78
:w! overriding read-only mode（:w! 覆寫唯讀模式檔案）, 60, 77
:w! overriding write warnings（:w! 覆寫檔案警告訊息）, 77
:w! overwriting existing file（:w! 覆寫已存在的檔案）, 12
:wq write and quit（:wq 寫入檔案並離開）, 11, 77
Wall, Larry, 144
Wasavi Chrome browser extension（Chrome 瀏覽器擴充）, 411
wildcards and magic option（萬用字元選項）, 119
:windo command（:windo 命令）, 235
Windows（see MS-Windows）（請見 MS-Windows）
windows（see multiple window editing）（請見多個視窗編輯）
Windows Subsystem for Linux（see WSL）（請見 WSL）
winheight option（選項）, 220, 230
winminheight option（選項）, 231
winminwidth option（選項）, 231
winwidth option（選項）, 220, 230
wm（wrapmargin）option（選項）, 21, 118
word frequency analysis（文字頻率分析）, 355-358
words（單字）
CTRL-] for tag lookup（標籤搜尋）, 149
cursor movement（游標移動）, 22, 47
numeric arguments（數字參數）, 22
deleting（刪除）, 29
editing（編輯）, 26
searches for（搜尋）, 99
word frequency analysis（文字頻率分析）, 355-358
\< matching start of word（\< 符合單字開始）, 93
\> matching end of word（\> 符合單字結束）, 93
wrap option（選項）, 343, 344
wrapmargin（wm）option（選項）, 21, 118
wrapscan option for searches wrapping（搜尋自動繞回）, 119
writebackup option（選項）, 335
writer-oriented plug-ins（作家的寫作外掛）, 383
writing buffer or file（see saving files）
WSL（Windows Subsystem for Linux）（適用於 Linux 的 Windows 子系統）, 207
about WSL（WSL 相關說明）, 498
installing gvim in WSL 2（WSL 2 中安裝 gvim）, 208

X Server for Windows
    configuration（組態設定）, 209-214
    installation（安裝）, 209

X

x（delete single character）command（刪除單一字元）, 31
    xp（transpose two characters）command（交換兩個字元命令）, 33
:x（write then quit）command（寫入後離開命令）, 77
X Window System（X Window 系統）, 3
    gvim, 207
    X Server for Windows installation（X Server 在 Windows 的安裝）, 209
Xming X server
    configuring（組態設定）, 209-214
    installation（安裝）, 209
XML
    DocBook markup（DocBook 標記式語）, 136
    glossary mapping example（名詞解釋的映射範例）, 128
    sorting text blocks script（指令稿排序文字區塊）, 142
xp（transpose two characters）command（交換兩個字元命令）, 33

Y

y（yank/copy）command（拉動／複製命令）, 23, 33
    combined with other commands（與其他命令組合）, 57
    marking your place（標記一處位置）, 63
    yanking to named registers（複製到命名的暫存器）, 62
YouCompleteMe plug-in（外掛）, 376-378

Z

z（reposition screen）command（重新定位螢幕命令）, 44
z commands for folds（摺疊命令）, 245
Z shell, 393
zero（0）beginning of line command（0（零）行首命令）, 21
zero（0）line in ex（0（零）ex 行位址）, 73
Zintz, Walter, xxii, 106, 112
ZZ to quit and save（離開與儲存）, 11, 77

關於作者

Arnold Robbins，亞特蘭大人，是一名專業的程式員和技術寫作者。他也是一個幸福的丈夫，四個可愛孩子的父親，以及一個業餘的塔木德教徒（巴比倫和耶路撒冷）。自 1997 年底以來，他和家人一直住在以色列。

Arnold 自 1980 年以來，一直在使用 Unix 系統，當時執行第六版 Unix 系統在 PDP-11 電腦上。他的經驗還包括來自 Sun、IBM、HP 和 DEC 的多個商業 Unix 系統。自 1996 年起，持續使用 GNU/Linux 系統。

從 1987 年以來，Arnold 也一直是 awk 的重度使用者，當時參與了 gawk（GNU 項目的 awk 版本）。作為 POSIX 1003.2 的表決成員，協助制定 awk 的 POSIX 標準。也是 gawk 及其文件的長期維護者。

在更早之前，擔任過系統管理員、教授 Unix 與網路教育課程的教師。在新創軟體公司也有過不只一次糟糕的經歷，但他不想再去想這些。

後來在以色列的一家數一數二的軟體公司工作了幾年，撰寫優質命令和控制相關軟體。接著，在 Intel 擔任很長時間的軟體工程師，後來又在 McAfee 工作。最近，他在一家為大樓管理行業提供網路安全監控服務的小公司工作。他的個人網站可以在 *http://www.skeeve.com* 找到。

O'Reilly 一直讓他忙得不可開交：

他是暢銷書和幾本袖珍參考手冊的作者或合著者，*Unix in a Nutshell*（第 4 版），*Effective awk Programming*（第 4 版），*sed & awk*（第 2 版）與 Dale Dougherty 和 *Classic Shell Scripting* 與 Nelson H. F. Beebe。

Elbert Hannah 最初是一名專業音樂家，後來改變方向，並選擇電腦和 IT 作為他的職業生涯。雖然 vi 和後來的 Vim，可能不是轉換的唯一原因，但不能低估因為「發現」vi 對他職業選擇改變所做的影響。

Elbert 知道，使用 Vim 編寫和創作這本關於 Vim 的書，讓他感到特別高興！

在大學音樂主修開始，以演奏大提琴為生，自從 Elbert 發生了一次自行車事故，永遠改變了他人生的道路。當時他的一隻手無法使用，也無法拉大提琴，在療傷期間臨時選擇數學作為他的主修。

數學需要電腦科學作為輔修。Elbert 保持著對音樂的熱愛，並在今天持續以非專業的方式演奏，但 IT 成為了他的職業。

Elbert 從事電信業工作時接觸到 Unix，他發現了一個與 IBM 大型主機相連的遠端工作項目（remote job entry，RJE）。他發現透過利用無數「專門」（做好一件事）命令進行轉換和回報，然後將它們轉移回大型主機，將許多流程轉移到 AT&T System V Unix 電腦上時，它們會變得更容易。

在 Unix 的早期工作需要對 ed 有深刻的理解，這奠定了他長期學習、熱愛和傳播 vi 以及最終的 Vim 基礎。第七版和第八版學習 vi 和 Vim 編輯器，是 Elbert 表達他對 Vim 在編輯程式碼領域的影響，以及讚賞和崇敬的方式。

Elbert 專門從事不同系統的整合。有許多使用者在使用他的應用程式，但不知道裡頭有許多單獨的應用程式。如果深入挖掘，可能會在 *CEO Magazine* 的封面上找到他的照片（大約在 90 年代初至中期），因為工作整合了電信設施和分配應用程式。

Elbert 開發了一個外部 Web 工具，提供快速、簡單和強化的方式，從第三方產品中搜尋資訊，這個工具很快成為了支援團隊和開發人員去進行故障排除的方法。於 2018 年在 Las Vegas 發表示範 Web 工具的演講。

Elbert 為一百多種技術出版專欄做出貢獻，並與 Linus Torvalds 一起在兩部分專欄中進行專題討論——「The Great FOSS Debates: Kernel Truths」和「FOSS Debates, Part 2: Standard Deviations」。

出版記事

第八版封面上的動物是一種眼鏡猴，一種與狐猴有關的夜間哺乳動物。其學名 *Tarsius* 的由來，就是因為這種動物具有很長的腳踝骨。雖然牠們曾經相當繁盛，但現在眼鏡猴的 10 個物種和 4 個亞種，僅限於菲律賓、馬來西亞、汶萊和印尼的島嶼。眼鏡猴生活在森林中，以極其敏捷和速度在樹枝之間跳躍移動。

作為一種小型動物，眼鏡猴的身體只有 6 英寸長，後面是 10 英寸的帶毛尾巴。身上覆蓋著柔滑的棕色或灰色皮毛，有著圓圓的臉和一對大眼睛。相較於任何哺乳動物的體型而言，眼鏡猴的眼睛算是非常大的。每個眼球的直徑約為 16 毫米，與其大腦的大小相同。眼睛大到無法旋轉，但眼鏡猴可以像貓頭鷹一樣，將脖子伸向任一方向旋轉整整 180 度。胳臂和腿又長又細，手指也一樣，尖端有圓形的肉墊，可以提高對樹木的抓地力。眼鏡猴只在夜間活動，白天躲在藤蔓纏結或高大的樹頂上。牠們完全是肉食性的，主要以昆蟲、爬行動物、鳥類甚至蝙蝠為食。雖然屬於非常奇特的動物，但牠們往往是獨處的。

眼鏡猴對其棲息地和飲食有如此特殊的要求，以至於大多數都無法在圈養中存活下來，這使得圈養繁殖計劃幾乎無法實施。由於農業、狩獵和伐木導致棲息地喪失，物種數量全面下降，大多數眼鏡猴物種在 IUCN 的紅色名單中，被列為易危物種。尤其是小島眼鏡猴被認為是極度瀕危物種。O'Reilly 封面上的許多動物都瀕臨滅絕；它們對這個世界都很重要。

本書封面插圖是由 Karen Montgomery 根據 Lydekker 的 *Royal Natural History* 的黑白版畫繪製而成。

精通 vi 與 Vim 第八版

作　　者：Arnold Robbins, Elbert Hannah
譯　　者：楊俊哲
企劃編輯：蔡彤孟
文字編輯：江雅鈴
設計裝幀：陶相騰
發 行 人：廖文良

發 行 所：碁峰資訊股份有限公司
地　　址：台北市南港區三重路 66 號 7 樓之 6
電　　話：(02)2788-2408
傳　　真：(02)8192-4433
網　　站：www.gotop.com.tw
書　　號：A706
版　　次：2022 年 12 月初版
建議售價：NT$880

國家圖書館出版品預行編目資料

精通 vi 與 Vim / Arnold Robbins, Elbert Hannah 原著；楊俊哲譯.
　-- 初版. -- 臺北市：碁峰資訊, 2022.12
　　面；　公分
　譯自：Learning the vi and Vim Editors, 8th Edition
　ISBN 978-626-324-354-5(平裝)
　1.CST：作業系統
312.54　　　　　　　　　　　　　　　111017715

讀者服務

- 感謝您購買碁峰圖書，如果您對本書的內容或表達上有不清楚的地方或其他建議，請至碁峰網站：「聯絡我們」\「圖書問題」留下您所購買之書籍及問題。(請註明購買書籍之書號及書名，以及問題頁數，以便能儘快為您處理)
  http://www.gotop.com.tw

- 售後服務僅限書籍本身內容，若是軟、硬體問題，請您直接與軟體廠商聯絡。

- 若於購買書籍後發現有破損、缺頁、裝訂錯誤之問題，請直接將書寄回更換，並註明您的姓名、連絡電話及地址，將有專人與您連絡補寄商品。